全国计算机技术与软件专业技术资格（

网络管理员
2012至2017年试题分析与解答

全国计算机专业技术资格考试办公室　主编

清华大学出版社
北京

内 容 简 介

网络管理员考试是全国计算机技术与软件专业技术资格（水平）考试的初级职称考试，是历年各级考试报名中的热点之一，本书汇集了 2012 上半年到 2017 下半年的所有试题和权威的解析，参加考试的考生，认真读懂本书的内容后，将会更加了解考题的思路，对提升自己的考试通过率的信心会有极大的帮助。

图书在版编目（CIP）数据

网络管理员 2012 至 2017 年试题分析与解答 / 全国计算机专业技术资格考试办公室主编. —北京：清华大学出版社，2018

（全国计算机技术与软件专业技术资格（水平）考试指定用书）

ISBN 978-7-302-50898-4

Ⅰ. ①网… Ⅱ. ①全… Ⅲ. ①计算机网络管理 – 资格考试 – 题解 Ⅳ. ①TP393.07-44

中国版本图书馆 CIP 数据核字（2018）第 190030 号

责任编辑：杨如林
封面设计：常雪影
责任校对：徐俊伟
责任印制：李红英

出版发行：清华大学出版社
    网 址：http://www.tup.com.cn, http://www.wqbook.com
    地 址：北京清华大学学研大厦 A 座   邮 编：100084
    社 总 机：010-62770175   邮 购：010-62786544
    投稿与读者服务：010-62776969，c-service@tup.tsinghua.edu.cn
    质量反馈：010-62772015，zhiliang@tup.tsinghua.edu.cn
印 装 者：三河市君旺印务有限公司
经 销：全国新华书店
开 本：185mm×230mm **印 张：**31.75 **防伪页：**1 **字 数：**677 千字
版 次：2018 年 10 月第 1 版   **印 次：**2018 年 10 月第 1 次印刷
定 价：99.00 元

产品编号：080248-01

前　言

根据国家有关的政策性文件，全国计算机技术与软件专业技术资格（水平）考试（以下简称"计算机软件考试"）已经成为计算机软件、计算机网络、计算机应用、信息系统、信息服务领域高级工程师、工程师、助理工程师、技术员国家职称资格考试。而且，根据信息技术人才年轻化的特点和要求，报考这种资格考试不限学历与资历条件，以不拘一格选拔人才。现在，软件设计师、程序员、网络工程师、数据库系统工程师、系统分析师、系统架构设计师和信息系统项目管理师等资格的考试标准已经实现了中国与日本互认，程序员和软件设计师等资格的考试标准已经实现了中国和韩国互认。

计算机软件考试规模发展很快，年报考规模已超过 30 万人，二十多年来，累计报考人数约 500 万人。

计算机软件考试已经成为我国著名的 IT 考试品牌，其证书的含金量之高已得到社会的公认。计算机软件考试的有关信息见网站 www.ruankao.org.cn 中的资格考试栏目。

对考生来说，学习历年试题分析与解答是理解考试大纲的最有效、最具体的途径。

为帮助考生复习备考，全国计算机专业技术资格考试办公室汇集了网络管理员 2012 至 2017 年的试题分析与解答，以便于考生测试自己的水平，发现自己的弱点，更有针对性、更系统地学习。

计算机软件考试的试题质量高，包括了职业岗位所需的各个方面的知识和技术，不但包括技术知识，还包括法律法规、标准、专业英语、管理等方面的知识；不但注重广度，而且还有一定的深度；不但要求考生具有扎实的基础知识，还要具有丰富的实践经验。

这些试题中，包含了一些富有创意的试题，一些与实践结合得很好的佳题，一些富有启发性的试题，具有较高的社会引用率，对学校教师、培训指导者、研究工作者都是很有帮助的。

由于作者水平有限，时间仓促，书中难免有错误和疏漏之处，诚恳地期望各位专家和读者批评指正，对此，我们将深表感激。

编者

目　　录

第1章　2012上半年网络管理员上午试题分析与解答

试题（1）、（2）

在 Windows 系统中，若要查找文件名中第二个字母为 b 的所有文件，则可在查找对话框中输入＿＿(1)＿＿；若用鼠标左键双击应用程序窗口左上角的图标，则可以＿＿(2)＿＿该应用程序窗口。

（1）A. ?b*.*　　　　B. ?b.*　　　　C. *b*.*　　　　D. *b.*

（2）A. 缩小　　　　B. 放大　　　　C. 移动　　　　D. 关闭

试题（1）、（2）分析

本题考查 Windows 系统基本操作方面的基础知识。

Windows 系统有两个通配符?、*。其中?与单个字符匹配，而*与 0 至多个字符匹配，故若要查找文件名的第二个字母为 b 的所有文件，则可在查找对话框中输入"?b*.*"。

在 Windows 系统中用鼠标左键双击应用程序窗口左上角的图标，则可以关闭该应用程序窗口。

参考答案

（1）A　　（2）D

试题（3）、（4）

在 Excel 中，设 A1 单元格的值为 23，A2 单元格的值为 36，若在 A3 单元格中输入 A1–A2，则 A3 单元格中的内容为＿＿(3)＿＿；若在 A3 单元格输入公式"=TEXT(A2, "￥0.00")"，则 A3 单元格的值为＿＿(4)＿＿。

（3）A. –13　　　　B. 13　　　　C. ######　　　　D. A1–A2

（4）A. ￥36　　　　B. ￥36.00　　　　C. 36.00　　　　D. #VALUE

试题（3）、（4）分析

本题考查 Excel 基础知识方面的知识。

根据题意，在 A3 单元格中输入 A1–A2，意味着在 A3 单元格中输入的是字符串，所以选项 D 是正确的。

函数 TEXT 的功能是根据指定格式将数值转换为文本，公式"=TEXT(A1,"￥0.00")"转换的结果为￥36.00。

参考答案

（3）D　　（4）B

试题（5）

http:// www.tsinghua.edu.cn/index.html 中的 http 表示＿＿(5)＿＿。

（5）A. 域名　　　　　　　　　　　　B. 所使用的协议

　　　 C. 访问的主机　　　　　　　　 D. 请求查看的文档名

试题（5）分析

本题考查网络地址方面的基础知识。

统一资源地址（URL）用来在 Internet 上唯一确定位置的地址。通常用来指明所使用的计算机资源位置及查询信息的类型。http:// www.tsinghua.edu.cn/index.html 中，http 表示所使用的协议，www.tsinghua.edu.cn 表示访问的主机和域名，com.cn 表示域名，index.html 表示请求查看的文档。

参考答案

（5）B

试题（6）

寄存器寻址方式中的操作数放在　 (6) 　中。

（6）A. 高速缓存　　　B. 主存单元　　　C. 通用寄存器　　　D. 程序计数器

试题（6）分析

本题考查计算机系统中指令系统的基础知识。

指令中的寻址方式就是如何对指令中的地址字段进行解释，以获得操作数的方法或获得程序转移地址的方法。常用的寻址方式有：

- 立即寻址。操作数就包含在指令中。
- 直接寻址。操作数存放在内存单元中，指令中直接给出操作数所在存储单元的地址。
- 寄存器寻址。操作数存放在某一寄存器中，指令中给出存放操作数的寄存器名。
- 寄存器间接寻址。操作数存放在内存单元中，操作数所在存储单元的地址在某个寄存器中。
- 间接寻址。指令中给出操作数地址的地址。
- 相对寻址。指令地址码给出的是一个偏移量（可正可负），操作数地址等于本条指令的地址加上该偏移量。
- 变址寻址。操作数地址等于变址寄存器的内容加偏移量。

参考答案

（6）C

试题（7）

在计算机系统中，　 (7) 　是指在 CPU 执行程序的过程中，由于发生了某个事件，需要 CPU 暂时中止正在执行的程序，转去处理这一事件，之后又回到原先被中止的程序，接着中止前的状态继续向下执行。

（7）A. 调用　　　　B. 调度　　　　　C. 同步　　　　　　D. 中断

试题（7）分析

本题考查计算机系统的中断基础知识。

中断是计算机系统中的一个重要概念，它是指在 CPU 执行程序的过程中，由于某一个外部的或 CPU 内部事件的发生，使 CPU 暂时中止正在执行的程序，转去处理这一事件，当事件处理完毕后又回到原先被中止的程序，接着中止前的状态继续向下执行。

参考答案

（7）D

试题（8）

以下关于奇偶校验的叙述中，正确的是　__（8）__。

（8）A. 奇校验能够检测出信息传输过程中所有出错的信息位

　　　B. 偶校验能够检测出信息传输过程中所有出错的信息位

　　　C. 奇校验能够检测出信息传输过程中一位数据出错的情况，但不能检测出是哪一位出错

　　　D. 偶校验能够检测出信息传输过程中两位数据出错的情况，但不能检测出是哪两位出错

试题（8）分析

本题考查数据校验基础知识。

奇偶校验是一种简单有效的校验方法。这种方法通过在编码中增加一个校验位，来使编码中 1 的个数为奇数（奇校验）或者偶数（偶校验）。对于奇偶校验，若合法编码中奇数位发生了错误，也就是编码中的 1 变成 0 或 0 变成 1，则编码中 1 的个数的奇偶性就发生了变化，从而可以发现错误，但不能检测出是哪些位出错。

参考答案

（8）C

试题（9）

常见的内存由　__（9）__构成，它用电容存储信息且需要周期性地进行刷新。

（9）A. DRAM　　　　B. SRAM　　　　C. EPROM　　　　D. Flash ROM

试题（9）分析

本题考查计算机系统中存储器基础知识。

DRAM（Dynamic Random Access Memory，动态随机存取存储器）使用电容存储，为了保持数据，必须隔一段时间刷新一次，如果存储单元没有被刷新，存储的信息就会丢失。

SRAM（Static Random Access Memory）利用晶体管来存储数据，不需要刷新电路即能保存它内部存储的数据。SRAM 具有较高的性能，缺点是集成度较低。也就是相同容量的 DRAM 内存可以设计为较小的体积，SRAM 却需要很大的体积，且功耗较大。

主存常用 DRAM，高速缓存（Cache）常采用 SRAM。

EEPROM（Electrically Erasable Programmable Read-Only Memory，电可擦可编程只读存储器）是一种掉电后数据不丢失的存储芯片。

闪存（Flash Memory）是一种长寿命的非易失性（在断电情况下仍能保持所存储的数据信息）存储器，它是电子可擦除只读存储器（EEPROM）的变种，由于能在字节水平上进行删除和重写而不是整个芯片擦写，闪存比 EEPROM 的更新速度快。

参考答案

（9）A

试题（10）、（11）

在 8 位、16 位、32 位和 64 位字长的计算机中，__(10)__ 位字长计算机的数据运算精度最高；计算机的运算速度通常是指每秒钟所能执行__(11)__指令的数目，常用 MIPS 来表示。

（10）A. 8　　　　　　B. 16　　　　　　C. 32　　　　　　D. 64

（11）A. 加法　　　　B. 减法　　　　　C. 乘法　　　　　D. 除法

试题（10）、（11）分析

本题考查考生计算机性能方面的基础知识。

字长是计算机运算部件一次能同时处理的二进制数据的位数，字长越长，数据的运算精度也就越高，计算机的处理能力就越强。

计算机的运算速度通常是指每秒钟所能执行加法指令数目，常用每秒百万次（MIPS）来表示。

参考答案

（10）D　　（11）A

试题（12）、（13）

若用 8 位机器码表示十进制整数–127，则其原码表示为 __(12)__ ，补码表示为 __(13)__ 。

（12）A. 10000000　　B. 11111111　　C. 10111111　　D. 11111110

（13）A. 10000001　　B. 11111111　　C. 10111110　　D. 11111110

试题（12）、（13）分析

本题考查计算机系统中数据表示基础知识。

如果机器字长为 n（即采用 n 个二进制位表示数据），则最高位是符号位，0 表示正号，1 表示负号，其余的 $n-1$ 位表示数值的绝对值。正数的补码与其原码相同，负数的补码则等于其原码的数值部分各位取反，末尾再加 1。

十进制整数–127 的二进制表示为–1111111，其原码表示为 11111111，补码表示为 10000001。

参考答案

（12）B　　（13）A

试题（14）

要判断 16 位二进制整数 x 的低三位是否全为 0，则令其与十六进制数 0007 进行 （14）
运算，然后判断运算结果是否等于 0。

（14）A. 逻辑与　　　　B. 逻辑或　　　　C. 逻辑异或　　　　D. 算术相加

试题（14）分析

本题考查计算机系统中数据运算基础知识。

在逻辑运算中，设 A 和 B 为两个逻辑变量，当且仅当 A 和 B 的取值都为"真"时，
A 与 B 的值为"真"；否则 A 与 B 的值为"假"。当且仅当 A 和 B 的取值都为"假"时，
A 或 B 的值为"假"；否则 A 或 B 的值为"真"。当且仅当 A、B 的值不同时，A 异或 B
为"真"，否则 A 异或 B 为"假"。

对于 16 位二进制整数 x，其与 0000000000000111（即十六进制数 0007）进行逻辑
与运算后，结果的高 13 位都为 0，低 3 位则保留 x 的低 3 位。因此，当 x 的低 3 位全
为 0 时，上述逻辑与运算的结果等于 0。

参考答案

（14）A

试题（15）

　（15）　专门用于翻译汇编语言源程序。

（15）A. 编译程序　　　B. 汇编程序　　　C. 解释程序　　　D. 链接程序

试题（15）分析

本题考查程序语言翻译基础知识。

用某种高级语言或汇编语言编写的程序称为源程序，源程序不能直接在计算机上执
行。如果源程序是用汇编语言编写的，则需要一个称为汇编程序的翻译程序将其翻译成
目标程序后才能执行。如果源程序是用某种高级语言编写的，则需要对应的解释程序或
编译程序对其进行翻译，然后在机器上运行。

解释程序翻译源程序时不产生独立的目标程序，而编译程序则需将源程序翻译成独
立的目标程序。

链接程序则用于将多个目标程序链接起来，以形成可执行程序。

参考答案

（15）B

试题（16）

以下文件格式中，　（16）　属于声音文件格式。

（16）A. PDF　　　　B. MID　　　　C. XLS　　　　D. GIF

试题（16）分析

本题考查多媒体基础知识。

声音在计算机中存储和处理时，其数据必须以文件的形式进行组织，所选用的文件

格式必须得到操作系统和应用软件的支持。如同文本文件一样，在因特网上和各种不同计算机以及应用软件中使用的声音文件格式也互不相同。MID 是目前较成熟的音乐格式，实际上已经成为一种产业标准，如 General MIDI 就是最常见的通行标准。作为音乐产业的数据通信标准，MIDI 能指挥各音乐设备的运转，而且具有统一的标准格式，能够模仿原始乐器的各种演奏技巧甚至无法演奏的效果，而且文件的长度非常短。

参考答案

（16）B

试题（17）

声音信号采样时，___(17)___ 不会直接影响数字音频数据量的多少。

（17）A. 采样率　　　　　B. 量化精度　　　　　C. 声道数量　　　　　D. 音量放大倍数

试题（17）分析

本题考查多媒体基础知识。

波形声音信息是一个用来表示声音振幅的数据序列，它是通过对模拟声音按一定间隔采样获得的幅度值，再经过量化和编码后得到的便于计算机存储和处理的数据格式。声音信号数字化后，其数据传输率（每秒位数）与信号在计算机中的实时传输有直接关系，而其总数据量又与计算机的存储空间有直接关系。

参考答案

（17）D

试题（18）

___(18)___ 不是软件商业秘密的基本特性。

（18）A. 秘密性　　　　　B. 实用性　　　　　C. 保密性　　　　　D. 公开性

试题（18）分析

我国《反不正当竞争法》中对商业秘密的定义为"不为公众所知悉、能为权利人带来经济利益、具有实用性并经权利人采取保密措施的技术信息和经营信息"。从这一定义中可以看出商业秘密具有秘密性、实用性和保密性三个特征。这些特征表明了商业秘密的基本构成条件。

秘密性（未公开性）是指商业秘密事实上未被公众了解（不为公众所知悉）或没有进入公共领域。"公众"的含义是相对的，除负有保密或不得利用该秘密义务的人外，都可以称之为"公众"。狭义的讲，只要被一个"公众"从公开渠道直接知晓，该秘密就意味着公开，也就丧失了"秘密性"。

实用性（价值性）是指商业秘密能给拥有者带来经济利益，或者说商业秘密能为权利人带来商业利益，具有经济上的价值。这种经济利益或实用性，是指该信息具有确定的可应用性（该信息能够直接应用），能够为权利人带来现实的或潜在的经济利益或竞争优势，或者具有积极意义。

保密性是指商业秘密的合法拥有者在主观上应有保守商业秘密的意愿，在客观上已经采取相应的措施进行保密。如果主观上没有保守商业秘密的意愿，或者客观上没有采取相应的保密措施，那么就认为不具有保密性。

一项商业秘密受到法律保护的依据是必须具备构成商业秘密的三个条件，即不为公众所知悉（未公开）、具有实用性、采取了保密措施，当缺少三个条件之一都会造成商业秘密丧失保护。例如，由于商业秘密权利人采取的保密措施不当，或者第三人的善意取得（如合法购买者通过对软件的反编译得到软件的源代码），都可能导致"秘密性"的丧失，不再构成商业秘密。只要商业秘密不再是"秘密"，也就无法据此来主张权利。

公开性是知识产权保护对象（客体）的一个基本特征，但商业秘密不具有此特征，它是依靠保密来维持其专有权利的，如果公开将失去法律的保护。

参考答案

（18）D

试题（19）、（20）

X.25 公用数据网采用的交换技术是 (19) ，ATM 通信网采用的交换技术是 (20) 。

（19）A. 分组交换　　　B. 电路交换　　　C. 报文交换　　　D. 信元交换

（20）A. 分组交换　　　B. 电路交换　　　C. 报文交换　　　D. 信元交换

试题（19）、（20）分析

X.25 公用数据网采用分组交换技术，分组的大小为 128 字节或 256 字节，较小的分组在噪声网络中有利于重发。ATM 通信网采用的交换技术是信元交换，信元大小为 53 字节，短的、固定长度的信元为使用硬件进行高速交换创造了条件。这两种网络都是面向连接的虚电路网络，在数据传输之前需要先建立虚电路，然后所有的分组（或信元）都沿着同一虚电路传送到目标。

参考答案

（19）A　（20）D

试题（21）

下面关于光纤的论述中，错误的是 (21) 。

（21）A. 单模光纤的纤芯直径较小　　　B. 单模光纤的传播距离较远

　　　C. 多模光纤采用不同波长直线传输 D. 多模光纤分为渐变型和突变型两种

试题（21）分析

光纤分为单模光纤和多模光纤。单模光纤（Single Mode Fiber）采用激光二极管作为光源，波长分为 1310nm 和 1550nm 两种。单模光纤的纤芯直径为 8.3μm，包层外径为 125μm，可表示为 8.3/125μm。单模光纤色散很小，适用于远程通信。如果希望支持万兆传输，而且距离较远，应考虑采用单模光缆。

从光纤的损耗特性来看，1310nm 波长区是光纤通信的理想工作窗口，也是当前光纤通信系统的主要工作波段。1310nm 单模光纤的主要参数由 ITU-T 在 G652 建议中确定，因此这种光纤又称为 G652 光纤。

多模光纤（Multi Mode Fiber）采用发光二极管作为光源，波长分为 850nm 和 1300nm 两种。多模光纤的纤芯较粗，有 50μm 和 62.5μm 两种，包层外径为 125μm，分别表示为 50/125μm 和 62.5/125μm。多模光纤可传多种模式的光，如果采用折射率突变的纤芯材料，则这种光纤称为多模突变型光纤；如果采用折射率渐变的纤芯材料，则这种光纤称为多模渐变型光纤。多模光纤的色散较大，限制了传输信号的频率，而且随距离的增加这种限制会更加严重。所以多模光纤传输的距离比较近，一般只有几公里。但是多模光纤比单模光纤价格便宜。对传输距离或数据速率要求不高的场合可以选择多模光缆。

参考答案

（21）C

试题（22）

设信道的码元速率为 600 波特，采用 4 相 DPSK 调制，则其数据速率为 ＿＿（22）＿＿ b/s。

（22）A. 300　　　　　　B. 600　　　　　　C. 1000　　　　　　D. 1200

试题（22）分析

根据尼奎斯特定理，码元携带的信息量由码元取的离散值个数决定。若采用 4 相 DPSK 调制，则码元可取 4 种离散值，一个码元携带 2 位信息。根据公式

$$R = B \log_2 N = 2W \log_2 N \text{（b/s）}$$

则有

$$R = B \log_2 N = 600 \text{ 波特} \times 2 = 1200 \text{b/s}$$

参考答案

（22）D

试题（23）

路由器 Console 端口默认的数据速率为 ＿＿（23）＿＿。

（23）A. 2400b/s　　　　B. 4800b/s　　　　C. 9600b/s　　　　D. 10Mb/s

试题（23）分析

把 PC 的 COM1 端口通过控制台电缆与交换机的 Console 端口相连，按照下图所示的默认参数配置 PC 的超级终端，就可以访问到交换机了。可见，路由器 Console 端口默认的数据速率为 9600b/s。

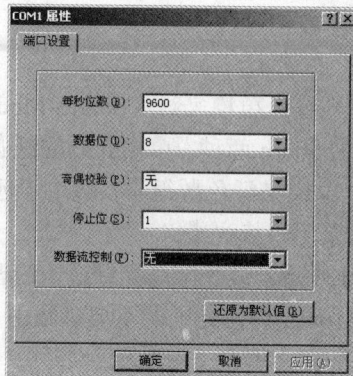

参考答案

（23）C

试题（24）

ADSL 采用的多路复用技术是　(24)　。

(24) A. 时分多路　　　　B. 频分多路　　　C. 空分多路　　　D. 码分多址

试题（24）分析

数字用户线（Digital Subscriber Line，DSL）是基于普通电话线的宽带接入技术，可以在一对铜质双绞线上同时传送数据和话音信号。DSL 有多种模式，统称为 xDSL。

根据上、下行传输速率是否相同，可以把 DSL 划分为对称和不对称两种传输模式。高数据速率用户数字线（HDSL）采用两对双绞线提供全双工数据传输，支持 n×64Kb/s（n=1，2，3，…）的各种速率，最高可达 1.544Mb/s 或 2.048Mb/s，传输距离可达 3～5km。HDSL 在视频会议、远程教学、移动电话基站连接等方面得到了广泛应用。

非对称 DSL 的上、下行传输速率不同，适用于对双向带宽要求不一样的应用，例如 Web 浏览、多媒体点播和信息发布等。速率自适应用户数字线（RADSL）支持同步和非同步传输方式，下行速率为 640Kb/s～12Mb/s，上行速率为 128Kb/s～1Mb/s。RADSL 具有速率自适应的特点，可以根据双绞线的质量和传输距离动态调整用户访问速率。甚高比特率数字用户线（VDSL）可在较短的距离上获得极高的传输速率，是各种 DSL 中速度最快的一种。在一对铜质双绞线上，VDSL 的下行速率可以扩展到 52Mb/s，同时支持 1.5～2.3Mb/s 的上行速率。ADSL 是一种非对称 DSL 技术，在一对铜线上可提供上行速率 512kb/s～1Mb/s，下行速率 1～8Mb/s，有效传输距离在 3～5km。

ADSL 采用的调制技术主要是离散多音（DMT）技术。DMT 在铜质电话线上将从直流到 1MHz 的频带划分成 256 个子信道，每个子信道带宽为 4.3kHz。频率最低的信道（0～4.3kHz）用来传输模拟电话信号，其余频带在低频部分传输上行信号，高频部分传输下行信号。ADSL Modem 独立地分析每个信道的信噪比，以确定该信道可适用的数据速率。当某一信道的信噪比恶化时，Modem 自动降低该信道的数据速率，以保证传输的正确性。如果一个信道的信噪比极其恶化，甚至可能将其关闭。上、下行信号的分割有两种办法：频率分割法（FDM）和回波抵消法（EC），现在市场上的 ADSL 产品绝大多数采用频分法。

参考答案

（24）B

试题（25）

内联网（Intranet）是利用因特网技术构建的企业内部网，其中必须包括　(25)　协议、Web Server/Browser 等。

(25) A. TCP/IP　　　　B. IPX/SPX　　　C. NetBuilder　　　D. NetBIOS

试题（25）分析

Intranet 是 Internet（因特网）和 LAN（局域网）技术相结合的产物。Intranet 也叫内联网，它是把 Internet 技术应用于局域网上建立的企业网或校园网。Internet 的关键技术就是 TCP/IP 协议和 Web/Browser 访问模式。利用这些技术建立的企业网与外部的 Internet 之间用防火墙隔离，外部网络对 Intranet 的访问是可以控制的，从而提供了一定的安全保障机制。由于利用了 Internet 技术，因此 Intranet 具有良好的开放性，提供了统一的信息发布方式和友好的用户访问界面。同时在 Intranet 内部还可以利用局域网的控制机制，进行有效的配置和管理。

参考答案

（25）A

试题（26）～（28）

如果一个公司有 1000 台主机，则至少需要给它分配 (26) 个 C 类网络。为了使该公司的网络地址在路由表中只占一行，给它指定的子网掩码必须是 (27) 。这种技术叫作 (28) 技术。

（26）A. 2　　　　　　　B. 4　　　　　　　C. 8　　　　　　　D. 16

（27）A. 255.192.0.0　　B. 255.240.0.0　　C. 255.255.240.0　　D. 255.255.252.0

（28）A. NAT　　　　　B. PROXY　　　　C. CIDR　　　　　D. SOCKS

试题（26）～（28）分析

每个 C 类网络可提供 254 个主机地址，1000 台主机大约需要 4 个 C 类网络，这些子网合成一个超网，其网络掩码应为 255.255.252.0。这种技术就是无类别域间路由技术（Classless Inter-Domain Routing，CIDR）。

参考答案

（26）B　　（27）D　　（28）C

试题（29）

下面的地址中，属于单播地址的是 (29) 。

（29）A. 172.31.128.255/18　　　　　　　　B. 10.255.255.255/8

　　　 C. 192.168.24.59/30　　　　　　　　D. 224.105.5.211/8

试题（29）分析

地址 172.31.128.255/18 的二进制展开形式为（黑体部分为网络 ID）：

10101100 00011111 10000000 11111111，这是一个主机地址。

地址 10.255.255.255/8 的二进制展开形式为（黑体部分为网络 ID）：

00001010 11111111 11111111 11111111，这是一个 A 类广播地址。

地址 192.168.24.59/30 的二进制展开形式为（黑体部分为网络 ID）：

11000000 10101000 00011000 00111011，这是一个广播地址。

地址 224.105.5.211/8 是 D 类地址，作组播地址用。

参考答案

（29）A

试题（30）

设有下面 4 条路由：192.168.129.0/24、192.168.130.0/24、192.168.132.0/24 和 192.168.133.0/24，如果进行路由汇聚，能覆盖这 4 条路由的地址是　　(30)　　。

(30) A. 192.168.130.0/22　　　　　　　　B. 192.168.128.0/22

　　　 C. 192.168.128.0/21　　　　　　　　D. 192.168.132.0/23

试题（30）分析

地址 192.168.129.0/24 的二进制形式为：**11000000 10101000 10000001** 00000000。

地址 192.168.130.0/24 的二进制形式为：**11000000 10101000 10000010** 00000000。

地址 192.168.132.0/24 的二进制形式为：**11000000 10101000 10000100** 00000000。

地址 192.168.133.0/24 的二进制形式为：**11000000 10101000 10000101** 00000000。

地址 192.168.128.0/21 的二进制形式为：**11000000 10101000 10000000** 00000000。

所以能覆盖这 4 条路由的地址是 192.168.128.0/21。

参考答案

(30) C

试题（31）

IP 地址块 192.168.80.128/27 包含了　　(31)　　个可用的主机地址。

(31) A. 15　　　　　　B. 16　　　　　　C. 30　　　　　　D. 32

试题（31）分析

地址块 192.168.80.128/27 预留的主机 ID 为 5 位，包含的地址数为 32，其中可作为主机地址的是 30 个。

参考答案

(31) C

试题（32）、（33）

ARP 协议属于　　(32)　　层，其作用是　　(33)　　。

(32) A. 传输层　　　　　B. 网络层　　　　　C. 会话层　　　　　D. 应用层

(33) A. 由 MAC 地址求 IP 地址　　　　　　B. 由 IP 地址求 MAC 地址

　　　 C. 由 IP 地址查域名　　　　　　　　D. 由域名查 IP 地址

试题（32）、（33）分析

ARP 协议属于网络层，其作用是由 IP 地址求 MAC 地址。

参考答案

(32) B　　(33) B

试题（34）、（35）

在异步通信中，每个字符包含 1 位起始位、7 位数据位、1 位奇偶位和 1 位终止位，每秒钟传送 200 个字符，采用 4 相位调制，则码元速率为　　(34)　　，有效数据速率为　　(35)　　。

（34）A. 50 波特　　　　　B. 500 波特　　　　　C. 550 波特　　　　　D. 1000 波特
（35）A. 700b/s　　　　　B. 1000b/s　　　　　C. 1400b/s　　　　　D. 2000b/s

试题（34）、（35）分析

因为 4 相位调制说明每波特代表 2 位数据，所以波特率为

$$B =（1+7+1+1）×200÷2＝1000 \text{ 波特}$$

有效数据速率 R ＝ 7×200＝1400b/s。

参考答案

（34）D　　（35）C

试题（36）

无线局域网新标准 IEEE 802.11n 提供的最高数据速率可达到　（36）　。

（36）A. 11Mb/s　　　　　B. 54Mb/s　　　　　C. 100Mb/s　　　　　D. 300Mb/s

试题（36）分析

无线局域网新标准 IEEE 802.11n 提供的最高数据速率可达到 300Mb/s，这也是目前市售的无线接入设备提供的最高数据速率。

参考答案

（36）D

试题（37）

Internet 涉及许多协议，下面的选项中能正确表示协议层次关系的是　（37）　。

（37）A.

SNMP	POP3
UDP	TCP
IP	

B.

SNMP	POP3
TCP	ARP
IP	

C.

SMTP	Telnet
TCP	SSL
IP	UDP
ARP	

D.

SMTP	Telnet
TCP	UDP
IP	LLC
MAC	

试题（37）分析

SNMP 协议采用无连接的 UDP 数据报传输，POP3 采用面向连接的 TCP 协议传送报文，这两者的网络层都是 IP 协议（参见下图）。

参考答案

（37）A

试题（38）～（40）

在 OSI/RM 中，主要提供差错控制的协议层是　（38）　，负责路由选择的协议层是　（39）　，解释应用数据语义的协议层是　（40）　。

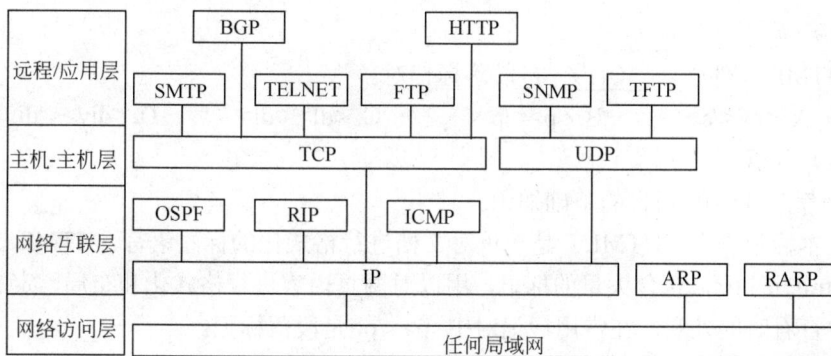

TCP/IP 协议簇

（38）A. 数据链路层　　　　B. 网络层　　　　C. 表示层　　　　D. 应用层
（39）A. 数据链路层　　　　B. 网络层　　　　C. 表示层　　　　D. 应用层
（40）A. 数据链路层　　　　B. 网络层　　　　C. 表示层　　　　D. 应用层

试题（38）～（40）分析

OSI/RM 的 7 个协议层的主要功能可以概括如下：

① 物理层：规定了通信设备的机械、电气、功能和过程特性，用以建立、维持和释放数据链路实体间的连接。

② 数据链路层：这一层的功能是建立、维持和释放网络实体之间的数据链路，这种数据链路对网络层表现为一条无差错的信道。相邻结点之间的数据传输也有流量控制的问题，数据链路层把流量控制和差错控制结合在一起，形成了各种实用的数据链路控制协议。

③ 网络层：这一层的功能属于通信子网，它把上层来的数据组织成分组，在通信子网的结点之间传送。交换过程中要解决的关键问题是选择路由，另外还要防止网络中出现拥挤或阻塞的问题。

④ 传输层：这一层在低层服务的基础上提供端系统之间的数据传输服务。传输连接在其两端进行流量控制，以免高速主机发送的信息流淹没低速的接收主机。

⑤ 会话层：会话层支持两个表示层实体之间的交互作用，实现它们之间的会话管理，并控制两个表示层实体间的数据交换过程。例如分段、同步等。

⑥ 表示层：其用途是提供一个可供应用层选择的服务的集合，使得应用层可以根据这些服务解释数据的含义。表示层关心的是所传输数据的表现方式，它的语法和语义。

⑦ 应用层：这一层的协议直接为端用户服务，提供分布式处理环境。应用层管理开放系统的互连，包括系统的启动、维持和终止，并保持应用进程间建立连接所需的数据记录。

参考答案

（38）A　　（39）B　　（40）C

试题（41）

在 HTML 文件中，___(41)___ 是段落标记对。

（41）A. <a></a>　　　　B. <p></p>　　　　C. <dl></dl>　　　　D. <div></div>

试题（41）分析

本题考查 HTML 语言的基础知识。

超文本标记语言（HTML）是一种对文档进行格式化的标注语言。HTML 文档的扩展名为.html 或.htm，包含大量的标记，用以对网页内容进行格式化和布局，定义页面在浏览器中查看时的外观，在常用标记对中<p></p>是段落标记。

参考答案

（41）B

试题（42）

在 HTML 的表格中，文本与表框的距离采用 ___(42)___ 属性来定义。

（42）A. width　　　　B. height　　　　C. cellspacing　　　　D. cellpadding

试题（42）分析

本题考查 HTML 语言的表格基础知识。

在 HTML 中，一个表由<table>开始，</table>结束，表的内容由<tr>、<th>和<td>定义。表的大小用 width=#和 height=#属性说明。前者为表宽，后者为表高，#是以像素为单位的整数。边框宽度由 border=#说明，#为宽度值，单位是像素。表格间距即划分表格的线的粗细，用 cellspacing=#表示，#的单位是像素。文本与表框的距离用 cellpadding=#说明。

参考答案

（42）D

试题（43）

在 HTML 语言中，&lt 用来表示 ___(43)___ 。

（43）A. >　　　　B. <　　　　C. &　　　　D. "

试题（43）分析

本题考查 HTML 语言的基础知识。

HTML 对某些特殊字符只能使用转义序列。例如 HTML 中<、>和&有特殊含义（前两个字符用于链接签，&用于转义），不能直接使用。使用这三个字符时，应使用它们的转义序列。在 HTML 定义的转义序列中，&的转义序列为& amps 或& #38，<的转义序列为&lt 或&#60，>的转义序列为&gt 或&#62，引号的转义序列为&quot 或&#34。

参考答案

（43）B

试题（44）

在网页中创建 Email 链接，代码正确的是 ___(44)___ 。

（44）A. <a href="callto:master@ test.com">意见反馈</a>

　　　B. <a href="email:master@ test.com">意见反馈</a>

　　　C. <a href="mailto:master@ test.com">意见反馈</a>

　　　D. <a href="submit:master@test.com">意见反馈</a>

试题（44）分析

本题考查 HTML 语言的基础知识。

HTML 在定义超链接时可以创建 Email 链接，当用户单击 Email 链接时，可以启用浏览器默认 Email 程序。上述创建 Email 链接的正确格式是：<a href="mailto:master@ test.com">意见反馈</a>。

参考答案

（44）C

试题（45）

以下属于客户端脚本语言的是　__(45)__ 。

（45）A. Java　　　　　B. PHP　　　　　C. ASP　　　　　D. VBScript

试题（45）分析

本题考查脚本语言的基础知识。

客户端脚本语言是一组由浏览器解释执行的语句，能赋予页面更多的交互性。而服务端脚本语言则由 Web 服务器解释执行并将结果传输给客户端。在本题选项中，只有 VBScript 可以作为客户端脚本语言。ASP、PHP 和 Java 都是作为 Web 服务端执行程序的。

参考答案

（45）D

试题（46）

向目标发送 ICMP 回声请求（echo）报文的命令是　__(46)__ 。

（46）A. Tracert　　　B. Arp　　　　C. Nslookup　　　D. Netstat

试题（46）分析

本题考查网络管理命令的使用情况。

Tracert 命令的功能是确定到达目标的路径，并显示通路上每一个中间路由器的 IP 地址。通过多次向目标发送 ICMP 回声（echo）请求报文，每次增加 IP 头中 TTL 字段的值，就可以确定到达各个路由器的时间。

Arp 命令用于显示和修改地址解析协议（ARP）缓存表的内容，缓存表项是 IP 地址与网卡地址对。

Nslookup 命令用于显示 DNS 查询信息，诊断和排除 DNS 故障。

Netstat 命令用于显示 TCP 连接、计算机正在监听的端口、以太网统计信息、IP 路由表、IPv4 统计信息（包括 IP、ICMP、TCP 和 UDP 等协议）、IPv6 统计信息（包括 IPv6、ICMPv6、TCP over IPv6 和 UDP over IPv6 等协议）等。

通过上述命令的功能及采用的原理，正确答案为 Tracert。

参考答案：

（46） A

试题（47）

如下图所示，在 IE 的 "Internet 选项" 对话框的 __(47)__ 选项卡中可指定电子邮件程序。

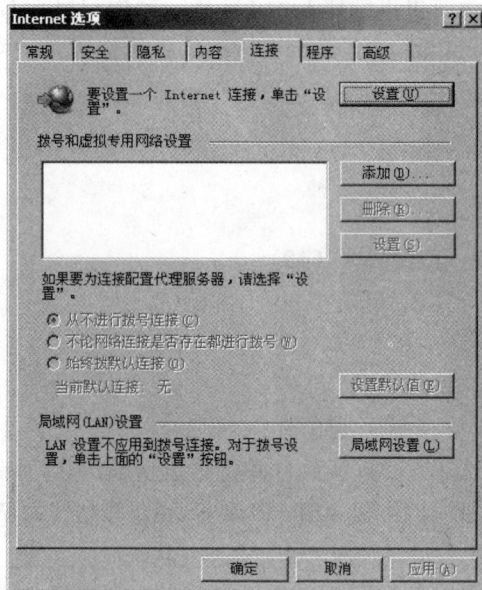

（47）A. 常规　　　B. 内容　　　　　C. 高级　　　　　D. 程序

试题（47）分析

本题考查因特网应用中浏览器使用方面的知识内容。

浏览器是用来浏览因特网主页的工具软件，Internet Explorer 是由 Microsoft 公司开发的 WWW 浏览器软件。其 "Internet 选项" 对话框的 "常规" 选项卡可以更改主页、删除临时文件、保存历史记录等；"内容" 选项卡中提供了分级审查功能，可以限制在本机访问那些受限制的站点。"高级"选项卡列出了超文本传输协议 HTTP、Java 虚拟机 Java VM、安全和多媒体等方面的设置。"程序" 选项卡中可以指定各种因特网服务使用的程序，例如可以选择 "电子邮件" 下拉列表框右边的下拉按钮，将其改为 Microsoft Outlook。

参考答案：

（47） D

试题（48）、（49）

通过 __(48)__ 服务可以登录远程主机进行系统管理，该服务默认使用 __(49)__ 端口。

（48）A. E-mail　　　　　B. Ping　　　　　C. Telnet　　　　D. UseNet

（49）A. 23　　　　　B. 25　　　　　C. 80　　　　　D. 110

试题（48）、（49）分析

本题考查远程登录协议及其原理。

远程登录（Telnet）服务可以通过远程登录程序进入远程的计算机系统。只要拥有在因特网上某台计算机的账号，无论在哪里，都可以通过远程登录来使用该台计算机，就像使用本地计算机一样。

Telnet 使用的端口号为 23。

参考答案：

（48）C　　（49）A

试题（50）

在 Windows 系统中，进行域名解析时，客户端系统最先查询的是___（50）___。

（50）A. 本地 hosts 文件　　　　　B. 主域名服务器

　　　 C. 辅助域名服务器　　　　　D. 转发域名服务器

试题（50）分析

本题考查域名服务器及其原理。

域名服务器负责控制本地数据库中的名字解析。主域名服务器负责维护这个区域的所有域名信息，是特定域所有信息的权威性信息源。当主域名服务器关闭、出现故障或负载过重时，辅域名服务器作为备份服务器提供域名解析服务。转发域名服务器负责所有非本地域名的本地查询。在 Windows 系统中，进行域名解析时，客户端系统最先查询的是本地 hosts 文件，若查找不到，向主域名服务器发出请求进行查找。

参考答案：

（50）A

试题（51）

在 Windows 系统中，如果希望某用户对系统具有完全控制权限，则应该将该用户添加到___（51）___用户组中。

（51）A. everyone　　B. administrators　　C. power users　　D. users

试题（51）分析

本题考查 Windows 用户权限方面的知识。

在以上 4 个选项中，用户组默认权限由高到低的顺序是 administrators→power users→users→everyone，其中只有 administrators 拥有完全控制权限。

参考答案

（51）B

试题（52）

在 Windows 系统中，everyone 组对共享文件的缺省权限是___（52）___。

（52）　A. 读写　　　　　B. 完全控制　　　C. 读　　　　　D. 更改

试题（52）分析

本题考查 Windows 文件权限方面的知识。

在 Windows 系统中，对一个文件设置共享后，该文件的缺省权限是 everyone 可读。

参考答案

（52）C

试题（53）、（54）

在 IIS 6.0 中，为保证网站的安全性，发布目录中 html 文件的权限应该设置为　（53）　，
可执行程序的权限应该设置为　（54）　。

（53）A. 禁用　　　　　　　　　　　B. 读取

　　　C. 执行　　　　　　　　　　　D. 写入

（54）A. 禁用　　　　　　　　　　　B. 读取和写入

　　　C. 读取和执行　　　　　　　　D. 写入和执行

试题（53）、（54）分析

本题考查 Windows IIS 服务器方面的知识。

html 文件用于供用户下载，所以权限应该设置为可读；可执行程序应该可以读取和
执行，但不应该具有写入的权限。

参考答案

（53）B　　（54）C

试题（55）

以下关于钓鱼网站的说法中，错误的是　（55）　。

（55）A. 钓鱼网站仿冒真实网站的 URL 地址

　　　B. 钓鱼网站是一种网络游戏

　　　C. 钓鱼网站用于窃取访问者的机密信息

　　　D. 钓鱼网站可以通过 E-mail 传播网址

试题（55）分析

本题考查网络安全方面的知识。

钓鱼网站是指一类仿冒真实网站的 URL 地址，通过 E-mail 传播网址，目的是窃取
用户账号、密码等机密信息的网站。

参考答案

（55）B

试题（56）

在非对称密钥系统中，甲向乙发送机密信息，乙利用　（56）　解密该信息。

（56）A. 甲的公钥　　　B. 甲的私钥　　　C. 乙的公钥　　　D. 乙的私钥

试题（56）分析

本题考查网络安全方面的知识。

在非对称密钥系统中，甲通过用乙的公钥对数据加密的方法向乙发送机密信息，乙收到机密信息后，利用自己的私钥解密该信息。

参考答案

（56）D

试题（57）、（58）

以太网控制策略中有三种监听算法，其中一种是："一旦介质空闲就发送数据，假如介质忙，继续监听，直到介质空闲后立即发送数据"，这种算法称为___(57)___监听算法。这种算法的主要特点是___(58)___。

（57）A. 1-坚持型　　　B. 非坚持型　　　　　C. P-坚持型　　　　D. 0-坚持型

（58）A. 介质利用率低，但冲突概率低

　　　B. 介质利用率高，但冲突概率也高

　　　C. 介质利用率低，且无法避免冲突

　　　D. 介质利用率高，可以有效避免冲突

试题（57）、（58）分析

以太网 MAC 控制协议 CSMA/CD 的基本原理是：工作站在发送数据之前，先监听信道，判断是否有别的站在发送数据。若有，说明信道正忙；否则信道是空闲的。然后根据预定的策略决定：若信道空闲，是否立即发送；若信道忙，是否继续监听。

即使信道空闲，若立即发送仍会发生冲突。一种情况是远端的站刚开始发送，载波信号尚未到达监听站，这时监听站若发送分组，就会和远端的站发生冲突；另一种情况是虽然暂没有站发送，但碰巧两个站同时开始发送，也会发生冲突。所以，上面的控制策略就是要尽量避免这种虽然稀少，但仍可能发生的冲突。

监听算法并不能完全避免发送冲突，但若对以上两种控制策略进行精心设计，则可以把冲突概率减到最小。据此，有以下三种监听算法。

（1）非坚持型监听算法。当一个站准备好帧，发送之前先监听信道，若信道空闲，立即发送，否则后退一个随机时间再监听，重复以上过程。由于随机时延后退，从而减少了冲突的概率。然而，可能出现的问题是因为后退而使信道闲置一段时间，这使信道的利用率降低，而且增加了发送时延。

（2）1-坚持型监听算法。当一个站准备好帧，发送之前先监听信道，若信道空闲，立即发送；否则继续监听，直到信道空闲后立即发送。

这种算法的优缺点与前一种正好相反：有利于抢占信道，减少信道空闲时间。但是多个站同时都在监听信道时必然发生冲突。

（3）P-坚持型监听算法。这种算法汲取了以上两种算法的优点，但较为复杂。这种算法是：

① 若信道空闲，以概率 P 发送，以概率（1–P）延迟一个时间单位。一个时间单位等于网络传输时延τ。

② 若信道忙，继续监听直到信道空闲，转①。

③ 如果发送延迟一个时间单位τ，则重复①。

困难的问题是决定概率 P 的值，P 的取值应在重负载下能使网络有效地工作。

参考答案

（57）A　　（58）B

试题（59）

如果基带总线的段长为 d＝1000m，中间没有中继器，数据速率为 R=10Mb/s，信号传播速率为 v=200m/μs，为了保证在发送期间能够检测到冲突，则该网络上的最小帧长应为 （59） 位。

（59）A. 50　　　　　　B. 100　　　　　　C.150　　　　　　D. 200

试题（59）分析

冲突时槽计算方法是根据网络传播延迟时间τ来计算的。

$\tau＝d/v=1000/200=5\mu s$

$R\times 2\tau=10\times 10＝100$ 位。

参考答案

（59）B

试题（60）、（61）

在交换机连接的局域网中设置 VLAN，可以 （60） 。使用 VLAN 有许多好处，其中不包括 （61） 。

（60）A. 把局域网组成一个冲突域　　　　　B. 把局域网组成一个广播域

　　　　C. 把局域网划分成多个广播域　　　　D. 在广播域中划分出冲突域

（61）A. 扩展了通信范围　　　　　　　　　B. 减少了网络的流量

　　　　C. 对用户可以分别实施管理　　　　D. 提高了网络的利用率

试题（60）、（61）分析

在交换机连接的局域网中设置 VLAN，可以把局域网划分成多个广播域。使用 VLAN 可以减少网络的流量，提高网络的利用率，也可以对用户分别实施管理，但不能扩展通信范围。

参考答案

（60）C　　（61）A

试题（62）

在缺省用户目录下创建一个新用户 alex 的 Linux 命令是 （62） 。

（62）A. useradd -d /home/alex alex　　　B. useradd -d /usr/alex alex

　　　　C. useradd -D /home/alex alex　　　D. useradd -D /usr/alex alex

试题（62）分析

本题考查 Linux 系统中 useradd 命令的使用。

useradd 命令用来建立用户账号和创建用户的起始目录，使用权限是超级用户。其语法格式为：

```
useradd [-d home] [-s shell] [-c comment] [-m [-k template]] [-f inactive]
[-e expire ] [-p passwd] [-r] name
```

主要参数为：

- -c：加上备注文字，备注文字保存在 passwd 的备注栏中。
- -d：指定用户登录时的起始目录。
- -D：变更预设值。
- -e：指定账号的有效期限，缺省表示永久有效。
- -f：指定在密码过期后多少天即关闭该账号。
- -g：指定用户所属的群组。
- -G：指定用户所属的附加群组。
- -m：自动建立用户的登录目录。
- -M：不要自动建立用户的登录目录。
- -n：取消建立以用户名称为名的群组。
- -r：建立系统账号。
- -s：指定用户登录后所使用的 shell。
- -u：指定用户 ID 号。

故在缺省用户目录下创建一个新用户 alex 的 Linux 命令是 useradd　-d　/home/alex　alex。

参考答案

（62）A

试题（63）

在 Linux 中，Web 服务的配置文件是＿＿（63）＿＿。

（63）A. /etc/hostname　　　　　　　　　　B. /etc/host.conf
　　　 C. /etc/resolv.conf　　　　　　　　　D. /etc/httpd.conf

试题（63）分析

本题考查 Web 服务器配置方面的知识。

Web 服务器的配置文件是/etc/httpd.conf，DNS 服务器的配置文件是/etc/resolv.conf。

参考答案

（63）D

试题（64）

在 Linux 中，可以通过＿＿（64）＿＿命令来查看目录文件。

（64）A. ps　　　　　　　B. ls　　　　　　　C. dir　　　　　　D. list

试题（64）分析

本题考查 Linux 命令的作用。

ps 命令用于观察进程状态，它会把当前瞬间进程的状态显示出来；ls 命令用于查看目录内容，它默认显示当前目录的内容，可以在命令行参数的位置给出一个或多个目录名，从而可以查看这些目录。

参考答案

（64）B

试题（65）

某用户正在 Internet 浏览网页，在 Windows 命令窗口中输入 arp -a 命令后，得到本机的 ARP 缓存记录如下图所示。

```
C:\Documents and Settings\User> arp -a
Interface: 119.145.167.192 --- 0x2
  Internet Address      Physical Address      Type
  119.145.167.254     10-2B-89-2A-16-7D     dynamic
```

下列说法中正确的是 　（65）　。

（65）A. 客户机网卡的 MAC 地址为 10-2B-89-2A-16-7D

　　　 B. 网关的 IP 地址为 119.145.167.192

　　　 C. 客户机的 IP 地址为 119.145.167.192

　　　 D. Web 服务器的 IP 地址为 119.145.167.254

试题（65）分析

本题考查 ARP 命令及以太帧构成原理。

arp -a 显示的是本地 ARP 缓存中的记录，由于某用户正在 Internet 浏览网页，因此其本地 ARP 缓存中必定要有网关记录，即 119.145.167.254 10-2B-89-2A-16-7D　dynamic 为网关的 ARP 记录。

参考答案

（65）C

试题（66）

Web 服务采用的协议是 　（66）　。

（66）A. FTP　　　　　　　B. HTTP　　　　　　C. SMTP　　　　　　D. SNMP

试题（66）分析

本题考查 Web 服务采用的协议。

FTP 协议提供的是文件传输服务；HTTP 协议提供 Web 浏览服务；SMTP 协议提供邮件传输服务；SNMP 提供简单网络管理服务功能。

参考答案

（66）B

试题（67）、（68）

POP3 使用端口　（67）　接收邮件报文，该报文采用　（68）　协议进行封装。

（67）A. 21　　　　　B. 25　　　　　C. 80　　　　　D. 110

（68）A. TCP　　　　B. UDP　　　　C. HTTP　　　　D. ICMP

试题（67）、（68）分析

本题考查 POP3 协议及其端口号。

POP3 使用的端口号为 110，用以接收邮件报文。该报文采用的传输层协议是 TCP。

参考答案

（67）D　　（68）A

试题（69）

下图为 Web 站点的文档属性窗口，若主目录下只有 Default.asp、index.htm 和 iisstart.htm 三个文件，则客户端访问网站时浏览的文件是　（69）　。

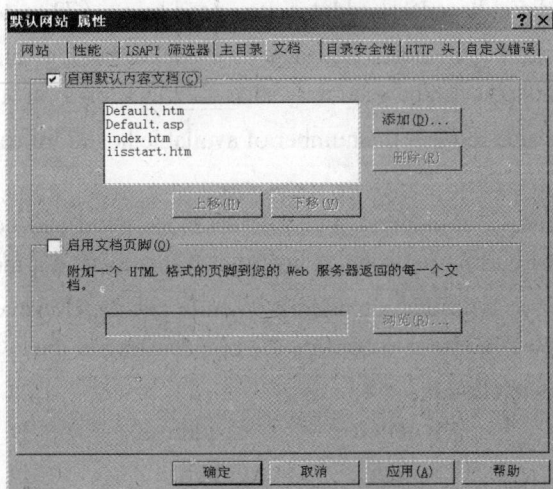

（69）A. Default.htm　　　B. Default.asp　　　　C. index.htm　　　　D. iisstart.htm

试题（69）分析

本题考查 Web 站点网页文件的配置。

Web 站点文件的制定规则是：从默认文档指定的文件中，自上至下与主目录中进行匹配。本题中首先在主目录中查找 Default.htm，由于该文件不存在，接着查找下一个 Default.asp，仍然不存在，查找 index.htm 时存在，故访问的网页文件为 index.htm。

参考答案

（69）C

试题（70）

检查网络连接时，若使用主机 IP 地址可以 ping 通，但是用域名不能 ping 通，则故障可能是__（70）__。

（70）A. 网络连接故障　　　　　　　B. 路由协议故障

　　　　C. 域名解析故障　　　　　　　D. 默认网关故障

试题（70）分析

本题考查域名解析相关知识。

由主机 IP 地址可以 ping 通，故不是网络连接故障、路由协议故障。若是默认网关故障，则导致的是不能出本网段，通常应考虑是否域名解析出了故障。

参考答案

（70）C

试题（71）～（75）

We have already covered the topic of network addresses. The first__（71）__in a block (in classes A, B, and C) defines the network address. In classes A, B, and C, if the hostid is all 1s, the address is called a direct broadcast address. It is used by a__（72）__to send a packet to all hosts in a specific network. All hosts will accept a packet having this type of destination address. Note that this address can be used only as a __（73）__ address in an IP packet. Note also that this special address also reduces the number of available hostid for each netid in classes A, B, and C.

In classes A, B, and C, an address with all 1s for the netid and hostid (32 bits) define a __（74）__ address in the current network. A host that wants to send a message to every other host can use this address as a destination address in an IP packet. However, a router will block a packet having this type of address to confine the broadcasting to the__（75）__network. Note that this address belongs to class E.

（71）A. datagram　　　　B. function　　　　C. address　　　　D. service

（72）A. router　　　　　B. switch　　　　　C. hub　　　　　　D. firewall

（73）A. source　　　　　B. destination　　　C. local　　　　　D. remote

（74）A. unicast　　　　　B. multicast　　　　C. broadcast　　　　D. anycast

（75）A. neighbor　　　　B. next　　　　　　C. remote　　　　　D. local

参考译文：

我们已经讲述了有关网络地址的内容。第一种块地址（A 类、B 类和 C 类）定义了网络地址。在 A 类、B 类和 C 类地址中，如果主机 ID 部分都是"1"，这种地址叫做直接广播地址。通常被路由器用于把分组发送给某特定网络中的所有主机。所有主机都接收具有这种目标地址的分组。值得注意的是，这种地址只能在 IP 分组中被用作目标地址。还要提及的是，这种特殊地址也减少了每一个 A 类、B 类和 C 类网络 ID 中可用的主机

ID 数量。

　　在 A 类、B 类和 C 类地址中，如果所有网络 ID 和主机 ID 部分（32 位）全为 "1"，则这种地址定义了当前网络中的广播地址。一个主机如果想要发送报文给每一个其他主机，则可以使用这个地址作为 IP 分组的目标地址。然而，路由器通常会阻挡具有这种地址的分组，以限制向本地网络的广播。注意，这种地址属于 E 类地址。

参考答案

　　（71）C　（72）A　（73）B　（74）C　（75）D

第2章 2012 上半年网络管理员下午试题分析与解答

试题一（15 分）

阅读以下说明，回答问题 1 至问题 3，将解答填入答题纸对应的解答栏内。

【说明】

某网络拓扑结构如图 1-1 所示，网络中心设在图书馆，均采用静态 IP 接入。

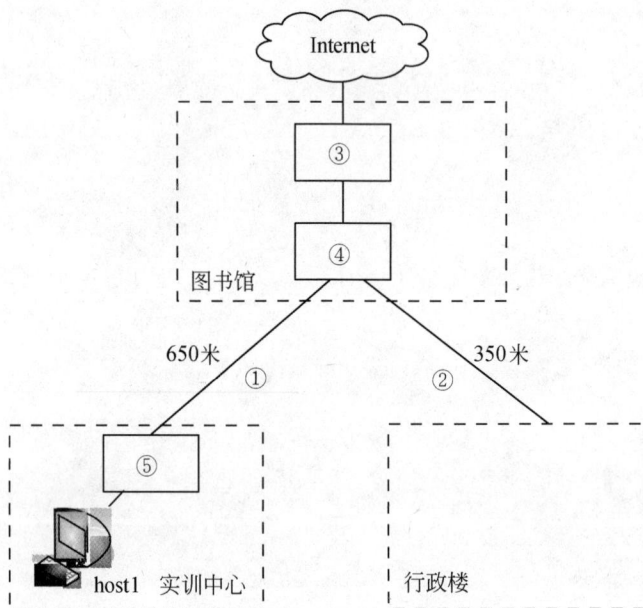

图 1-1

【问题1】（6 分，每空 2 分）

由图 1-1 可见，图书馆与行政楼相距 350 米，图书馆与实训中心相距 650 米，均采用千兆连接，那么①处应选择的通信介质是　(1)　，②处应选择的通信介质是　(2)　，选择这两处介质的理由是　(3)　。

(1)、(2) 备选答案（每种介质限选一次）：

    A. 单模光纤   B. 多模光纤   C. 同轴电缆   D. 双绞线

【问题2】（3 分，每空 1 分）

从表 1-1 中，为图 1-1 的③～⑤处选择合适的设备，填写设备名称（每个设备限选一次）。

表 1-1

设 备 类 型	设 备 名 称	数　量
路由器	Router1	1
三层交换机	Switch1	1
二层交换机	Switch2	1

【问题 3】（6 分，每空 1.5 分）

该网络在进行 IP 地址部署时，可供选择的地址块为 192.168.100.0/26，各部门计算机数量分布如表 1-2 所示。要求各部门处于不同的网段，表 1-3 给出了图书馆的 IP 分配范围，请将其中的（4）、（5）处空缺的主机地址和子网掩码填写在答题纸的相应位置。

表 1-2

部　门	主 机 数 量
实训中心	30 台
图书馆	10 台
行政楼	10 台

表 1-3

部　门	可分配的地址范围	子 网 掩 码
图书馆	192.168.100.1～　(4)	(5)

为 host1 配置 Internet 协议属性参数。

IP 地址：　　　　　(6)　；　　（给出一个有效地址即可）

子网掩码：　　　　(7)　；

试题一分析

本题考查简单的局域网配置及相关知识。

【问题 1】

由图书馆与实训中心相距 650 米，又要采用千兆连接，通常可用单模光纤，故①处应选择的通信介质是单模光纤；图书馆与行政楼相距 350 米，通常可用多模光纤或单模光纤，又因为每种介质限选一次，故②处应选择的通信介质是多模光纤。

【问题 2】

③处为整个网络的出口，应该提供路由功能，故此处选 Router1，即路由器；④处是连接汇聚交换机的设备，应具有较高的交换速率，故此处选 Switch1，三层交换机；⑤处是连接各 PC 或接入交换机的设备，应选择二层交换机，即 Switch2。

【问题 3】

可供选择的地址块为 192.168.100.0/26，又要求各部门处于不同的网段，故采用可变长子网掩码进行子网划分，由于图书馆起始地址为 192.168.100.1，故该网络的地址为 192.

168.100.0/28；行政楼的网络地址为 192.168.100.16/28；实训中心的网络地址为 192.168. 100.32/27。由此，（4）处应填入的 IP 地址为 192.168.100.14，除了 192.168.100.0 用作网络地址外，192.168.100.15 为广播地址。（5）处应填入 255.255.255.240。host1 为实训中心内的主机，故其 IP 地址为 192.168.100.33～192.168.100.62 内任一地址均可，子网掩码为 255.255.255.224。

参考答案

【问题 1】

（1）A．单模光纤

（2）B．多模光纤

（3）图书馆和实训中心相距 650 米，通常多模光纤支持距离为 550 米以内，故（1）应选单模光纤；图书馆与行政楼之间相距 350 米，同轴与双绞线传输距离达不到，故选多模光纤。

【问题 2】

③ Router1

④ Switch1

⑤ Switch2

【问题 3】

（4）192.168.100.14

（5）255.255.255.240

（6）192.168.100.33～192.168.100.62 内任一地址

（7）255.255.255.224

试题二（15 分）

阅读以下说明，回答问题 1 至问题 4，将解答填入答题纸对应的解答栏内。

【说明】

某局域网采用 DHCP 服务器自动分配 IP 地址，网络结构如图 2-1 所示。

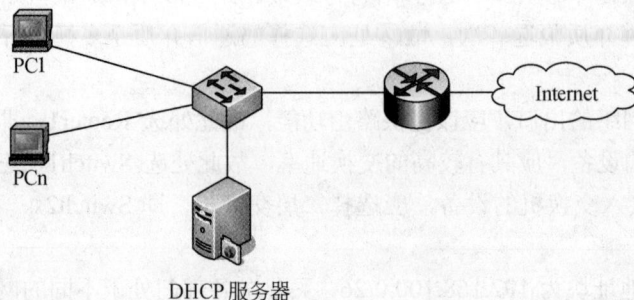

图 2-1

【问题 1】（4 分，每空 1 分）

通过 DHCP 服务器分配 IP 地址的工作流程为：寻找 DHCP 服务器、提供 IP 租用、接受 IP 租约及租约确认等四步，如图 2-2 所示。

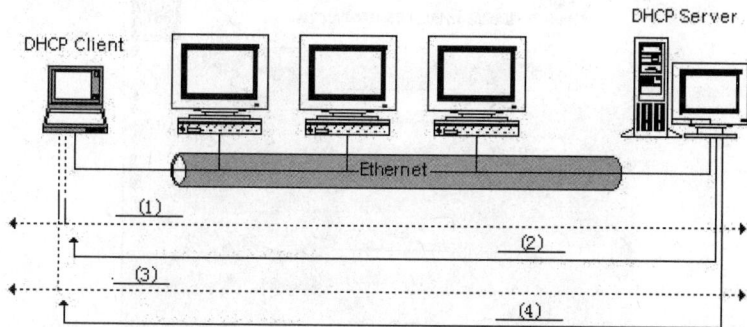

图 2-2

为图 2-2 中（1）～（4）处选择正确的报文。

（1）～（4）备选答案：

A. Dhcpdiscover   B. Dhcpoffer

C. Dhcprequest   D. Dhcpack

【问题 2】（6 分，每空 2 分）

DHCP 服务器配置成功后，在 PC1 的 DOS 命令窗口中，运行__(5)__命令显示本机网卡的连接信息，得到图 2-3 所示的结果。

```
C:\Documents and Settings\User>
Ethernet adapter 本地连接:

        Connection-specific DNS Suffix  . :
        Description . . . . . . . . . . : Realtek RTL8168/8111 PCI-E Gigabit E
thernet NIC #2
        Physical Address. . . . . . . . : A0-2D-7E-39-63-4E
        Dhcp Enabled. . . . . . . . . . : Yes
        Autoconfiguration Enabled . . . . : Yes
        IP Address. . . . . . . . . . . : 209.210.87.192
        Subnet Mask . . . . . . . . . . : 255.255.255.0
        Default Gateway . . . . . . . . : 209.210.87.254
        DHCP Server . . . . . . . . . . : 192.168.253.10
        DNS Servers . . . . . . . . . . : 209.30.19.40
                                          209.210.87.3
        Lease Obtained. . . . . . . . . : 2012年2月11日 11:55:12
        Lease Expires . . . . . . . . . : 2012年2月18日 11:55:12
```

图 2-3

图 2-4 是 DHCP 服务器配置时分配 IP 地址范围的窗口，依据图 2-3 的结果，为图中服务器配置属性参数。

起始 IP 地址：　　(6)　；

结束 IP 地址：　　(7)　。

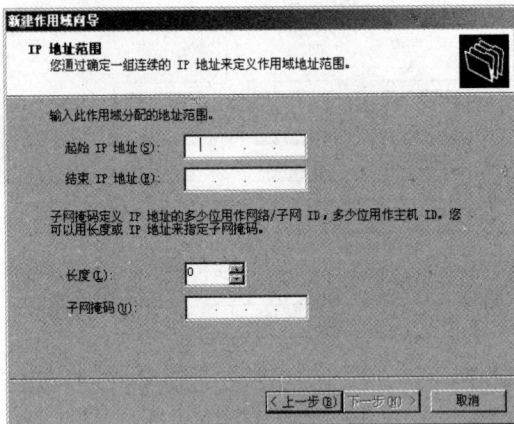

图 2-4

【问题 3】（2 分）

依据图 2-3 结果，租约期限为　　(8)　天。

【问题 4】（3 分）

图 2-5 所示的 PC1 的 Internet 协议属性参数应如何设置？

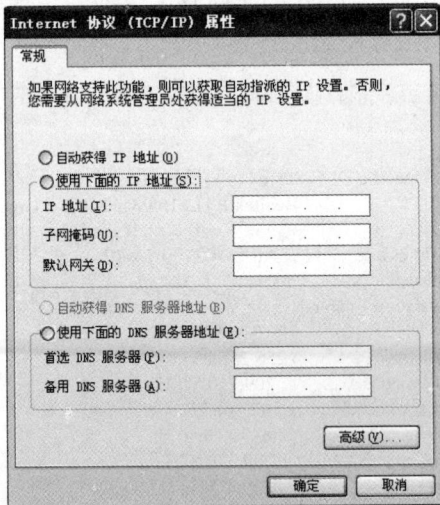

图 2-5

试题二分析

本题考查 DHCP 协议、DHCP 服务器工作原理及配置相关知识。

【问题 1】

通过 DHCP 服务器分配 IP 地址的工作流程为：首先采用广播 Dhcpdiscover 包的方式寻找 DHCP 服务器；其次，服务器收到请求后，通过 Dhcpoffer 报文为请求者提供 IP 租用相关信息；接着客户端通过 Dhcprequest 报文接收 IP 租约；最后服务器通过 Dhcpack 报文进行租约确认，明确租用地址及租约期等信息。

【问题 2】

显示 IP 地址及相关信息的命令为 ipconfig/all，故（5）处填入 ipconfig/all。

由于 PC1 的地址为 209.210.87.192，子网掩码为 255.255.255.0，故服务器的地址池应包括该地址，因而起始地址在范围 209.210.87.1～209.210.87.192 内任一地址均正确，结束地址在 209.210.87.192～209.210.87.254 内任一地址均正确。

【问题 3】

由租用时间为 2 月 11 日到 2 月 18 日可知，租约期限为 7 天。

【问题 4】

由于 PC1 的 IP 地址为自动分配，故需要配置成自动获取，所以配置方法为：勾选"自动获取 IP 地址""自动获取 DNS 服务器地址"。也可以配置好 DNS 服务器地址，故也可采用下列配置方法：勾选"自动获取 IP 地址"，在"首选 DNS 服务器"文本框中填入 209.30.19.40，在"备用 DNS 服务器"文本框中填入 209.210.87.3。

参考答案

【问题 1】

（1）A. Dhcpdiscover

（2）B. Dhcpoffer

（3）C. Dhcprequest

（4）D. Dhcpack

【问题 2】

（5）ipconfig/all

（6）209.210.87.1～209.210.87.192 内任一地址均正确

（7）209.210.87.192～209.210.87.254 内任一地址均正确

【问题 3】

（8）7

【问题 4】

勾选"自动获取 IP 地址""自动获取 DNS 服务器地址"。

或勾选"自动获取 IP 地址"，在"首选 DNS 服务器"文本框中填入 209.30.19.40，"备用 DNS 服务器"文本框中填入 209.210.87.3。

试题三（15 分）

阅读以下说明，回答问题 1 至问题 5，将解答填入答题纸对应的解答栏内。

【说明】

某局域网拓扑结构如图 3-1 所示。

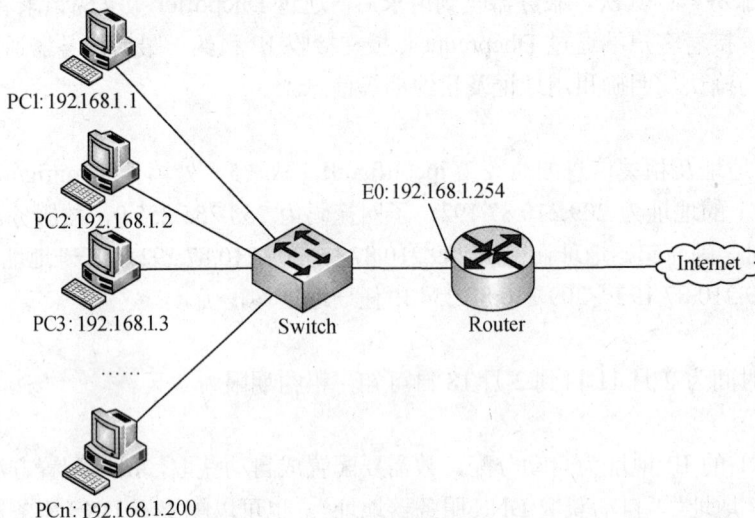

图 3-1

【问题 1】（2 分）

若局域网所有主机的网卡状态均显示为 "🖥️"，则最可能的故障设备是 (1) 。

【问题 2】（5 分，每空 1 分）

交换机 Switch 的配置模式包含用户模式、特权模式、全局配置模式和局部配置模式，请补充完成下面配置命令或注释。

```
Switch>                              ; (2) 模式提示符
Switch >enable                       ; 进入 (3) 模式
Switch #                             
Switch #config terminal              ; 进入 (4) 模式
Switch(config)#                      
Switch(config)#enable password cisco ; 设置 (5)
Switch(config)#hostname C2950        ; 设置 (6)
C2950(config)#end
```

【问题 3】（3 分，每空 1 分）

路由器 Router 的配置命令和注释如下，请补充完成。

```
Router>enable
Router #config terminal
Router (config)#interface e0          ; 进入 (7) 模式
```

```
Router (config-if)#ip address  (8)  255.255.255.0      ；设置接口 IP 地址
Router (config-if)# no shutdown                        ；  (9)
Router (config-if)#end
```

【问题 4】（2 分，每空 1 分）

如果 PC3 无法访问网段内的其他 PC，查看其配置结果如图 3-2 所示，则 PC3 的配置项中 (10) 配置错误，可以将其更正为 (11) 。

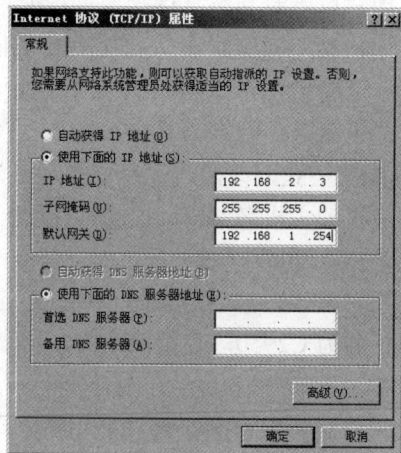

图 3-2

【问题 5】（3 分，每空 1 分）

网络配置成功后，为了阻止 PC2 访问 Internet，需要在图 3-1 中路由器 E0 接口上配置 ACL 规则，请补充完成。

```
Router(config)#access-list 10  (12)  192.168.1.2  0.0.0.0
Router(config)#access-list 10  permit  (13)  0.0.0.255
Router(config)#access-list 10  deny  any
Router(config)#interface E0
Router(config-if)#ip access-group  (14)  in
```

试题三分析

本题考查局域网组网过程中涉及的主机网络参数配置、交换机和路由器基本配置的相关知识，并考查解决常见网络故障和配置错误的能力。此类题目要求考生具备有实际配置经验，通过掌握的基础知识，认真阅读题目场景来回答问题。

【问题 1】

网络图标█表示的是对应的网卡未连接状态，可能是连接网卡的网线没有插好，也可能是网线对端设备故障。根据题意，局域网所有主机的网卡状态均显示为█，则最可能的故障设备是与主机相连接的交换机故障，故障原因可能是交换机没有通上电。

【问题 2】

　　交换机有以下常见的配置模式：普通用户模式、特权模式、全局配置模式和局部配置模式。在这些配置模式下，用户对交换机所具有的权限是不同的。在普通用户模式下，用户只能够对交换机进行简单的操作，如查询操作系统版本和系统时间，使用很少的几个命令；在特权模式下，用户可以使用较多的命令对交换机进行查看、配置等操作；在全局配置模式下，主要完成对交换机的配置，如虚拟局域网的配置、访问控制列表的配置等；在局部配置模式下，用户可以对某个具体端口进行配置。

　　在交换机正常启动后，用户使用超级终端仿真软件或 Telnet 登录上交换机，自动进入用户配置模式，该模式下命令提示符为"switch>"。在用户模式下，输入"enable"命令可以进入特权模式，该模式下命令提示符为"switch#"。在特权模式下，输入"config terminal"命令可以进入全局配置模式，该模式下命令提示符为"switch(config)#"。在全局配置模式下，可以配置交换机的主机名（hostname）、IP 地址（ip address）、使能口令（enable password）和使能密码（enable secret）等。

　　题中首先进入交换机的用户模式，然后进入特权模式、全局配置模式，最后在全局配置模式下配置交换机的主机名为 C2950，使能口令为 cisco。

【问题 3】

　　与交换机的配置类似，路由器的配置操作有以下几种模式：普通用户模式、特权模式和配置模式。在用户模式下，用户只能发出有限的命令，这些命令对路由器的正常工作没有影响；在特权模式下，用户可以发出丰富的命令，以便更好地控制和使用路由器；在配置模式下，用户可以创建和更改路由器的配置，对路由器的管理和配置主要工作在配置模式下。

　　其中配置模式又分为全局配置模式和接口配置模式、路由协议配置模式、线路配置模式等子模式。在不同的工作模式下，路由器有不同的命令提示状态。

　　题中用户从路由器的用户模式依次进入到特权模式、全局配置模式，最后用 interface E0 命令进入到接口（E0）配置模式，并通过 ip address 命令配置 E0 的 IP 地址（通过图 3-1 可知接口 E0 的 IP 地址应该设为 192.168.1.254），通过 no shutdown 命令激活接口。

【问题 4】

　　从图 3-1 中可知，PC3 所在网段为 192.168.1.1/24 网段，PC3 的 IP 地址应该为 192.168.1.3，而在图 3-2 中所示 PC3 的网络配置中，PC3 的 IP 地址配成了 192.168.2.3，所以造成无法访问其他主机的故障，应该将该 IP 地址改回 192.168.1.3。

【问题 5】

　　访问控制列表（ACL）根据源地址、目标地址、源端口或目标端口等协议信息对数据包进行过滤，从而达到进行访问控制的目的。ACL 分为标准的和扩展的两种类型。标准 ACL 只能根据分组中的 IP 源地址进行过滤，例如可以允许或拒绝来自某个源设备的所有通信。扩展 ACL 不但可以根据源地址或目标地址进行过滤，还可以根据不同的上层协议和协议信息进行过滤。

　　配置标准 ACL 的命令：

```
Router(config)# access-list ACL_# permit|deny conditions
```

　　依题意并根据 ACL 由上到下的执行顺序可知，第一条 ACL 是要禁止（deny）主机 192.168.1.2 访问 Internet，第二条 ACL 是要允许其他主机（192.168.1.0）访问 Internet，第三条是禁止所有主机访问 Internet，最后一条命令是将编号为 10 的 ACL 应用到 E0 接口上。

参考答案

【问题 1】

　　（1）交换机（switch）

【问题 2】

　　（2）用户（执行）

　　（3）特权

　　（4）全局配置

　　（5）口令为 cisco

　　（6）主机名为 C2950

【问题 3】

　　（7）接口（或局部）配置

　　（8）192.168.1.254

　　（9）激活接口

【问题 4】

　　（10）IP 地址

　　（11）192.168.1.3～192.168.1.253 中除 192.168.1.200 的任一个

【问题 5】

　　（12）deny

　　（13）192.168.1.0

　　（14）10

试题四（15 分）

　　阅读下列有关网络防火墙的说明，回答问题 1 至问题 4，将答案填入答题纸对应的解答栏内。

【说明】

　　某公司网络有 200 台主机、一台 WebServer 和一台 MailServer。为了保障网络安全，安装了一款防火墙，其网络结构如图 4-1 所示，防火墙上配置 NAT 转换规则如表 4-1 所示。

　　防火墙的配置遵循最小特权原则（即仅允许需要的数据包通过，禁止其他数据包通过），请根据题意回答以下问题。

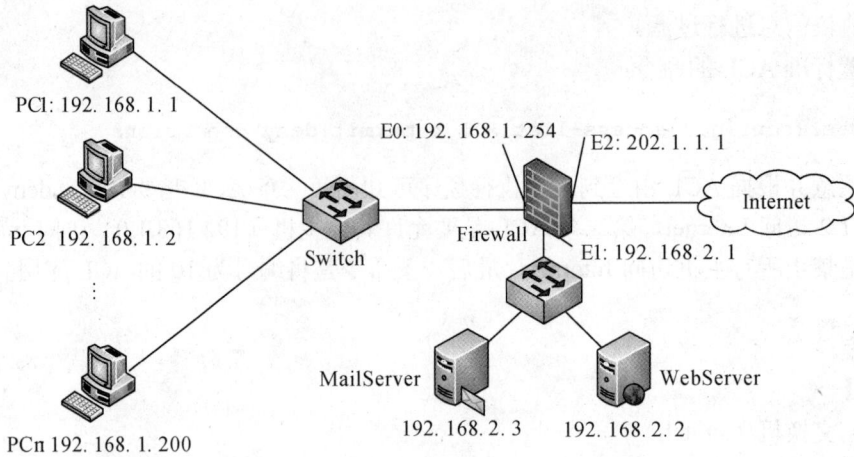

图 4-1

表 4-1

转换前 IP 地址	转换后 IP 地址
192.168.1.0/24	202.1.1.1
192.168.2.2	202.1.1.2
192.168.2.3	202.1.1.3

【问题 1】（6 分，每空 1 分）

防火墙设置的缺省安全策略如表 4-2 所示，该策略含义为：内网主机可以访问 WebServer、MailServer 和 Internet，Internet 主机无法访问内网主机和 WebServer、MailServer。

表 4-2

方向	源地址	源端口	目的地址	目的端口	协议	规则
E0–> E1,E2	Any	Any	Any	Any	Any	允许
E1–>E0,E2	Any	Any	Any	Any	Any	允许
E2–> E0,E1	Any	Any	Any	Any	Any	禁止

如果要给 Internet 主机开放 WebServer 的 Web 服务以及 MailServer 的邮件服务，请补充完成表 4-3 的策略（注：表 4-3 的策略在表 4-2 之前生效）。

表 4-3

方向	源地址	源端口	目的地址	目的端口	协议	规则
E2–> E1	Any	Any	(1)	(2)	HTTP	(3)
E2–> E1	Any	Any	(4)	25	(5)	(6)

【问题 2】（3 分，每空 1 分）

如果要禁止内网用户访问 Internet 上 202.10.20.30 的 FTP 服务，请补充完成表 4-4 的策略（注：表 4-4 的策略在表 4-2 之前生效）。

表 4-4

方向	源地址	源端口	目的地址	目的端口	协议	规则
(7)	192.168.1.0/24	(8)	202.10.20.30	21	FTP	(9)

【问题 3】（4 分，每空 1 分）

如果要禁止除 PC1 以外的所有内网用户访问 Internet 上 219.16.17.18 的 Web 服务，请补充完成表 4-5 的策略（注：表 4-5 的策略在表 4-2 之前生效）。

表 4-5

方向	源地址	源端口	目的地址	目的端口	协议	规则
E0–> E2	(10)	Any	219.16.17.18	80	HTTP	(11)
E0–> E2	(12)	Any	219.16.17.18	80	HTTP	(13)

【问题 4】（2 分，每空 1 分）

如果要允许 Internet 用户通过 Ping 程序对 WebServer 的连通性进行测试，请补充完成表 4-6 的策略（注：表 4-6 的策略在表 4-2 之前生效）。

表 4-6

方向	源地址	源端口	目的地址	目的端口	协议	规则
E2–> E1	Any	—	(14)	—	(15)	允许

试题四分析

本题考查防火墙的原理和配置。

【问题 1】

根据题意，Internet 主机默认是不能访问 WebServer 的 Web 服务以及 MailServer 的邮件服务，如果要给 Internet 主机开放 WebServer 的 Web 服务以及 MailServer 的邮件服务，表 4-3 中"规则"列必须是允许，协议分别是 HTTP 和 SMTP，HTTP 的协议端口为 80，WebServer 的 IP 地址是 192.168.2.2，MailServer 的 IP 地址是 192.168.2.3。

【问题 2】

如果要禁止内网用户访问 Internet 上 202.10.20.30 的 FTP 服务，方向应该是从内网到 Internet，源端口无法指定，规则是禁止。

【问题 3】

如果要禁止除 PC1 以外的所有内网用户访问 Internet 上 219.16.17.18 的 Web 服务，只能通过两条规则来实现：第一条规则允许特定主机 PC1 访问 Web 服务，第二条规则禁止所有主机访问 Web 服务。

【问题 4】

因为 Ping 程序采用的是 ICMP 协议,如果要允许 Internet 用户通过 Ping 程序对 WebServer 的连通性进行测试,则应该允许 Internet 到 WebServer 对应 IP 地址的 ICMP 消息。

参考答案

【问题 1】

(1) 192.168.2.2

(2) 80

(3) 允许

(4) 192.168.2.3

(5) SMTP

(6) 允许

【问题 2】

(7) E0 –> E2

(8) Any

(9) 禁止

【问题 3】

(10) 192.168.1.1

(11) 允许

(12) Any 或 192.168.1.0/24

(13) 禁止

【问题 4】

(14) 192.168.2.2

(15) ICMP

试题五(15 分)

阅读下列说明,回答问题 1 至问题 3,将解答填入答题纸的对应栏内。

【说明】

某网站采用 ASP+SQL Server 开发,系统的数据库名为 gldb,数据库服务器 IP 地址为 202.12.34.1。打开该网站主页,如图 5-1 所示。

【问题 1】(8 分,每空 1 分)

以下是该网站主页部分的 html 代码,请根据图 5-1 将(1)～(8)的空缺代码补齐。

```
<html>
…
<!--#___(1)___file="include/header.asp"-->
```

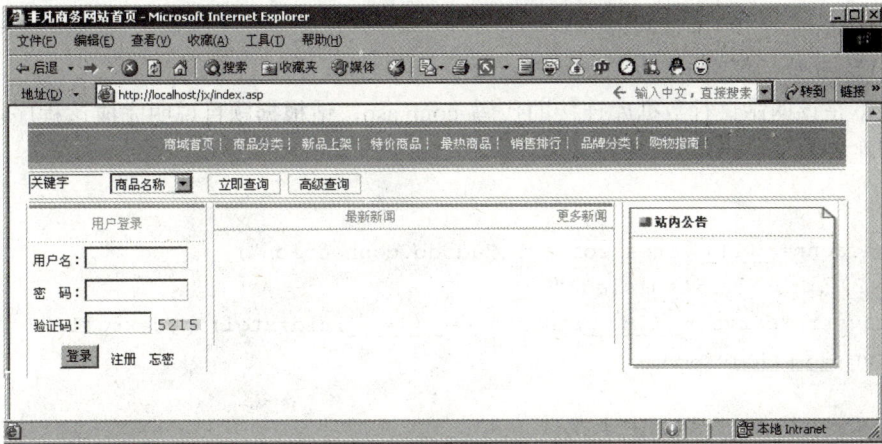

图 5-1

```
<table width="784"  >
<tr >
…
<form … >
<td width="45%">
<input type="___(2)___" size="15" maxlength="15" ___(3)___="关键字" >
    <___(4)___ name="action" >
        <option value="1" >商品简介</option>
        <option value="2">商品类别</option>
        <option value="3" ___(5)___>商品名称</option>
         <option value="4">详细说明</option>
        ___(6)___
<input type="___(7)___" value="立即查询" >
<input type="___(8)___" value="高级查询" onClick="location.href=
'search.asp'">
</td>
</form>
</tr>
</table>
…
</html>
```

【问题 2】（2 分，每空 1 分）

该网站采用 ASP 编写程序代码，在 ASP 内置对象中，application 对象和 session 对象可以创建存储空间用来存放变量和对象的引用。

如果在页面中设置访客计数器，应采用上述的___(9)___对象；如果编写购物车组件，

应采用上述的 (10) 对象。

【问题 3】（5 分，每空 1 分）

以下是该网站进行数据库连接的代码 conn.asp，请根据题目说明完成该程序，将答案填写在答题纸的对应位置。

```
<%
set conn= (11) .createobject("adodb.connection")
 (12) .provider="sqloledb"
provstr="server= (13) ;database= (14) ;uid=xtgl; pwd=xtgl123"
conn. (15) provstr
%>
```

试题五分析

本题考查网页设计的基本知识与应用。

【问题 1】

本问题考查 html 代码的基础知识，主要是表单类型的判别。

根据图示网页及提供的程序代码，对于 html 文档开始处的空(1)，需要引用 header.asp 文件，所以空（1）处应该填写代码 include。空（2）～（8）是和表单相关的代码，根据图示可知，这部分表单分别为文本、下拉选择、提交表单和按钮，所以代码应为如下：

```
<input type="text" size="15" maxlength="15"  value ="关键字" >
    <select name="action" >
      <option value="1" >商品简介</option>
      <option value="2">商品类别</option>
      <option value="3" selected>商品名称</option>
        <option value="4">详细说明</option>
    </select>
<input type="submit" value="立即查询"  >
<input type="button_" value="高级查询"  onClick="location.href='search.
asp'">
```

【问题 2】

本问题考查 ASP 内置对象的基础知识。

在 ASP 内置对象中，application 对象和 session 对象可以创建存储空间用来存放变量和对象的引用，其中 application 对象存储全局变量，session 对象存储会话变量。而访客计数器是记录所有来访者次数的，属于全局变量，应用 application 对象存储；购物车组件则是记录单个访问者特有信息的，属于会话变量，应用 session 对象存储。

【问题 3】

本问题考查 ASP 中数据库连接代码的应用。

根据题目描述，系统的数据库名为 gldb，数据库服务器 IP 地址为 202.12.34.1，所以数据库连接代码如下：

```
<%
set conn=server.createobject("adodb.connection")
conn.provider="sqloledb"
provstr="server=_202.12.34.1;database=gldb;uid=xtgl; pwd=xtgl123"
conn.execute provstr
%>
```

参考答案
【问题 1】
（1）include
（2）text
（3）value
（4）select
（5）selected
（6）</select>
（7）submit
（8）button
【问题 2】
（9）application
（10）session
【问题 3】
（11）server
（12）conn
（13）202.12.34.1
（14）gldb
（15）execute

第3章 2012下半年网络管理员上午试题分析与解答

试题（1）

在文字处理软件 Word 的编辑状态下，将光标移至文本行首左侧空白处呈"🔲"形状时，若双击鼠标左键，则可以选中　(1)　。

（1）A．单词　　　　B．一行　　　　C．一段落　　　　D．全文

试题（1）分析

本题考查 Word 方面的基础知识。

在 Word 2003 的编辑状态下，将光标移至文本行首左侧空白处呈🔲形状时，若单击鼠标左键，则可以选中一行；若双击鼠标左键，则可以选中一段落；若三击鼠标左键，则可以选中全文。

参考答案

（1）C

试题（2）

在 Windows 系统中，扩展名　(2)　表示该文件是批处理文件。

（2）A．com　　　　B．sys　　　　C．bat　　　　D．swf

试题（2）分析

在 Windows 操作系统中，文件名通常由主文件名和扩展名组成，中间以"."连接，如 myfile.doc，扩展名常用来表示文件的数据类型和性质。下表给出常见的扩展名所代表的文件类型：

扩展名	说明	扩展名	说明
exe	可执行文件	sys	系统文件
com	命令文件	zip	压缩文件
bat	批处理文件	doc 或 docx	Word 文件
txt	文本文件	c	C 语言源程序
bmp	图像文件	pdf	Adobe Acrobat 文档
swf	Flash 文件	wav	声音文件
html	网页文件	java	Java 语言源程序

参考答案

（2）C

试题（3）、（4）

在电子表格软件 Excel 中，假设 A1 单元格的值为 15，若在 A2 单元格输入

"=AND(15<A1, A1<100)"，则 A2 单元格显示的值为　(3)　；若在 A2 单元格输入"=IF(AND(15<A1, A1<100), "数据输入正确", "数据输入错误")"，则 A2 单元格显示的值为　(4)　。

(3) A. TRUE　　　　　　　　　　　B. =AND(15<A1, A1<100)

　　C. FALSE　　　　　　　　　　　D. AND(15<A1, A1<100)

(4) A. TRUE　　　　　　　　　　　B. FALSE

　　C. 数据输入正确　　　　　　　　D. 数据输入错误

试题（3）、（4）分析

本题考查 Excel 基础知识方面的知识。

公式"=AND(15<A1, A1<100)"的含义为：当"15<A1<100"成立时，其值为 TRUE，否则为 FALSE。而 A1 单元格的值为 15，故 A2 单元格显示的值 FALSE。

函数 IF（条件，值 1，值 2）的功能是当满足条件时，则结果返回值 1；否则，返回值 2。本题不满足条件，故应返回"数据输入错误"。

参考答案

（3）C　　　（4）D

试题（5）

采用 IE 浏览器访问工业与信息化部教育与考试中心网主页，正确的 URL 地址是　(5)　。

(5) A. Web://www. ceiaec.org　　　　B. http:\www. ceiaec.org

　　C. Web:\www. ceiaec.org　　　　　D. http://www. ceiaec.org

试题（5）分析

本题考查网络地址方面的基础知识。

统一资源地址（URL）是用来在 Internet 上唯一确定位置的地址。通常用来指明所使用的计算机资源位置及查询信息的类型。http://www. ceiaec.org 中，http 表示所使用的协议，www. ceiaec.org 表示访问的主机和域名。

参考答案

（5）D

试题（6）

CPU 的基本功能不包括　(6)　。

(6) A. 指令控制　　　　　　　　　　B. 操作控制

　　C. 数据处理　　　　　　　　　　D. 数据通信

试题（6）分析

本题考查计算机系统硬件方面的基础知识。

CPU 主要由运算器、控制器（Control Unit，CU）、寄存器组和内部总线组成，其基本功能有指令控制、操作控制、时序控制和数据处理。

指令控制是指 CPU 通过执行指令来控制程序的执行顺序。

操作控制是指一条指令功能的实现需要若干操作信号来完成，CPU 产生每条指令的操作信号并将操作信号送往不同的部件，控制相应的部件按指令的功能要求进行操作。

时序控制是指 CPU 通过时序电路产生的时钟信号进行定时，以控制各种操作按照指定的时序进行。

数据处理是指完成对数据的加工处理是 CPU 最根本的任务。

参考答案

（6）D

试题（7）、（8）

声卡的性能指标主要包括 ___(7)___ 和采样位数；在采样位数分别为 8、16、24、32 时，采样位数为 ___(8)___ 表明精度更高，所录制的声音质量也更好。

（7）A. 刷新频率　　　B. 采样频率　　　C. 色彩位数　　　D. 显示分辨率

（8）A. 8　　　　　　B. 16　　　　　　C. 24　　　　　　D. 32

试题（7）、（8）分析

本题考查计算机系统及设备性能方面的基础知识。

声卡的性能指标主要包括采样频率和采样位数。其中，采样频率即每秒采集声音样本的数量。标准的采样频率有三种：11.025kHz（语音）、22.05kHz（音乐）和 44.1kHz（高保真），有些高档声卡能提供 5～48kHz 的连续采样频率。采样频率越高，记录声音的波形就越准确，保真度就越高，但采样产生的数据量也越大，要求的存储空间也越多。采样位数为是将声音从模拟信号转化为数字信号的二进制位数，即进行 A/D、D/A 转换的精度，位数越高，采样精度越高。

参考答案

（7）B　　　（8）D

试题（9）

以下文件中，___(9)___ 是声音文件。

（9）A. marry.wps　　　B. index.htm　　　C. marry.bmp　　　D. marry.mp3

试题（9）分析

本题考查多媒体基础知识。

声音在计算机中存储和处理时，其数据必须以文件的形式进行组织，所选用的文件格式必须得到操作系统和应用软件的支持。在互联网上和各种不同计算机以及应用软件中使用的声音文件格式也互不相同。wps 是文本文件（一种文字格式文件）；htm 是网页文件；bmp 是一种图像文件格式，在 Windows 环境下运行的所有图像处理软件几乎都支持 bmp 图像文件格式；mp3 文件是流行的声音文件格式（音乐产业的数据标准）。

参考答案

（9）D

试题（10）

脚本语言程序开发不采用"编写—编译—链接—运行"模式，__(10)__ 不属于脚本语言。

（10）A．Delphi   B．Php   C．Python   D．Ruby

试题（10）分析

本题考查程序语言基础知识。

Delphi 是 Windows 平台下著名的快速应用程序开发工具和可视化编程环境。

PHP（Hypertext Preprocessor）是一种 HTML 内嵌式的语言，是一种在服务器端执行的嵌入 HTML 文档的脚本语言，语言的风格有类似于C 语言，被广泛地运用。

Python 是一种面向对象、解释型编程语言，也是一种功能强大的通用型语言，支持命令式程序设计、面向对象程序设计、函数式编程、面向切面编程、泛型编程多种编程范式。Python 经常被当作脚本语言用于处理系统管理任务和网络程序编写。

Ruby 是一种为简单快捷的面向对象编程而创建的脚本语言，20 世纪 90 年代由日本人松本行弘开发。

参考答案

（10）A

试题（11）

利用__(11)__不能将印刷图片资料录入计算机。

（11）A．扫描仪   B．数码相机   C．摄像设备   D．语音识别软件

试题（11）分析

本题考查多媒体基础知识，主要涉及多媒体信息采集与转换设备（软、硬件设备）。

数字转换设备可以把从现实世界中采集到的文本、图形、图像、声音、动画和视频等多媒体信息转换成计算机能够记录和处理的数据。例如，使用扫描仪对印刷品、图片、照片或照相底片等进行扫描，使用数字相机或数字摄像机对选定的景物进行拍摄等均可获得数字图像数据、数字视频数据等。又如，使用计算机键盘选择任意输入法软件人工录入文字资料，使用语音识别软件以朗读方式录入文字资料，使用扫描仪扫描文字资料后利用光学字符识别（OCR）软件录入文字资料等。

参考答案

（11）D

试题（12）

　　获取操作数速度最快的寻址方式是　(12)　。

　　(12) A. 立即寻址　　　　　B. 直接寻址　　　　C. 间接寻址　　　　D. 寄存器寻址

试题（12）分析

　　本题考查计算机系统硬件方面的基础知识。

　　寻址方式就是如何对指令中的地址字段进行解释，以获得操作数的方法或获得程序转移地址的方法。

　　立即寻址是指操作数就包含在指令中。

　　直接寻址是指操作数存放在内存单元中，指令中直接给出操作数所在存储单元的地址。

　　间接寻址是指指令中给出操作数地址的地址。

　　寄存器寻址是指操作数存放在某一寄存器中，指令中给出存放操作数的寄存器名。

参考答案

　　(12) A

试题（13）

　　可用紫外光线擦除信息的存储器是　(13)　。

　　(13) A. DRAM　　　　　　B. PROM　　　　　C. EPROM　　　　D. EEPROM

试题（13）分析

　　本题考查存储器基础知识。

　　DRAM（Dynamic Random Access Memory），即动态随机存取存储器最为常见的系统内存。DRAM 使用电容存储数据，所以必须隔一段时间刷新一次，如果存储单元没有被刷新，存储的信息就会丢失。

　　可编程的只读存储器（Programmable Read Only Memory，PROM）：其内容可以由用户一次性地写入，写入后不能再修改。

　　可擦除可编程只读存储器（Erasable Programmable Read Only Memory，EPROM）：其内容既可以读出，也可以由用户写入，写入后还可以修改。改写的方法是，写入之前先用紫外线照射 15～20 分钟以擦去所有信息，然后再用特殊的电子设备写入信息。

　　电擦除的可编程只读存储器（Electrically Erasable Programmable Read Only Memory，EEPROM）：与 EPROM 相似，EEPROM 中的内容既可以读出，也可以进行改写。只不过这种存储器是用电擦除的方法进行数据的改写。

参考答案

　　(13) C

试题（14）

　　(14)　不属于程序的基本控制结构。

（14）A．顺序结构　　　　B．分支结构　　　　C．循环结构　　　　D．递归结构

试题（14）分析

本题考查程序语言基础知识。

算法和程序的三种基本控制结构为顺序结构、分支结构和循环结构。

参考答案

（14）D

试题（15）

源程序中___（15）___与程序的运行结果无关。

（15）A．注释的多少　　　　　　　　　　B．变量的取值

　　　 C．循环语句的执行次数　　　　　D．表达式的求值方式

试题（15）分析

源程序中的注释的作用是方便代码的阅读和维护，它与程序的运行结果无关。因为注释在编译代码时会被忽略，不编译到最后的可执行文件中，所以注释不会增加可执行文件的大小与执行的结果。

参考答案

（15）A

试题（16）

在结构化设计中，主要根据___（16）___进行软件体系结构设计。

（16）A．数据流图　　　　　　　　　　B．实体-关系图

　　　 C．状态-迁移图　　　　　　　　D．数据字典

试题（16）分析

在结构化设计中，根据数据流图进行体系结构设计和接口设计，根据数据字典和实体关系图进行数据设计，根据加工规格说明、状态转换图和控制规格说明进行过程设计。

参考答案

（16）A

试题（17）

在面向对象技术中，___（17）___说明一个对象具有多种形态。

（17）A．继承　　　　B．组合　　　　C．封装　　　　D．多态

试题（17）分析

本题考查面向对象的基本知识。

面向对象技术中，继承关系是一种模仿现实世界中继承关系的一种类之间的关系，是超类（父类）和子类之间共享数据和方法的机制。在定义和实现一个类的时候，可以在一个已经存在的类的基础上来进行，把这个已经存在的类所定义的内容作为自己的内

容，并加入新的内容。组合表示对象之间整体与部分的关系。封装是一种信息隐藏技术，其目的是使对象（组件）的使用者和生产者分离，也就使地其他开发人员无须了解所要使用的软件组件内部的工作机制，只需知道如何使用组件，即组件提供的功能及其接口。

多态（polymorphism）是不同的对象收到同一消息可以产生完全不同的结果的现象，使得用户可以发送一个通用的消息，而实现的细节则由接收对象自行决定，达到同一消息就可以调用不同的方法，即多种形态。

参考答案

（17）D

试题（18）

软件著作权保护的对象不包括　　(18)　　。

（18）A．源程序　　　　　　B．目标程序　　　　C．流程图　　　　D．算法

试题（18）分析

本题考查知识产权基础知识。

软件著作权保护的对象是指著作权法保护的计算机软件，包括计算机程序及其有关文档。计算机程序是指为了得到某种结果而可以由计算机等具有信息处理能力的装置执行的代码化指令序列，或可被自动转换成代码化指令序列的符号化指令序列或符号化语句序列，通常包括源程序和目标程序。软件文档是指用自然语言或者形式化语言所编写的文字资料和图表，以用来描述程序的内容、组成、设计、功能、开发情况、测试结果及使用方法等，如程序设计说明书、流程图、数据流图、用户手册等。

著作权法只保护作品的表达，不保护作品的思想、原理、概念、方法、公式、算法等，对计算机软件来说，只有程序的作品性能得到著作权法的保护，而体现其功能性的程序构思、程序技巧等却无法得到保护。如开发软件所用的思想、处理过程、操作方法或者数学概念等。

参考答案

（18）D

试题（19）

下面是 8 位曼彻斯特编码的信号波形图，表示的数据是　　(19)　　。

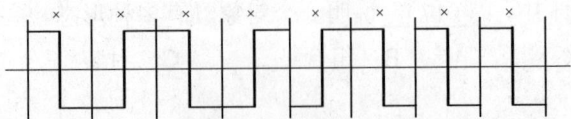

（19）A．10100111　　　　　B．11110011　　　　C．01110111　　　　D．01110101

试题（19）分析

曼彻斯特编码（Manchester Code）是一种双相码（或称分相码）。可以用高电平到低电平的转换边表示 "1"，而用低电平到高电平的转换边表示 "0"；相反的表示也是允

许的。比特中间的电平转换边既表示了数据代码，同时也作为定时信号使用。用两种表示方式分别试验，可以发现本题中采用的是第一种表示方式，表示的数据是 10100111。

参考答案

（19）A

试题（20）、（21）

光纤通信中使用的复用方式是　（20）　。T1 载波采用的复用方式是　（21）　。

（20）A．时分多路　　　　　B．空分多路　　　C．波分多路　　　D．频分多路

（21）A．时分多路　　　　　B．空分多路　　　C．波分多路　　　D．频分多路

试题（20）、（21）分析

在光纤通信中使用波分多路复用技术，用不同波长的光波承来载不同的子信道，多路复用信道同时传送所有子信道的波长。这种网络中要使用能够对光波进行分解和合成的多路器，如下图所示。

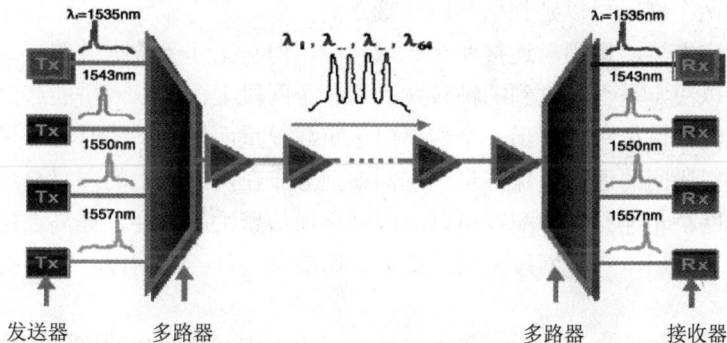

在美国和日本使用的 T1 载波标准采用同步时分多路复用技术。对 4kHz 的话音信道按 8kHz 的速率采样，128 级量化，则每个话音信道的比特率是 56kb/s。T1 载把 24 路话音信道按时分多路的原理复合在一条 1.544Mb/s 的高速信道上。该系统的工作是这样的，用一个编码解码器轮流对 24 路话音信道取样、量化和编码，一个取样周期中（125μs）得到的 7 位一组的数字合成一串，共 7×24 位长。这样的数字串在送入高速信道前要在每一个 7 位组的后面插入一个信令位，于是变成了 8×24=192 位长的数字串。这 192 位数字组成一帧，最后再加入一个帧同步位，故帧长为 193 位。每 125μs 传送一帧，其中包含了各路话音信道的一组数字，还包含总共 24 位的控制信息，以及 1 位帧同步信息，如下图所示。

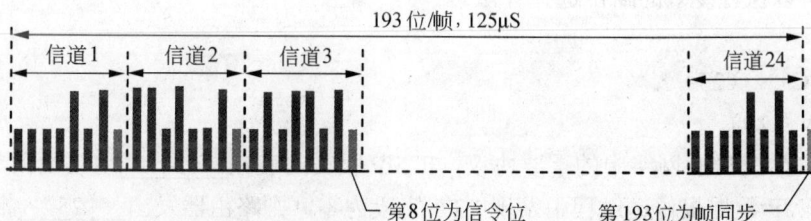

参考答案

（20）C　　　（21）A

试题（22）、（23）

　　下面的网络互联设备中，用于广域网互联的是　(22)　，用于延长网段的是　(23)　。

（22）A. 中继器　　　　　　B. 交换机　　　　　　C. 路由器　　　　　　D. 网桥

（23）A. 中继器　　　　　　B. 交换机　　　　　　C. 路由器　　　　　　D. 网桥

试题（22）、（23）分析

　　对各种网络互连设备可以用其工作的协议层进行分类。中继器工作于物理层，用于延长网段。由于传输线路噪音的影响，承载信息的电磁信号只能传输有限的距离。例如在 802.3 的 10BASE 5 标准中，收发器芯片的驱动能力只有 500m。虽然 MAC 协议的定时特性允许电缆长达 2.5 km，但是单个电缆段却不允许做得那么长。在线路中间插入放大器的办法是不可取的，因为伴随信号的噪音也被放大了。在这种情况下用中继器（Repeater）连接两个网段可以延长信号的传输距离。

　　网桥类似于中继器，也用于连接两个局域网段，但它工作于数据链路层。网桥要分析帧地址字段，以决定是否把收到的帧转发到另一个网段上，所以网桥能起到过滤帧的作用。网桥的过滤特性很有用，当一个网络由于负载很重而性能下降时可以用网桥把它分成两段，并使得段间的通信量保持最小。例如把分布在两层楼上的网络分成每层一个网段，段中间用网桥相连。这种配置可以缓解网络通信繁忙的程度，提高通信效率。同时由于网桥的隔离作用，一个网段上的故障不会影响到另外一个网段，从而提高了网络的可靠性。

　　网桥可用于运行相同高层协议的设备互连，采用不同高层协议的网络不能通过网桥互相通信。另外，网桥也能连接不同传输介质的网络，例如可实现同轴电缆以太网与双绞线以太网之间的互连，或是以太网与令牌环网之间的互连。以太网中广泛使用的交换机（Switch）是一种多端口网桥，每一个端口都可以连接一个局域网。

　　路由器（Router）工作于网络层，它根据网络逻辑地址在互连的子网之间传递分组。路由器适合于连接复杂的大型网络，由于它工作于网络层，因而可以用于连接下面三层执行不同协议的网络，协议的转换由路由器完成，从而消除了网络层协议之间的差别。通过路由器连接的子网在网络层之上必须执行相同的协议才能互相通信。由于路由器工作于网络层，它处理的信息量比网桥要多，因而处理速度比网桥慢。但路由器的互连能力更强，可以执行复杂的路由选择算法。

参考答案

（22）C　　　（23）A

试题（24）、（25）

　　ICMP 是 TCP/IP 网络中的重要协议，ICMP 报文封装在　(24)　协议数据单元中传送。如果在 IP 数据报传送过程中发现 TTL 字段为零，则路由器发出　(25)　报文。

（24）A．IP　　　　　　B．TCP　　　　　　C．UDP　　　　　　D．PPP

（25）A．超时　　　　　B．路由重定向　　　C．源抑制　　　　　D．目标不可到达

试题（24）、（25）分析

ICMP（Internet control Message Protocol）与 IP 协议同属于网络层，用于传送有关通信问题的消息。ICMP 报文封装在 IP 数据报中传送，因而不保证可靠的提交。

常用的 ICMP 报文有几十种之多，最主要的有：

① 目标不可到达（类型 3）：如果路由器判断出不能把 IP 数据报送达目标主机，则向源主机返回这种报文。

② 超时（类型 11）：路由器发现 IP 数据报的生存期已超时，或者目标主机在一定时间内无法完成重装配，则向源端返回这种报文。

③ 源抑制（类型 4）：这种报文提供了一种流量控制方式。如果路由器或目标主机缓冲资源耗尽而必须丢弃数据报，则每丢弃一个数据报就向源主机发回一个源抑制报文，这时源主机必须减小发送速度。

④ 参数问题（类型 12）：如果路由器或主机判断出 IP 头中的字段或语义出错，则返回这种报文，报文头中包含一个指向出错字段的指针。

⑤ 路由重定向（类型 5）：路由器向直接相连的主机发出这种报文，告诉主机一个更短的路径。

⑥ 回声（请求/响应，类型 8/0）：用于测试两个结点之间的通信线路是否畅通。收到回声请求的结点必须发出回声响应报文。该报文中的标识符和序列号用于匹配请求和响应报文。常用的 PING 工具就是这样工作的。

⑦ 时间戳（请求/响应，类型 13/14）：用于测试两个结点之间的通信延迟时间。请求方发出本地的发送时间，响应方返回自己的接收时间和发送时间。这种应答过程如果结合强制路由的数据报实现，则可以测量出指定线路上的通信延迟。

⑧ 地址掩码（请求/响应，类型 17/18）：主机可以利用这种报文获得它所在的 LAN 的子网掩码。首先主机广播地址掩码请求报文，同一 LAN 上的路由器以地址掩码响应报文回答，告诉请求方需要的子网掩码。了解子网掩码可以判断出数据报的目标结点与源结点是否在同一 LAN 中。

参考答案

（24）A　　（25）A

试题（26）、（27）

分配给某公司网络的地址块是 220.17.192.0/20，该网络被划分为 __（26）__ 个 C 类子网，不属于该公司网络的子网地址是 __（27）__ 。

（26）A．4　　　　　B．8　　　　　　C．16　　　　　D．32

（27）A．220.17.203.0　　　　　　B．220.17.205.0

　　　 C．220.17.207.0　　　　　　D．220.17.213.0

试题（26）、（27）分析

220.17.192.0 是一个 C 类网络地址，应该有 24 位子网掩码，现在仅采用 20 位子网掩码，少了 4 位，所以被划分成了 16 个子网。

这 16 个子网号的第三个字节都应该在 192+0～192+15，由于 213 大于 192+15，所以 220.17.213.0 不属于地址块 220.17.192.0/20。

参考答案

（26）C　　　（27）D

试题（28）

以下网络地址中，不能在因特网中路由的是　　（28）　　。

（28）A．100.1.32.7　　　　　　　　　　B．192.178.32.2

　　　C．172.16.32.1　　　　　　　　　　D．172.33.32.244

试题（28）分析

私网地址不能在公网上出现，不能在因特网中路由，只能用在内部网络中，所有的路由器都不转发目标地址为私网地址的数据报。下面的地址都是私网地址：

10.0.0.0～10.255.255.255　　　　　　1 个 A 类地址

172.16.0.0～172.31.255.255　　　　　16 个 B 类地址

192.168.0.0～192.168.255.255　　　　256 个 C 类地址

参考答案

（28）C

试题（29）

对于一个 B 类网络，可以分配　　（29）　　个主机地址。

（29）A．1022　　　　　B．4094　　　　　C．32766　　　　　D．65534

试题（29）分析

IP 地址分为 5 类。A、B、C 类是常用地址。IP 地址的编码规定全 0 表示本地地址，即本地网络或本地主机。全 1 表示广播地址，任何站点都能接收。所以除去全 0 和全 1 地址外，A 类有 126 个网络地址，1600 万个主机地址；B 类有 16382 个网络地址，64000 多个主机地址；C 类有 200 万个网络地址，254 个主机地址。

参考答案

（29）D

试题（30）

下面的协议中，属于网络层的无连接协议是　　（30）　　。

（30）A．SMTP　　　　　B．IP　　　　　C．SNMP　　　　　D．UDP

试题（30）分析

SMTP 是简单邮件传输协议，属于应用层；IP 是网络层协议，提供无连接的数据报服务；SNMP 是简单网络管理协议，属于应用层；UDP 是传输层协议，提供端到端的无连接传输服务。

参考答案

（30）B

试题（31）

下面关于 IPv6 任意播（AnyCast）地址的说明中，错误的是　（31）　。

（31）A．这种地址表示一组接口的标识符

　　　　B．这种地址只能作为目标地址

　　　　C．任意播地址可以指定给 IPv6 主机

　　　　D．任意播地址可以指定给 IPv6 路由器

试题（31）分析

IPv6 任意播（AnyCast）地址是一组接口（可属于不同结点的）的标识符。发往任意播地址的分组被送给该地址标识的接口之一，通常是路由距离最近的接口。对 IPv6 任意播地址不能用作源地址，而只能作为目标地址；任意播地址不能指定给 IPv6 主机，只能指定给 IPv6 路由器。

参考答案

（31）C

试题（32）、（33）

DHCP 协议的功能是　（32）　，它使用　（33）　作为传输协议。

（32）A．为客户自动进行注册　　　　B．为客户机自动配置 IP 地址

　　　　C．使用 DNS 名字自动登录　　D．使用 WINS 名字进行网络查询

（33）A．TCP　　　　B．SMTP　　　　C．UDP　　　　D．SNMP

试题（32）、（33）分析

动态主机配置协议（Dynamic Host Configuration Protocol，DHCP）用于在大型网络中为客户机自动分配 IP 地址及有关网络参数（默认网关和 DNS 服务器地址等）。使用 DHCP 服务器可以节省网络配置工作量，便于进行网络管理，有效地避免网络地址冲突，还能解决 IP 地址资源不足的问题。特别对于使用笔记本计算机的移动用户，从一个子网移动到另一个子网时，就不需要手工更换 IP 地址了。DHCP 使用 UDP 作为传输协议，服务器端口是 67，客户机端口是 68。

参考答案

（32）B　　　（33）C

试题（34）

根据 EIA/TIA-568 标准的规定，在综合布线时，信息插座到网卡之间的最大距离为　（34）　米。

（34）A．10　　　　B．130　　　　C．50　　　　D．100

试题（34）分析

在进行结构化布线系统设计时，要注意线缆长度的限制，下表是 EIA/TIA-568 标准提出的布线距离最大值。

子 系 统	光纤（m）	屏蔽双绞线（m）	无屏蔽双绞线（m）
建筑群（楼栋间）	2000	800	700
主干（设备间到配线间）	2000	800	700
配线间到工作区信息插座		90	90
信息插座到网卡		10	10

参考答案

（34）A

试题（35）

IEEE 802.11 定义了 Ad Hoc 无线网络标准。下面关于 Ad Hoc 网络的说明中错误的是 （35） 。

（35）A．这是一种点对点连接的网络

B．这种网络需要有线网络和接入点的支持

C．以无线网卡连接的终端设备之间可以直接通信

D．这种网络可以是单跳或多跳的

试题（35）分析

IEEE 802.11 定义了两种无线网络的拓扑结构，一种是基础设施网络（Infrastructure Networking），另一种是特殊网络（Ad Hoc Networking）。在基础设施网络中，无线终端通过接入点（Access Point，AP）访问骨干网设备。接入点如同一个网桥，它负责在 802.11 和 802.3 MAC 协议之间进行转换。

Ad Hoc 网络是一种点对点连接，不需要有线网络和接入点的支持，终端设备之间通过无线网卡可以直接通信。这种拓扑结构适合在移动情况下快速部署网络。802.11 支持单跳的 Ad Hoc 网络，当一个无线终端接入时首先寻找来自 AP 或其他终端的信标信号，如果找到了信标，则 AP 或其他终端就宣布新的终端加入了网络；如果没有检测到信标，该终端就自行宣布存在于网络之中。还有一种多跳的 Ad Hoc 网络，无线终端用接力的方法与相距很远的终端进行对等通信。

参考答案

（35）B

试题（36）、（37）

以太网交换机的 Console 端口连接 （36） ，Ethernet 端口连接 （37） 。

（36）A．广域网　　　B．以太网卡　　　C．计算机串口　　　D．路由器 S0 口

（37）A．广域网　　　B．以太网卡　　　C．计算机串口　　　D．路由器 S0 口

试题（36）、（37）分析

交换机有多种类型的端口：

① Console 端口：Console 端口通过专用电缆连接至计算机串行口，利用终端仿真程序对交换机进行本地配置。

② 双绞线（RJ-45）端口：这种端口通过双绞线连接以太网。10Base-T 的 RJ-45 端口标识为"ETH"，而 100Base-TX 的 RJ-45 端口标识为"10/100bTX"。

③ 光纤端口：SC 端口（Subscriber Connector）是一种光纤端口，可提供千兆数据传输速率，通常用于连接服务器的光纤网卡。交换机的光纤端口是一发一收两个，光纤跳线也必须是两根。

④ GBIC 端口：交换机的 GBIC 插槽用于安装吉比特端口转换器（Giga Bit-rate Interface Converter，GBIC）。GBIC 模块是将千兆位电信号转换为光信号的热插拔器件，分为用于级连的 GBIC 模块和用于堆叠的 GBIC 模块。

⑤ SFP 端口：小型机架可插拔设备 SFP（Small Form-factor Pluggable）是 GBIC 的升级版本，其功能基本和 GBIC 一样，但体积减少一半。

参考答案

（36）C　　　（37）B

试题（38）

在 IEEE 802.3 标准中，定义在最顶端的协议层是　(38)　。

（38）A．会话层　　　　　B．传输层　　　　C．数据链路层　　　D．网络层

试题（38）分析

IEEE 802.3 标准定义的局域网体系结构如下图所示。由于局域网是分组广播网络，不需要路由功能，所以在 IEEE 802 标准中网络层简化成了上层协议的服务访问点。又由于局域网使用多种传输介质，而介质访问控制协议与具体的传输介质和拓扑结构有关，所以 IEEE 802 标准把数据链路层划分成了两个子层：逻辑链路控制子层和介质访问控制子层。

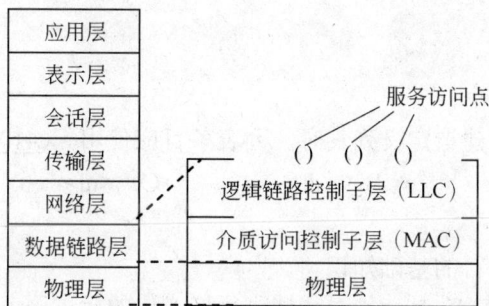

参考答案

（38）C

试题（39）、（40）

划分 VLAN 有多种方法，这些方法中不包括　(39)　。在这些方法中属于静态划分的是　(40)　。

(39) A. 根据端口划分　　　　　　　　　B. 根据交换类型划分

　　　C. 根据 MAC 地址划分　　　　　　D. 根据 IP 地址划分

(40) A. 根据端口划分　　　　　　　　　B. 根据交换设备划分

　　　C. 根据 MAC 地址划分　　　　　　D. 根据 IP 地址划分

试题（39）、（40）分析

虚拟局域网（Virtual Local Area Network，VLAN）是根据管理功能、组织机构或应用类型对交换局域网进行分段而形成的逻辑网络。虚拟局域网与物理局域网具有同样的属性，然而其中的工作站可以不属于同一物理网段。任何交换端口都可以分配给某个 VLAN，属于同一个 VLAN 的所有端口构成一个广播域。每一个 VLAN 是一个逻辑网络，发往 VLAN 之外的分组必须通过路由器进行转发。在交换机上实现 VLAN，可以采用静态的或动态的方法。

静态分配 VLAN 是为交换机的各个端口指定所属的 VLAN。这种基于端口的划分方法是把各个端口固定地分配给不同的 VLAN，任何连接到交换机的设备都属于接入端口所在的 VLAN。

动态分配 VLAN 是动态 VLAN 通过网络管理软件包来创建，可以根据设备的 MAC 地址、网络层协议、网络层地址、IP 广播域或管理策略来划分 VLAN。根据 MAC 地址划分 VLAN 的方法应用最多，一般交换机都支持这种方法。无论一台设备连接到交换网络的任何地方，接入交换机根据设备的 MAC 地址就可以确定该设备的 VLAN 成员身份。这种方法使得用户可以在交换网络中改变接入位置，而仍能访问所属的 VLAN。但是当用户数量很多时，对每个用户设备分配 VLAN 的工作量是很大的管理负担。

参考答案

（39）B　　（40）A

试题（41）

在 HTML 文件中创建自定义列表时，列表条目应使用　(41)　引导。

(41) A. <dl>　　　　　B. <dt>　　　　　C. <ul>　　　　　D. <li>

试题（41）分析

本题考查 HTML 语言的基础知识。

超文本标记语言 HTML 是一种对文档进行格式化的标注语言。HTML 文档的扩展名为.html 或.htm，包含大量的标记，用以对网页内容进行格式化和布局，在 HTML 中，常用的列表有 3 种格式，即无序列表（unordered List）、有序列表（ordered list）和自定义列表（definition list）。其中，无序列表以<ul>开始，每一个列表条目用<li>引导，最后是</ul>；有序列表与无序列表相比，只是在输出时列表条目用数字标示，以<ol>开始，以</ol>结束；自定义列表用于对列表条目进行简短说明的场合，以<dl>开始，列表条目用<dt>引导，它的说明用<dd>引导。

参考答案

（41）B

试题（42）

在 table 属性中，___(42)___ 属性用以设定文本在单元格中的垂直对齐位置。

（42）A．align　　　　　　　B．cellspacing　　C．height　　　　D．valign

试题（42）分析

本题考查 HTML 语言的表格基础知识。

在 HTML 中，一个表由<table>开始，</table>结束，表的内容由<tr>、<th>和<td>定义。表的大小用 width=#和 height=#属性说明。前者为表宽，后者为表高，#是以像素为单位的整数。边框宽度由 border=#说明，#为宽度值，单位是像素。表格间距即划分表格的线的粗细，用 cellspacing=#表示，#的单位是像素。文本与表框的距离用 cellpadding=#说明。当表格的宽度大于其中的文本宽度时，文本在其中的输出位置用 align 来设定其水平对齐位置，当表格的高度大于其中文本的高度时，可以用 valign 属性设置文本的垂直对齐位置。

参考答案

（42）D

试题（43）

在页面中要嵌入另一个页面的内容，应使用___(43)___标记才能实现。

（43）A．<text>　　　　　　B．<marquee>　　C．<iframe>　　D．<textarea>

试题（43）分析

本题考查 HTML 语言的基础知识。

在 HTML 中，<text></text>和<textarea></textarea>是在使用表单时定义的表单类型。其中，<text></text>定义的是文本型的表单元素，<textarea></textarea>定义的是多行的文本区域表单。<marquee></marquee>是 HTML 语言的高级技术运用元素。用它可以实现Web 中文字的滚动效果，<iframe></iframe>则定义了行内框架，HTML 利用<iframe></iframe>创建的行内框架可以再页面中实现嵌入另一个页面的内容。

参考答案

（43）C

试题（44）

在 HTML 中，建立从图像 flag.gif 到 www.abc.com 的超链接，正确的语句是 (44) 。

（44）A．< img ="www.abc.com"><a href src="flag.gif"></img>

　　　　B．<a img ="www.abc.com">< href src="flag.gif" ></a>

　　　　C．<a href="www.abc.com"><img src="flag.gif" ></a>

D．<a href=" flag.gif" ><img src=" www.abc.com" ></a>

试题（44）分析

本题考查 HTML 语言的基础知识。

HTML 在定义超链接时可以创建文本链接、Email 链接和图像链接。在建立图像链接时，其格式为：<a href="URL"><img src="URL"></a>，根据以上描述，上面正确建立从图像 flag.gif 到 www.abc.com 的超链接应使用 <a href="www.abc.com"><img src="flag.gif" ></a>。

参考答案

（44）C

试题（45）

在 ASP 的内置对象中，___（45）___ 对象可以修改 cookie 中的值。

（45）A．request　　　B．application　　　C．response　　　D．session

试题（45）分析

本题考查 ASP 的内置对象的基础知识。

在 ASP 的内置对象中，response 对象和 request 对象和 cookie 有关。其中，request 对象中的 Cookies 集合是服务器根据用户的请求，发出的所有 cookie 的值的集合，这些 Cookie 仅对相应的域有效，每个成员均为只读。Response 对象中的 Cookies 集合是服务器发回客户端的所有 Cookie 的值，这个集合为只写，所以只有 Response 对象可以修改 cookie 中的值。

参考答案

（45）C

试题（46）

IE 浏览器不能解释执行的是___（46）___ 程序。

（46）A．HTML　　　B．客户端脚本　　　C．服务器端脚本　D．Cookie

试题（46）分析

本题考查 IE 浏览器相关知识。

IE 浏览器是客户端代理程序，负责解析服务器端传输过来的数据，包括 HTML 格式的文件、客户端脚本程序、Cookie 等。服务器端脚本需由服务器端程序进行解释，将结果用客户端能解释的格式传回客户端。

参考答案

（46）C

试题（47）

下列协议中与 Email 应用无关的是___（47）___ 。

（47）A．MIME　　　B．SMTP　　　C．POP3　　　D．Telnet

试题（47）分析

本题考查邮件传输协议相关知识。

简单邮件传输协议 SMTP 主要用做发送 Email,邮局协议 POP3 主要用做接收 Email,多媒体邮件扩展 MIME 则是对邮件的内容类型进行了扩展。Telnet 的作用则是远程登录,和邮件应用无关。

参考答案

（47）D

试题（48）

默认情况下,Web 服务器在 (48) 侦听客户端的 Web 请求。

（48）A．大于 1024 的端口　　　　　　　B．21 端口

　　　 C．80 端口　　　　　　　　　　　D．25 端口

试题（48）分析

本题考查 Web 服务器配置相关知识。

小于 1024 的端口通常用做服务器端提供服务的端口,常用的有 80 端口用做 Web 服务器端口,21、20 端口用做文件传输协议的控制与数据端口,23 端口为 Telnet 服务端侦听端口,25 端口为邮件传输 SMTP 的服务端口。大于 1024 的高端通常为服务请求客户端采用的端口。

参考答案

（48）C

试题（49）、（50）

某一网络由于网关故障不能进行 Internet 接入,采用抓包工具捕获的结果如下图所示。图中报文的协议类型是___(49)___,网关的 IP 地址可能为___(50)___。

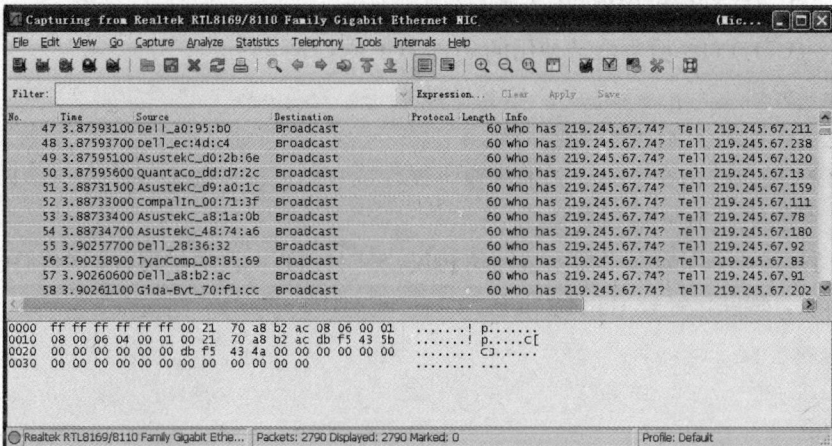

（49）A．OSPF　　　　　B．DNS　　　　　C．RIP　　　　　D．ARP

（50）A．219.245.67.74　　　　　　　　B．219.245.67.211

　　　 C．219.245.67.238　　　　　　　 D．219.245.67.78

试题（49）、（50）分析

本题考查 ARP 协议及抓包工具的使用等知识内容。

由于网关故障导致网络不能进行 Internet 接入，故本机需查找网关接口的 MAC 地址来构筑以太帧，需要在本网络中广播 ARP 包来获取网关 IP 地址与 MAC 地址的映射。从图中抓获的帧信息可以看出网关的 IP 地址可能为 219.245.67.74。

参考答案

（49）D   （50）A

试题（51）、（52）

下列安全协议中，位于网络层的是__(51)__，位于应用层的是__(52)__。

（51）A. PGP   B. SSL   C. TLS   D. IPSec

（52）A. PGP   B. SSL   C. TLS   D. IPSec

试题（51）、（52）分析

本题考查安全协议的概念，SSL 和 TLS 位于传输层，IPSec 位于网络层。

PGP 用于邮件加密，位于应用层。

参考答案

（51）D   （52）A

试题（53）

下面关于 HTTPS 的描述中，错误的是__(53)__。

（53）A. HTTPS 是安全的超文本传输协议

　　　B. HTTPS 是 HTTP 和 SSL/TLS 的组合

　　　C. HTTPS 和 SHTTP 是同一个协议的不同简称

　　　D. HTTPS 服务器端使用的缺省 TCP 端口是 443

试题（53）分析

本题考查网络安全方面的基础知识。

HTTPS 的全称是安全的超文本传输协议，是 HTTP 和 SSL/TLS 的组合，HTTPS 服务器端使用的缺省 TCP 端口是 443。

SHTTP 是一个面向报文的安全通信协议，是 HTTP 协议的扩展，与 HTTPS 是不同的安全协议，现在已经被 HTTPS 取代。

参考答案

（53）C

试题（54）

下列攻击行为中，__(54)__属于被动攻击行为。

（54）A. 连续不停 Ping 某台主机

　　　B. 伪造源 IP 地址发送数据包

　　　C. 在非授权的情况下使用抓包工具抓取数据包

　　D．将截获的数据包重发到网络中

试题（54）分析

　　本题考查网络安全方面网络攻击相关的基础知识。

　　网络攻击手段多种多样，可以分为主动攻击和被动攻击，被动攻击是指攻击者通过监视所有信息流以获得某些秘密。这种攻击可以是基于网络（跟踪通信链路）或基于系统（用秘密抓取数据的特洛伊木马代替系统部件）的。被动攻击是最难被检测到的，故对付这种攻击的重点是预防，主要手段如数据加密等。主动攻击是指攻击者试图突破网络的安全防线。这种攻击涉及到数据流的修改或创建错误流，主要攻击形式有假冒、重放、欺骗、消息篡改、拒绝服务等等。这种攻击无法预防但却易于检测，故对付的重点是测而不是防，主要手段如防火墙、入侵检测技术等。

　　题中选项 A、B 和 D 分别属于主动攻击中拒绝服务、假冒、重放攻击，选项 C 属于对网络的监视，为被动攻击。

参考答案

　　（54）C

试题（55）

　　下列病毒中，属于宏病毒的是　（55）　。

　　（55）A．Trojan.QQ3344　　　　　　　B．Js.Fortnight.c.s
　　　　　C．Macro.Melissa　　　　　　　　D．VBS.Happytime

试题（55）分析

　　本题考查病毒相关知识。

　　以上 4 种病毒中，Js.Fortnight.c.s 和 VBS.Happytime 是脚本病毒，Macro.Melissa 是宏病毒，这三种病毒都属于单机病毒；而 Trojan.QQ3344 是一种特洛伊木马，它通过网络来实现对计算机的远程攻击。

参考答案

　　（55）C

试题（56）

　　Alice 发送带数字签名的消息共有以下 4 个步骤，步骤的正确顺序是　（56）　。

　　①Alice 生成消息摘要　　　　②Alice 生成消息
　　③Alice 发送消息　　　　　　④Alice 利用私钥生成签名

　　（56）A．①②③④　　　B．①②④③　　　C．②①④③　　　D．②①③④

试题（56）分析

　　本题考查网络安全方面数字签名相关的基础知识。

　　发送带数字签名的消息共有以下 4 个步骤：生成消息、对消息生成摘要、对摘要签名和发送消息。

参考答案

（56）C

试题（57）

某实验室网络结构如下图所示，电脑全部打开后，发现冲突太多导致网络性能不佳，如果需要划分该网络成多个子网并保证子网之间的连通，则子网之间需要通过____(57)____连接。

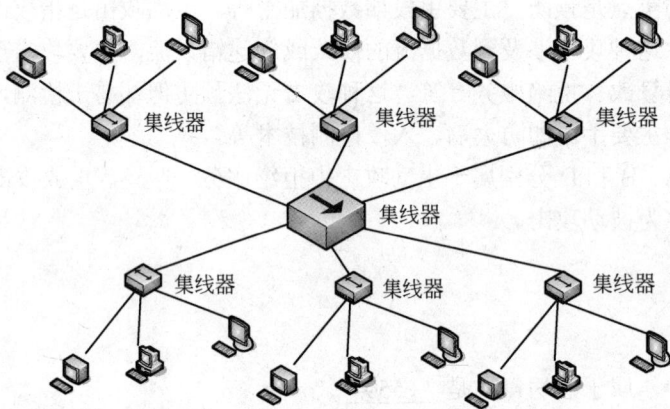

（57）A．集线器   B．路由器   C．中继器   D．二层交换机

试题（57）分析

本题考查网络设备的基本功能的相关知识。

集线器的主要功能是对接收到的信号进行再生整形放大，以扩大网络的传输距离，同时把所有节点集中在以它为中心的节点上。它工作于 OSI（开放系统互联参考模型）参考模型第一层，即"物理层"。集线器与网卡、网线等传输介质一样，属于局域网中的基础设备。

路由器的核心作用是实现网络互连，在不同网络之间转发数据单元。为实现在不同网络间转发数据单元的功能，路由器必须具备以下条件。首先，路由器上多个三层接口要连接不同的网络上，每个三层接口连接到一个逻辑网段。这里面所说的三层接口可以是物理接口，也可以是各种逻辑接口或子接口。它工作于 OSI 模型第三层，即"网络层"。

二层交换机要比集线器智能一些，它可以识别数据包中的 MAC 地址信息，根据 MAC 地址进行转发，并将这些 MAC 地址与对应的端口记录在自己内部的一个地址表中。它工作于 OSI 模型第二层，即"数据链路层"。

中继器是网络物理层上面的连接设备。适用于完全相同的两类网络的互连，主要功能是通过对数据信号的重新发送或者转发，来扩大网络传输的距离。中继器是对信号进行再生和还原的网络设备 OSI 模型的物理层设备。

参考答案

（57）B

试题（58）、（59）

如果 DNS 服务器更新了某域名的 IP 地址，造成客户端域名解析故障，在客户端可以用两种方法解决此问题，一种是 Windows 命令行下执行__(58)__命令；另一种是将系统服务中的__(59)__服务停止，就可以不在本地存储 DNS 查询信息。

（58）A．ipconfig /all　　　　　　　　　　B．ipconfig /renew

　　　 C．ipconfig/flushdns　　　　　　　　D．ipconfig/release

（59）A．DHCP Client　　　　　　　　　　B．DNS Client

　　　 C．Plug and Play　　　　　　　　　 D．Remote Procedure Call (RPC)

试题（58）、（59）分析

本题考查 Windows 系统中 DNS 服务及相关配置命令的基础操作。

ipconfig 命令详解

① 具体功能

该命令用于显示所有当前的 TCP/IP 网络配置值、刷新动态主机配置协议（DHCP）和域名系统（DNS）设置。使用不带参数的 IPCONFIG 可以显示所有适配器的 IP 地址、子网掩码、默认网关。

② 语法详解

ipconfig [/all][/renew [adapter] [/release [adapter] [/flushdns] [/displaydns] [/registerdns] [/showclassidpadapter] [/setclassidpadapter][classID]

③ 参数说明

/all 显示所有适配器的完整 TCP/IP 配置信息。在没有该参数的情况下 IPCONFIG 只显示 IP 地址、子网掩码和各个适配器的默认网关值。适配器可以代表物理接口（例如安装的网络适配器）或逻辑接口（例如拨号连接）。

/renew 更新所有适配器（如果未指定适配器），或特定适配器（如果包含了 adapter 参数）的 DHCP 配置。该参数仅在具有配置为自动获取 IP 地址的网卡的计算机上可用。要指定适配器名称，请输入使用不带参数的 IPCONFIG 命令显示的适配器名称。

/release[adapter]发送 DHCPRELEASE 消息到 DHCP 服务器，以释放所有适配器（如果未指定适配器）或特定适配器（如果包含了 adapter 参数）的当前 DHCP 配置并丢弃 IP 地址配置。该参数可以禁用配置为自动获取 IP 地址的适配器的 TCP/IP。要指定适配器名称，请输入使用不带参数的 IPCONFIG 命令显示的适配器名称。

/flushdns 清理并重设 DNS 客户解析器缓存的内容。如有必要，在 DNS 疑难解答期间，可以使用本过程从缓存中丢弃否定性缓存记录和任何其他动态添加的记录。

DNS Client 服务为计算机解析和缓存 DNS 名称。为了要达到用最快速、最有效率的方式，让客户端能够迅速找到网域的验证服务，在 Win2000/XP 系统中，加入了 DNS

快取（Cache）的功能。当第一次在找到了目的主机的 IP 地址后，操作系统就会将所查询到的名称及 IP 地址记录在本机的 DNS 快取缓冲区中，下次客户端还需要再查询时，就不需要到 DNS 服务器上查询，而直接使用本机 DNS Cache 中的数据即可，所以你查询的结果始终是同一 IP 地址。这个服务关闭后，dns 还可以解析，但是本地无法储存 dns 缓存。

参考答案

（58）C   （59）B

试题（60）、（61）

SNMP 代理使用＿＿（60）＿＿操作向管理端通报重要事件的发生。在下图中，＿＿（61）＿＿能够响应 Manager2 的 getRequest 请求。

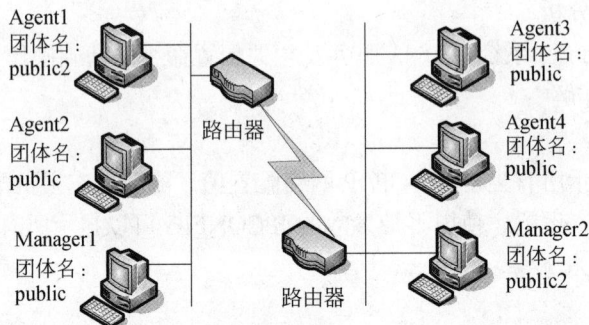

（60）A. GetRequest   B. Get-nextRequest   C. SetRequest   D. Trap
（61）A. Agent1   B. Agent2   C. Agent3   D. Agent4

试题（60）、（61）分析

本题考查 SNMP 的基础操作命令。

SNMP 协议之所以易于使用，这是因为它对外提供了三种用于控制 MIB 对象的基本操作命令。它们是：Get、Set 和 Trap。

Get：管理站读取代理者处对象的值。它是 SNMP 协议中使用率最高的一个命令，因为该命令是从网络设备中获得管理信息的基本方式。

Set：管理站设置代理者处对象的值。它是一个特权命令，因为可以通过它来改动设备的配置或控制设备的运转状态。它可以设置设备的名称，关掉一个端口或清除一个地址解析表中的项等。

Trap：代理者主动向管理站通报重要事件。它的功能就是在网络管理系统没有明确要求的前提下，由管理代理通知网络管理系统有一些特别的情况或问题发生了。如果发生意外情况，客户会向服务器的 162 端口发送一个消息，告知服务器指定的变量值发生了变化。通常由服务器请求而获得的数据由服务器的 161 端口接收。Trap 消息可以用来通知管理站线路的故障、连接的终端和恢复、认证失败等消息。管理站可相应的做出处理。

SNMP 中，每个代理管理若干对象，并且与某些管理站建立团体关系。一般来说，代理进程不接受没有通过团体名验证的报文，这样可以防止假冒的管理命令。图中 Manager2 属于 public2 组，该组的管理端是 Agent1。

参考答案

（60）D　（61）A

试题（62）

SNMP 代理的应答报文类型是　__(62)__。

（62）A．GetRequest　　B．GetNextRequest　　C．SetRequest　　D．GetResponse

试题（62）分析

本题考查 SNMP 管理操作的报文类型。

SNMP 管理站发出的 3 种请求报文 GetRequest、GetNextRequest 和 SetRequest 采用的格式是一样的。代理的应答报文格式只有一种 GetResponsePDU。

参考答案

（62）D

试题（63）

Linux 系统中，设置文件访问权限的命令是　__(63)__。

（63）A．chmod　　　　B．chgroup　　　　　C．su　　　　　　D．cd

试题（63）分析

本题考查 Linux 系统命令的基础知识。

在 Linux 系统中，chmod 用于改变文件的属性（访问权限），chgroup 用于改变文件所属组别，su 命令用于切换用户，cd 命令用于改变工作目录。

参考答案

（63）A

试题（64）

Linux 系统中，查看进程状态的命令是　__(64)__。

（64）A．as　　　　　B．bs　　　　　　　C．ps　　　　　　D．ls

试题（64）分析

本题考查 Linux 系统命令的基础知识。

在 Linux 系统中，用于查看进程状态的命令是 ps(process status)。

参考答案

（64）C

试题（65）、（66）

在 Windows 命令窗口中输入 __(65)__ 命令后，得到如下图所示结果。图中结果表明 __(66)__。

```
C:\WINDOWS\system32\cmd.exe                                    _ □ ×

ernet adapter 本地连接:

       Connection-specific DNS Suffix  . :
       Description . . . . . . . . . . . : Realtek RTL8168/8111 PCI-E Gigabit E
rnet NIC #2
       Physical Address. . . . . . . . . : 00-1D-7D-39-62-3E
       Dhcp Enabled. . . . . . . . . . . : Yes
       Autoconfiguration Enabled . . . . : Yes
       IP Address. . . . . . . . . . . . : 219.245.67.14
       Subnet Mask . . . . . . . . . . . : 255.255.255.0
       Default Gateway . . . . . . . . . : 219.245.67.254
       DHCP Server . . . . . . . . . . . : 192.168.253.10
       DNS Servers . . . . . . . . . . . : 218.30.19.40
                                           202.117.112.3
       Lease Obtained. . . . . . . . . . : 2012年7月31日 9:22:07
       Lease Expires . . . . . . . . . . : 2012年8月7日 9:22:07
```

（65）A. ipconfig /all   B. natstat -r   C. ping -a   D. nslookup

（66）A. 本机的 IP 地址是采用 DHCP 服务自动分配的

B. 本机的 IP 地址是静态设置的

C. DHCP 服务器的地址是 219.245.67.254

D. DHCP 服务器中设置的 IP 地址租约期是 8 天

试题（65）、（66）分析

本题考查 DHCP 服务器配置相关知识。

采用命令 ipconfig /all 可查看某主机的本地连接属性，从该主机的本地连接属性可以看出：该主机的 MAC 地址为 00-1D-7D-39-62-3E，IP 地址是采用 DHCP 服务自动分配的，租约期为 7 天，DHCP 服务器的地址是 192.168.253.10。在选用 DHCP 自动分配 IP 地址时，可以手工设置 DNS 服务器地址。

参考答案

（65）A   （66）A

试题（67）

在一个动态分配 IP 地址的主机上，如果开机后没有得到 DHCP 服务器的响应，则该主机在___(67)___中寻找一个没有冲突的 IP 地址。

（67）A. 169.254.0.0/16   B. 224.0.0.0/24

C. 202.117.0.0/16   D. 192.168.1.0/24

试题（67）分析

本题考查 DHCP 协议相关知识。

169.254.0.0/16 是 Windows 操作系统在 DHCP 信息租用失败时自动给客户机分配的 IP 地址。由于网络连接或其他问题令 DHCP 信息租用失败，169.254.0.0/16 的分配会令客户机与所处局域网网关位于不同的网段中，无法与网关通信，从而导致无法接入 Internet。

参考答案

（67）A

试题（68）

发送电子邮件采用的协议是　（68）　。

（68）A．FTP　　　B．HTTP　　　C．SMTP　　　D．SNMP

试题（68）分析

本题考查 SMTP 协议相关知识。

FTP 是文件传输协议，用来进行文件传输；HTTP 是超文本传输协议，用来浏览网页；SMTP 是简单邮件传输协议，用以发送邮件；SNMP 是简单网络管理协议，用以进行网络的管理。

参考答案

（68）C

试题（69）、（70）

TFTP 封装在　（69）　报文中进行传输，其作用是　（70）　。

（69）A．HTTP　　　B．TCP　　　C．UDP　　　D．SMTP

（70）A．文件传输　　B．域名解析　　C．邮件接收　　D．远程终端

试题（69）、（70）分析

本题考查 TFTP 协议相关知识。

TFTP 是 TCP/IP 协议族中的一个用来在客户机与服务器之间进行简单文件传输的协议，提供不复杂、开销不大的文件传输服务，端口号为 69。它使用的传输层协议是 UDP。

参考答案

（69）C　　　（70）A

试题（71）～（75）

A management domain typically contains a large amount of management information. Each individual item of　（71）　information is an instance of a managed object type.　The definition of a related set of managed　（72）　types is contained in a Management Information Base (MIB) module. Many such MIB modules are defineD. For each managed object type it describes, a MIB　（73）　defines not only the semantics and syntax of that managed object type, but also the method of identifying an individual instance so that multiple　（74）　of the same managed object type can be distinguisheD. Typically, there are many instances of each managed object　（75）　within a management domain.

（71）A．rotation　　　B．switch　　　C．management　　　D．transmission

（72）A．path　　　B．object　　　C．route　　　D．packet

（73）A．connection　　B．window　　C．module　　D．destination

（74）A．packets　　　B．searches　　　C．states　　　D．instances

（75）A．device　　　　　B．state　　　　　C．type　　　　　D．packet

参考译文

　　一个管理域通常包含了大量的管理信息。每一项管理信息都是某一种管理对象类型的一个实例。被管理对象类型的相关集合的定义包含在一个管理信息库（MIB）模块中。许多这样的 MIB 模块已经被定义。对于它描述的每一个被管理对象类型，MIB 模块不仅定义了那个被管理对象类型的语义和语法，而且也定义了标识单个实例的方法，这样就可以对同一被管理类型的多个实例进行区分。通常，在一个管理域中，每一个被管理对象类型都有许多个实例。

参考答案

　　（71）C　　　（72）B　　　（73）C　　　（74）D　　　（75）C

第 4 章　2012 下半年网络管理员下午试题分析与解答

试题一（共 15 分）

阅读以下说明，回答问题 1 至问题 4，将解答填入答题纸对应的解答栏内。

【说明】

某网络拓扑结构如图 1-1 所示，在 host1 超级终端中查看路由器 R1 的路由信息如下所示。

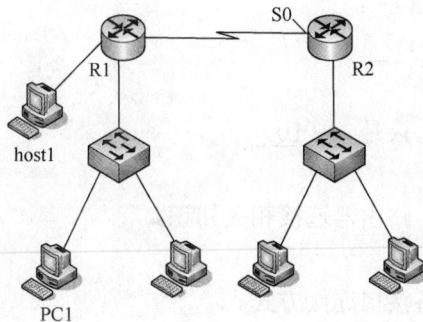

图 1-1

```
Router#show ip route
   C   192.168.100.0/24 is directly connected, FastEthernet0/0
   R   192.168.101.0/24 [120/1] via 192.168.112.2, 00:00:09, Serial2/0
       192.168.112.0/30 is subnetted, 1 subnets
   C   192.168.112.0 is directly connected, Serial2/0
```

查看接口信息如下所示：

```
Router#show interface fastethernet 0/0
  FastEthernet0/0 is up, line protocol is up (connected)
  Hardware is Lance, address is 000a.f35e.e172 (bia 000a.f35e.e172)
  Internet address is 192.168.100.1/24
  MTU 1500 bytes, BW 100000 Kbit, DLY 100 usec, rely 255/255, load 1/255
  ......
```

【问题 1】（6 分，每空 1.5 分）

在设备连接方式中，host1 的 __(1)__ 端口需和路由器 R1 的 __(2)__ 端口相连；路由器 R1 采用 __(3)__ 接口与交换机相连；路由器 R1 采用 __(4)__ 接口与路由器 R2 相连。

（1）～（4）备选答案：

　　A．Serial2/0　　　　　　　　　　B．以太网

　　C．Com(RS232)　　　　　　　　　D．Console

【问题 2】（3 分，每空 1 分）

为 PC1 配置 Internet 协议属性参数。

IP 地址：　　　(5)　　；　（给出一个有效地址即可）

子网掩码：　　　(6)　　；

默认网关：　　　(7)　　。

【问题 3】（4 分，每空 2 分）

为路由器 R2 的 S0 口配置 Internet 协议属性参数。

IP 地址：　　　(8)　　；

子网掩码：　　　(9)　　。

【问题 4】（2 分）

该网络中采用的路由协议是　　(10)　　。

试题一分析

本题考查局域网配置、路由器连接相关知识。

【问题 1】

本问题考查路由器设备接口连接方式。

要对网络互连设备进行具体的配置首先就要有效地访问它们，有以下几种方法访问路由器或交换机。

（1）通过设备的 Console（控制台）端口接终端或运行终端仿真软件的计算机。

（2）通过设备的 AUX 端口接 Modem，通过电话线与远方的终端或运行终端仿真软件的计算机相连。

（3）通过 Telnet 程序。

（4）通过浏览器访问。

（5）通过网管软件。

PChost1 与路由器直接相连，应为 Com(RS232)连接路由器的 Console（控制台）端口。

路由器 R1 与交换机相连，提供以太网的接入，故采用以太网接口。

路由器之间的连接需采用串口互连，故路由器 R1 采用 Serial2/0 接口与路由器 R2 相连。

【问题 2】

本问题考查路由器配置、路由相关基础知识。

由题干显示的 R1 路由信息可知，网络 192.168.100.0/24 直连快速以太口 FastEthernet0/0，网络 192.168.112.0 直连串口 Serial2/0，网络 192.168.101.0/24 经串口 2

路由可达。由此可判断 PC1 所在网络为 192.168.100.0/24。

又从接口信息可以看出，fastethernet 0/0 接口的 IP 地址为 192.168.100.1，即 PC1 所在网络网关地址为 192.168.100.1。

故 PC1 Internet 协议属性参数为：

IP 地址：192.168.100.2～192.168.100.254

子网掩码：255.255.255.0

默认网关：192.168.100.1

【问题 3】

从 R1 路由信息可看出，路由器 R1 的 S0 口 IP 地址为 192.168.112.2，网络为 192.168.112.0/30，路由器 R2 的 S0 口 R1S0 口属同一网络，故路由器 R2 的 S0 口 Internet 协议属性参数为：

IP 地址：　192.168.112.1

子网掩码：255.255.255.252

【问题 4】

由网络 192.168.101.0/24 经串口 2 路由采用协议的标志为"R"可知，路由器 R1 和 R2 之间采用的路由协议为 RIP。

参考答案

【问题 1】

（1）C. Com(RS232)

（2）D. Console

（3）B. 以太网

（4）A. Serial2/0

【问题 2】

（5）192.168.100.2～192.168.100.254

（6）255.255.255.0

（7）192.168.100.1

【问题 3】

（8）192.168.112.1

（9）255.255.255.252

【问题 4】

（10）RIP

试题二（共 15 分）

阅读以下说明，回答问题 1 至问题 5，将解答填入答题纸对应的解答栏内。

【说明】

某单位使用 IIS 建立了自己的 FTP 服务器，图 2-1 是 IIS 中"默认 FTP 站点属性"

的配置界面。

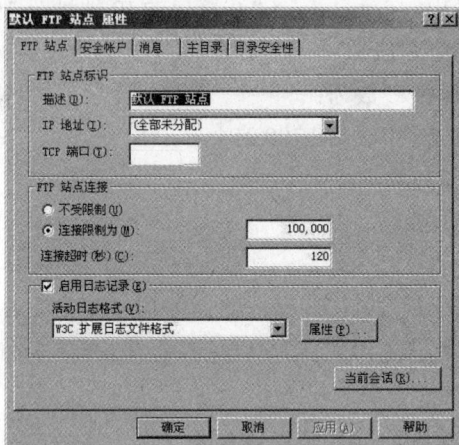

图 2-1

【问题 1】（2 分）

图 2-1 中 FTP 服务器默认的 "TCP 端口" 是　(1)　，其数据端口为　(2)　。

【问题 2】（3 分）

建立 FTP 服务器时，根据需求制定了如下策略：FTP 站点允许匿名登录，匿名用户只允许对 FTP 的根目录进行读取操作；user1 用户可以对 FTP 根目录下的 aaa 目录进行各种操作。

参照图 2-2 和上面的策略说明给出下列用户组的权限：

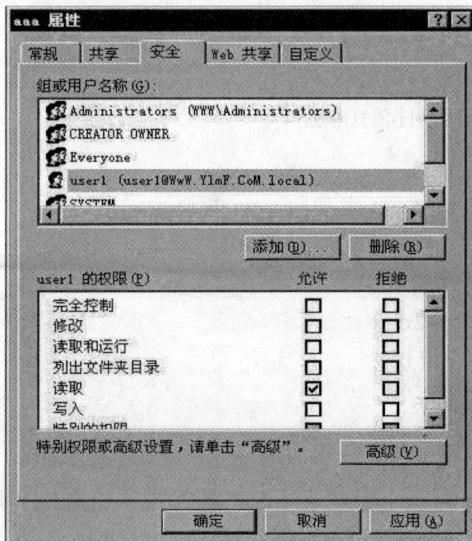

图 2-2

Administrators 组对 FTP 根目录的默认权限为___（3）___。

Everyone 组对 FTP 根目录的权限为___（4）___。

user1 用户对 aaa 目录的权限为___（5）___。

【问题 3】（6 分）

按照注释补充完成以下 ftp 客户端命令。

```
ftp>___(6)___ ftp.test.com        //连接 ftp.test.com 服务器
ftp>___(7)___ test.txt            //把远程文件 test.txt 下载到本地
ftp>___(8)___                     //显示 FTP 服务器当前工作目录
```

（6）～（8）备选答案：

　　A. open　　　　　B. connect　　　　C. get　　　　D. set　　　　E. pwd

【问题 4】（2 分）

图 2-3 是该 FTP 服务器的安全账号配置过程，FTP 客户端进行匿名登录时，默认的用户名是___（9）___。

（9）备选答案：

　　A. IUSR_ZZPI-WLZX　　　　　　B. root　　　　C. Anonymous

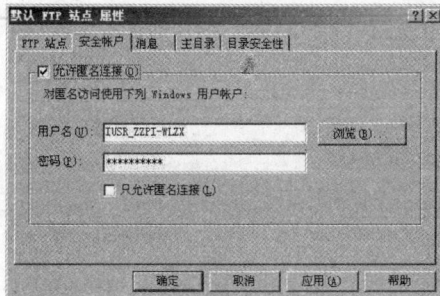

图 2-3

【问题 5】（2 分）

如果服务器上配置了两个 FTP 站点，如图 2-4 所示。为使这两个 FTP 站点均能提供正常服务，可采用的方法是___（10）___。

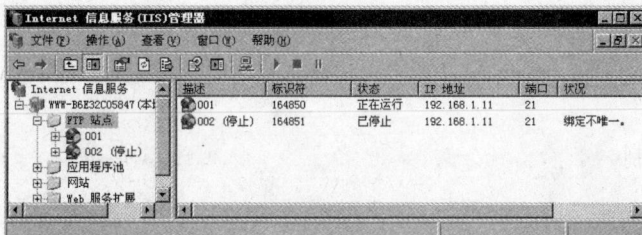

图 2-4

试题二分析

本题考查 FTP 服务器的配置相关知识。

【问题 1】

本问题考查 FTP 服务的端口知识。

FTP 发布服务提供 FTP 连接，默认情况下，FTP 控制端口为 21，数据端口为端口为 20。

【问题 2】

本问题考查的 FTP 服务下有关目录权限的知识。

在建立 FTP 服务器时，可以根据需求制定了相应策略，让不同的 FTP 用户对不同的目录做不同的操作。根据题目要求，该 FTP 站点允许匿名登录，且匿名用户只允许对 FTP 的根目录进行读取操作，因此 everyone 组应对 FTP 根目录拥有读取权利，USER1 可以对 FTP 根目录下的 aaa 目录进行完全操作，所以 USER1 用户应对 aaa 目录拥有完全控制权限。网络管理用户以管理者身份登录 FTP 服务器，其要对 FTP 根目录进行各类设置操作，所以 Administrators 组对 FTP 根目录应有完全控制权限。

【问题 3】

本问题考查 FTP 命令。

open host[port]：建立指定 ftp 服务器连接，可指定连接端口，根据题目要求命令为：open ftp.test.com。

get remote-file[local-file]：将远程主机的文件 remote-file 传至本地硬盘的 local-file，根据题目要求，命令为：get test.txt。

pwd：显示 FTP 服务器当前的工作目录。

【问题 4】

FTP 客户端进行匿名登录时，默认的用户名为 Anonymous。

【问题 5】

在对 FTP 服务器配置时，为在一台机器上能启动多个 FTP 服务，可以通过"修改 FTP 站点的 IP 地址或端口号"的方式，使多个 FTP 同时工作。

参考答案

【问题 1】

（1）21

（2）20

【问题 2】

（3）完全控制

（4）读取

（5）完全控制

【问题 3】

（6）A

（7）C

（8）E

【问题 4】

（9）C

【问题 5】

（10）修改 FTP 站点的 IP 地址或端口号

试题三（共 15 分）

阅读以下说明，回答问题 1 至问题 4，将解答填入答题纸对应的解答栏内。

【说明】

某公司有市场部和财务部两个部门，每个部门各有 20 台 PC，全部接到一个 48 口交换机上，由一台安装 Linux 的服务器提供 DHCP 服务。网络拓扑结构如图 3-1 所示。

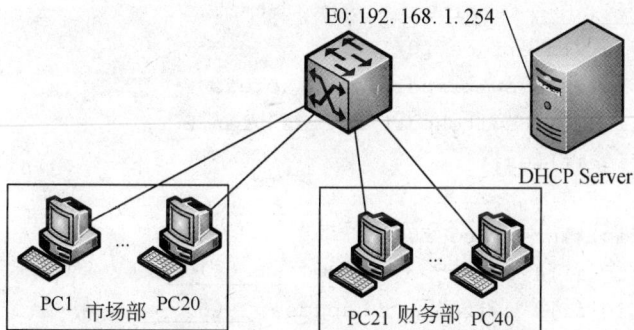

图 3-1

【问题 1】（2 分）

某一天，公司网络忽然时断时续，网管员在网络上抓包后发现大量来自主机 PC10 的 ARP 数据包（源 MAC 地址是 00:13:02:7f:c6:c2，目标 MAC 地址是 ff:ff:ff:ff:ff:ff），由此可以推断网络故障原因是___(1)___。

【问题 2】（4 分）

为了解决该问题，需要将主机 PC10 从网络上断开，除了物理上将该主机断开外，还可以将连接该主机的交换机端口 f0/10 关闭，补充完成下面命令。

```
Switch>___(2)___
Switch#config terminal
Switch(config)# interface f0/10
```

```
Switch(config-if)#___(3)___
Switch(config-if)#exit
Switch(config)#
```

【问题 3】（6 分）

为了解决网络广播包过多的问题，需要将网络按部门划分 VLAN，VLAN 规划如表 3-1 所示。

表 3-1

名　　称	Vlan	交换机端口
PC1～PC20	Vlan 2	f0/1～f0/20
PC21～PC40	Vlan 3	f0/21～f0/40
DHCPServer	Vlan 1	f0/45

交换机 Switch 配置命令如下，请补充完成下列配置命令。

```
Switch#___(4)___ terminal
Switch(config)#interface f0/1
Switch(config-if)# switchport mode access
Switch(config-if)# switchport access vlan 2
Switch(config-if)#exit
…
Switch(config)#interface f0/21
Switch(config-if)# switchport mode ___(5)___
Switch(config-if)# switchport access ___(6)___
…
```

【问题 4】（3 分）

如果财务部使用静态 IP 地址，市场部利用 DHCP 服务器提供动态 IP 地址，则需要在交换机 Switch 增加以下配置。

```
Switch(config)#interface ___(7)___
Switch(config-if)# switchport mode ___(8)___
Switch(config-if)# switchport access ___(9)___
```

试题三分析

本题考查局域网的基本配置和故障处置。

【问题 1】

根据题目中的描述，某一天公司网络忽然时断时续，网管员在网络上抓包后发现大量来自主机 PC10 的 ARP 数据包（源 MAC 地址是 00:13:02:7f:c6:c2，目标 MAC 地址是

ff:ff:ff:ff:ff:ff），可以推断网络时断时续是由于 ARP 广播包导致网络拥塞造成的，ARP 数据包来自于 PC10，PC10 正常情况下不会发大量 ARP 广播包，此时很可能是因为 PC10 感染了 ARP 病毒。

【问题 2】

需要将主机 PC10 从网络上断开，除了物理上将该主机断开外，还可以将连接该主机的交换机端口 f0/10 关闭，交换机关闭端口的命令是 shutdown，而执行 shutdown 命令前需要先进入到端口配置模式。

【问题 3】

参照表 3-1 所示的 VLAN 划分方法，PC1～PC20 划到 VLAN2，PC21～PC40 划分到 VLAN3 中，首先使用 "config terminal" 命令进入端口配置模式，然后用 "switchport mode access" 和 "switchport access vlan 3" 将 PC21 等划分到 VLAN3 中。

【问题 4】

根据题意市场部利用 DHCP 服务器提供动态 IP 地址和图 3-1 所示，可以通过将 DHCP 服务器加入到 VLAN2 中从而使得市场部可以使用 DHCP 服务器提供的动态 IP 地址分配服务。根据表 3-1 知道 DHCP 服务器在交换机上的端口是 f0/45，再参照问题 3 中配置 VLAN 的命令即可完成配置。

参考答案

【问题 1】

（1）主机 PC10 被 ARP 病毒感染，发送大量广播包造成网络不稳定。

【问题 2】

（2）enable

（3）shutdown

【问题 3】

（4）config

（5）access

（6）vlan 3

【问题 4】

（7）f0/45

（8）access

（9）vlan 2

试题四（共 15 分）

阅读以下说明，回答问题 1 至问题 4，将解答填入答题纸对应的解答栏内。

【说明】

某企业采用 PIX 防火墙保护公司网络安全，网络结构如图 4-1 所示。

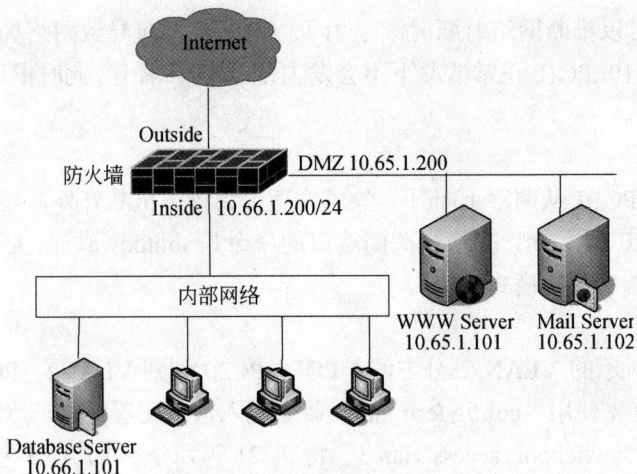

图 4-1

【问题 1】（4 分）

防火墙一般把网络区域划分为内部区域（trust 区域）、外部区域（untrust 区域）以及__(1)__，其中在这个网络区域内可以放置一些公开的服务器，下列__(2)__服务器不适合放在该区域。

（2）备选答案：

    A．Web   B．FTP   C．邮件   D．办公自动化（OA）

【问题 2】（2 分）

衡量防火墙性能的主要参数有并发连接数、用户数限制、吞吐量等，其中最重要的参数是__(3)__，它反映出防火墙对多个连接的访问控制能力和连接状态跟踪能力，这个参数的大小直接影响到防火墙所能支持的最大信息点数。

（3）备选答案：

    A．并发连接数   B．用户数限制   C．吞吐量   D．安全过滤带宽

【问题 3】（4 分）

设置防火墙接口名称，并指定安全级别，安全级别取值范围为 0～100，数字越大安全级别越高。要求设置：ethernet0 命名为外部接口 outside，安全级别是 0；ethernet1 命名为内部接口 inside，安全级别是 100；ethernet2 命名为中间接口 dmz，安全级别为 50。请完成下面的命令。

```
...
PIX#config terminal
PIX (config)#nameif ethernet0    (4)     security0
PIX (config)#nameif ethernet1 inside    (5)
PIX (config)#nameif ethernet2    (6)      (7)
...
```

【问题 4】(5 分)

编写表 4-1 中的规则,设置防火墙的安全规则,允许外网主机 133.20.10.10 访问内网的数据库服务器 10.66.1.101,同时允许内网和外网访问 DMZ 区的 WWW 服务器 10.65.1.101。

表 4-1

序号	规则名	源地址	目的地址	方向	协议	端口	动作
1	访问数据库	(8)	(9)	Outside->Inside	TCP	1433	(10)
2	访问 www	(11)	10.65.1.101	Inside->DMZ	TCP	80	允许
3	访问 www	(12)	10.65.1.101	Outside->DMZ	TCP	80	允许

试题四分析

本题考查防火墙的基本概念和相关配置操作。

【问题 1】

本问题考查防火墙的基本概念。

防火墙最基本的功能就是隔离网络,通过将网络划分成不同的区域(通常情况下称为 ZONE),制定出不同区域之间的访问控制策略来控制不同程度区域间传送的数据流。如互联网是不可信任的区域,而内部网络是高度信任的区域,以避免安全策略中禁止的一些通信。它有控制信息基本的任务在不同信任的区域。防火墙一般把网络区域划分为内部区域(一个高信任区域)、外部区域(一个没有信任的区域)以及 DMZ 区,DMZ 区也称隔离区或非军事区,就是在不信任的外部网络和可信任的内部网络之间建立一个面向外部网络的物理或逻辑子网,该子网能安放用于对外部网络的服务器主机。由题意可知,办公自动化(OA)服务器一般面向内部网络提供服务,不适合放在 DMZ 区。

【问题 2】

本问题考查影响防火墙性能的主要技术指标。

并发连接数是指防火墙或代理服务器对其业务信息流的处理能力,是防火墙能够同时处理的点对点连接的最大数目,它反映出防火墙设备对多个连接的访问控制能力和连接状态跟踪能力,这个参数的大小直接影响到防火墙所能支持的最大信息点数。

防火墙的用户数限制分为固定限制用户数和无用户数限制两种。前者比如 SOHO 型防火墙一般支持几十到几百个用户不等,而无用户数限制大多用于大的部门或公司。要注意的是,用户数和并发连接数是完全不同的两个概念,并发连接数是指防火墙的最大会话数(或进程),每个用户可以在一个时间里产生很多的连接。

网络中的数据是由一个个数据包组成,防火墙对每个数据包的处理要耗费资源。吞吐量是指在不丢包的情况下单位时间内通过防火墙的数据包数量。

安全过滤带宽是指防火墙在某种加密算法标准下,如 DES(56 位)或 3DES(168

位）下的整体过滤性能。它是相对于明文带宽提出的。一般来说，防火墙总的吞吐量越大，其对应的安全过滤带宽越高。

【问题 3】

本问题考查防火墙基本配置命令。

常用命令有：nameif、interface、ip address、nat、global、route、static 等。

nameif 命令是设置接口名称，并指定安全级别，安全级别取值范围为 1～100，数字越大安全级别越高。

题目要求设置：

ethernet0 命名为外部接口 outside，安全级别是 0。

ethernet1 命名为内部接口 inside，安全级别是 100。

ethernet2 命名为中间接口 dmz，安装级别为 50。

使用命令：

PIX(config)#nameif ethernet0 outside security0

PIX(config)#nameif ethernet1 inside security100

PIX(config)#nameif ethernet2 dmz security50

【问题 4】

本问题考查防火墙规则配置。

表 4-1

序号	规则名	源地址	目的地址	方向	协议	端口	动作
1	访问数据库	（8）	（9）	Outside->Inside	TCP	1433	（10）
2	访问 www	（11）	10.65.1.101	Inside->DMZ	TCP	80	允许
3	访问 www	（12）	10.65.1.101	Outside->DMZ	TCP	80	允许

表 4-1 的规则解读如下：

规则 1 表示允许防火墙从接口 Outside 到 Inside 的端口号为 TCP1433 的数据包通过。

规则 2 表示允许防火墙从接口 Inside 到 DMZ 的端口号为 TCP80 的数据包通过，即允许内网客户机访问 DMZ 的 Web 服务器 10.65.1.101。

规则 3 表示允许防火墙从接口 Outside 到 DMZ 的端口号为 TCP80 的数据包通过，即允许外网用户访问 DMZ 的 Web 服务器 10.65.1.101。

根据题目要求允许外网主机 133.20.10.10 访问内网的数据库服务器 10.66.1.101，同时允许内网和外网访问 DMZ 区的 WWW 服务器 10.65.1.101。参照规则解读可知 （8）～（12）分别填写 133.20.10.10、10.66.1.101、允许、10.66.1.0/24 以及 Any。

参考答案

【问题 1】

（1）DMZ 区（隔离区或非军事区）

（2）D

【问题 2】

（3）A

【问题 3】

（4）outside

（5）security100

（6）dmz

（7）security50

【问题 4】

（8）133.20.10.10

（9）10.66.1.101

（10）允许

（11）10.66.1.0/24

（12）Any

试题五（共 15 分）

阅读下列说明，回答问题 1 至问题 3，将解答填入答题纸的对应栏内。

【说明】

某论坛的首页及留言页面如图 5-1、图 5-2 所示。

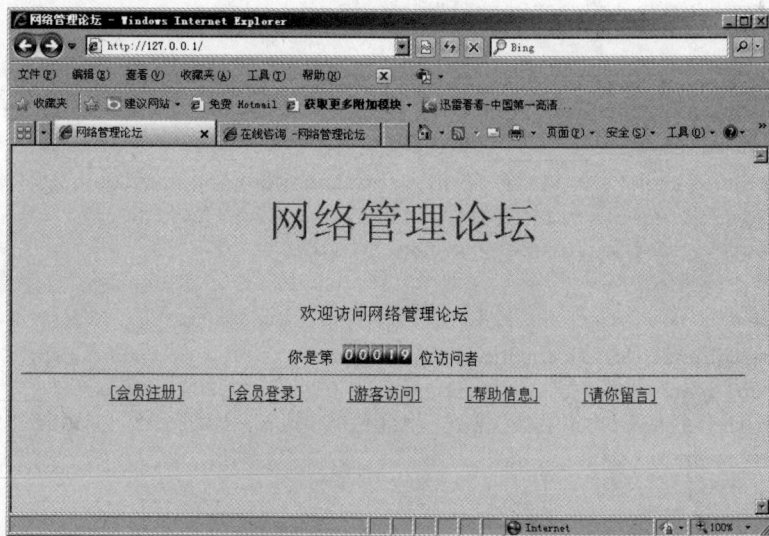

图 5-1

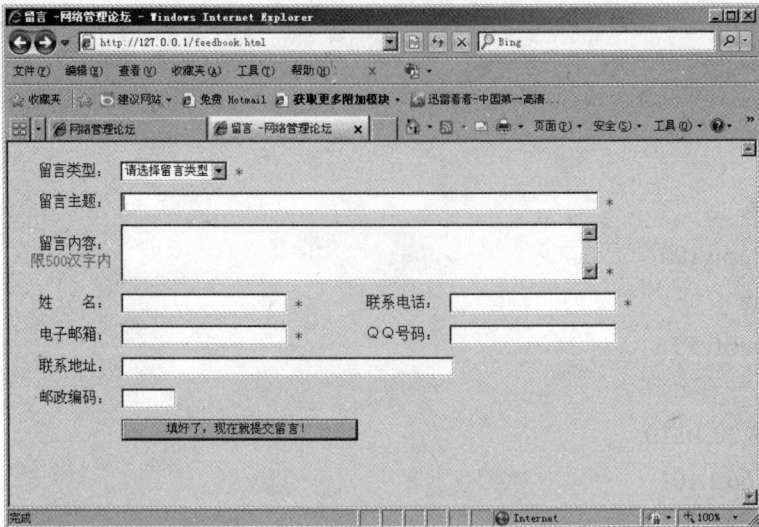

图 5-2

【问题 1】（6 分）

请根据图 5-1 和图 5-2 补充完成下面留言页面代码：

```
……
<TABLE width="100%" border=0 cellPadding=5 cellSpacing=0>
<form name="frmguestbook" method=post ___(1)___="leavemessage.asp"
onSubmit="return checkGuestBook()">
<tr>
 <td height=30 align=right class="border_t_l_r_01">留言类型：</td>
 <td colspan="3" class="border_t_r_01"> <___(2)___ name="InfoType">
 <option value="0" ___(3)___>请选择留言类型</option>
 <option value='1'>网管咨询</option><option value='2'>意见建议
</option><option value='12'>其他</option>
 </select> <font color=red>*</font></td>
 </tr>
 <tr >
 <td height=30 align=right class="border_t_l_r_01">留言主题：</td>
 <td colspan="3" class="border_t_r_01"> <INPUT type= "___(4)___"
style="WIDTH: 515px" maxLength="60" name="Topic" value=""> <font
color=red>*</font></td>
 </tr>
 <tr>
 <td height=30 align=right class="border_t_l_r_01">留言内容：<br><font
color=red>限 500 汉字内</font></td>
 <td colspan="3" class="border_t_r_01"> <___(5)___ name="Content"
```

```
class=input_01 style="height:60px;WIDTH:515px"></textarea> <font color=
red>*</font>
  <!--br><div style="width:520px"></div--></td>
  </tr>
  ……
  <tr>
  <td height=30 align=middle class="border_t_b_l_r_01">  </td>
  <td colspan="3" align=left class="border_t_b_r_01"><input type=submit
value=" 填好了，现在就提交留言！ " name="submit">
  </tr>
     (6)
   </table>
```

（1）～（6）备选答案：

A. textarea　　　　　　B. </form>　　　　　　C. select

D. selected　　　　　　E. action　　　　　　F. text

【问题 2】（5 分）

在留言页面中，为保证系统运行的效率，添加了脚本程序对用户输入的留言信息进行验证，当用户输入信息不符合要求时，弹出相应窗口提示用户。补充完成下面验证部分的代码。

```
<script language=javascript>
function    (7)
{
    ……
    if(strlength(Jtrim(document.frmguestbook.Topic.   (8)  ))>  (9)  )
    {
        window.   (10)   ("留言主题不得超过 30 汉字或 60 字符！");
        document. frmguestbook.Topic.focus();
        return   (11)
    }
    ……
    }
    return true
}
</script>
```

【问题 3】（4 分）

在论坛首页中有访客计数器，访客计数存放在系统 coun 文件夹的 counter.txt 中，请补充完成下面计数器的部分代码。

```
......
<%
dim visitors
   (12)   =server.mappath("coun/counter.txt")
set fs=   (13)   .createobject("Scripting.FileSystemObject")
set thisfile=fs.opentextfile(whichfile)
visitors=thisfile.   (14)
thisfile.close
countlen=len(visitors)
for i=1 to 5-countlen
    response.write "<img src=counter/0.gif>"
next
for i=1 to countlen
    response.write "<img src=counter/" & mid(visitors,i,1) & ".gif></img>"
next
visitors=   (15)   +1
set out=fs.createtextfile(whichfile)
out.writeline(visitors)
out.close
set fs=nothing
%>
......
```

（12）～（15）备选答案：

　　A．counter　　　　　B．server　　　　　C．request

　　D．whichfile　　　　E．readline　　　　F．visitors

试题五分析

本题考查网页设计的基本知识与应用。

【问题 1】

本问题考查 html 代码设计。

根据图示网页及提供的程序代码，对于 html 文档的开始处的空（1），是定义表单处理程序为 leavemessage.asp，所以空（1）处应该填写 action。空（2）到空（5）是和表单相关的代码，根据图示可知，这部分代码应为：

```
<td colspan="3" class="border_t_r_01"> < select name="InfoType">
 <option value="0" selected >请选择留言类型</option>
 <option value='1'>网管咨询</option><option value='2'>意见建议
</option><option value='12'>其他</option>
 </select> <font color=red>*</font></td>
 </tr>
```

```
<tr >
<td height=30 align=right class="border_t_l_r_01">留言主题: </td>
<td colspan="3" class="border_t_r_01"><INPUT type=" text" style="WIDTH:
515px"  maxLength="60"  name="Topic" value=""> <font color=red>*</font></td>
</tr>
<tr>
<td height=30 align=right class="border_t_l_r_01">留言内容: <br><font
color=red>限 500 汉字内</font></td>
<td  colspan="3"  class="border_t_r_01">  <__textarea__ name="Content"
class=input_01    style="height:60px;WIDTH:515px"></textarea>      <font
color=red>*</font>
```

根据程序可以判断，空（6）为表单结束标记</form>

【问题 2】

本问题考查脚本程序设计。

题目要求当用户输入信息不符合要求时，弹出相应窗口提示用户，另外程序提示"留言主题不得超过 30 汉字或 60 字符！"，同时根据问题 1 中的代码<form name="frmguestbook" method=post　　　(1)　　="leavemessage.asp" onSubmit="return checkGuestBook()">可知，判断函数名为 checkGuestBook()，所以这部分代码如下：

```
<script language=javascript>
function checkGuestBook()
{
    ......
    if (strlength(Jtrim(document.frmguestbook.Topic.value))>60)
    {
        window.alert ("留言主题不得超过 30 汉字或 60 字符! ");
        document.frmguestbook.Topic.focus();
        return false
    }
    ......
    }
    return true
}
</script>
```

【问题 3】

本问题考查网页计数器的设计。

根据题目描述，访客计数存放在系统 coun 文件夹的 counter.txt 中，所以代码如下：

```
<%
dim visitors
```

```
    whichfile  =server.mappath("coun/counter.txt") ；根据后面程序代码可知，创
建的计数文件实例名为 whichfile
    set fs=  server  .createobject("Scripting.FileSystemObject")
    set thisfile=fs.opentextfile(whichfile)
    visitors=thisfile.  readline     ；使用 thisfile 对象的 readline 方法读取计数文
件中的值
    thisfile.close
    countlen=len(visitors)
    for i=1 to 5-countlen
        response.write "<img src=counter/0.gif>"
    next
    for i=1 to countlen
        response.write "<img src=counter/" & mid(visitors,i,1) & ".gif></img>"
    next
    visitors=  visitors  +1   ；有一次访问,则变量 visitors 加 1 并将结果存入 visitors
    set out=fs.createtextfile(whichfile)
    out.writeline(visitors)
    out.close
    set fs=nothing
%>
```

参考答案
【问题 1】
（1）action
（2）select
（3）selected
（4）text
（5）textarea
（6）</form>

【问题 2】
（7）checkGuestBook()
（8）value
（9）60
（10）alert
（11）false

【问题 3】
（12）whichfile
（13）server
（14）readline
（15）visitors

第 5 章　2013 上半年网络管理员上午试题分析与解答

试题（1）、（2）

在 Word 的编辑状态下，若要防止在段落中间出现分页符，可以通过右击，在弹出的快捷菜单中选择__(1)__命令；在"段落"对话框中，选择"换行和分页"选项卡，然后再勾选__(2)__。

（1）A. 段落(P)…　　　B. 插入符号(S)　　　C. 项目符号(B)　　　D. 编号(N)

（2）A. ☐ 孤行控制(W)　　　　　　　　　　B. ☐ 与下段同页(X)

　　　C. ☐ 段中不分页(K)　　　　　　　　　D. ☐ 段前分页(B)

试题（1）、（2）分析

在 Word 编辑状态下，若要防止在段落中间出现分页符，可以通过右击，弹出如图（a）所示的快捷菜单；选择"段落(P)…"命令；在系统弹出的"段落"对话框中，选择"换行和分页"选项卡，如图（b）所示；然后再勾选"☐ 段中不分页(K)"即可。

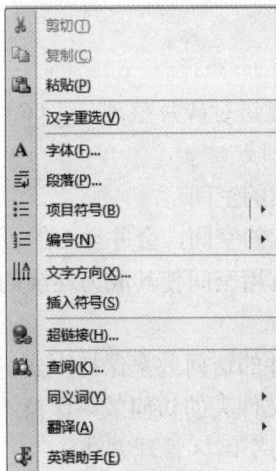

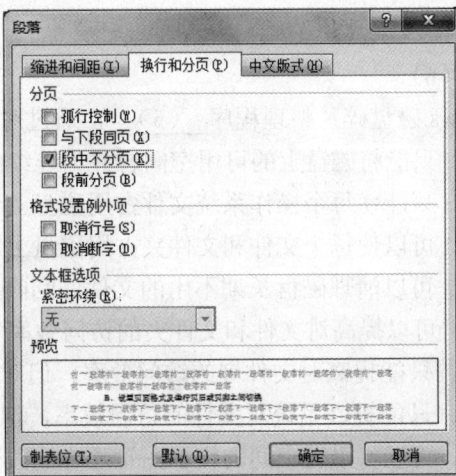

（a）　　　　　　　　　　　　　　　　　（b）

参考答案

　　（1）A　　　（2）C

试题（3）、（4）

某 Excel 工作表如下所示，若在 D1 单元格中输入=$A$1+$B$1+C1，则 D1 的值为__(3)__；此时，如果向垂直方向拖动填充柄至 D3 单元格，则 D2 和 D3 的值分别为__(4)__。

	A	B	C	D
1	16	18	20	
2	23	26	30	
3	35	38	26	
4				

（3）A. 34　　　　　　B. 36　　　　　　C. 39　　　　　　D. 54

（4）A. 79 和 99　　　B. 69 和 93　　　C. 64 和 60　　　D. 79 和 93

试题（3）、（4）分析

在 Excel 中，$\$A\$1$ 和 $\$B\$1$ 为绝对地址，其值为 16 和 18；C1 为相对地址，故在 D1 单元格中输入=$\$A\$1+\$B\$1+C1$，则 D1=16+18+20=54；若向垂直方向拖动填充柄至 D2 单元格时，则 D2=16+18+30=64，结果如下图所示，若向垂直方向拖动填充柄至 D3 单元格时，则 D3=16+18+26=60。结果如下图所示。

D2			f_x	=$\$A\$1+\$B\$1+C2$
	A	B	C	D	E
1	16	18	20	54	
2	23	26	30	**64**	
3	35	38	26		

（a）

D3			f_x	=$\$A\$1+\$B\$1+C3$
	A	B	C	D	E
1	16	18	20	54	
2	23	26	30	64	
3	35	38	26	**60**	

（b）

参考答案

（3）D　　（4）C

试题（5）、（6）

Windows 磁盘碎片整理程序　(5)　，通过对磁盘进行碎片整理，　(6)　。

（5）A. 只能将磁盘上的可用空间合并为连续的区域

　　B. 只能使每个操作系统文件占用磁盘上连续的空间

　　C. 可以使每个文件和文件夹占用磁盘上连续的空间，合并盘上的可用空间

　　D. 可以清理磁盘长期不用的文件，回收其占用空间使其成为连续的区域

（6）A. 可以提高对文件和文件夹的访问效率

　　B. 只能提高对文件夹的访问效率，但对文件的访问效率保持不变

　　C. 只能提高系统对文件的访问效率，但对文件夹的访问效率保持不变

　　D. 可以将磁盘空间的位示图管理方法改变为空闲区管理方法

试题（5）、（6）分析

在 Windows 系统中的磁盘碎片整理程序可以分析本地卷，使每个文件或文件夹占用卷上连续的磁盘空间，合并卷上的可用空间使其成为连续的空闲区域，这样系统就可以更有效地访问文件或文件夹，以及更有效地保存新的文件和文件夹。通过合并文件和文件夹，磁盘碎片整理程序还将合并卷上的可用空间，以减少新文件出现碎片的可能性。合并文件和文件夹碎片的过程称为碎片整理。

参考答案

（5）C　（6）A

试题（7）

工作时需要动态刷新的是　（7）　。

（7）A. DRAM　　　　　　B. PROM　　　　　C. EPROM　　　　D. SRAM

试题（7）分析

本题考查计算机系统中存储器基础知识。

主存一般由 RAM 和 ROM 这两种工作方式的存储器组成，其绝大部分存储空间由 RAM 构成。其中，RAM 分为 SRAM（静态 RAM）和 DRAM（动态 RAM）两种，DRAM 利用电容存储数据，电容会漏电，因此 DRAM 需要周期性地进行刷新，以保护数据。

参考答案

（7）A

试题（8）、（9）

CPU 执行指令时，先要根据　（8）　将指令从内存读取出并送入　（9）　，然后译码并执行。

（8）A. 程序计数器　　B. 指令寄存器　　C. 通用寄存器　　D. 索引寄存器

（9）A. 程序计数器　　B. 指令寄存器　　C. 地址寄存器　　D. 数据寄存器

试题（8）、（9）分析

本题考查计算机系统的基础知识。

寄存器是 CPU 中的一个重要组成部分，它是 CPU 内部的临时存储单元。CPU 中的寄存器通常分为存放数据的寄存器、存放地址的寄存器、存放控制信息的寄存器、存放状态信息的寄存器和其他寄存器等类型。

指令寄存器用于存放正在执行的指令。对指令译码后将指令的操作码部分送指令译码器进行分析，然后根据指令的功能向有关部件发出控制命令。

程序计数器（PC）用于给出指令的内存地址；当程序顺序执行时，每取出一条指令，PC 内容自动增加一个值，指向下一条要取的指令。当程序出现转移时，则将转移地址送入 PC，然后由 PC 指向新的程序地址。

在 CPU 与内存之间交换数据时，需要将要访问的内存单元地址放入地址寄存器，需要交换的数据放入数据寄存器。

参考答案

（8）A　（9）B

试题（10）、（11）

显示器的性能指标主要包括　（10）　和刷新频率。若显示器的　（11）　，则图像显示越清晰。

（10）A. 重量　　　　　　B. 分辨率　　　　　C. 体积　　　　D. 采样速度

（11）A. 采样频率越高　　B. 体积越大　　　C. 分辨率越高　　　D. 重量越重

试题（10）、（11）分析

显示器的性能指标主要包括分辨率和刷新频率，分辨率越高（如 1900×1200 像素）则图像显示越清晰。

参考答案

（10）B　　（11）C

试题（12）

与八进制数 1706 等值的十六进制数是 __(12)__ 。

（12）A. 3C6　　　　B. 8C6　　　　　C. F18　　　　　D. F1C

试题（12）分析

本题考查数制转换知识。

八进制数 1706 的二进制表示为 0011 1100 0110，从右往左 4 位一组可得对应的十六进制数 3C6。

参考答案

（12）A

试题（13）

若计算机字长为 8，则采用原码表示的整数范围为 -127～127，其中，__(13)__ 占用了两个编码。

（13）A. –127　　　　B. 127　　　　　C. –1　　　　　D. 0

试题（13）分析

本题考查数据表示基础知识。

整数 X 的原码记为 $[X]_{原}$，如果机器字长为 n（即采用 n 个二进制位表示数据），则最高位是符号位，0 表示正号，1 表示负号，其余的 n–1 位表示数值的绝对值。数值零的原码表示有两种形式：$[+0]_{原}$＝0 0000000，$[–0]_{原}$＝1 0000000。

参考答案

（13）D

试题（14）

将一个可执行程序翻译成某种高级程序设计语言源程序的过程称为 __(14)__ 。

（14）A. 编译　　　　B. 反编译　　　C. 汇编　　　　D. 解释

试题（14）分析

本题考查程序语言基础知识。

通常采用高级程序语言进行程序开发，由于计算机不能直接识别高级语言，因此需将高级语言源程序经过编译及链接转换为可执行程序再运行，反编译就是对程序语言进行翻译处理的逆过程。

参考答案

（14）B

试题（15）

图像文件格式分为静态图像文件格式和动态图像文件格式。__(15)__ 属于静态图像
文件格式。

（15）A. MPG　　　　　B. AVS　　　　　C. JPG　　　　　D. AVI

试题（15）分析

多媒体计算机图像文件格式主要分为两大类：静态图像文件格式和动态图像文件格
式。标记图像文件格式和目标图像文件格式都属于静态图像文件格式。

参考答案

（15）C

试题（16）

将声音信号数字化时，__(16)__ 不会影响数字音频数据量。

（16）A. 采样率　　　　B. 量化精度　　　　C. 波形编码　　　　D. 音量放大倍数

试题（16）分析

本题考查多媒体基础知识。

声音信号是一种模拟信号，计算机要对它进行处理，必须将它转换成为数字声音信
号，即用二进制数字的编码形式来表示声音信号。最基本的声音信号数字化方法是取样-
量化法，其过程包括采样、量化和编码。

采样是把时间连续的模拟信号转换成时间离散、幅度连续的信号。在某些特定的时
刻获取声音信号幅值叫作采样，由这些特定时刻采样得到的信号称为离散时间信号。一
般都是每隔相等的一小段时间采样一次，为了不产生失真，采样频率不应低于声音信号
最高频率的两倍。因此，语音信号的采样频率一般为 8kHz，音乐信号的采样频率则应在
40kHz 以上。采样频率越高，可恢复的声音信号分量越丰富，其声音的保真度越好。

量化处理是把在幅度上连续取值（模拟量）的每一个样本转换为离散值（数字量）
表示，因此量化过程有时也称为 A/D 转换（模数转换）。量化后的样本是用二进制数来
表示的，二进制数位数的多少反映了度量声音波形幅度的精度，称为量化精度，也称为
量化分辨率。例如，每个声音样本若用 16 位（2 字节）表示，则声音样本的取值范围是
0～65 535，精度是 1/65 536；若只用 8 位（1 字节）表示，则样本的取值范围是 0～255，
精度是 1/256。量化精度越高，声音的质量越好，需要的存储空间也越多；量化精度越
低，声音的质量越差，而需要的存储空间越少。

经过采样和量化处理后的声音信号已经是数字形式了，但为了便于计算机的存储、
处理和传输，还必须按照一定的要求进行数据压缩和编码，即选择某一种或者几种方法
对它进行数据压缩，以减少数据量，再按照某种规定的格式将数据组织成为文件。波形
编码是一种直接对取样、量化后的波形进行压缩处理的方法。

参考答案

（16）D

试题（17）

计算机系统中，内存和光盘属于___(17)___。

（17）A. 感觉媒体　　　B. 存储媒体　　　C. 传输媒体　　　D. 显示媒体

试题（17）分析

本题考查多媒体基础知识。

感觉媒体是指直接作用于人的感觉器官，使人产生直接感觉的媒体，如引起听觉反应的声音、引起视觉反应的图像等。传输媒体是指传输表示媒体的物理介质，如电缆、光缆、电磁波等。表现媒体是指进行信息输入和输出的媒体，如键盘、鼠标、话筒等为输入媒体；显示器、打印机、喇叭等为输出媒体。存储媒体是指用于存储表示媒体的物理介质，如硬盘、软盘、磁盘、光盘、ROM 及 RAM 等。

参考答案

（17）B

试题（18）

以下知识产权保护对象中，___(18)___不具有公开性基本特征。

（18）A. 科学作品　　　B. 发明创造　　　C. 注册商标　　　D. 商业秘密

试题（18）分析

公开性是指将知识产权保护对象向社会公布，使公众知悉。公开是取得知识产权，或者取得经济利益的前提，且只有公开才能被他人承认和利用。不同表现形式的知识产权保护对象都表现了公开性特征，但公开性形式不同。例如，作品的公开性是通过传播体现的。作者创作作品的目的之一，就是使之传播，并在传播中得以行使权利，取得利益。作品广泛的传播就是公开，传播是作品公开的一种形式；一项发明创造要取得法律保护必须将发明创造向社会公示（公布），公开是发明创造取得专利权的前提；商标公开的方式有多种，如在商品（产品）使用商标标志、广告宣传，且取得商标权需要将商标标志公示（公布）。商业秘密不具有公开性，它是依靠保密来维持其专有权利的，如果公开将失去法律的保护。

参考答案

（18）D

试题（19）

设信号的波特率为 600Baud，采用幅度-相位复合调制技术，由 4 种幅度和 8 种相位组成 16 种码元，则信道的数据速率为___(19)___。

（19）A. 600 b/s　　　B. 2400 b/s　　　C. 4800 b/s　　　D. 9600 b/s

试题（19）分析

由于采用了 16 种码元，每一码元可以表示 4 比特数据信息，所以数据速率是波特率的 4 倍，于是可知信道的数据速率为 600×4=2400 b/s。

参考答案

（19）B

试题（20）、（21）

E 载波是 ITU-T 建议的传输标准，其中 E1 子信道的数据速率是＿＿（20）＿＿kb/s。E3
信道的数据速率大约是＿＿（21）＿＿Mb/s。

（20）A. 64　　　　　　　B. 34　　　　　　　C. 8　　　　　　　D. 2

（21）A. 1　　　　　　　B. 8　　　　　　　C. 34　　　　　　　D. 565

试题（20）、（21）分析

ITU-T 的 E1 信道的数据速率是 2.048 Mb/s（参见下图）。这种载波把 32 个 8 位一组
的数据样本组装成 125μs 的基本帧，其中 30 个子信道用于话音传送数据，每个子信道的
数据速率是 64kb/s，2 个子信道（CH0 和 CH16）用于传送控制信令，每 4 帧能提供 64
个控制位。

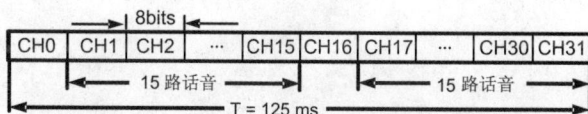

按照 ITU-T 的多路复用标准，E2 载波由 4 个 E1 载波组成，数据速率为 8.448Mb/s。
E3 载波由 4 个 E2 载波组成，数据速率为 34.368 Mb/s。E4 载波由 4 个 E3 载波组成，数
据速率为 139.264 Mb/s。E5 载波由 4 个 E4 载波组成，数据速率为 565.148 Mb/s。

参考答案

（20）A　　（21）C

试题（22）

网络配置如图所示，其中使用了一台路由器、一台交换机和一台集线器，对于这种配
置，下面的论断中正确的是＿＿（22）＿＿。

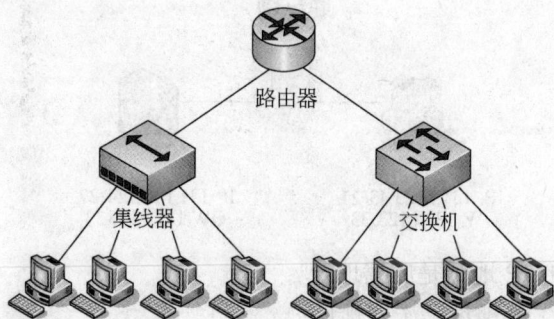

（22）A. 2 个广播域和 2 个冲突域　　　　　B. 1 个广播域和 2 个冲突域
　　　　C. 2 个广播域和 5 个冲突域　　　　　D. 1 个广播域和 8 个冲突域

试题（22）分析

集线器连接的主机构成一个冲突域，交换机的每个端口属于一个冲突域，路由器连接的两部分网络形成两个广播域，所以共有两个广播域和 5 个冲突域。

参考答案

（22）C

试题（23）

如果在网络入口处封锁了 TCP 和 UDP 端口 21、23 和 25，下面哪种应用可以访问该网络？　（23）

（23）A. FTP　　　　　　B. DNS　　　　　　C. SMTP　　　　　D. Telnet

试题（23）分析

端口 21、23 和 25 默认是指定给 FTP、Telnet 和 SMTP 的端口号，所以如果封锁了这 3 个端口，则这些应用就不能访问网络了。DNS 的端口号是 53，这个应用将不受影响。

参考答案

（23）B

试题（24）

ISO/OSI 参考模型的哪个协议层使用硬件地址作为服务访问点？　（24）

（24）A. 物理层　　　　B. 数据链路层　　　　C. 网络层　　　　D. 传输层

试题（24）分析

硬件地址是数据链路层的服务访问点。

参考答案

（24）B

试题（25）

参见下图的网络配置，客户机无法访问服务器，原因是什么？　（25）

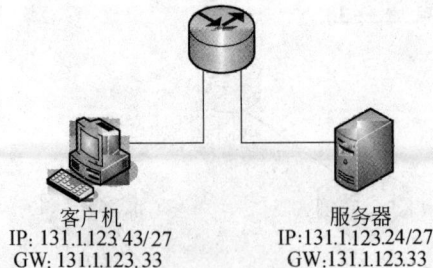

客户机
IP: 131.1.123.43/27
GW: 131.1.123.33

服务器
IP:131.1.123.24/27
GW:131.1.123.33

（25）A. 服务器的 IP 地址是广播地址

　　　B. 客户机的 IP 地址是子网地址

　　　C. 客户机与默认网关不在同一子网中

　　　D. 服务器与默认网关不在同一子网中

试题（25）分析

服务器地址 131.1.123.24/27 二进制形式是：10000011.00000001.01111011.00011000

网关地址 131.1.1.23 的二进制形式是：10000011.00000001.00000001.00010111

二者不在同一个子网中，所以 ping 不通。

参考答案

（25）D

试题（26）

下面的选项中，支持 SNMP 的协议是哪个？ ___(26)___

（26）A. FTP   B. TCP   C. UDP   D. SCP

试题（26）分析

简单网络管理协议 SNMP 通过 UDP 报文传送。

参考答案

（26）C

试题（27）

在一条点对点的链路上，为了减少地址的浪费，子网掩码应该指定为 ___(27)___ 。

（27）A. 255.255.255.252   B. 255.255.255.248

C. 255.255.255.240   D. 255.255.255.196

试题（27）分析

在一条点对点的链路上，为了减少地址的浪费，子网掩码应该指定为 255.255.255.252。这样，主机地址只占用两位，除 00 和 11 之外还可以提供两个主机地址，刚好够用。

参考答案

（27）A

试题（28）

参见下图，4 个主机接入了网络，路由器汇总的地址是 ___(28)___ 。

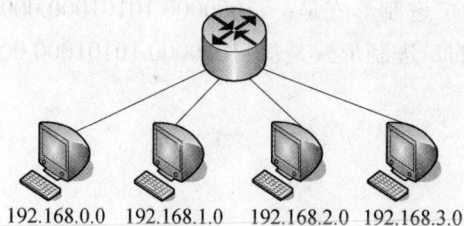

192.168.0.0   192.168.1.0   192.168.2.0   192.168.3.0

（28）A. 192.168.0.0/21 B. 192.168.0.0/22   C. 192.168.0.0/23 D. 192.168.0.0/24

试题（28）分析

四个地址的二进制形式是

192.168.0.0：11000000.10101000.00000000.00000000

192.168.1.0：11000000.10101000.00000001.00000000

192.168.2.0：11000000.10101000.00000010.00000000

192.168.3.0：11000000.10101000.00000011.00000000

汇总后得到的子网掩码应该是 22 位。

参考答案

（28）B

试题（29）

下面哪一个 IP 地址可以指定给因特网接口？　(29)

（29）A. 10.110.33.224　　　B. 40.94.255.10　　　C. 172.16.17.18　　　D. 192.168.22.35

试题（29）分析

公共互联网中的地址不能是规定的私网地址，地址 10.110.33.224 是 A 类私网地址，地址 192.168.22.35 是 C 类私网地址，地址 172.16.17.18 是 B 类私网地址，都不能应用于互联网中。只有 B. 40.94.255.10 是公网地址。

参考答案

（29）B

试题（30）

给定网络地址 192.168.20.19/28，下面哪一个主机地址是该子网中的有效地址？(30)

（30）A. 192.168.20.29　　　　　　　　　　B. 192.168.20.16

　　　 C. 192.168.20.0　　　　　　　　　　 D. 192.168.20.31

试题（30）分析

网络地址 192.168.20.19/28 的二进制形式是：11000000.10101000.00010100.00010011

而地址 192.168.20.29 的二进制形式是：11000000.10101000.00010100.00011101

地址 192.168.20.16 的二进制形式是：11000000.10101000.00010100.00010000

地址 192.168.20.0 的二进制形式是：11000000.10101000.00010100.00000000

地址 192.168.20.31 的二进制形式是：11000000.10101000.00010100.00011111

所以 A 是正确答案。

参考答案

（30）A

试题（31）

一个 IPv6 数据报可以提交给"距离最近的路由器"，这种通信方式叫作　(31)　。

（31）A. 全局单播　　　B. 本地单播　　　C. 组播　　　　　D. 任意播

试题（31）分析

IPv6 地址有三种类型：

① 单播（Unicast）地址：这种地址是单个网络接口的标识符，用于作为目标地址把分组转发到特定的结点。

② 任意播（AnyCast）地址：这种地址表示一组网络接口的标识符。发往任意播地址的分组被传送给该地址标识的接口之一，通常是离路由最近的接口。这种地址不能用作源地址，而只能作为目标地址，并且只能指定给 IPv6 路由器。

③ 组播（MultiCast）地址：这种地址是一组接口的标识符，发往组播地址的分组被传送给该地址标识的所有接口。

参考答案

（31）D

试题（32）

参见下图，两个交换机都是默认配置，当主机 A 发送一个广播帧时，___（32）___。

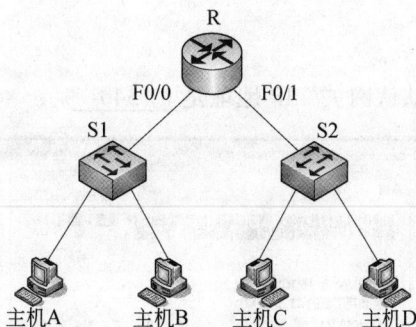

（32）A. 主机 B、C、D 都收到了这个广播报文

　　　B. 主机 B 和路由器的 F0/0 端口收到了广播报文

　　　C. 主机 B、C、D 和路由器的 F0/0 端口收到了广播报文

　　　D. 主机 A、B、C、D 和路由器的 F0/0 端口都收到了广播报文

试题（32）分析

两个交换机都是默认配置，意味着没有任何端口被阻塞，当交换机从一个端口收到一个广播帧时就从其他端口广播出去。这样，当主机 A 发送一个广播帧时，主机 B 和路由器 S1 的 F0/0 端口都收到了这个广播帧。但是由于路由器的阻塞功能，这个广播帧不会越过路由器传送到右边的子网中去。

参考答案

（32）B

试题（33）

按照 VLAN 中继协议的规定，交换机运行在___（33）___模式时可以进行 VLAN 配置，但是配置信息不会传播到其他交换机。

（33）A. 服务器　　　　B. 客户机　　　　C. 透明　　　　D. 静态

试题（33）分析

按照 VLAN 中继协议（VTP），交换机的运行模式分为 3 种：

① 服务器模式（Server）：交换机在此模式下能创建、添加、删除和修改 VLAN 配置，并从中继端口发出 VTP 组播帧，把配置信息分发到整个管理域中的所有交换机。一个管理域中可以有多个服务器。

② 客户机模式（Client）：在此模式下不允许创建、修改或删除 VLAN，但可以监听本管理域中其他交换机的 VTP 组播信息，并据此修改自己的 VLAN 配置。

③ 透明模式（Transparent）：在此模式下可以进行 VLAN 配置，但配置信息不会传播到其他交换机。在透明模式下，可以接收和转发 VTP 帧，但是并不能据此更新自己的 VLAN 配置，只是起到通路的作用。

参考答案

（33）C

试题（34）

参见下图，合理的"默认网关" IP 地址是　　(34)　　。

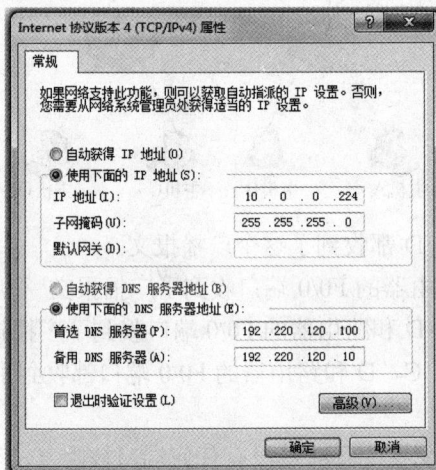

（34）A. 10.0.0.0　　B. 10.0.0.254　　　　C. 192.220.120.0　　D. 192.220.120.254

试题（34）分析

由于主机的 IP 地址是 10.0.0.224，而子网掩码是 255.255.255.0，则默认网关的地址必须在同一子网中。这样只有答案 10.0.0.254 符合这一要求。

参考答案

（34）B

试题（35）

WLAN 标准 IEEE 802.11g 规定的数据速率是多少？　　(35)　

（35）A. 2Mb/s　　　B. 11Mb/s　　　　C. 54Mb/s　　　　　D. 300Mb/s

试题（35）分析

自从 1997 年 IEEE 802.11 标准实施以来，先后有二十几个标准出台，其中802.11a、802.11b 和802.11g采用了不同的通信技术，使得数据传输速率不断提升（参见下表）。但是与有线网络相比，仍然存在一定差距。随着 2009 年 9 月 11 日 IEEE 802.11n 标准的正式发布，这一差距正在缩小，使得一些杀手级的应用也能够在 WLAN 平台上畅行无阻。802.11n 可以将 WLAN 的传输速率提高到 300Mb/s，甚至 600Mb/s。这个成就主要得益于 MIMO 与 OFDM 技术的结合。应用先进的无线通信技术，不但提高了传输速率，也极大地提升了传输质量。

表　IEEE 802.11 标准

名称	发布时间	工作频段	调制技术	数据速率
802.11	1997 年	2.4GHz ISM 频段	DB/SK DQPSK	1Mb/s 2Mb/s
802.11b	1998 年	2.4GHz ISM 频段	CCK	5.5Mb/s，11Mb/s
802.11a	1999 年	5GHz U-NII 频段	OFDM	54Mb/s
802.11g	2003 年	2.4GHz ISM 频段	OFDM	54Mb/s

参考答案

（35）C

试题（36）

如果登录进入路由器操作系统 IOS，下面哪个提示符表示特权模式？　（36）

（36）A. >　　　　　B. #　　　　　C. $　　　　　D. @

试题（36）分析

Cisco 公司的互联网操作系统（Internetwork Operating System，IOS）已经成为网络交换设备的工作标准。IOS 有三种命令模式，即用户模式（User mode）、特权模式（Privileged mode）和配置模式（Configuration mode）。在不同的命令模式中可执行的命令集不同，可实现的管理功能也不同。

```
Switch>                      （用户执行模式提示符）
Switch >enable               （进入特权模式）
Switch #                     （特权模式提示符）
Switch #config terminal      （进入配置模式）
Switch(config)#              （配置模式提示符）
```

参考答案

（36）B

试题（37）

参见下图，两个交换机都采用默认配置，当主机 1 向主机 4 发送数据时使用哪两个

地址作为目标地址？　　（37）

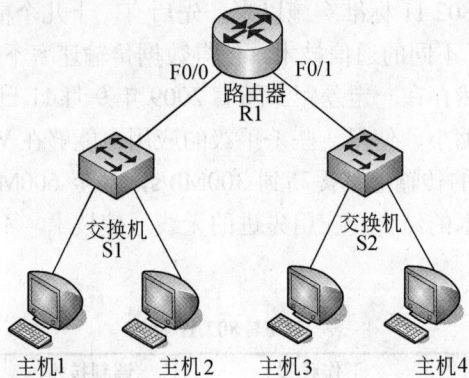

（37）A. 主机 4 的 IP 地址和主机 4 的 MAC 地址

B. 交换机 S2 的 IP 地址和交换机 S1 的 MAC 地址

C. 主机 4 的 IP 地址和路由器 F0/0 端口的 MAC 地址

D. 交换机 S2 的 IP 地址和路由器 F0/1 端口的 MAC 地址

试题（37）分析

当主机 1 向主机 4 发送数据报时，必须使用主机 4 的 IP 地址作为网络层目标地址，但是由于路由器 R1 的隔离作用，主机 1 的数据链路层实体是看不到另外一个子网中的 MAC 地址的，所以在数据链路层，主机 1 只能把路由器 F0/0 端口的 MAC 地址作为目标地址。

参考答案

（37）C

试题（38）

下面使用双绞线连接设备的方式中，正确的是　　（38）　　。

试题（38）分析

使用双绞线连接设备时，同类型的端口连接使用交叉线，不同类型的端口连接使用直通线。按照这个原则，只有答案 A 是正确的。

参考答案

（38）A

试题（39）

HDLC 是一种什么协议？　(39)

（39）A. 面向比特的同步链路控制协议

B. 面向字节计数的同步链路控制协议

C. 面向字符的同步链路控制协议

D. 异步链路控制协议

试题（39）分析

数据链路控制协议可分为两大类：面向字符的协议和面向比特的协议。面向字符的协议以字符作为传输的基本单位，并用 10 个专用字符（例如 STX、ETX、ACK、NAK 等）来控制传输过程。面向比特的协议以比特作为传输的基本单位，它的传输效率高，能适应计算机通信技术的最新发展，广泛应用于公用数据网中。

HDLC 协议（High Level Data Link Control）属于面向比特的同步链路控制协议。在 HDLC 帧中封装着若干比特，以特殊的比特模式（01111110）作为帧的边界，以帧为单位进行同步传送和差错校验。它是国际标准化组织（ISO）根据 IBM 公司的 SDLC（Synchronous Data Link Control）协议扩充开发而成的。

参考答案

（39）A

试题（40）

关于划分 VLAN 的优点，下面的叙述中正确的是　(40)　。

（40）A. 增强了网络的安全性　　　　B. 简化了交换机的管理

C. 增加了冲突域的大小　　　　D. 可以自动分配 IP 地址

试题（40）分析

把物理网络划分成 VLAN 的好处是：

① 控制网络流量：一个 VLAN 内部的通信（包括广播通信）不会转发到其他 VLAN 中去，从而有助于控制广播风暴，减小冲突域，提高网络带宽的利用率。

② 提高网络的安全性：可以通过配置 VLAN 之间的路由来提供广播过滤、安全和流量控制等功能。不同 VLAN 之间的通信受到限制，提高了企业网络的安全性。

③ 灵活的网络管理：VLAN 机制使得工作组可以突破地理位置的限制而根据管理功能来划分。如果根据 MAC 地址划分 VLAN，用户可以在任何地方接入交换网络，实现移动办公。

参考答案

（40）A

试题（41）

某个网络中包含 200 台主机，采用什么子网掩码可以把这些主机置于同一个子网中而且不浪费地址？　（41）

（41）A. 255.255.248.0　　　　　　　　　　B. 255.255.252.0

　　　　C. 255.255.254.0　　　　　　　　　　D. 255.255.255.0

试题（41）分析

本题考查子网掩码与子网划分。

某个网络有 200 台主机，表明需要有 8 位作为主机地址位，因此掩码为 255.255.255.0。

参考答案

（41）D

试题（42）

在 HTML 文件中，　（42）　标记在页面中添加横线。

（42）A.
　　　　　　B. <hr>　　　　　　C. <tr>　　　　　　D. <blink>

试题（42）分析

本题考查 HTML 语言的基础知识。

超文本标记语言 HTML 是一种对文档进行格式化的标注语言。HTML 文档的扩展名为.html 或.htm，包含大量的标记，用以对网页内容进行格式化和布局，定义页面在浏览器中查看时的外观，在常用标记对中，<hr>标记在页面中添加横线，
是换行标记，<tr>是表格中创建表格行标记，<blink>是闪烁标记。

参考答案

（42）B

试题（43）

下列设置图像地图正确的 HTML 代码是　（43）　。

（43）A. <area shape="poly" href="image.html" coords="100,100,180,80,200,140">

　　　B. <area shape="100,100,180,80,200,140" href="image.html" coords="poly">

　　　C. <area shape="image.html " href=" poly " coords="100,100,180,80,200,140">

　　　D. <area shape="poly" href="100,100,180,80,200,140 " coords=" image.html ">

试题（43）分析

本题考查 HTML 语言的基础知识。

在 HTML 中，图像地图可以把图像分成多个区域，每个区域指向不同的地点。图像地图的各个区域用<area shape="形状" coords="坐标" href="URL">说明，图像地图不仅需要在 HTML 文档中说明，还需要一个后缀为.map 的文件，用来说明图像分区及其指向的 URL 的信息。

参考答案

（43）A

试题（44）

在 HTML 中，表格边框的宽度由　(44)　属性指定。

（44）A. width　　　　B. height　　　　C. border　　　　D. cellpadding

试题（44）分析

本题考查 HTML 语言的基础知识。

在 HTML 中，表格有很多属性。其中，表的大小用 width=#和 height=#属性说明。前者为表宽，后者为表高，#是以像素为单位的整数。边框宽度由 border=#说明，#为宽度值，单位是像素。表格间距即划分表格的线的粗细，用 cellspacing=#表示，#的单位是像素。

参考答案

（44）C

试题（45）

在 ASP 中，　(45)　对象的 Cookie 集合可以在客户端硬盘上写数据。

（45）A. Application　　B. Session　　　C. Request　　　D. Response

试题（45）分析

本题考查 ASP 对象的基础知识。

在 ASP 内置对象中，Response 对象只有一个集合 Cookie。该集合可以在当前响应中，发回客户端的所有 Cookie 的值，这个集合为只写属性，作用就是将发回客户端的所有 Cookie 的值写在客户端硬盘上。

参考答案

（45）D

试题（46）

在地址栏中输入 www.abc.com，浏览器默认的协议是　(46)　。

（46）A. HTTP　　　　B. DNS　　　　C. TCP　　　　D. FTP

试题（46）分析

本题考查浏览器、网页浏览等相关知识。

在浏览器的地址栏中，如果缺省协议，默认的协议为 HTTP。

参考答案

（46）A

试题（47）

在 Windows 系统中，通过安装　(47)　组件来创建 FTP 站点。

（47）A. DNS　　　　B. IIS　　　　C. POP3　　　　D. Telnet

试题（47）分析

本题考查服务器的安装。

在 Windows 系统中，FTP 组件通常集成在 IIS 中，故通过安装 IIS 组件来创建 FTP 站点。

参考答案

（47）B

试题（48）

通常工作在 UDP 协议之上的应用是___（48）___。

（48）A. 浏览网页   B. Telnet 远程登录

        C. VoIP   D. 发送邮件

试题（48）分析

本题考查各网络应用采用的下层传输协议。

浏览网页、Telnet 远程登录以及发送邮件应用均不允许数据的丢失，需要采用可靠的传输层协议 TCP，而 VoIP 允许某种程度上的数据丢失，采用不可靠的传输层协议 UDP。

参考答案

（48）C

试题（49）

运行___（49）___不能获取本地网关地址。

（49）A. Tracert   B. Arp   C. Ipconfig   D. Netstat

试题（49）分析

本题考查网络管理工具的应用。

Tracert 命令的功能是确定到达目标的路径，并显示通路上每一个中间路由器的 IP 地址，第 1 个目标即为网关。

Arp 命令用于显示和修改地址解析协议（ARP）缓存表的内容，缓存表项是 IP 地址与网卡地址对，其中网关的 IP 地址与网卡地址对是用户连接 Internet 必不可少的记录。

Ipconfig 命令可以显示所有网卡的 TCP/IP 配置参数，可以刷新动态主机配置协议（DHCP）和域名系统（DNS）的设置，网卡的 TCP/IP 配置参数就包括了网关地址。

Netstat 命令用于显示 TCP 连接、计算机正在监听的端口、以太网统计信息、IP 路由表、IPv4 统计信息（包括 IP、ICMP、TCP 和 UDP 等协议）、IPv6 统计信息（包括 IPv6、ICMPv6、TCP over IPv6、UDP over IPv6 等协议）等，不包括网关的地址信息。

参考答案

（49）D

试题（50）

接收电子邮件采用的协议是___（50）___。

（50）A. SMTP   B. HTTP   C. POP3   D. SNMP

试题（50）分析

本题考查对协议的功能的掌握程度。

SMTP 协议的功能是发送电子邮件；HTTP 协议的功能是浏览网页，发送电子邮件；POP3 协议的功能是接收电子邮件；SNMP 协议的功能是进行网络管理。

参考答案

（50）C

试题（51）

利用软件工具 Sniffer 可以实现　　(51)　　。

（51）A. 欺骗攻击　　　　　　　　　B. 网络监听

　　　　C. DoS 攻击　　　　　　　　　D. 截获 Windows 登录密码

试题（51）分析

本题考查软件工具 Sniffer 的基础知识。

Sniffer 是一个著名的监听工具，它可以监听到网上传输的所有信息，但是它不能进行欺骗、DoS 攻击。网络监听是主机的一种工作模式，在这种模式下，主机可以接收到本网段在同一条物理通道上传输的所有信息,此时若两台主机进行通信的信息没有加密，只要使用某些网络监听工具就可轻而易举地截取包括口令和账号在内的信息，但是 Windows 登录密码采用单向函数加密，Windows 登录不通过网络传输信息，所以 Sniffer 无法截获其登录密码。

参考答案

（51）B

试题（52）

关于 ARP 攻击，以下描述错误的是　　(52)　　。

（52）A. 在遭受 ARP 攻击时，用户上网会时断时续

　　　　B. 利用 ARP 攻击可以盗取用户的 QQ 密码或网络游戏密码和账号

　　　　C. 利用 ARP 攻击可以对外网服务器发起入侵攻击

　　　　D. 利用 ARP 防火墙可以防止 ARP 攻击

试题（52）分析

本题考查 ARP 攻击的基础知识。

ARP 攻击是针对以太网地址解析协议（ARP）的一种攻击技术。此种攻击可让攻击者取得局域网上的数据封包甚至可篡改封包，且可让网络上特定计算机或所有计算机无法正常连接，从而造成用户上网会时断时续。ARP 攻击只是针对局域网，它可以有目的地发布错误 ARP 广播包，黑客可以利用它窃取网络数据，从而盗取用户的 QQ 密码或网络游戏密码和账号。个人用户防御 ARP 攻击可以安装 ARP 防火墙。

参考答案

（52）C

试题（53）

防火墙的 NAT 功能主要目的是 (53) 。

(53) A. 进行入侵检测　　　　　　　　　B. 隐藏内部网络 IP 地址及拓扑结构信息

　　　C. 防止病毒入侵　　　　　　　　　D. 对应用层进行侦测和扫描

试题（53）分析

本题考查防火墙的基础知识。

防火墙的网络地址转换功能（Network Address Translation，NAT）是一种将私有（保留）地址转化为合法 IP 地址的转换技术，NAT 不仅完美地解决了 IP 地址不足的问题，而且还能够有效地避免来自网络外部的攻击，隐藏内部网络 IP 地址及拓扑结构信息。

参考答案

(53) B

试题（54）

防火墙通常分为内网、外网和 DMZ 三个区域，按照受保护程度，从高到低正确的排列次序为 (54) 。

(54) A. 内网、外网和 DMZ　　　　　　 B. 外网、内网和 DMZ

　　　C. DMZ、内网和外网　　　　　　 D. 内网、DMZ 和外网

试题（54）分析

本题考查防火墙的基础知识。

通过防火墙我们可以将网络划分为三个区域：安全级别最高的 LAN Area（内网），安全级别中等的 DMZ 区域和安全级别最低的 Internet 区域（外网）。三个区域因担负不同的任务而拥有不同的访问策略。通常的规则如下：

① 内网可以访问外网：内网的用户需要自由地访问外网。在这一策略中，防火墙需要执行 NAT。

② 内网可以访问 DMZ：此策略使内网用户可以使用或者管理 DMZ 中的服务器。

③ 外网不能访问内网：这是防火墙的基本策略了，内网中存放的是公司内部数据，显然这些数据是不允许外网的用户进行访问的。如果要访问，就要通过 VPN 方式来进行。

④ 外网可以访问 DMZ：DMZ 中的服务器需要为外界提供服务，所以外网必须可以访问 DMZ。同时，外网访问 DMZ 需要由防火墙完成对外地址到服务器实际地址的转换。

⑤ DMZ 不能访问内网：如不执行此策略，则当入侵者攻陷 DMZ 时，内部网络将不会受保护。

⑥ DMZ 不能访问外网：此条策略也有例外，可以根据需要设定某个特定的服务器可以访问外网，以保证该服务器可以正常工作。

综上所述，防火墙区域按照受保护程度从高到低正确的排列次序应为内网、DMZ 和外网。

参考答案

（54）D

试题（55）

脚本漏洞主要攻击的是　(55)　。

(55) A. PC　　　　　　B. 服务器　　　　　C. 平板电脑　　　　D. 智能手机

试题（55）分析

本题考查病毒的基础知识。

跨站脚本攻击（也称为 XSS）主要攻击服务器。其利用网站漏洞从用户那里恶意盗取信息。用户在浏览网站、使用即时通信软件，甚至在阅读电子邮件时，通常会点击其中的链接。攻击者通过在链接中插入恶意代码，就能够盗取用户信息。攻击者通常会用十六进制（或其他编码方式）将链接编码，以免用户怀疑它的合法性。网站在接收到包含恶意代码的请求之后会生成一个包含恶意代码的页面，而这个页面看起来就像是那个网站应当生成的合法页面一样。

参考答案

（55）B

试题（56）

下面病毒中，属于蠕虫病毒的是　(56)　。

(56) A. Worm.Sasser　　　　　　　　B. Trojan.QQPSW

　　　C. Backdoor.IRCBot　　　　　　D. Macro.Melissa

试题（56）分析

本题考查病毒知识。

Worm.Sasser 也称震荡波病毒，是一种蠕虫病毒。该病毒通过命令易受感染的机器下载特定文件并运行来传播病毒。

Trojan.QQPSW 也称 QQ 小偷，是一种木马病毒，通过网络传播。该病毒具有和图形文件一样的图标，因此很容易被用户当作图形文件来点击，而且当用户点击运行后，病毒确实会释放出一个图片并打开它，从而蒙骗用户，其实这时候病毒已经躲入内存，伺机窃取用户的 QQ 号和密码。

Backdoor.IRCBot 是一种后门程序，通过网络传播。该病毒运行后复制自身到系统目录中，并修改注册表实现开机自动运行。病毒在后台运行，大量占用系统资源，造成用户计算机性能下降。病毒还会在中毒电脑上开设后门，黑客可以利用 IRC 软件对其远程控制，进行多种危险操作。

Macro.Melissa 是一种计算机宏病毒，病毒通过 Email 传播，传播速度非常快。

参考答案

（56）A

试题（57）

下列 Internet 应用中对实时性要求最高的是　(57)　。

（57）A. 电子邮件　　　　　　　　　B. Web 浏览
　　　　C. FTP 文件传输　　　　　　　D. IP 电话

试题（57）分析

本题考查 Internet 应用。

电子邮件、Web 浏览以及 FTP 文件传输等传输层协议均采用 TCP，对数据丢失敏感，但实时性要求不高；而 IP 电话则对实时性要求敏感，允许某种程度的数据丢失。

参考答案

（57）D

试题（58）

在子网划分中，要求设置一个子网掩码将 B 类网络 172.16.0.0 划分成尽可能多的子网，每个子网要求容纳 15 台主机，则子网掩码应是___（58）___。

（58）A. 255.255.255.224　　　　　　B. 255.255.255.248
　　　　C. 255.255.254.0　　　　　　　D. 255.255.248.0

试题（58）分析

本题考查 IP 地址与子网划分应用。

由于每个子网容纳 15 台主机，表明 IP 地址的分级中，主机位数应该为 5，因此掩码为 255.255.255.224。

参考答案

（58）A

试题（59）

在 Windows 的 cmd 命令行窗口中，输入___（59）___命令将会得到如下图所示的结果。

```
Tracing route to www.ibm.com.cs186.net [129.42.56.216]
over a maximum of 6 hops:

  1    <1 ms    <1 ms    <1 ms   202.117.116.126
  2     *        1 ms     1 ms   10.254.254.254
  3     *        *        *      Request timed out.
  4    <1 ms    <1 ms    <1 ms   172.16.255.2
  5     *        *        *      Request timed out.
  6    <1 ms    <1 ms    <1 ms   172.16.3.254

Trace complete.
```

（59）A. traceroute -w 6 www.ibm.com　　　B. tracert -w 6 www.ibm.com
　　　　C. traceroute -h 6 www.ibm.com　　　D. tracert -h 6 www.ibm.com

试题（59）分析

本题考查 Windows 系统中 Tracert 命令的相关知识。

Tracert（跟踪路由）是 Windows 系统中的路由跟踪实用程序，用于确定 IP 数据包访问目标所采取的路径。Tracert 命令使用 IP 生存时间（TTL）字段和 ICMP 错误消息来确定从一个主机到网络上其他主机的路由。其命令格式如下：

tracert [-d] [-h maximum_hops] [-j computer-list] [-w timeout] target_name

参数介绍如下：

-d　指定不将地址解析为计算机名。

-h maximum_hops　指定搜索目标的最大跃点数。

-j host-list　与主机列表一起的松散源路由（仅适用于 IPv4）。

-w timeout　等待每个回复的超时时间（以毫秒为单位）。

-R　跟踪往返行程路径（仅适用于 IPv6）。

-S srcaddr　要使用的源地址（仅适用于 IPv6）。

-4　强制使用 IPv4。

-6　强制使用 IPv6。

target_name　目标计算机的名称。

参考答案

（59）D

试题（60）

在 Windows 的 cmd 命令行窗口中，输入___（60）___命令将会得到如下图所示的结果。

（60）A. route print　　　　　B. ipconfig /all　　　　C. netstat　　　　　　　　D. nslookup

试题（60）分析

本题考查 Windows 系统中查看路由表的命令。

route 命令是在本地 IP 路由表中显示和修改条目网络命令。

route 命令的语法如下：

route [-f] [-p] [Command [Destination] [mask Netmask] [Gateway] [metric Metric]] [if Interface]]

route 命令常用的命令如下：

① route delete：删除路由；

② route print：显示 IP 路由表的完整内容；

③ route add：添加路由；

④ route change：更改现存路由。

参考答案

（60）A

试题（61）

在 Windows 操作系统中，与 Web 访问无关的组件是　（61）　。

（61）A. TCP/IP　　　　　B. IE　　　　　　　C. FTP　　　　　　D. DNS

试题（61）分析

本题考查 Windows 系统中与 Web 访问无关的组件。

TCP/IP 是访问互联网必须安装的协议，所有与互联网相关的组件都与其有关；IE 是浏览器，所以与 Web 访问相关；DNS 是通过域名访问 Web 的必须组件；只有 FTP 是与 Web 访问无关的组件。

参考答案

（61）C

试题（62）

随着网站知名度不断提高，网站访问量逐渐上升，网站负荷越来越重，针对此问题，一方面可通过升级网站服务器的软硬件，另一方面可以通过集群技术，如 DNS 负载均衡技术来解决。在 Windows 的 DNS 服务器中通过　（62）　操作可以确保域名解析并实现负载均衡。

（62）A. 启用循环，启动转发器指向每个 Web 服务器

　　　B. 禁止循环，启动转发器指向每个 Web 服务器

　　　C. 禁止循环，添加每个 Web 服务器的主机记录

　　　D. 启用循环，添加每个 Web 服务器的主机记录

试题（62）分析

本题考查 Windows 的 DNS 服务器实现负载均衡的相关操作。

在 Windows 的 DNS 服务器中基于 DNS 的循环（round robin），只需要为同一个域名设置多个 IP 主机记录就可以了，DNS 中没有转发器的概念。因此需要启用循环，添加每个 Web 服务器的主机记录就可以确保域名解析并实现负载均衡。

参考答案

（62）D

试题（63）

SNMP 报文在管理站和代理之间传送。由代理发给管理站，不需要应答的报文是（63）报文。

（63）A. SetResquest　　　　　　　B. GetResquest

　　　C. GetRreponse　　　　　　　D. Trap

试题（63）分析

本题考查 SNMP 报文的应答序列。

SNMP 报文在管理站和代理之间传送，包含 GetResquest、GetNextResquest 和 SetResquest 的报文由管理站发出，代理以 GetRreponse 响应。Trap 报文由代理发给管理站，不需要应答。

参考答案

（63）D

试题（64）、（65）

Linux 系统中，DHCP 服务 dhcpd 的缺省配置文件是　（64）　，在配置文件中，为特定主机指定保留 IP 地址的声明语句是　（65）　。

（64）A．/etc/dhcpd.conf　　　　　B．/etc/dhcpd.txt

　　　 C．/dhcpd.conf　　　　　　　D．/dhcpd.txt

（65）A．subnet　　　　　　　　　B．range

　　　 C．share-network　　　　　　D．host

试题（64）、（65）分析

本题考查 Linux 操作系统服务器配置的基础知识。

Linux 系统中，DHCP 服务 dhcpd 的缺省配置文件是 dhcpd.conf，该文件位于/etc 目录下。在配置文件中，为特定主机指定保留 IP 地址的声明语句是 host。

参考答案

（64）A　（65）D

试题（66）、（67）

Windows 命令行输入　（66）　命令后显示的结果如下图所示，从图中可知本机的 IP 地址是　（67）　。

```
C:\Documents and Settings\USR.PC-200906181748>

Interface: 192.168.1.104 --- 0x10006
    Internet Address      Physical Address      Type
    192.168.1.1           f8-d1-11-f2-5c-02     dynamic
```

（66）A．netstat　　　　　　　　 B．ping 192.168.1.1

　　　 C．arp -a　　　　　　　　　D．tracert 192.168.1.104

（67）A．192.168.1.104　　　　　B．0x10006

　　　 C．192.168.1.1　　　　　　D．f8-d1-11-f2-5c-02

试题（66）、（67）分析

本题考查 ARP 及其应用的基础知识。

　　图中显示的是 IP 地址与物理地址的对应关系，显然是显示 ARP 缓存，因此采用的命令为 arp -a。

　　又由接口地址可知本机的 IP 地址是 192.168.1.104。

参考答案

　　（66）C　（67）A

试题（68）

　　下面关于 Windows Server 2003 系统 DHCP 服务的说法中，错误的是　（68）　。

　　（68）A．DHCP 服务器可以为多个网段的主机提供 DHCP 服务

　　　　　B．DHCP 作用域中的 IP 地址必须是连续的

　　　　　C．在主机端需要进行 DHCP 客户端配置才能获取 DHCP 服务

　　　　　D．DHCP 服务可以为特定主机保留 IP 地址

试题（68）分析

　　本题考查 Windows Server 2003 系统中的 DHCP 服务。

　　首先，可以通过在路由器上设置中继代理，使得 DHCP 服务器可以跨网段提供 DHCP 服务；其次，指定的 IP 地址会和服务器分配的地址冲突，或因不在一个网段而不可用，因此在主机端需要进行 DHCP 客户端配置才能获取 DHCP 服务；另外，DHCP 服务可以为特定主机保留 IP 地址，不再进行自动分配。

　　DHCP 的地址池可以是不连续的地址块。

参考答案

　　（68）B

试题（69）

　　下面关于 Windows Server 2003 系统 DNS 服务的说法中，错误的是　（69）　。

　　（69）A．DNS 服务提供域名到 IP 地址的查询服务

　　　　　B．利用 DNS 服务可以通过 IP 地址查找到对应的域名

　　　　　C．对于给定域名的多次查询，DNS 服务器返回的 IP 地址可能是不同的

　　　　　D．DNS 服务采用的传输层协议是 TCP

试题（69）分析

　　本题考查 Windows Server 2003 系统中的 DHCP 服务。

　　首先，DNS 服务提供域名到 IP 地址的查询服务，也可反向通过 IP 地址查找到对应的域名；其次，如果设置了循环，对于给定域名的多次查询，DNS 服务器返回的 IP 地址可能是不同的。但是 DNS 服务采用的传输层协议是 UDP。

参考答案

　　（69）D

试题（70）

　　下面协议中，提供安全 Web 服务的是　（70）　。

（70）A．HTTP　　　　　B．HTTPS　　　　C．FTP　　　　D．SOAP

试题（70）分析

本题考查安全的 Web 服务。

提供安全 Web 服务的协议是 HTTPS。

参考答案

（70）B

试题（71）～（75）

Traditional network layer packet forwarding relies on the information provided by network layer ___（71）___ protocols, or static routing, to make an independent ___（72）___ decision at each hop within the network. The forwarding ___（73）___ is based solely on the destination ___（74）___ IP address. All packets for the same destination follow the same path across the network if no other equal-cost paths exist. Whenever a router has two equal-cost ___（75）___ toward a destination, the packets toward the destination might take one or both of them, resulting in some degree of load sharing.

（71）A．rotating　　　　B．routing　　　　C．transmission　　　D．management

（72）A．forwarding　　　B．connecting　　　C．routing　　　　D．killing

（73）A．connection　　　B．window　　　　C．decision　　　　D．destination

（74）A．anycast　　　　B．multicast　　　　C．broadcast　　　　D．unicast

（75）A．paths　　　　　B．states　　　　　C．systems　　　　D．connections

参考译文

传统的网络层分组转发技术依赖于由网络层路由协议或者静态路由配置提供的信息，在网络中的每一跳步做出独立的转发决策。这种转发决策只是由目标单播 IP 地址决定的。如果不存在费用相等的通路，属于同一目标的所有分组都将经过同样的路径穿越网络。当一个路由器具有通向同一目标的两条费用相等的通路时，趋向目标的分组就可能采取两条路径中的任意一条，于是出现了某种程度的负载均衡。

参考答案

（71）B　　（72）A　　（73）C　　（74）D　　（75）A

第 6 章 2013 上半年网络管理员下午试题分析与解答

试题一（20 分）

阅读以下说明，回答问题 1 至问题 4，将解答填入答题纸对应的解答栏内。

【说明】

某单位网络结构如图 1-1 所示。其中楼 B 与楼 A 距离约 1500 米。

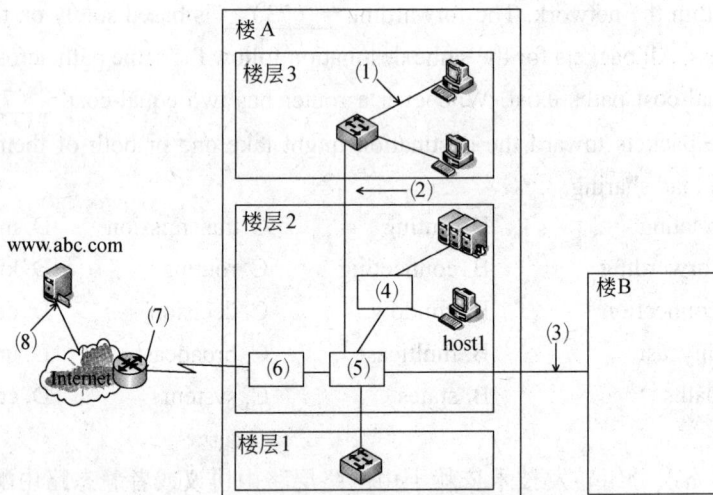

图 1-1

【问题 1】（4 分）

在该单位综合布线时，实现楼 A 与楼 B 之间的干线电缆或光纤、配线设备等组成的布线子系统称为___①___；实现楼 A 内楼层 1 到楼层 3 连接的配线设备、干线电缆或光纤以及跳线等组成的布线子系统称为___②___。

【问题 2】（6 分）

为图 1-1 中（1）～（3）处选择介质，填写在答题纸的相应位置。

备选介质（每种介质限选一次）：超 5 类 UTP   多模光纤   单模光纤

【问题 3】（6 分）

从表 1-1 中为图 1-1 中（4）～（6）处选择合适设备名称。

【问题 4】（4 分）

在 host1 中运行 tracert www.abc.com 命令后，显示结果如图 1-2 所示。依据图 1-2 中的显示结果，填写图 1-1 中（7）、（8）处空缺的 IP 地址。

表 1-1

设 备 类 型	设 备 名 称	数　　量
路由器	Router1	1
三层交换机	Switch1	1
二层交换机	Switch2	1

```
C:\Documents and Settings　\User>tracert www .abc .com
Tracing route to www .abc .com [123.125.116.12]
over a maximum of  30 hops:

1   2 ms    1 ms    <1 ms  219.245.67.254
2   3 ms    2 ms    1 ms  123.155.79.65
3   <1 ms   <1 ms   <1 ms  123.138.79.1
4   21 ms   19 ms   19 ms  219.158.16.73
5   22 ms   23 ms   23 ms  123.126.0.218
6   18 ms   18 ms   18 ms  61.148.156.138
7   19 ms   19 ms   19 ms  123.125.116.12

Trace complete .
```

图 1-2

试题一分析

本题考查的是综合布线、介质选择、设备选择以及局域网配置的相关问题，属于传统的题目，考查点与往年类似。

【问题 1】

综合布线系统由 6 个子系统组成，即建筑群子系统、设备间子系统、干线子系统、管理子系统、配线子系统、工作区子系统。大型布线系统需要用铜介质和光纤介质部件将 6 个子系统集成在一起。综合布线 6 个子系统的构成如图 1-3 所示。

实现楼 A 与楼 B 之间的干线电缆或光纤、配线设备等组成的布线子系统为建筑群子系统；实现楼 A 内楼层 1 到楼层 3 连接的配线设备、干线电缆或光纤以及跳线等组成的布线子系统称垂直子系统。

【问题 2】

图 1-1 中，（1）处是交换机到主机的连接介质，从成本和性能结合考虑，应该选择超 5 类 UTP；（2）处是干线子系统中连接不同层采用的介质，通常是光纤，考虑到距离和成本，应该选择多模光纤；（3）处是建筑群子系统中连接两个建筑物的介质，而两栋楼距离 1500 米，需采用单模光纤。

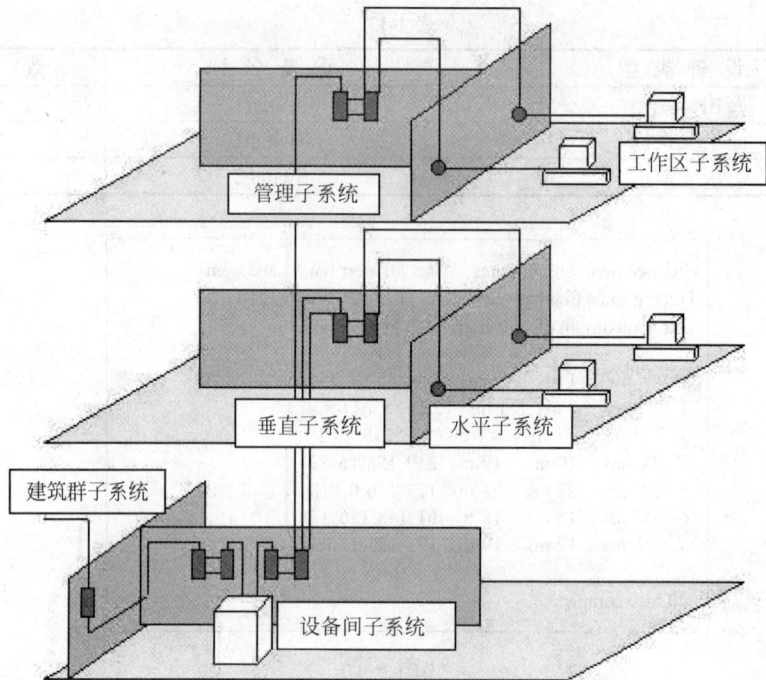

图 1-3　综合布线系统的构成

【问题 3】

　　图 1-1 中，（4）处汇聚楼层的服务器和用户机，应该选用二层交换机 Switch2；（5）处连接各楼层的汇聚交换机，应该具有高速的交换能力，故为三层交换机 Switch1；（6）处连接远端 ISP 的路由器，应该是单位出口路由器，故应选择路由器 Router1。

表 1-1

设 备 类 型	设 备 名 称	数　　量
		1
		1
		1

【问题 4】

　　从图 1-1 中可以看出，（7）处为 ISP 与单位连接的路由器的 IP 地址，在 host1 中运行 tracert www.abc.com 命令后，第 1 跳到三层交换机，第 2 跳到单位路由器，第 3 跳到 ISP 与单位连接的路由器，故（7）处 IP 地址为 123.138.79.1；（8）处为目的服务器的 IP 地址，即最后 1 条记录，故（8）处 IP 地址为 123.125.116.12。

参考答案

【问题 1】

　　① 建筑群子系统

　　② 垂直子系统

【问题 2】

　　（1）超 5 类 UTP

　　（2）多模光纤

　　（3）单模光纤

【问题 3】

　　（4）Switch2

　　（5）Switch1

　　（6）Router1

【问题 4】

　　（7）123.138.79.1

　　（8）123.125.116.12

试题二（20 分）

　　阅读以下说明，回答问题 1 至问题 5，将解答填入答题纸对应的解答栏内。

【说明】

　　某公司网络拓扑结构如图 2-1 所示，该公司设有 DNS 服务器和 Web 服务器。

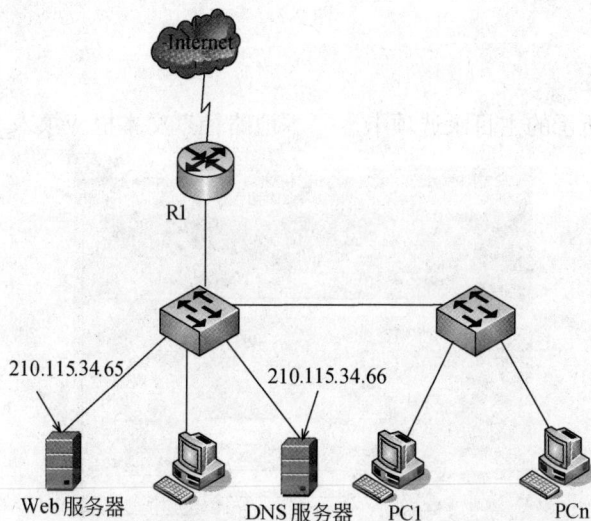

图 2-1

　　网站信息如表 2-1 所示，要求用户能通过在浏览器地址栏中输入 https:// www.
ProductsInfo.com 来访问该网站。

表 2-1

域　　　　名	www.ProductsInfo.com
首页	ProductsInfo.asp
网页存放位置	D:\web

【问题 1】（6 分）

　　填充如图 2-2 所示的网站选项卡。网站"IP 地址"文本框应填入＿＿(1)＿＿，"TCP 端口"文本框应填入＿＿(2)＿＿，SSL 端口应填入＿＿(3)＿＿。

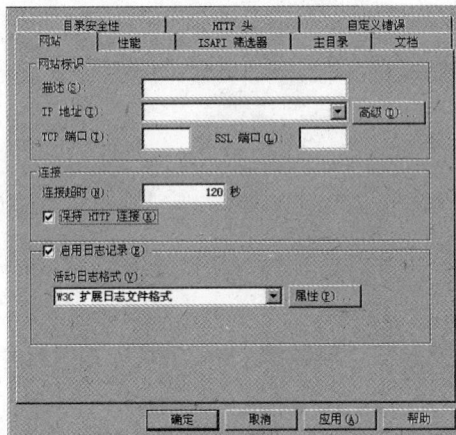

图 2-2

【问题 2】（2 分）

　　填充如图 2-3 所示的主目录选项卡。"本地路径"文本框应填入＿＿(4)＿＿。

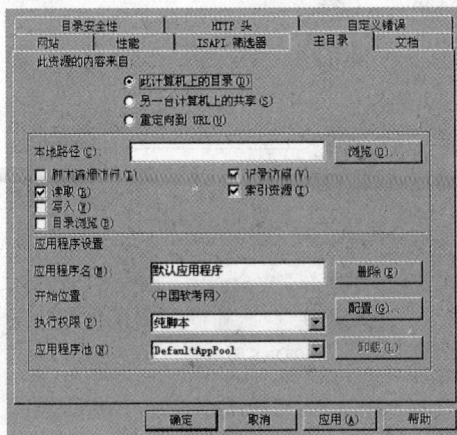

图 2-3

【问题 3】（2 分）

Web 站点的"文档"选项卡如图 2-4 所示。为了使用户能正常访问该网站，应如何操作？

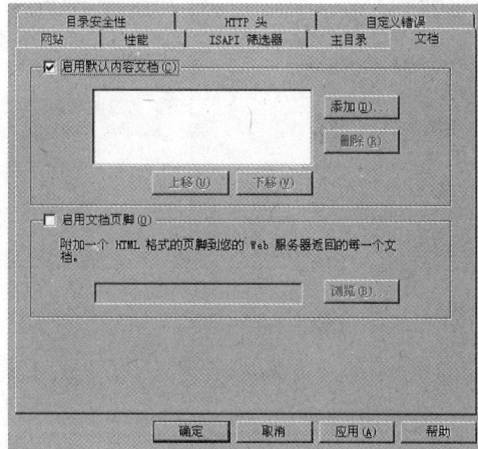

图 2-4

【问题 4】（2 分）

为了配置安全的 Web 网站，使客户端可验证服务器的身份，在图 2-5 中需如何操作？

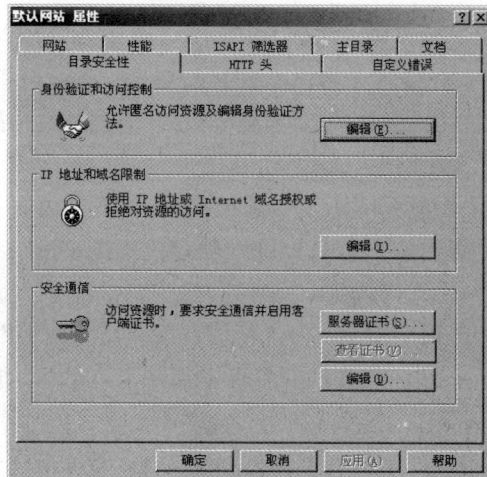

图 2-5

【问题 5】（8 分）

在 DNS 服务器中为 Web 服务器配置域名记录时，新建区域名称和新建主机分别如图 2-6 和图 2-7 所示。

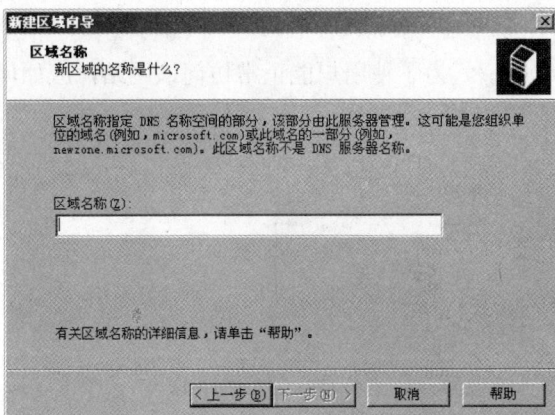

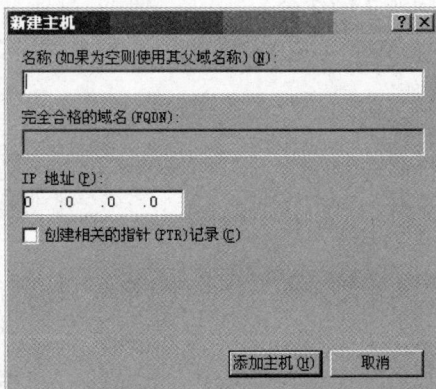

图 2-6　　　　　　　　　　　　　　　　　图 2-7

在图 2-6 所示的对话框中，"区域名称"为__(5)__；在图 2-7 所示的对话框中，添加的主机"名称"为__(6)__，"IP 地址"是__(7)__。

在图 2-7 中，单击"创建相关的指针（PTR）记录（C）"复选框的作用是__(8)__。

试题二分析

本题考查的是 Web 服务器和 DNS 服务器的配置，属于比较传统的题目，考查点也与往年类似。

【问题 1】

在图 2-2 所示的网站选项卡中，网站"IP 地址"文本框应填入的是 Web 服务器提供 Web 服务的 IP 地址，为 210.115.34.65，"TCP 端口"文本框应填入的是支持 Web 服务的传输层协议端口，故为 80；SSL 端口应填入 443，通过该端口提供安全服务。

【问题 2】

在图 2-3 所示的主目录选项卡中，"本地路径"是存放网页文件的服务器端本地地址，表 2-1 告诉我们网页存放位置为 D:\web，故该文本框中应填入 D:\web。

【问题 3】

Web 站点的"文档"选项卡为空，为了使用户能正常访问该网站，需加入主页文件，操作步骤为单击"添加"按钮，在文档内容框中加入文件 ProductsInfo.asp。

【问题 4】

服务器证书用来验证服务器的身份，故点击"服务器证书"按钮来获取服务器证书来提供安全的 Web 网站服务。

【问题 5】

在 DNS 服务器中为 Web 服务器配置域名记录时，"区域名称"为 ProductsInfo.com；添加的主机"名称"为 www，"IP 地址"是 210.115.34.65。

"创建相关的指针（PTR）记录（C）"复选框的作用是创建反向解析记录。

参考答案

【问题 1】

（1）210.115.34.65

（2）80

（3）443

【问题 2】

（4）D:\web

【问题 3】

单击"添加"按钮，在文档内容框中加入文件 ProductsInfo.asp。

【问题 4】

单击"服务器证书"按钮来获取服务器证书。

【问题 5】

（5）ProductsInfo.com

（6）www

（7）210.115.34.65

（8）创建反向解析记录（意思相近即可）

试题三（共 20 分）

阅读以下说明，回答问题 1 至问题 5，将解答填入答题纸对应的解答栏内。

【说明】

某实验室的网络拓扑结构如图 3-1 所示，内部网有 4 个部门，要求相互之间不能通过网上邻居访问，但可以通过 IP 地址互相访问，SW1 为三层交换机。内部网全部使用私有 IP 地址。现有一个互联网固定地址（61.128.128.2/30），要求实现所有内部网计算机都能够访问互联网。

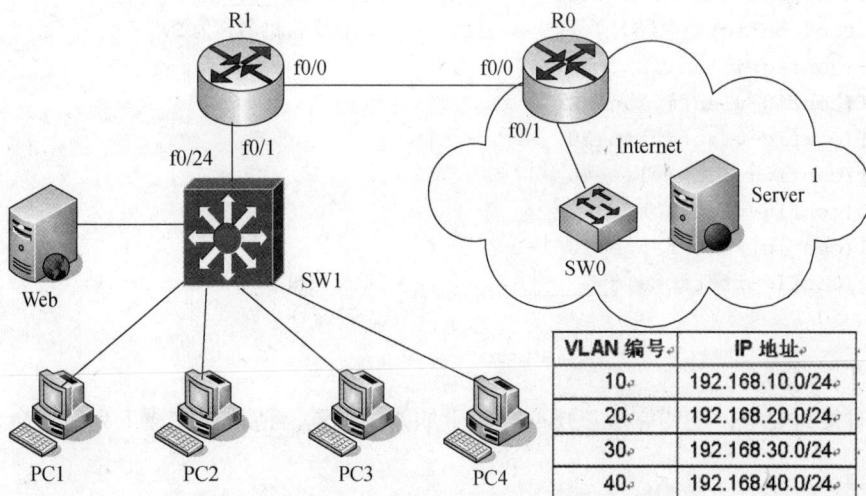

VLAN 编号	IP 地址
10	192.168.10.0/24
20	192.168.20.0/24
30	192.168.30.0/24
40	192.168.40.0/24

图 3-1　企业网络拓扑结构

该实验室的网络规划如表 3-1 所示。

表 3-1　网络规划地址配置表

端口	IP 地址	子网掩码	网关地址	说明
PC1	192.168.10.5	255.255.255.0	192.168.10.1	
PC2	192.168.20.5	255.255.255.0	192.168.20.1	
PC3	192.168.30.5	255.255.255.0	192.168.30.1	
PC4	192.168.40.5	255.255.255.0	192.168.40.1	
SW1- f0/24	192.168.16.2	255.255.255.252		
R1-f0/1	192.168.16.1	255.255.255.252		
R1-f0/0	61.128.128.2	255.255.255.252		
R0-f0/0	61.128.128.1	255.255.255.252		
R0-f0/1	211.84.119.1	255.255.255.252		
Server1	211.84.119.2	255.255.255.252	211.84.119.1	外网服务器

【问题 1】（6 分）

1. 路由器或者交换机的首次设置必须通过该设备的__(1)__端口进行连接设置，一般要使用专用的设备配置线，其中一头连接网络设备，另一端接入终端或者 PC 的_(2)_接口。

（1）、（2）备选答案：

　　A．Console　　　　B．AUX　　　　C．并行　　　　D．串行

2. 按照要求，需要在三层交换机上配置 vlan，请补充完成下列配置命令。

```
Switch>enable                        //进入_(3)_模式
Switch#configure terminal            //进入全局_(4)_模式
Switch(config)#__(5)__               //设置交换机名称为 SW1
SW1(config)#vlan 10
SW1(config-vlan)#vlan 20
SW1(config-vlan)#vlan 30
SW1(config-vlan)#vlan 40
SW1(config-vlan)#exit
SW1(config)#int range f0/1-5
SW1(config-if-range)#_____(6)_____  //把交换机 sw1 的 1-5 接口划入到 vlan10
……
```

【问题 2】（4 分）

同时按照要求，还要完成三层交换机上的路由配置，请补充完成下列配置命令。

```
SW1#conf t
SW1(config)#ip routing               //开启三层交换机路由模式
```

```
SW1(config)#int vlan 10
SW1(config-if)#ip addr _____(7)_____     //配置 VLAN10 网关地址
SW1(config-if)#int  (8)                          //进入 VLAN20
SW1(config-if)#ip addr 192.168.20.1 255.255.255.0
SW1(config-if)#int vlan 30
SW1(config-if)#ip addr 192.168.30.1 255.255.255.0
SW1(config-if)#int vlan 40
SW1(config-if)#ip add 192.168.40.1 255.255.255.0
SW1(config-if)#exit
SW1(config)#int f0/24
SW1(config-if)#no switchport                     //把端口变成路由口
SW1(config-if)#ip addr _____(9)_____
SW1(config-if)#ip route 0.0.0.0 0.0.0.0 _(10)_   //配置默认路由
……
```

【问题 3】（6 分）

此外，还要对内网路由器 R1 进行一些基本配置和 NAT、路由表的配置，请完成相关配置命令。

```
Router>en
Router#conf t
Router(config)#hostname R1
R1(config)#int f0/1
R1(config-if)#ip addr _____(11)_____
R1(config-if)#no shut
R1(config-if)#int f0/0
R1(config-if)#ip addr _____(12)_____
R1(config-if)#no shut
R1(config)#int f0/0
R1(config-if)#ip nat  (13)           //指定接外网的端口
R1(config-if)#int f0/1
R1(config-if)#ip nat  (14)           //指定接内网的端口
R1(config-if)#exit
R1(config)#access-list 1 permit any      //配置访问控制列表
R1(config)#ip nat inside source list 1 interface f0/0
                                  //把内网地址转换为指定接口的地址
R1(config)#
R1(config)#ip route 0.0.0.0 0.0.0.0___(15)___
R1(config)#ip route 192.168.10.0 255.255.255.0 _(16)_
……
```

【问题 4】（2 分）

外网路由器 R0 配置如下，请完成相关配置命令。

```
Router>en
Router#conf t
Router(config)#hostname R0
R0(config)#int f0/0
R0(config-if)#ip addr_____(17)_____
R0(config-if)#no shut
R0(config-if)#int f0/1
R0(config-if)#ip addr_____(18)_____
R0(config-if)#no shut
R0(config-if)#exit
R0(config)#ip route 0.0.0.0 0.0.0.0 61.128.128.2 //配置默认路由
……
```

【问题 5】（2 分）

为了实现互联网上的主机访问实验室内网的 Web 服务器，且内网仍然只有一个互联网络地址时，可以使用　(19)　技术来实现外网主机对内网 Web 服务的访问。

（19）备选答案：

　　　　A．端口映射　　　　B．负载均衡　　　　C．地址过滤　　　　D．DNS 轮询

试题三分析

本题主要考查实现私有地址访问互联网的相关配置操作。

【问题 1】

本问题考查网络设备首次调试配置的连接方法以及交换机的基本配置命令。

（1）对网络设备进行初始化配置或者设备无法通过网络访问时通常会使用网络设备的 Console 口进行设备配置。在使用 Console 口连接配置设备时需要使用专用的设备配置线缆。配置线的两端一端连接网络设备的 Console 口，一端连接配置终端或者计算机的串行接口（COM 接口）。

（2）交换机的基本配置命令：

```
Switch>enable                   //进入特权模式
Switch#configure terminal       //进入全局配置模式
Switch(config)# hostname SW1    //设置交换机名称为 SW1
SW1(config)#vlan 10
SW1(config-vlan)#vlan 20
SW1(config-vlan)#vlan 30
SW1(config-vlan)#vlan 40
SW1(config-vlan)#exit
```

```
SW1(config)#int range f0/1-5
SW1(config-if-range)# switchport access vlan 10
                        //把交换机 sw1 的 1-5 接口划入到 vlan10
```

【问题 2】

本问题考查三层交换机上的路由配置命令。

```
SW1#conf t
SW1(config)#ip routing           //开启三层交换机路由模式
SW1(config)#int vlan 10
SW1(config-if)#ip addr  192.168.10.1 255.255.255.0  //配置 VLAN10 网关地址
SW1(config-if)#int vlan 20        //进入 VLAN20
SW1(config-if)#ip addr 192.168.20.1 255.255.255.0
SW1(config-if)#int vlan 30
SW1(config-if)#ip addr 192.168.30.1 255.255.255.0
SW1(config-if)#int vlan 40
SW1(config-if)#ip add 192.168.40.1 255.255.255.0
SW1(config-if)#exit
SW1(config)#int f0/24
SW1(config-if)#no switchport      //把端口变成路由口
SW1(config-if)#ip addr 192.168.16.2 255.255.255.252
                        //配置 f0/24 接口的 IP 地址
SW1(config-if)#ip route 0.0.0.0 0.0.0.0  192.168.16.1  //配置默认路由
```

【问题 3】

本问题考查路由器 R1 的基本配置和 NAT、路由表的配置命令。

```
Router>en
Router#conf t
Router(config)#hostname R1
R1(config)#int f0/1
R1(config-if)#ip addr 192.168.16.1 255.255.255.252
                        //配置 f0/1 接口的 IP 地址
R1(config-if)#no shut
R1(config-if)#int f0/0
R1(config-if)#ip addr 61.128.128.2 255.255.255.252
                        //配置 f0/0 接口的 IP 地址
R1(config-if)#no shut
R1(config)#int f0/0
R1(config-if)#ip nat outside      //指定接外网的端口
R1(config-if)#int f0/1
R1(config-if)#ip nat inside       //指定接内网的端口
```

```
R1(config-if)#exit
R1(config)#access-list 1 permit any //配置访问控制列表
R1(config)#ip nat inside source list 1 interface f0/0
                              //把内网地址转换为指定接口的地址
R1(config)#
R1(config)#ip route 0.0.0.0 0.0.0.0  61.128.128.1//配置路由器 R1 的默认路由
R1(config)#ip route 192.168.10.0 255.255.255.0  192.168.16.2
                              //配置路由器 R1 的静态路由
```

【问题 4】

本问题考查外网路由器 R0 的配置命令。

```
Router>en
Router#conf t
Router(config)#hostname R0
R0(config)#int f0/0
R0(config-if)#ip addr 61.128.128.1 255.255.255.252
                              //配置 f0/0 接口的 IP 地址
R0(config-if)#no shut
R0(config-if)#int f0/1
R0(config-if)#ip addr 211.84.119.1 255.255.255.252
                              //配置 f0/1 接口的 IP 地址
R0(config-if)#no shut
R0(config-if)#exit
R0(config)#ip route 0.0.0.0 0.0.0.0 61.128.128.2 //配置默认路由
```

【问题 5】

本问题考查端口映射技术的基本概念。

端口映射就是 NAT 地址转换的一种，其功能就是把公网的地址翻译成私有地址。内网的一台电脑要接入互联网或者要对互联网开放服务都需要端口映射。端口映射分为动态和静态，动态端口映射其实就是 NAT 网关的工作方式，静态端口映射就是在网关上开放一个固定的端口，然后设定此端口收到的数据要转发给内网哪个 IP 和端口，不管有没有连接，这个映射关系都会一直存在，这就可以让互联网访问内网主机提供的服务。

参考答案

【问题 1】

（1）A

（2）D

（3）特权

（4）配置

（5）hostname SW1

（6）switchport access vlan 10

【问题 2】

（7）192.168.10.1 255.255.255.0

（8）vlan 20

（9）192.168.16.2 255.255.255.252

（10）192.168.16.1

【问题 3】

（11）192.168.16.1 255.255.255.252

（12）61.128.128.2 255.255.255.252

（13）outside

（14）inside

（15）61.128.128.1

（16）192.168.16.2

【问题 4】

（17）61.128.128.1 255.255.255.252

（18）211.84.119.1 255.255.255.252

【问题 5】

（19）A

试题四（15 分）

阅读下列说明，回答问题 1 至问题 3，将解答填入答题纸的对应栏内。

【说明】

某论坛采用 ASP+Access 开发，该网站域名为 www.bbstd.cn，其主页如图 4-1 所示。

【问题 1】（8 分）

以下是该网站主页部分的 html 代码，请根据图 4-1 将（1）～（8）的空缺代码补齐。

```
<html>
......
<tr>
    <td><a href="#this" onClick="this.style.behavior='url(#default#
    homepage)';
this.sethomepage('http://www.bbstd.cn');return false;">__(1)__</a></td>
<td><a href="javascript:window.external.AddFavorite(location.href,
document.title)">__(2)__</a></td> </tr>
```

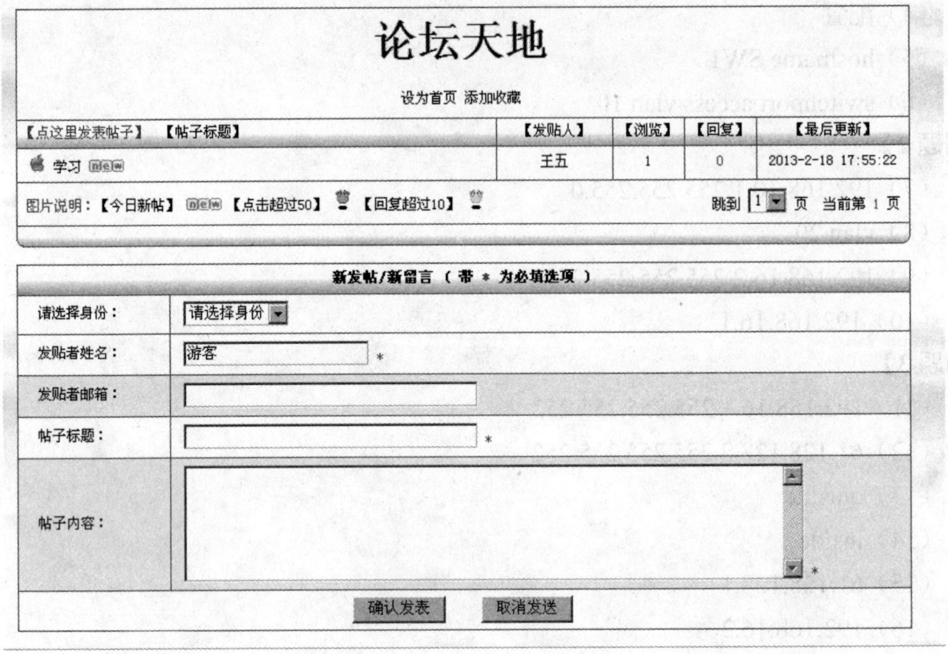

论坛天地

设为首页 添加收藏

【点这里发表帖子】 【帖子标题】		【发贴人】	【浏览】	【回复】	【最后更新】
学习		王五	1	0	2013-2-18 17:55:22

图片说明：【今日新帖】 【点击超过50】 【回复超过10】　　　　跳到 1 页 当前第 1 页

新发帖/新留言 （ 带 ＊ 为必填选项 ）

请选择身份：　请选择身份

发贴者姓名：　游客　　＊

发贴者邮箱：

帖子标题：　　　　　　　＊

帖子内容：　　　　　　　＊

确认发表　　取消发送

图 4-1

......

```
<form method="POST"    (3)   ="new.asp">
<tr><td > 请选择身份: </td><td> <select name="sf" > <option value="0"
selected>请选择身份</option>

    <option  value='1'>会员 </option><option  value='2'>vip</option><option
value='3'>游客</option>    (4)   </td></tr>

    <tr><td > 发帖者姓名: </td><td> <input type="   (5)   " name="autor"
size="21"   maxlength="8"  value=" 游客 "> <font  color="#FF0000">*</font>
</td></tr>
    ......
    <tr ><td> 帖子内容: </td><td> <textarea rows="6" name="message"
cols="72">   (6)    <font color="#FF0000">*</font></td></tr>
    <tr ><td colspan="2" align="center"><input type="   (7)   " value="确认发
表" name="B1">   <input type="   (8)   " value="取消发送" name="B2"></td></tr>
    </form>
    ......
    </html>
```

（1）～（8）备选答案：

A. submit　　　　B. reset　　　　C. text　　　　D. </ select>
E. </textarea>　　F. action　　　G. 设为首页　　H. 添加收藏

【问题 2】（3 分）

该网站数据库采用 Access，其数据库名为 data.mdb，表为 post。post 表设计如表 4-1
所示。

表 4-1

字 段 名 称	说　　明	数 据 类 型
id	留言编号	____(9)
Sf	留言者身份	文本
autor	留言者姓名	文本
title	留言标题	文本
views	留言点击数	数字
replies	留言回复数	数字
message	留言内容	文本
flag	显示标记	数字
lastdate	最后更新日期	____(10)

1. 请根据网站要求，在表 4-1 中给出合适的数据类型。

（9）、（10）备选答案：

　　A. 文本　　　　B. 数字　　　　C. 自动编号　　　D. 日期/时间

2. 根据数据库结构可以判断，该表中___(11)___字段适合做主键。

【问题 3】（4 分）

以下是该网站部分数据库代码，请根据题目说明完成该程序，将答案填写在答题纸
的对应位置。

```
set db = Server.CreateObject("ADODB.Connection")
connect="Driver={Microsoft Access Driver (*.mdb)}; DBQ="& server.mappath
("_(12)_")
db.Open __(13)__
sql = "select * from __(14)_ where flag= 0 __(15)_ by views desc"
set rs = db.Execute(sql)
```

（12）～（15）备选答案：

　　A. data.mdb　　　B. post　　　　C. connect　　　D. order

试题四分析

本题考查的是网页设计的基本知识。

【问题 1】

本问题考查 html 代码的基础知识。

根据图示网页及提供的程序代码，对于 html 文档的开始处的空（1），根据前面脚本

的功能判断此处应填写"设为首页"。空（2）根据前面脚本的功能判断此处应填写"添加收藏"。空（3）到空（8）是和表单相关的代码，根据图 4-1 所示可以判断对应代码段的脚本类型，所以代码应为如下：

```html
<html>
……
<tr>
    <td><a href="#this" onClick="this.style.behavior='url(#default
    #homepage)';
    this.sethomepage('http://www.bbstd.cn');return false;"> 设为首页
    </a></td>
    <td><a href="javascript:window.external.AddFavorite(location.href,
    document.title)"> 添加收藏</a></td> </tr>
……

<form method="POST"  action ="new.asp">
<tr><td> 请选择身份：</td><td> <select name="sf" ><option value="0"
selected>请选择身份</option>
<option value='1'>会员</option><option value='2'>vip</option><option
value='3'>游客</option> </ select></td></tr>
<tr><td > 发帖者姓名：</td><td> <input type=" text " name="autor"
size="21" maxlength="8" value="游客"> <font color="#FF0000">*</font>
</td></tr>
……
<tr ><td 帖子内容：</td><td> <textarea rows="6" name="message"
cols="72">__</textarea> <font color="#FF0000">*</font></td></tr>
<tr ><td colspan="2" align="center"><input type=" submit   " value="确
认发表" name="B1">    <input type=" reset " value="取消发送" name="B2">
</td></tr>
</form>
……
</html>
```

【问题 2】

本问题考查 ACCESS 数据库的基础知识。

根据网站要求和 access 数据库设计的基本知识，留言编号（id）应采用自动编号类型；留言点击数（views）用于要进行计数运算，所以应采用数字型；留言内容（message）由于长度可能大于 255 个字符，所以应采用备注型；最后更新日期（lastdate）应采用日期/时间型。在 POST 表中只用 id 字段适合做主键。

【问题 3】

本问题考查 ASP 中数据库连接代码的应用。

根据题目描述，系统的数据库名为 data.mdb，表为 post，所以数据库连接代码如下：

set db = Server.CreateObject("ADODB.Connection")

connect="Driver={Microsoft Access Driver (*.mdb)};

DBQ="& server.mappath("data.mdb   ")

db.Open connect

sql = "select * from post where flag= 0 order by views desc"

set rs = db.Execute(sql)

参考答案

【问题 1】

　　（1）G

　　（2）H

　　（3）F

　　（4）D

　　（5）C

　　（6）E

　　（7）A

　　（8）B

【问题 2】

　　（9）C

　　（10）D

　　（11）id

【问题 3】

　　（12）A

　　（13）C

　　（14）B

　　（15）D

第 7 章 2013 下半年网络管理员上午试题分析与解答

试题（1）、（2）

在 Word 编辑状态下，将光标移至文本行首左侧空白处呈 ◢ 形状时，单击鼠标左键可以选中___(1)___，按下___(2)___键可以保存当前文档。

(1) A. 单词   B. 一行   C. 一段落   D. 全文

(2) A. Ctrl+S   B. Ctrl+D   C. Ctrl+H   D. Ctrl+K

试题（1）、（2）分析

本题考查计算机基本操作。

在 Word 编辑状态下，输入文字时有些英文单词和中文文字下面会被自动加上红色或绿色的波浪形细下画线，红色波浪线表示拼写错误，而绿色波浪线表示语法错误，这就是 Word 中文版提供的"拼写和语法"检查功能，它使用波浪形细下画线提醒你：此处可能有拼写或语法错误。

使用 Word 中文版提供的热键 Ctrl+S 是可以保存当前文档；Ctrl+D 可以打开字体选项卡；Ctrl+H 可以打开查找替换对话框的查找选项卡；Ctrl+K 可以打开超链接对话框。

参考答案

(1) B   (2) A

试题（3）

"http:// www.sina.com.cn"中，"___(3)___"属于组织和地理性域名。

(3) A. sina.com   B. com.cn   C. sina.cn   D. www.sina

试题（3）分析

试题（3）的正确答案为 B。因特网最高层域名分为机构性（或称组织性）域名和地理性域名两大类。其中，域名地址由字母或数字组成，中间以"."隔开，例如 www.sina.com.cn。其格式为：机器名.网络名.机构名.最高域名。Internet 上的域名由域名系统 DNS 统一管理。

域名被组织成具有多个字段的层次结构。最左面的字段表示单台计算机名，其他字段标识了拥有该域名的组；第二组表示网络名，如 rkb；第三组表示组织机构性质，例如 gov 是政府部门；而最后一个字段被规定为表示组织或者国家，称为顶级域名，常见的国家或地区域名如表 1 所示。

常见的机构性域名如表 2 所示。

参考答案

(3) B

表1   常见的国家域名

域名	国家/地区	域名	国家/地区
.cn	China 中国	.gb	Great Britain 英国
.au	Australia 澳大利亚	.hk	HongKang 中国香港
.ca	Canada 加拿大	.kr	Korea-south 韩国
.jp	Japan 日本	.ru	Russian 俄罗斯
.de	Germany 德国	.it	Italy 意大利
.fr	France 法国	.tw	Taiwan 中国台湾

表2   常见的机构性域名

域名	机构性质	域名	机构性质
.com	工、商、金融等企业	.rec	消遣机构
.net	互联网络、接入网络服务机构	.org	各种非盈利性的组织
.gov	政府部门	.edu	教育机构
.arts	艺术机构	.mil	军事机构
.info	提供信息服务的企业	.firm	商业公司
.store	商业销售机构	.nom	个人或个体

试题（4）

Cache 的作用是___（4）___。

（4）A. 处理中断请求并实现内外存的数据交换

　　　B. 解决 CPU 与主存间的速度匹配问题

　　　C. 增加外存容量并提高外存访问速度

　　　D. 扩大主存容量并提高主存访问速度

试题（4）分析

本题考查计算机系统基础知识。

Cache 的工作是建立在程序与数据访问的局部性原理上。即经过对大量程序执行情况的结果分析：在一段较短的时间间隔内程序集中在某一较小的内存地址空间执行，这就是程序执行的局部性原理。同样，对数据的访问也存在局部性现象。为了提高系统处理速度才将主存部分存储空间中的内容复制到 Cache 中，同样为了提高速度的原因，Cache 系统都是由硬件实现的。因此，Cache 的作用是解决 CPU 与主存间的速度匹配问题。

参考答案

（4）B

试题（5）、（6）

硬盘的性能指标不包括___（5）___；其平均访问时间=___（6）___。

（5）A. 磁盘转速及容量　　　　　　　B. 磁盘转速及平均寻道时间

　　　　C. 盘片数及磁道数　　　　　　　　　D. 容量及平均寻道时间

（6）A. 磁盘转速+平均等待时间　　　　　B. 磁盘转速+平均寻道时间

　　　　C. 数据传输时间+磁盘转速　　　　　D. 平均寻道时间+平均等待时间

试题（5）、（6）分析

本题考查计算机性能方面的基础知识。

硬盘的性能指标主要包括磁盘转速、容量、平均寻道时间。

硬盘平均访问时间=平均寻道时间+平均等待时间。其中，平均寻道时间（Average seek time）是指硬盘在盘面上移动读写头至指定磁道寻找相应目标数据所用的时间，它描述硬盘读取数据的能力，单位为毫秒；平均等待时间也称平均潜伏时间（Average latency time），是指当磁头移动到数据所在磁道后，然后等待所要的数据块继续转动到磁头下的时间。

参考答案

（5）C　　（6）D

试题（7）

以下文件中，___(7)___是图像文件。

（7）A. marry.wps　　　B. marry.htm　　　C. marry.jpg　　　D. marry.mp3

试题（7）分析

本题考查多媒体基础知识。

通过文件的扩展名可以得知文件的类型。"wps"是国产软件公司金山软件的文字处理系统默认的文档扩展名；"htm"是静态网页文件的扩展名；"mp3"是音频文件扩展名；"jpg"是图像文件扩展名。

参考答案

（7）C

试题（8）

掉电后存储在___(8)___中的数据会丢失。

（8）A. U 盘　　　　B. 光盘　　　　C. ROM　　　　D. RAM

试题（8）分析

本题考查存储介质方面的基础知识。

存储器是计算机系统中的记忆设备，分为内部存储器（Main Memory，MM，简称内存、主存）和外部存储器（简称外存）。

U 盘又称为 USB 闪存盘，是使用闪存（Flash Memory）作为存储介质的一种半导体存储设备，采用 USB 接口标准。闪存盘具备比软盘容量更大（8GB 和 16GB 是目前常见的优盘容量）、速度更快、体积更小、寿命更长等优点，而且容量不断增加、价格不断下降。根据不同的使用要求，U 盘还具有基本型、加密型和启动型等类型，在移动存储领域已经取代了软盘。

光盘是一种采用聚焦激光束在盘式介质上非接触地记录高密度信息的存储装置。其内容不会因掉电而丢失，可以长期保留。

ROM（Read Only Memory）是只读存储器，这种存储器是在厂家生产时就写好数据的，其内容只能读出，不能改变，故这种存储器又称为掩膜 ROM。这类存储器一般用于存放系统程序 BIOS 和用于微程序控制。

RAM（Random Access Memory）是读写存储器，该存储器是既能读取数据也能存入数据的存储器。这类存储器的特点是它存储信息的易失性，即一旦去掉存储器的供电电源，则存储器所存信息也随之丢失。

参考答案

（8）D

试题（9）

关于软件著作权产生的时间，表述正确的是　(9)　。

(9) A. 自软件首次公开发表时　　　　B. 自开发者有开发意图时

　　 C. 自软件开发完成之日时　　　　D. 自软件著作权登记时

试题（9）分析

本题考查计算机软件知识产权方面的基础知识。

根据《著作权法》和《计算机软件保护条例》的规定，计算机软件著作权的权利自软件开发完成之日起产生，保护期为 50 年。保护期满，除开发者身份权以外，其他权利终止。一旦计算机软件著作权超出保护期，软件就进入公有领域。

参考答案

（9）C

试题（10）

某数据的 7 位编码为 0100011，若要增加一位奇校验位（最高数据位之前），则编码为　(10)　。

(10) A. 11011100　　　B. 01011100　　　C. 10100011　　　D. 00100011

试题（10）分析

本题考查校验基础知识。

奇校验是指加入 1 个校验位后使得数据位和校验位中 1 的个数合起来为奇数。题目中数据的编码为 0100011，其中 1 的个数为 3，已经是奇数了，因此校验位应为 0，将校验位加在最高数据位之前得到的编码为 00100011。

参考答案

（10）D

试题（11）

在堆栈操作中，　(11)　保持不变。

(11) A. 堆栈的顶　　　B. 堆栈的底　　　C. 堆栈指针　　　D. 堆栈中的数据

试题（11）分析

本题考查计算机系统基础知识。

根据栈的定义，对栈进行操作时，入栈和出栈操作都仅在栈顶进行，因此栈顶是变化的，这通过堆栈指针来体现。保持不变的是栈底。

参考答案

（11）B

试题（12）、（13）

在 Windows 系统中，对话框是特殊类型的窗口，其大小　__(12)__　；下图所示的对话框中，　__(13)__　是当前选项卡。

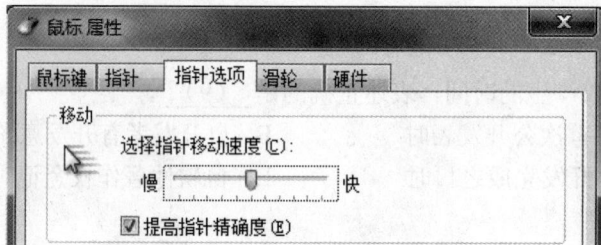

（12）A. 不能改变，但可以被移动

　　　 B. 可以改变，而且可以被移动

　　　 C. 可以改变，允许用户选择选项来执行任务，或者提供信息

　　　 D. 不能改变，而且不允许用户选择选项来执行任务，或者提供信息

（13）A. 鼠标键　　　　　B. 指针　　　　　C. 指针选项　　　D. 滑轮

试题（12）、（13）分析

在 Windows 系统中，对话框是特殊类型的窗口，其大小是不能改变的，但可以被移动。

从题图中可以看出，"指针选项"是当前选项卡。

参考答案

（12）A　　（13）C

试题（14）、（15）

一个计算机算法是对特定问题求解步骤的一种描述。　__(14)__　并不是一个算法必须具备的特性；若一个算法能够识别输入的非法数据并进行适当处理或反馈，则说明该算法的__(15)__　较好。

（14）A. 可移植性　　　B. 可行性　　　　C. 确定性　　　D. 有穷性

（15）A. 可行性　　　　B. 正确性　　　　C. 健壮性　　　D. 确定性

试题（14）、（15）分析

本题考查算法基础知识。

算法是问题求解过程的精确描述，它为解决某一特定类型的问题规定了一个运算过程，并且具有下列特性。

① 有穷性。一个算法必须在执行有穷步骤之后结束，且每一步都可在有穷时间内完成。

② 确定性。算法的每一步必须是确切定义的，不能有歧义。

③ 可行性。算法应该是可行的，这意味着算法中所有要进行的运算都能够由相应的计算装置所理解和实现，并可通过有穷次运算完成。

④ 输入。一个算法有零个或多个输入，它们是算法所需的初始量或被加工的对象的表示。这些输入取自特定的对象集合。

⑤ 输出。一个算法有一个或多个输出，它们是与输入有特定关系的量。

算法的健壮性也称为鲁棒性，即对非法输入的抵抗能力。对于非法的输入数据，算法应能加以识别和处理，而不会产生误动作或执行过程失控。

参考答案

（14）A　（15）C

试题（16）

以下关于软件维护的叙述中，错误的是　__(16)__　。

（16）A. 软件维护解决软件产品交付用户之后运行中发生的各种问题

　　　　B. 软件维护期通常比开发期长得多，投入也大得多

　　　　C. 软件的可维护性是软件开发阶段各个时期的关键目标

　　　　D. 软件工程存在定量度量软件可维护性的很好的普遍适用的方法

试题（16）分析

本题考查软件工程中软件维护的基础知识。

在软件开发完成交付用户使用后，就进入软件运行/维护阶段。在维护阶段，对软件进行的任何工作，都视为软件维护。软件维护阶段通常比软件开发阶段，包括需求分析、软件设计、软件构造和软件测试，时间更长，需要的投入也更多。由于软件的需求会随时发生变化，软件的错误也不可能在测试阶段全部能发现和修改，环境和技术在发生变化，开发团队也会有变化，因此在开发过程的每个阶段都应该以可维护性作为重要的目标。目前，可维护性还没有很好的定量度量指标。

参考答案

（16）D

试题（17）

以下关于软件测试的叙述中，不正确的是　__(17)__　。

（17）A. 软件测试的目的是为了发现错误

　　　　B. 成功的测试是能发现至今尚未发现的错误的测试

　　　　C. 测试不能用来证明软件没有错误

　　D. 当软件不存在错误时，测试终止

试题（17）分析

本题考查软件测试的基础知识。

软件测试是为了发现错误而执行程序的过程。因此软件测试的目的是发现软件的错误。成功的测试是能发现至今尚未发现的错误的测试。软件测试不能证明软件中不存在错误，只能说明软件中存在错误。穷举测试是不实际的，因此不能说明软件不存在错误，才终止测试。

参考答案

（17）D

试题（18）

专业程序员的职业素养要求中不包括　　(18)　　。

(18) A. 要严格按照程序设计规格说明书编写程序，不应该有任何质疑

　　　 B. 不要为了赶工期而压缩测试，要反复测试确信代码能正常运行

　　　 C. 既要善于独处，又要善于合作，要不断学习，不要落后于时代

　　　 D. 要勇担责任，出了错误自己来收拾，确保以后不再犯同样的错

试题（18）分析

本题考查软件工程实践的基础知识（专业程序员的职业素养）。

程序员的主要任务是按照程序设计规格说明书编写程序。但对于专业程序员来说，不能简单机械地按照它编写程序，而是需要深刻理解它。对于其中不合理之处或低效之处，应该有所质疑，并与软件设计师讨论。有时，需要理解其中的关键点，有时需要更正一些错误，有时需要更换算法或修改流程，有时需要优化流程。软件设计师一般都会欢迎专业程序员的质疑，加深对算法的理解和认识，纠正可能有的错误，提高软件的质量。

测试是软件开发过程中必不可少的重要步骤。因为一般的软件都或多或少包含了一些错误，必须反复通过严格的测试才能保障软件的质量。许多程序员为了赶工期而压缩测试环节，导致交付的软件隐藏不少问题。这不是专业程序员应有的职业素质。

专业程序员既要善于独处，冷静思考处理复杂逻辑的正确性；又要善于合作，认真讨论与其他部分的接口，听取别人的评审和改进意见。过分欣赏自己的小技巧，固执己见常常导致软件出错。由于软件技术发展更新快，程序员需要不断学习，不要落后于时代。

专业程序员有时也会犯错误，但要勇担责任，不能总想把问题推到别人身上。出了错误要由自己来收拾，确保以后不再犯同样的错。即使是自己的下属犯错误，也要自己来承担检查不仔细、教育不够的责任。

参考答案

（18）A

试题（19）

10 个 9600b/s 的信道按时分多路方式复用在一条线路上传输，如果忽略控制开销，在同步 TDM 情况下，复用线路的带宽是　(19)　。

(19) A. 32kb/s　　　　B. 64kb/s　　　　C. 72kb/s　　　　D. 96kb/s

试题（19）分析

根据题意计算如下：9.6kb/s×10=96kb/s。

参考答案

(19) D

试题（20）

下图中画出曼彻斯特编码和差分曼彻斯特编码的波形图，实际传送的比特串为　(20)　。

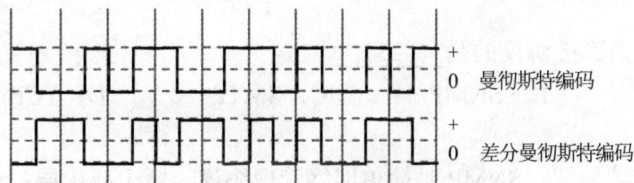

(20) A. 011010011　　B. 011110010　　C. 100101100　　D. 100001101

试题（20）分析

曼彻斯特编码是一种双相码，用高电平到低电平的转换边表示"0"，而用低电平到高电平的转换边表示"1"，相反的表示也是允许的。比特中间的电平转换边既表示了数据代码，同时也作为定时信号使用。差分码又称相对码，在差分码中利用电平是否跳变来分别表示"1"或"0"，分为传号差分码和空号差分码。传号差分码是输入数据为"1"时，编码波型相对于前一代码电平产生跳变；输入为"0"时，波形不产生跳变。空号差分码是当输入数据为"0"时，编码波形相对于前一代码电平产生跳变；输入为"1"时，波形不产生跳变。差分曼彻斯特编码兼有差分码和曼彻斯特编码的特点，与曼彻斯特编码不同的是，这种码元中间的电平转换边只作为定时信号，而不表示数据。

根据两种编码的特点，可判定传送的比特串为 011010011。

参考答案

(20) A

试题（21）

设信号的波特率为 600Baud，采用幅度—相位复合调制技术，由 2 种幅度和 8 种相位组成 16 种码元，则信道的数据速率为　(21)　。

(21) A. 600 b/s　　B. 2400 b/s　　C. 4800 b/s　　D. 9600 b/s

试题（21）分析

波特率为 600Baud，如果采用 16 种码元，则每个码元可表示 4 比特信息，所以信道的数据速率为 4×600=2400 b/s。

参考答案

（21）B

试题（22）

在异步通信中每个字符包含 1 位起始位、7 位数据位、1 位奇偶位和 2 位终止位，每秒钟传送 100 个字符，则有效数据速率为　（22）　。

（22）A. 100b/s　　　　　B. 500b/s　　　　　C. 700b/s　　　　　D. 1000b/s

试题（22）分析

根据题意，计算如下：7×100=700b/s。

参考答案

（22）C

试题（23）

下面属于网络层无连接协议的是　（23）　。

（23）A. IP　　　　　　　B. SNMP　　　　　C. SMTP　　　　　D. TCP

试题（23）分析

IP 是网络层无连接协议；SNMP 是简单网络管理协议，属于应用层；SMTP 是简单邮件传输协议，也是应用层协议；TCP 是传输层协议。

参考答案

（23）A

试题（24）

以太网控制策略中有三种监听算法，其中一种是："一旦介质空闲就发送数据，假如介质忙，继续监听，直到介质空闲后立即发送数据"，这种算法称为　（24）　监听算法。

（24）A. 1-坚持型　　　B. 非坚持型　　　C. P-坚持型　　　D. 0-坚持型

试题（24）分析

"一旦介质空闲就发送数据，假如介质忙，继续监听，直到介质空闲后立即发送数据"，这种算法是 1-坚持型（简称坚持型）监听算法。

参考答案

（24）A

试题（25）

在 TCP/IP 网络中，RARP 协议的作用是　（25）　。

（25）A. 根据 MAC 地址查找对应的 IP 地址

　　　B. 根据 IP 地址查找对应的 MAC 地址

　　　C. 报告 IP 数据报传输中的差错

　　　D. 控制以太帧的正确传送

试题（25）分析

在 TCP/IP 网络中，RARP 协议的作用是根据 MAC 地址查找对应的 IP 地址，ARP 协议的作用是根据 IP 地址查找对应的 MAC 地址。

参考答案

（25）A

试题（26）

关于 OSPF 协议，下面的选项中正确的是　(26)　。

（26）A．OSPF 是一种应用于自治系统之间的网关协议

　　　 B．OSPF 通过链路状态算法计算最佳路由

　　　 C．OSPF 根据跳步数计算结点之间的通信费用

　　　 D．OSPF 只能周期性地改变路由

试题（26）分析

OSPF 是一种基于链路状态算法的内部网关协议，适用于自治系统内部，它通过链路状态公告（LSA）传送网络拓扑结构信息，通过链路状态算法计算最佳路由，并据此更新路由表中的选项。OSPF 路由信息不受物理跳步数的限制，链路费用 Cost=100Mb/带宽值，例如，FDDI 或快速以太网的 Cost 为 1，10MB 以太网的 Cost 为 10，2MB 串行链路的 Cost 为 48 等。

参考答案

（26）B

试题（27）

下面的网络地址中，不能作为目标地址的是　(27)　。

（27）A．0.0.0.0　　　　 B．127.0.0.1　　　 C．10.255.255.255　　　 D．192.168.0.1

试题（27）分析

地址 0.0.0.0 表示本地地址，只能作为源地址使用，不能用作目标地址。地址 127.0.0.1 表示本地环路地址，通常作为目标地址，用于测试本地 TCP/IP 回路。另外两种地址 10.255.255.255 和 192.168.0.1 也可以作为目标地址使用。

参考答案

（27）A

试题（28）

4 个网络 172.16.0.0、172.16.1.0、172.16.2.0 和 172.16.3.0，经路由器汇聚后的地址是　(28)　。

（28）A．172.16.0.0/21　　　　　　　　B．172.16.0.0/22

　　　 C．172.16.0.0/23　　　　　　　　D．172.16.0.0/24

试题（28）分析

4 个网络地址对应的二进制形式是：

172.16.0.0：**10101100.00010000.** 00000000.00000000

172.16.0.0：**10101100.00010000.** 00000001.00000000

172.16.0.0：**10101100.00010000.** 00000010.00000000

172.16.0.0：**10101100.00010000.** 00000011.00000000

取其最长公共部分得 172.16.0.0/22（**10101100.00010000.** 00000000.00000000）

参考答案

（28）B

试题（29）～（31）

对一个 A 类网络，如果指定的子网掩码为 255.255.192.0，则该网络被划分为 (29) 个子网。如果一个公司有 2000 台主机，则必须给它分配 (30) 个 C 类网络。为了使该公司的网络在路由表中只占一行，给它指定的子网掩码必须是 (31) 。

（29）A. 128   B. 256   C. 1024   D. 2048

（30）A. 2   B. 8   C. 16   D. 24

（31）A. 255.192.0.0   B. 255.240.0.0   C. 255.255.240.0   D. 255.255.248.0

试题（29）～（31）分析

A 类网络地址掩码为 8 位，如果改变为 255.255.192.0，则增加了 10 位，所以原来的网络被分成了 1024 个子网。

2000 台主机的网络至少要分配 8 个 C 类网络，这 8 个 C 类网络如果组成一个超网，其地址掩码应为 255.255.248.0。

参考答案

（29）C   （30）B   （31）D

试题（32）

对于一个 B 类网络，可以分配的 IP 地址数是 (32) 。

（32）A. 1022   B. 4094   C. 32766   D. 65534

试题（32）分析

B 类网络的子网掩码为 16 位，主机地址部分占 16 位，所以可以分配的 IP 地址数是 65534。

参考答案

（32）D

试题（33）

如果指定的网络地址是 192.168.1.21/24，则其默认网关可以是 (33) 。

（33）A. 192.168.1.0   B. 192.168.1.254

        C. 192.168.0.0   D. 192.168.1.255

试题（33）分析

对于网络 192.168.1.21/24，4 个选项中 192.168.1.0 是网络号，192.168.1.255 是定向

广播地址，192.168.1.254 是其中的主机地址，可以作为网关地址。地址 192.168.0.0 不属于 192.168.1.21/24。

参考答案

（33）B

试题（34）

配置 VLAN 有多种方法，下面属于静态分配 VLAN 的是___（34）___。

（34）A. 把交换机端口指定给某个 VLAN

　　　 B. 把 MAC 地址指定给某个 VLAN

　　　 C. 根据 IP 子网来划分 VLAN

　　　 D. 根据上层协议来划分 VLAN

试题（34）分析

在交换机上实现 VLAN，可以采用静态的或动态的方法：

① 静态分配 VLAN：为交换机的各个端口指定所属的 VLAN。这种基于端口的划分方法是把各个端口固定地分配给不同的 VLAN。

② 动态分配 VLAN：动态 VLAN 通过诸如 Cisco Works 2000 之类的软件包来创建，可以根据 MAC 地址、网络层协议、网络层地址、IP 广播域或管理策略来划分 VLAN。

一般交换机都支持按 MAC 地址划分 VLAN 的功能。无论一台设备连接到交换网络的任何地方，接入交换机通过查询 VLAN 管理策略服务器，根据 MAC 地址就可以确定设备的 VLAN 成员身份。这种方法使得用户可以在交换网络中改变接入位置，而仍能访问所属的 VLAN。

参考答案

（34）A

试题（35）、（36）

IEEE 802.11 小组制定了多个 WLAN 标准，其中可以工作在 2.4GHz 频段的是（35）。在 WLAN 系统中，AP 的作用是___（36）___。

（35）A. IEEE 802.11a 和 IEEE 802.11b　　　B. IEEE 802.11a 和 IEEE 802.11h

　　　 C. IEEE 802.11b 和 IEEE 802.11g　　　D. IEEE 802.11g 和 IEEE 802.11h

（36）A. 无线接入　　　　　　　　　　　　B. 用户认证

　　　 C. 数据汇聚　　　　　　　　　　　　D. 业务管理

试题（35）、（36）分析

1997 年颁布的 IEEE 802.11 标准运行在 2.4GHz 的 ISM（Industrial Scientific and Medical）频段，支持 1Mb/s 和 2Mb/s 两种数据速率。1998 年推出的 IEEE 802.11b 标准也是运行在 ISM 频段，支持 11Mb/s 的数据速率。1999 年推出的 IEEE 802.11a 标准运行在 U-NII（Unlicensed National Information Infrastructure）频段，最高数据速率为 54Mb/s。2003 年推出的 IEEE 802.11g 标准运行在 ISM 频段，与 IEEE 802.11b 兼容，而数据速率

提高到 54Mb/s。2009 年发布的 802.11n 标准则采用 2.4GHz 和 5GHz 双频工作模式，数据速率提高到 300Mb/s，甚至 600Mb/s。

在 WLAN 系统中，AP 的作用是无线接入。

参考答案

（35）C　　（36）A

试题（37）

下图中主机 A 和主机 B 通过路由器 R1 和 R2 相连，主机和路由器相应端口的 MAC 地址和 IP 地址都标示在图中。如果主机 A ping 主机 B，当请求帧到达主机 B 时，其中包含的源 MAC 地址和源 IP 地址分别是　（37）　。

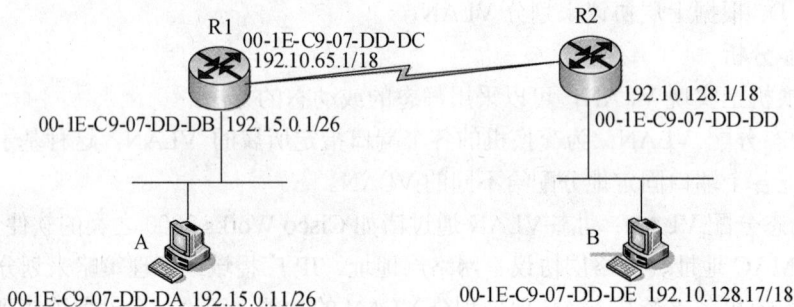

（37）A．00-1E-C9-07-DD-DC 和 192.10.65.1

　　　B．00-1E-C9-07-DD-DD 和 192.15.0.11

　　　C．00-1E-C9-07-DD-DA 和 192.15.0.11

　　　D．00-1E-C9-07-DD-DD 和 192.10.128.1

试题（37）分析

当主机 A 发出的请求帧到达主机 B 时，其中包含的源 MAC 地址为主机 B 所在子网的网关地址，但数据报中的源地址仍然是源主机 A 的 IP 地址。

参考答案

（37）B

试题（38）

关于 IPv6，下面的描述中正确的是　（38）　。

（38）A．IPv6 可以更好地支持卫星链路

　　　B．IPv6 解决了全局 IP 地址不足的问题

　　　C．IPv6 解决了移动终端接入的问题

　　　D．IPv6 使得远程网络游戏更流畅更快

试题（38）分析

由于 IPv4 地址短缺，影响了互联网的发展，IPv6 地址扩展到 128 位，彻底解决了这个问题。至于支持卫星链路和移动终端接入，这是物理层的问题，上层运行 IPv4 或运

行 IPv6 并没有区别。

参考答案

（38）B

试题（39）

在 TCP/IP 网络体系中，ICMP 协议的作用是___（39）___。

（39）A．ICMP 用于从 MAC 地址查找对应的 IP 地址

　　　　B．ICMP 把全局 IP 地址转换为私网中的专用 IP 地址

　　　　C．当 IP 分组传输过程中出现差错时通过 ICMP 发送控制信息

　　　　D．当网络地址采用集中管理方案时 ICMP 用于动态分配 IP 地址

试题（39）分析

ICMP（Internet Control Message Protocol）与 IP 协议同属于网络层，用于传送有关通信问题的消息，例如数据报不能到达目标站，路由器没有足够的缓存空间，或者路由器向发送主机提供最短通路信息等。

参考答案

（39）C

试题（40）

以下关于 FTP 和 TFTP 的描述中，正确的是___（40）___。

（40）A．FTP 和 TFTP 都基于 TCP 协议

　　　　B．FTP 和 TFTP 都基于 UDP 协议

　　　　C．FTP 基于 TCP 协议，TFTP 基于 UDP 协议

　　　　D．FTP 基于 UDP 协议，TFTP 基于 TCP 协议

试题（40）分析

FTP 基于 TCP 协议，TFTP 基于 UDP 协议。

参考答案

（40）C

试题（41）

___（41）___是正确的网页代码结构。

（41）A．<html> </html> <head> </head> <body> </body>

　　　　B．<html> < head > <body> </body> < /head > < /html >

　　　　C．<html> < head > < /head > <body> </body> < /html >

　　　　D．<html> <body> < head > < /head > </body> < /html >

试题（41）分析

本题考查 HTML 的基础知识。

HTML 要求网页以<html>开始，以< /html >结束。在页面中标记都是成对出现，其中< head > < /head >部分代表网页头部的意思，　</body><body>部分代表网页内容部分，

其网页代码结构如下：

```
<html>
```

< head > head 部分代表网页头部的意思，这个位置用于存放<title>头部内容，和 CSS 样式，以及需要提前加载的 JavaScript 脚本等。

```
</head>
```

<body> body 部分代表网页内容部分，这个位置用于存放网页上所有要显示的内容，图片，以及流媒体，当然也可以存放客户端脚本，表格，布局图层 DIV 等。

```
</body>
    </html>
```

参考答案

（41）C

试题（42）

在 HTML 文件中，预格式化标记是 __(42)__ 。

（42）A．< pre >　　　　B．<table>　　　　C．< text >　　　　D．<ul>

试题（42）分析

本题考查 HTML 的基础知识。

在 HTML 文件中< pre >是预格式化标记，<table>是表格起始标记，text 一般作为属性使用，<ul>标签定义无序列表。

参考答案

（42）A

试题（43）

在 2 个框架中分别显示 2 个不同的页面，至少需要 __(43)__ 个独立的 Html 文件。

（43）A．2　　　　　　B．3　　　　　　C．4　　　　　　D．5

试题（43）分析

本题考查 HTML 框架的基础知识。

在 HTML 文件中，框架便是网页画面分成几个框窗，同时取得多个 URL。只要<FRAMESET> <FRAME> 即可，而所有框架标记要放在一个总起的 html 档，这个 html 文件只记录了该框架如何划分，不会显示任何资料。其他要显示的页面只需要将 URL 置入此文件中即可。本题中，需要显示两个不同的页面，所以共需要 3 个 html 文件。

参考答案

（43）B

试题（44）

在网页中点击的超链接指向　(44)　类型文件时，服务器不执行该文件，直接传递给浏览器。

（44）A．ASP　　　　　　B．HTML　　　　　　C．CGI　　　　　D．JSP

试题（44）分析

本题考查网页的基础知识。

在 IIS 中，其发布目录中的 asp、cgi、jsp 等类型的文件，当客户端请求执行时，IIS服务器会先执行该文件，然后将执行结果传送给客户端。而当客户端请求执行 html 类型文件时，服务器不执行该文件，直接传递给浏览器。

参考答案

（44）B

试题（45）

在 ASP 中，　(45)　对象可以创建其他对象实例。

（45）A．Application　　　B．Session　　　　C．Server　　　　D．Response

试题（45）分析

本题考查 ASP 的基础知识。

在 ASP 的内置对象中，Application 对象用来使给定应用程序的所有用户共享信息。Request 对象可以访问任何用 HTTP 请求传递的信息，包括从 HTML 表格用 POST 方法或 GET 方法传递的参数、cookie 和用户认证。Response 对象控制发送给用户的信息。包括直接发送信息给浏览器、重定向浏览器到另一个 URL 或设置 cookie 的值。Server对象提供对服务器上的方法和属性进行的访问。最常用的方法是创建其他对象实例，Session 对象存储特定的用户会话所需的信息。当用户在应用程序的页之间跳转时，存储在 Session 对象中的变量不会清除。

参考答案

（45）C

试题（46）

某网站主页面文件为 index.html，用户在打开该文件时，看到一幅图像并听到一段音乐，则　(46)　。

（46）A．图像数据存储在 index.html 文件中，音乐数据以独立的文件存储

　　　B．音乐数据存储在 index.html 文件中，图像数据以独立的文件存储

　　　C．图像数据和音乐数据都存储在 index.html 文件中

　　　D．图像数据和音乐数据都以独立的文件存储

试题（46）分析

本题考查 Internet 应用基础知识。

若某网站主页面文件为 index.html，包含一幅图像和一段音乐，则图像和音乐均单

独存储，主页文件中采用超链接进行连接。

参考答案

（46）D

试题（47）

下列命令中，不能用于诊断 DNS 故障的是__（47）__。

（47）A．nslookup　　　B．arp　　　　　　C．ping　　　　　　D．tracert

试题（47）分析

本题考查网络命令。

Nslookup 用来检查提供域名解析的服务器地址；ping 加域名地址可测试域名解析成功与否；tracert 也可用于进行 DNS 故障诊断；arp 是地址解析协议，用于 IP 地址与 MAC 的映射。

参考答案

（47）B

试题（48）

在电子邮件系统中，客户端代理__（48）__。

（48）A．发送邮件和接收邮件通常都使用 SMTP 协议

　　　B．发送邮件通常使用 SMTP 协议，而接收邮件通常使用 POP3 协议

　　　C．发送邮件通常使用 POP3 协议，而接收邮件通常使用 SMTP 协议

　　　D．发送邮件和接收邮件通常都使用 POP3 协议

试题（48）分析

本题考查电子邮件及其应用。

客户端代理是提供给用户的界面，在电子邮件系统中，发送邮件通常使用 SMTP 协议，而接收邮件通常使用 POP3 协议。

参考答案

（48）B

试题（49）、（50）

FTP 客户登录后上传文件使用的连接是__（49）__，该连接的默认端口为__（50）__。

（49）A．建立在 TCP 之上的控制连接　　　B．建立在 TCP 之上的数据连接

　　　C．建立在 UDP 之上的控制连接　　　D．建立在 UDP 之上的数据连接

（50）A．20　　　　　　B．21　　　　　　C．25　　　　　　D．80

试题（49）、（50）分析

本题考查 FTP 协议及应用。

FTP 建立两条 TCP 连接，一条用于数据传输，一条用于管理控制。FTP 客户登录使用的是建立在 TCP 之上的控制连接，默认端口为 21；登录后上传文件使用的连接是建立在 TCP 之上的数据连接，默认端口为 20。

参考答案

（49）B　（50）A

试题（51）

包过滤防火墙防范的攻击不包括　__(51)__ 。

（51）A．来自特定主机的攻击　　　　　B．针对特定端口的攻击

　　　 C．夹带在邮件中的病毒攻击　　　D．对服务器的 DoS 攻击

试题（51）分析

本题考查包过滤防火墙的实现原理。

包过滤防火墙依据过滤规则，对进出防火墙的报文进行过滤，过滤规则依据端口号和 IP 地址进行设置。故对来自特定主机、特定端口以及服务器的 DoS 攻击都能进行检测，但没有病毒检测功能。

参考答案

（51）C

试题（52）

下面关于数字签名的说法中，正确的是　__(52)__ 。

（52）A．数字签名是指利用接受方的公钥对消息加密

　　　 B．数字签名是指利用接受方的公钥对消息的摘要加密

　　　 C．数字签名是指利用发送方的私钥对消息加密

　　　 D．数字签名是指利用发送方的私钥对消息的摘要加密

试题（52）分析

本题考查数字签名技术。

数字签名利用发送方的私钥对消息的摘要加密；对消息进行加密的是会话秘钥。

参考答案

（52）D

试题（53）

下面算法中，属于非对称密钥加密算法的是　__(53)__ 。

（53）A．DES（Digital Encryption Standard）

　　　 B．RC2（Rivest Ciphers 2）

　　　 C．RC5（Rivest Ciphers 5）

　　　 D．DSA（Digital Signature Algorithm）

试题（53）分析

本题考查加密算法。

DES、RC2、RC5 等都属于对称密钥加密算法，即加解密秘钥相同；DSA 基于大数定律与欧拉定理，采用不同的加解密秘钥，是典型的非对称密钥加密算法。

参考答案

（53）D

试题（54）

报文摘要算法 MD5 的输出是 ___（54）___ 。

（54）A. 100 位　　　　　　　B. 128 位　　　　　C. 160 位　　　　　D. 180 位

试题（54）分析

本题考查报文摘要算法 MD5。

MD5 将"字节串"变换成一个 128bit 的大整数，是一个不可逆的字符串变换算法。

参考答案

（54）B

试题（55）

下面不属于访问控制策略的是 ___（55）___ 。

（55）A. 加口令　　　　　　　　　　　B. 设置访问权限

　　　　C. 加密/解密　　　　　　　　　D. 角色认证

试题（55）分析

本题考查访问控制策略。

访问控制（Access Control）指系统对用户身份及其所属的预先定义的策略组限制其使用数据资源能力的手段。通常用于系统管理员控制用户对服务器、目录、文件等网络资源的访问。访问控制是系统保密性、完整性、可用性和合法使用性的重要基础，是网络安全防范和资源保护的关键策略之一，也是主体依据某些控制策略或权限对客体本身或其资源进行的不同授权访问。加口令、设置访问权限以及角色认证都是对系统资源权限的设置。

参考答案

（55）C

试题（56）

数字证书通常采用 ___（56）___ 格式。

（56）A. X.400　　　　　B. X.500　　　　　C. X.501　　　　　D. X.509

试题（56）分析

本题考查访问控制策略。

X.509 是由国际电信联盟（ITU-T）制定的数字证书标准，数字证书的格式遵循 X.509 标准。

参考答案

（56）D

试题（57）

以下关于网络结构的描述中，错误的是 ___（57）___ 。

（57）A．核心层网络用于连接分布在不同位置的子网，实现路由汇聚功能

　　　B．汇聚层根据接入层的用户流量进行本地路由、安全控制、流量整型等处理

　　　C．核心层设备之间、核心层设备与汇聚层设备通常采用冗余链路的光纤连接

　　　D．接入层网络用于将终端用户计算机接入到网络中

试题（57）分析

本题考查网络规划设计中的分层架构的相关知识。

通常网络系统采用分层的设计思想，有利于分配规划带宽，均衡负荷，提高网络效率。其中，核心层网络用于连接服务器集群，各建筑物子网交换路由以及网络出口等；汇聚层网络用于连接分布在不同位置的子网，实现路由汇聚功能；接入层网络用于将终端用户计算机接入到网络中。通常情况下，核心层设备之间、核心层设备与汇聚层设备通常采用冗余链路的光纤连接。

参考答案

（57）A

试题（58）

如果 Windows XP 没有安装 IPv6 协议栈，那么在 cmd 命令行窗口中，输入 (58) 命令将会给 Windows XP 安装好 IPv6 协议栈。

（58）A．IPv6 install　　　　B．IPv6 if　　　C．IPv6 uninstall　　　　D．IPv6 rt

试题（58）分析

本题考查 Windows Xp 系统下有关 IPv6 的基本命令。

IPv6 install 用于 IPV6 协议栈的安装；IPv6 uninstall 为卸载 IPv6 协议栈；IPv6 if 显示网络接口的详细信息；IPv6 rt 显示 IPv6 目前的路由状态。

参考答案

（58）A

试题（59）

在 Windows 网络管理命令中，　(59)　命令用于显示客户端的 DNS 缓存，包括从 Local Hosts 文件预装载的记录，以及最近获得的资源记录。

（59）A．ipconfig /all　　　　　　　　　　B．ipconfig /registerdns

　　　C．ipconfig /flushdns　　　　　　　　D．ipconfig /displaydns

试题（59）分析

本题考查 ipconfig 命令的基本知识。

/all 显示所有适配器的完整 TCP/IP 配置信息；/registerdns 初始化计算机上配置的 DNS 名称和 IP 地址的手工动态注册。可以使用该参数对失败的 DNS 名称注册进行疑难解答或解决客户和 DNS 服务器之间的动态更新问题，而不必重新启动客户计算机；/flushdns 清理并重设 DNS 客户解析器缓存的内容；/displaydns 显示 DNS 客户解析器缓存的内容，包括从本地主机文件预装载的记录以及由计算机解析的名称查询而最近获得的任何资源记录。

参考答案

（59）D

试题（60）

通过发送大量虚假报文，伪造默认网关 IP 地址和 MAC 地址，导致上网不稳定。这种攻击行为属于　（60）　。

（60）A. 拒绝服务攻击　　　　　　　　　B. ARP 欺骗

　　　 C. 缓冲区溢出攻击　　　　　　　 D. 漏洞入侵

试题（60）分析

ARP 欺骗攻击是利用 ARP 协议漏洞，通过伪造 IP 地址和 MAC 地址实现 ARP 欺骗的攻击行为，通过伪造 IP 地址和 MAC 地址实现 ARP 欺骗，能够在网络中产生大量的 ARP 通信量使网络阻塞，通常会造成上网速度慢，网络时断时续等现象。

参考答案

（60）B

试题（61）

某公司局域网中 DHCP 服务器设置的地址池 IP 为 192.168.1.100～192.168.1.150。如果该网络中某台 Windows 客户机启动后获得的 IP 地址为 169.254.200.120，以下最可能导致该现象发生的原因是　（61）　。

（61）A. DHCP 服务器给客户机提供了保留的 IP 地址

　　　 B. DHCP 服务器设置的租约期过长

　　　 C. DHCP 服务器没有工作

　　　 D. 网段内其他 DHCP 服务器给该客户机分配的 IP 地址

试题（61）分析

169.254.x.x 是 Windows 操作系统在 DHCP 信息租用失败时自动给客户机分配的 IP 地址，主要是用来和同局域网内一样获取不到 IP 地址的客户机进行通信使用。如果主机使用了 DHCP 自动获得一个 IP 地址，那么当动态主机设置协议服务器（DHCP 服务器）发生故障，或响应时间太长而超出了一个系统规定的时间，系统会分配这样一个 169.254.x.x 的地址。根据题意最可能的原因为 DHCP 服务器没有工作。

参考答案

（61）C

试题（62）

SNMP 在版本　（62）　首次增加了管理站之间的通信机制。

（62）A. v1　　　　　　 B. v2　　　　　　 C. v3　　　　　　 D. v4

试题（62）分析

在 SNMPv2 中首次增加了管理站之间的通信机制，这是分布式网络管理所需要的功能特征。

参考答案

（62）B

试题（63）

安装 Linux 时必须创建的分区是　（63）　。

（63）A．/root   B．/boot   C．/etc   D．/

试题（63）分析

本题考查 Linux 分区。

linux 的文件系统所有的分区都挂载在 "/"，因此分区 "/" 是在安装 Linux 时必须创建的分区。

参考答案

（63）D

试题（64）

Linux 系统中，IP 地址和主机名映射在　（64）　文件中指定。

（64）A．/etc/hosts   B．/etc/network

　　 C．/etc/resolv.conf   D．/etc/gateways

试题（64）分析

本题考查 Linux 系统中的配置文件。

Linux 的/etc/hosts 是配置 IP 地址和其对应主机名的文件，可以记录本机的或其他主机的 IP 及其对应主机名。

通过/etc/network 设置网络属性，比如通过/etc/network/interfaces 文件永久设置 static IP 地址。

/etc/resolv.conf 配置 DNS 客户，它包含了主机的域名搜索顺序和 DNS 服务器的地址。

routed 守护进程使用/etc/gateways 来初始化静态路由。

参考答案

（64）A

试题（65）

在进行 DNS 服务器配置时，以下描述中错误的是　（65）　。

（65）A．在默认情况下，Windows Server 2003 已经安装了 DNS 服务

　　 B．DNS 服务器本身必须配置固定的 IP 地址

　　 C．DNS 服务器基本配置包括正向和反向查找区域的创建、资源记录的增加等

　　 D．动态更新允许 DNS 服务器注册和动态地更新其资源记录

试题（65）分析

本题考查 DNS 服务器的配置。

Windows Server 2003 中需要专门安装 DNS 服务；DNS 服务器本身必须配置固定的 IP 地址，包括正向和反向查找区域的创建、资源记录的增加等基本配置，动态地进行 DNS

服务器注册和其资源记录更新。

参考答案

（65）A

试题（66）

以下关于 DHCP 协议的描述中，错误的是 （66） 。

（66）A．采用 DHCP 协议可以简化主机 IP 地址配置管理

　　　　B．客户机必须首先配置 IP 地址才能与 DHCP 服务器联系

　　　　C．DHCP 服务器管理 IP 地址的动态分配

　　　　D．DHCP 降低了重新配置计算机的难度，减少了工作量

试题（66）分析

本题考查 DHCP 协议。

DHCP 服务器管理 IP 地址的动态分配，降低了重新配置计算机的难度，减少了工作量，从而简化主机 IP 地址配置管理。客户机启动时没有 IP 地址，通过向网络中发送 DHCP 发现报文来申请。

参考答案

（66）B

试题（67）

某主机要访问 www.bbb.com，主域名服务器为 202.117.112.5，辅助域名服务器为 202.117.112.6，域名 www.bbb.com 的授权域名服务器为 102.117.112.3，则这台主机进行该域名解析时最先查询的是 （67） 。

（67）A．202.117.112.5　　　　　　　　B．202.117.112.6

　　　　C．本地缓存　　　　　　　　　　D．102.117.112.3

试题（67）分析

本题考查域名解析。

在进行域名解析时，查询的顺序是本地缓存、主域名服务器、转发域名服务器。

参考答案

（67）C

试题（68）

SNMP 协议使用的协议和默认端口为 （68） 。

（68）A．TCP，端口 20 和 21　　　　　　B．UDP，端口 20 和 21

　　　　C．TCP，端口 161 和 162　　　　　D．UDP，端口 161 和 162

试题（68）分析

本题考查 SNMP 协议使用的协议和默认端口。

SNMP 协议使用的协议是 UDP，采用的端口号为 161 和 162。

参考答案

（68）D

试题（69）、（70）

在 Windows 操作系统中，某主机运行 rout print 命令后路由记录如下图所示，则主机的默认网关为　（69）　；与 rout print 具有同等功能的命令是　（70）　。

```
=================================================================
=================================================================
Active Routes:
Network Destination  Netmask          Gateway          Interface        Metric
0.0.0.0              0.0.0.0          119.245.67.254   119.245.67.209   20
127.0.0.0            255.0.0.0        127.0.0.1        127.0.0.1        1
119.245.67.0         255.255.255.0    119.245.67.209   119.245.67.209   20
119.245.67.209       255.255.255.255  127.0.0.1        127.0.0.1        20
119.245.67.255       255.255.255.255  119.245.67.209   119.245.67.209   20
224.0.0.0            240.0.0.0        119.245.67.209   119.245.67.209   20
255.255.255.255      255.255.255.255  119.245.67.209   119.245.67.209   1
Default Gateway:     119.245.67.254
=================================================================
```

（69）A. 119.245.67.209　　　　　　　B. 119.245.67.254

　　　　C. 127.0.0.1　　　　　　　　　D. 240.0.0.0

（70）A. netstat-r　　　　　　　　　　B. arp -a

　　　　C. ipconfig /all　　　　　　　　D. tracert -d

试题（69）、（70）分析

本题考查路由协议。

从路由表中看出，所有默认路由都发往 110.245.67.254，因此主机的默认网关为 119.245.67.254，除了采用 rout print 外，还可采用 netstat-r 命令来查看主机的路由表。

参考答案

（69）B　（70）A

试题（71）～（75）

OSPF is a link-state routing protocol. It is designed to be run internal to a single　（71）　system. Each OSPF router maintains an identical　（72）　describing the autonomous system's topology. From this database, a routing table is calculated by constructing a shortest-path　（73）　. OSPF recalculates routes quickly in the face of topological changes, utilizing a minimum of routing　（74）　traffic. OSPF provides support for equal-cost multipath. An area routing capability is provided, enabling an additional level of routing protection and a reduction in routing protocol　（75）　.

（71）A. autonomous　　　B. network　　　　C. computer　　　D. server

（72）A. tree　　　　　　　B. table　　　　　　C. database　　　D. record

（73）A. connection   B. tree   C. decision   D. bitmap

（74）A. protocol   B. network   C. broadcast   D. multipath

（75）A. flow   B. state   C. traffic   D. stream

参考译文

OSPF 是一种链路状态协议，用于单个自治系统内部。每个 OSPF 路由器都维持一个相同的描述自治系统拓扑结构的数据库。通过这个数据库可以构造出最短通路树，从而计算出路由表。当拓扑结构改变时，OSPF 能很快计算出路由，但是使用了最小的路由协议流量。OSPF 支持等费用的多条通路。OSPF 的区域路由能力提供了附加的路由保护功能，也减少了路由协议的流量。

参考答案

（71）A   （72）C   （73）B   （74）A   （75）C

第8章　2013下半年网络管理员下午试题分析与解答

试题一（共20分）

阅读以下说明，回答问题1至问题5，将解答填入答题纸对应的解答栏内。

【说明】

某单位网络结构如图1-1所示，网络中所有路由器均使用RIP协议。

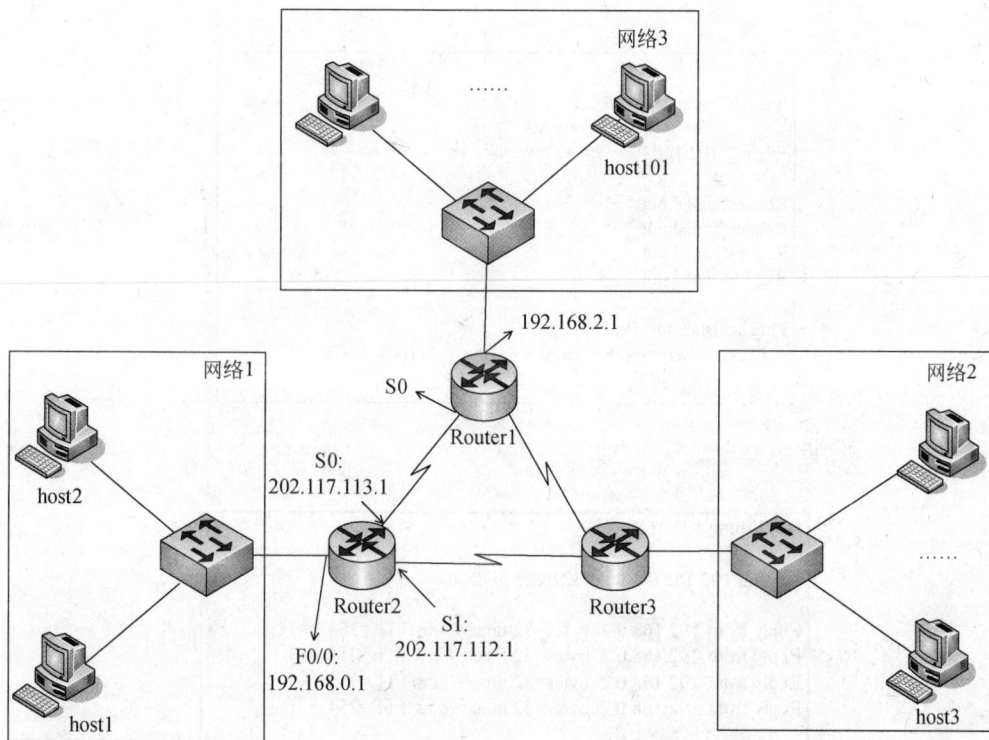

图 1-1

在网络部署完成后进行了如下测试：

1. 在主机host101上对Router2的F0/0口及网络1的host1进行了连通性测试，结果分别如图1-2和图1-3所示。

2. 在主机host3上对网络1进行了连通性测试，结果如图1-4所示。

```
host101>ping 192.168.0.1

Pinging 192.168.0.1 with 32 bytes of data:

Reply from 192.168.0.1: bytes=32 time=94ms TTL=254
Reply from 192.168.0.1: bytes=32 time=94ms TTL=254
Reply from 192.168.0.1: bytes=32 time=77ms TTL=254
Reply from 192.168.0.1: bytes=32 time=90ms TTL=254

Ping statistics for 192.168.0.1:
    Packets: Sent = 4, Received = 4, Lost = 0 (0% loss),
Approximate round trip times in milli-seconds:
    Minimum = 77ms, Maximum = 94ms, Average = 88ms
```

图 1-2

```
host101>ping 192.168.0.2

Pinging 192.168.0.2 with 32 bytes of data:

Request timed out.
Request timed out.
Request timed out.
Request timed out.

Ping statistics for 192.168.0.2:
    Packets: Sent = 4, Received = 0, Lost = 4 (100% loss),
```

图 1-3

```
host3>ping 192.168.0.2

Pinging 192.168.0.2 with 32 bytes of data:

Reply from 192.168.0.2: bytes=32 time=94ms TTL=254
Reply from 192.168.0.2: bytes=32 time=94ms TTL=254
Reply from 192.168.0.2: bytes=32 time=77ms TTL=254
Reply from 192.168.0.2: bytes=32 time=90ms TTL=254

Ping statistics for 192.168.0.2:
    Packets: Sent = 4, Received = 4, Lost = 0 (0% loss),
Approximate round trip times in milli-seconds:
    Minimum = 77ms, Maximum = 94ms, Average = 88ms
```

图 1-4

3．查看路由器 Router3 的路由表，结果如图 1-5 所示。

```
Router3>show ip route
R    192.168.0.0/24 [120/1] via 202.117.112.1, 00:00:24, Serial2/0
C    192.168.1.0/24 is directly connected, FastEthernet0/0
R    192.168.2.0/24 [120/1] via 202.117.114.1, 00:00:01, Serial3/0
     202 .117.112.0/30 is subnetted, 1 subnets
C       202.117.112.0 is directly connected, Serial2/0
R       202.117.113.0/30 [120/1] via 202.117.112.1, 00:00:24, Serial2/0
        [   120/1] via 202.117.114.1, 00:00:01, Serial3/0
     202.117.114.0/30 is subnetted, 1 subnets
C       202.117.114.0 is directly connected, Serial3/0
```

图 1-5

【问题 1】（6 分）

请填写 host1 的 Internet 协议属性参数。

IP 地址：　　　　　　(1)

子网掩码：　　　　　　(2)

默认网关：　　　　　　(3)

【问题 2】（4 分）

请填写路由器 Router1 的 S0 口的协议属性参数。

IP 地址：　　　　　　(4)

子网掩码：　　　　　　(5)

【问题 3】（6 分）

在路由器 Router1 上需进行 RIP 声明的网络是　(6)　、　(7)　和　(8)　。

(6) ～ (8) 备选答案：

　　A．192.168.0.1/24　　　　B．192.168.1.1/24　　　　C．192.168.2.1/24

　　D．202.117.112.1/30　　　E．202.117.113.1/30　　　F．202.117.114.1/30

【问题 4】（2 分）

根据图 1-5，在主机 host3 上对网络 1 进行了连通性测试时所经过的路径是　(9)　。

(9) 备选答案：

　　A．host3→Router3→Router2→网络 1

　　B．host3→Router3→Router1→Router2→网络 1

【问题 5】（2 分）

根据测试结果，host101 不能 ping 通 host1 的原因是　(10)　。

(10) 备选答案：

　　A．网络 1 上 host1 网卡故障

　　B．路由器 Router2 的 F0/0 接口上对网络 3 访问网络 1 进行了过滤

　　C．路由器 Router1 的 S0 接口上对网络 3 访问网络 1 进行了过滤

　　D．路由器 Router2 的 S0 接口上对网络 3 访问网络 1 进行了过滤

试题一分析

本题考查局域网组网相关技术，属于比较传统的题目，考查点也与往年类似。

【问题 1】

本问题考查 IP 地址的设置。

由图 1-3 所示结果可知 PC1 的 IP 地址为 192.168.0.2，由图 1-5 显示的 Router3 的路由表可知网络 1 的子网掩码为 255.255.255.0；host1 的网关地址为路由器 Router2 的以太口 F0/0，地址为 192.168.0.1。

【问题 2】

本问题考查路由器 Router1 的串口的协议属性参数。

Router1 的 S0 与 Router2 的 S0 相接，由图 1-5 看出该网络为 202.117.113.1/30，故 Router1 的 S0 的 IP 为 202.117.113.2，子网掩码为 255.255.255.252。

【问题 3】

本问题考查路由器中 RIP 协议的配置。

在 RIP 协议配置中，需要声明的是与之连接的所有网络，Router1 连接的网络有 3 个，分别是 202.117.113.0/30、202.117.114.0/30 和 192.168.2.0/24。

【问题 4】

本问题考查对路由记录的理解。

由图 1-5 的显示记录可以看出，从网络 2 到网络 1 的路径是经 Router3→Router2→网络 1。

【问题 5】

本问题考查故障排除。

由于 host101 能 ping 通 Router2 的 F0/0 口，但是不能 ping 通 host1，原因是路由器 Router2 的 F0/0 接口上对网络 3 访问网络 1 进行了过滤。

参考答案

【问题 1】

（1）192.168.0.2

（2）255.255.255.0

（3）192.168.0.1

【问题 2】

（4）202.117.113.2

（5）255.255.255.252

【问题 3】

（6）C 或 192.168.2.1/24

（7）E 或 202.117.113.1/30

（8）F 或 202.117.114.1/30

注：（6）～（8）答案可互换。

【问题 4】

（9）A 或 host3→Router3→Router2→网络 1

【问题 5】

（10）B 或路由器 Router2 的 F0/0 接口上对网络 3 访问网络 1（主机 host1）进行了过滤。

试题二（共 20 分）

阅读以下说明，回答问题 1 至问题 5，将解答填入答题纸对应的解答栏内。

【说明】

某企业网络拓扑结构如图 2-1 所示，通过 Windows Server 2003 系统搭建了 Web、DNS、DHCP 和邮件服务器（为内网用户提供服务），其中 DHCP 服务器分配的地址范围如图 2-2 所示。

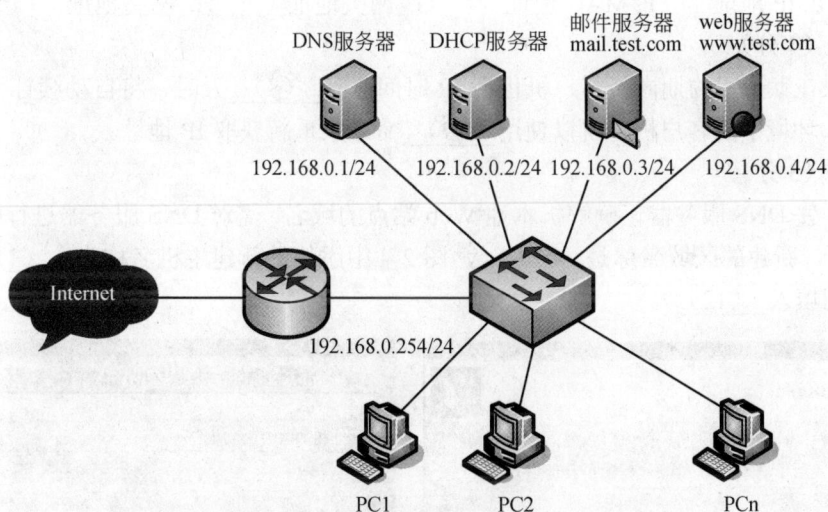

图 2-1

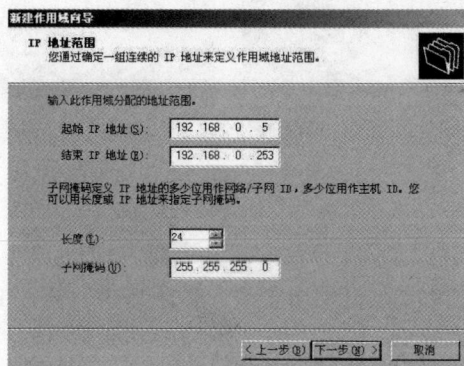

图 2-2

【问题 1】（3 分）

在该网段下同时最多有___(1)___个客户端可以通过该 DHCP 服务器获取到有效 IP 地址，能获取到的有效 IP 地址范围是___(2)___到___(3)___。

【问题 2】（4 分）

DHCP 客户端从 DHCP 服务器动态获取 IP 地址，主要通过四个阶段进行，其中第一个阶段为客户端以广播方式发送 DHCP-DISCOVER 报文，此报文源地址为___(4)___，目标地址为___(5)___。

当客户端获取到有效的 IP 地址后，应收到包含客户端___(6)___地址、服务器提供的 IP 地址、子网掩码、租约期限以及 DHCP 服务器___(7)___地址的数据包。

(4)～(7)备选答案：

    A. 0.0.0.0   B. 192.168.0.254   C. 192.168.0.0   D. 255.255.255.255

    E. IP 地址   F. MAC 地址   G. 网关地址   H. 网络地址

【问题 3】（4 分）

如果在默认租约期内，客户机租用 IP 时间达到___(8)___天时，将自动续订租约，在 Windows 环境下的客户机，可以使用___(9)___命令来重新获取 IP 地址。

【问题 4】（3 分）

为了使 DNS 服务器正确解析本地 Web 站点的域名，需对 DNS 服务器进行配置。在图 2-3 中，新建的区域名称是___(10)___，图 2-4 中添加的新建主机名称为___(11)___，IP 地址栏应填入___(12)___。

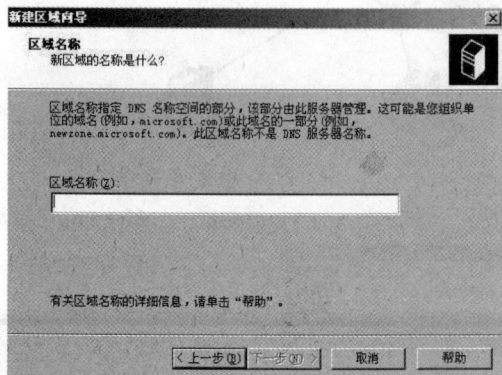
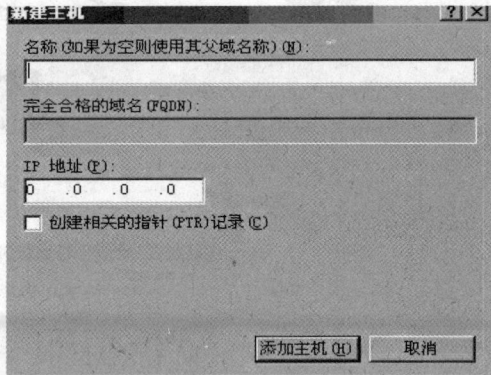

图 2-3   图 2-4

【问题 5】（6 分）

为了用户可以通过内网 mail 服务器正常收发邮件，需在 DNS 服务器中对 mail 服务器进行配置。

如图 2-4 所示配置界面中，主机名称为___(13)___，IP 地址为___(14)___；

如图 2-5 所示配置界面中，选择　(15)　，打开"新建资源记录"对话框；

如图 2-6 所示配置界面中，"邮件服务器的完全合格的域名（FQDN）"编辑框中应输入　(16)　。

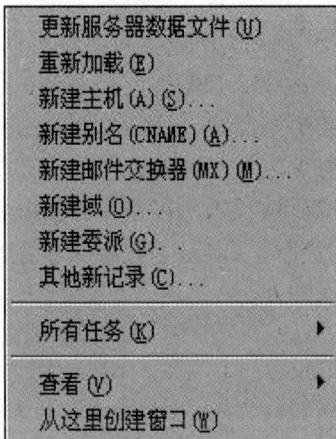

图 2-5

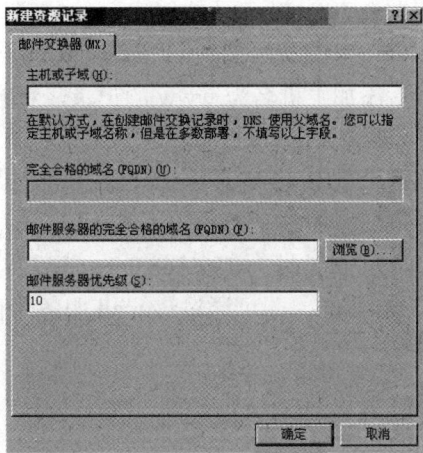

图 2-6

试题二分析

本题考查在 Window Server 2003 系统中 DHCP 服务器和 DNS 服务器配置的相关知识，属于常规考点。

【问题 1】

本问题考查 DHCP 地址池。

在 IP 地址范围中显示起始 IP 地址为 192.168.0.5，结束 IP 地址为 192.168.0.253，一共是 249 个地址，也即是给客户端分配的有效 IP 地址范围是 192.168.0.5～192.168.0.253。

【问题 2】

本问题考查 DHCP 服务器的工作原理。

DHCP 客户端从 DHCP 服务器动态获取 IP 地址，主要通过四个阶段进行，其中第一个阶段为客户端以广播方式发送 DHCP-DISCOVER 报文，由于此时客户端尚无 IP 地址，且不知道 DHCP 服务器的位置及 IP 地址，故此时发出的报文源地址为 0.0.0.0，目标地址为 255.255.255.255。

当客户端获取到有效的 IP 地址后，应收到包含客户端 MAC 地址、服务器提供的 IP 地址、子网掩码、租约期限以及 DHCP 服务器 IP 地址的数据包。

【问题 3】

本问题考查租约期。

在 Windows 操作系统中，默认租约期为 8 天，所以当客户机在 4 天时，将联系 DHCP

服务器更新租约。

重新获取 IP 地址的命令为 ipconfig /renew，释放 IP 地址的命令为 ipconfig /release。

【问题 4】

本问题考查 DNS 记录的创建。

Web 服务器的域名为 www.test.com，即 www 是主机名，所以需先创建一个 test.com 的域，然后添加主机名为 www 的记录，对应 IP 地址为 192.168.0.4。

【问题 5】

本问题考查 DNS 记录中邮件服务器记录的创建。

邮件服务器的域名为 mail.xidian.edu.cn，即 mail 是主机名，所以需添加主机名为 mail 的记录，对应 IP 地址为 192.168.0.3，然后新建邮件交换器（MX），在邮件服务器域名中添加 mail.test.com，即可通过该 mail 服务器正常收发邮件。

参考答案

【问题 1】

　　（1）249

　　（2）192.168.0.5

　　（3）192.168.0.253

【问题 2】

　　（4）A 或 0.0.0.0

　　（5）D 或 255.255.255.255

　　（6）F 或 MAC 地址

　　（7）E 或 IP 地址

【问题 3】

　　（8）4

　　（9）ipconfig /renew

【问题 4】

　　（10）test.com

　　（11）www

　　（12）192.168.0.4

【问题 5】

　　（13）mail

　　（14）192.168.0.3

　　（15）新建邮件交换器（MX）

　　（16）mail.test.com

试题三（共 20 分）

阅读以下说明，回答问题 1 至问题 4，将解答填入答题纸对应的解答栏内。

【说明】

　　某企业的网络拓扑结构如图 3-1 所示，随着企业内部网络的不断扩大，为了企业内网的安全，现要求利用 VTP 协议快速实现企业内网的 VLAN 配置以解决广播风暴的问题，同时要求使用地址绑定技术解决网络中的地址冲突以及地址欺骗等现象。

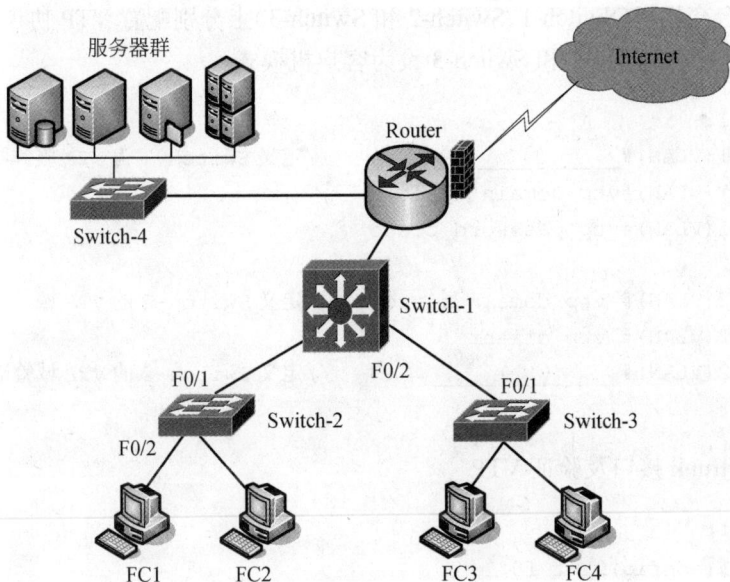

图 3-1

【问题 1】（4 分）

　　在没有配置 VLAN 之前，由交换机互连的网络默认同属于 _(1)_ 。为了解决链路通过多条 VLAN 的问题，交换机的端口被定义为三种模式，分别为 _(2)_ 、 _(3)_ 以及 _(4)_ 。

　　（1）～（4）备选答案：

A. VLAN0	B. VLAN1	C. VLAN2	D. access
E. trunk	F. dynamic	G. server	H. client

【问题 2】（10 分）

　　网络环境中经常会出现地址冲突、地址欺骗等现象，为了解决这种问题，请使用地址绑定技术在交换机 Switch2 上实现对主机 PC1（MAC 地址为 0001.ABCD.32EA）基于端口的 MAC 地址绑定，请补充完成下列配置命令。

```
Switch2>    (5)                          //进入特权模式
Switch2#    (6)                          //进入全局配置模式
Switch2(config) #    (7)    F0/2          //进入端口 F0/2 配置模式
Switch2(config-if)#switchport    (8)      //配置开启端口安全模式
Switch2(config-if)#switchport port-security    (9)    0001.ABCD.32EA
```

//将 PC1 的 MAC 地址 0001.ABCD.32EA 绑定到该端口

......

【问题 3】（3 分）

使用 VTP 快速配置企业网络 VLAN，请完成相关配置命令。

1. 在三台交换机（Switch-1、Switch-2 和 Switch-3）上分别配置 VTP 协议，将 Switch-1 设为服务器模式，Switch-2 和 Switch-3 设为客户机模式。

```
Switch-1:
Switch-1(VLAN)#___(10)___              //定义 Switch-1 为 VTP 服务器模式
Switch-1(VLAN)#vtp domain cisco
Switch-1(VLAN)#vtp password cisco
Switch-2:
Switch-2(VLAN)# vtp domain cisco      //定义 Switch-2 的 VTP 域
Switch-2(VLAN)# vtp client
Switch-2(VLAN)# ___(11)___            //定义 Switch-2 的 VTP 域验证密码
......
```

2. 配置 trunk 接口及验证 VTP

```
Switch-1:
Switch-1(config)#int f0/1
Switch-1(config-if)#switchport trunk encapsulation dot1q   //指定封装类型
Switch-1(config-if)# switchport mode ___(12)___  //配置该接口为 trunk 模式
......
Switch-3:
Switch-3(config)# interface fastEthernet 0/1
                             //进入 Switch-3 的接口配置子模式
Switch-3(config-if)#switchport trunk encapsulation dot1q //指定封装类型
......
Switch-3#show VLAN    //在 Switch-3 上查看 VLAN 信息，验证 VTP
......
```

【问题 4】（3 分）

网络系统建设过程中，网络交换设备的质量、性能、功能等因素直接与网络系统的整体性能相关。衡量网络交换设备性能最主要的指标有___(13)___、___(14)___和___(15)___。

（13）～（15）备选答案：

    A. 端口转发速率   B. 传输时延   C. 包转发率   D. 额定功率

    E. 端口类型   F. 背板容量

试题三分析

本题考查交换机有关 VLAN 的配置。

【问题 1】

本问题考查 VLAN 中继问题。

在没有配置 VLAN 之前，由交换机互连的网络默认同属于 VLAN1。VLAN1 也是默认的本征 VLAN。本征 VLAN 是指交换机允许默认传输信息的 VLAN。对于不是本征 VLAN 的其他 VLAN 默认是不允许在交换机之间传输信息的。为了解决链路通过多条 VLAN 的问题，交换机的端口被定义为以下三种模式：access（访问模式）、trunk（中继模式）及 dynamic（自协商模式）。

【问题 2】

本问题主要考查基于端口的 MAC 地址绑定技术在交换机配置中的应用。

```
Switch2> enable
//进入特权模式
Switch2# configure terminal
//进入全局配置模式
Switch2(config) #interface  F0/2
//进入端口 F0/2 配置模式
Switch2(config-if)#switchport port-security
//配置开启端口安全模式
Switch2(config-if)#switchport port-security mac-address 0001.ABCD.32EA
//将 PC1 的 MAC 地址 0001.ABCD.32EA 绑定到该端口
……
```

【问题 3】

本问题主要考查使用 VTP 快速配置 VLAN。

1. 在三台交换机（Switch-1、Switch-2 和 Switch-3）上分别配置 VTP 协议，将 Switch-1 设为服务器模式，Switch-2 和 Switch-3 设为客户机模式。

```
Switch-1:
Switch-1(VLAN)# vtp server          //定义 Switch-1 为 VTP 服务器模式
Switch-1(VLAN)# vtp domain cisco  //定义 VTP 域，服务器和客户端需要在一个域中
Switch-1(VLAN)# vtp password cisco//定义 VTP 验证密码，服务器和客户端密码要一致
Switch-2:
Switch-2(VLAN)# vtp domain cisco  //定义 Switch-2 的 VTP 域
Switch-2(VLAN)# vtp client
Switch-2(VLAN)# vtp password cisco //定义 Switch-2 的 VTP 域验证密码
……
```

2. 配置 trunk 接口及验证 VTP

```
Switch-1:
Switch-1(config)#int f0/1
Switch-1(config-if)#switchport trunk encapsulation dot1q    //指定封装类型
Switch-1(config-if)# switchport mode trunk  //配置该接口为 trunk 模式
……
Switch-3:
Switch-3(config)# interface fastEthernet 0/1   //进入 Switch-3 的接口配置子模式
Switch-3(config-if)#switchport trunk encapsulation dot1q    //指定封装类型
……
Switch-3#show VLAN    //在 Switch-3 上查看 VLAN 信息，验证 VTP
```

【问题 4】

本问题主要考查衡量网络交换设备性能的指标。

衡量网络交换设备性能的指标有很多，但是其中最主要的有端口转发速率、包转发率和背板容量。转发速率是交换机一个非常重要的参数，它从根本上决定了交换机的转发速率。转发速率通常以"Mpps"（Million Packet Per Second，每秒百万包数）来表示，即每秒转发速率。包转发率标志了交换机转发数据包能力的大小。单位一般为 pps（包每秒），决定包转发率的一个重要指标就是交换机的背板带宽，背板带宽标志了交换机总的数据交换能力。一台交换机的背板带宽越高，所能处理数据的能力就越强，也就是包转发率越高。

参考答案

【问题 1】

（1）B 或 VLAN1

（2）D 或 access

（3）E 或 trunk

（4）F 或 dynamic

注：（2）～（4）答案可互换。

【问题 2】

（5）enable 或 en

（6）configure terminal 或 conf t

（7）interface 或 int

（8）port-security

（9）mac-address

【问题 3】

（10）vtp server

（11）vtp password cisco

（12）trunk

【问题 4】

（13）A 或端口转发速率

（14）C 或包转发率

（15）F 或背板容量

注：（13）～（15）答案可互换。

试题四（共 15 分）

阅读下列说明，回答问题 1 和问题 2，将解答填入答题纸的对应栏内。

【说明】

某留言系统采用 ASP+Access 开发，其后台管理登录页面如图 4-1 所示。

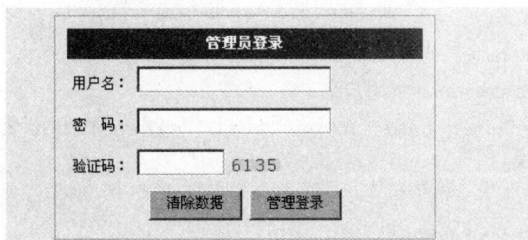

图 4-1

【问题 1】（9 分）

以下是该后台管理登录页面 login.asp 的部分代码，请仔细阅读该段代码，根据图 4-1 将（1）～（9）的空缺代码补齐。

```
<!--#include file="conn.asp"-->
<!--#include file="md5.asp"-->
<!--#include file="bbb.asp"-->
<%
If request.Form("submit") = "管理登录" Then
    user_name = request.Form("___(1)___")
    password = request.Form("___(2)___")
    verifycode = request.Form("___(3)___")
    If user_name = "" Then
        Call infoback("用户名不能为空！")
    End If
    ……
Set ___(4)___ = server.CreateObject("adodb.recordset")
sql = "select * from administrator ___(5)___ user_name='"&user_name&"'
and password='"&md5(password)&"'"
rs.Open ___(6)___ , conn, 1, 1
```

```
    If ___(7)___ rs.EOF Then
        session("user_name") = user_name
        response.redirect "information.asp"
    Else
        Call infoback("用户名或密码错误！")
    End If
End If
%>
<html >
……
<body>
<form method="post" action="login.asp" id="login">
    <h1>管理员登录</h1>
    <label for="user_name">用户名：
        <input name="user_name" type="text" class="user_name" id="uname"
        size="25" />
    </label>
    <label for="password">密　码：
        <input name="password" type="password" id="pword" size="25" />
    </label>
    <label for="verifycode">验证码：
        <input name="verifycode" type="text" class="verifycode" id="vcode"
        size="10" maxlength="4" />
        <img src="code.asp" onclick="javascript:this.src='code.asp?tm='+
        Math.random()" style="cursor:pointer" alt="单击更换" title="单击更换" />
    </label>
    <p class="center">
        <input name="reset" type="___(8)___" class="submit" value="清除数据" />
        <input type="___(9)___" name="submit" class="submit" value="管理登录" />
    </p>
</form>
</body>
</html>
```

（1）～（9）备选答案：

    A．pword　　B．where　　C．uname　　　D．vcode　　　E．reset

    F．submit　　G．rs　　　H．sql　　　　I．Not

【问题 2】（6 分）

   1. 在登录页面 login.asp 中通过<!--#include file="bbb.asp"-->导入了 bbb.asp 的代码，以下是 bbb.asp 的部分代码，请仔细阅读该段代码，将空缺代码补齐。

```
<%
Dim GetFlag Rem(提交方式)
Dim ErrorSql Rem(非法字符)
Dim RequestKey Rem(提交数据)
Dim ForI Rem(循环标记)
```

ErrorSql　=　"~;~and~(~)~exec~update~count~*~%~chr~mid~master~truncate~char~ declare" Rem　（每个敏感字符或者词语请使用半角 "~" 格开）

```
ErrorSql = Split(ErrorSql, "~")
If Request.ServerVariables("REQUEST_METHOD") = "GET" Then
    GetFlag = True
Else
    GetFlag = False
End If
If GetFlag Then
    For Each RequestKey In Request.QueryString
        For ForI = 0 To UBound(ErrorSql)
            If InStr(LCase(Request.QueryString(RequestKey)), ErrorSql
            (ForI))<>0 Then
                response.Write "<script>alert(""警告:\n 请不要使用特殊字符\n
                比如英文的单引号'"");history.go(-1);</script>"
                Response.　(10)
            　(11)
        Next
    　(12)
　(13)
    For Each RequestKey In Request.Form
        For ForI = 0 To UBound(ErrorSql)
    ......
%>
```

（10）～（13）备选答案：

    A．Else　　　　　　　B．End If　　　　　　C．End　　　　　D．Next

2. 根据上述代码可以判断，登录页面 login.asp 导入 bbb.asp 的代码的目的是　(14)　。

试题四分析

本题考查网页设计的基本知识。

【问题 1】

本问题考查 html 代码及 asp 编程的基础知识。

根据图示网页及提供的程序代码，对于 login.asp 文档中的（1）～（3）空对应于程序后面的表单 id 属性值,(8)~(9)空可以在图中判断其表单类型值,(4)~(7)空是 asp 程序,用于创建数据库连接实例、sql 查询语句、判断数据记录集合。所以代码应为如下:

```
<!--#include file="conn.asp"-->
<!--#include file="md5.asp"-->
<!--#include file="bbb.asp"-->
<%
If request.Form("submit") = "管理登录" Then
    user_name = request.Form("uname ")
    password = request.Form("pword ")
    verifycode = request.Form("vcode ")
    If user_name = "" Then
        Call infoback("用户名不能为空! ")
    End If
    ……
    Set rs = server.CreateObject("adodb.recordset")
    sql = "select * from administrator where user_name='"&user_name&"' and
    password='"&md5(password)&"'"
    rs.Open sql, conn, 1, 1
    If Not rs.EOF Then
        session("user_name") = user_name
        response.redirect "information.asp"
    Else
        Call infoback("用户名或密码错误! ")
    End If
End If
%>
<html >
……
<body>
<form method="post" action="login.asp" id="login">
  <h1>管理员登录</h1>
  <label for="user_name">用户名:
    <input name="user_name" type="text" class="user_name" id="uname"
    size="25" />
  </label>
  <label for="password">密  码:
    <input name="password" type="password" id="pword" size="25" />
  </label>
```

```
<label for="verifycode">验证码:
  <input name="verifycode" type="text" class="verifycode" id="vcode"
  size="10" maxlength="4" />
  <img src="code.asp" onclick="javascript:this.src='code.asp?tm='+
  Math.random()" style="cursor:pointer" alt="点击更换" title="点击更换" />
  </label>
  <p class="center">
  <input name="reset" type=" reset " class="submit" value="清除数据" />
  <input type=" submit " name="submit" class="submit" value="管理登录" />
  </p>
</form>
</body>
</html>
```

【问题 2】

本问题考查 asp 基本编程知识，主要是程序的基本结构。

1. 依照 ASP 程序的基本语法，（10）空应是程序在此结束，所以此处为 end 属性。（11）对应于 If InStr(LCase(Request.QueryString(RequestKey)), ErrorSql(ForI))<>0，此处为选择语句结束标记 End if；（12）空对应于 For Each RequestKey In Request.QueryString，为 Next，（13）对应 If GetFlag Then 语句，为 else。所以该程序代码如下：

```
<%
Dim GetFlag Rem(提交方式)
Dim ErrorSql Rem(非法字符)
Dim RequestKey Rem(提交数据)
Dim ForI Rem(循环标记)
ErrorSql = "'~;~and~(~)~exec~update~count~*~%~chr~mid~master~
truncate~char~declare" Rem (每个敏感字符或者词语请使用半角 "~" 隔开)
ErrorSql = Split(ErrorSql, "~")
If Request.ServerVariables("REQUEST_METHOD") = "GET" Then
   GetFlag = True
Else
   GetFlag = False
End If
If GetFlag Then
   For Each RequestKey In Request.QueryString
      For ForI = 0 To UBound(ErrorSql)
         If InStr(LCase(Request.QueryString(RequestKey)), ErrorSql
         (ForI))<>0 Then
            response.Write "<script>alert(""警告:\n 请不要使用特殊字符\n
```

```
                    比如英文的单引号''"");history.go(-1);</script>"
                Response. End
            End If
        Next
      Next
  Else
      For Each RequestKey In Request.Form
          For ForI = 0 To UBound(ErrorSql)
    ……
  %>
```

（10）～（13）备选答案：
  A．Else B．End If   C．End D．Next

2．该程序的代码的主要作用在于屏蔽 sql 注入攻击时的一些关键字，所以其主要作用在于防止 sql 注入攻击。

参考答案

【问题 1】

  （1）C 或 uname

  （2）A 或 pword

  （3）D 或 vcode

  （4）G 或 rs

  （5）B 或 where

  （6）H 或 sql

  （7）I 或 Not

  （8）E 或 reset

  （9）F 或 submit

【问题 2】

  （10）C 或 End

  （11）B 或 End If

  （12）D 或 Next

  （13）A 或 Else

  （14）防止 sql 注入攻击

第9章 2014上半年网络管理员上午试题分析与解答

试题（1）、（2）

在 Word 的编辑状态下，当鼠标指针移到图片上变成__(1)__形状时，可以拖动鼠标对图形在水平和垂直两个方向上进行缩放；若选择了表格中的一行，并执行了表格菜单中的"删除列"命令，则__(2)__。

（1）A. ↕   B. ↔   C. ⬚   D. ↘或↗

（2）A. 整个表格被删除   B. 表格中的一列被删除

C. 表格中的一行被删除   D. 表格中的行与列均未被删除

试题（1）、（2）分析

在 Word 编辑状态下，当鼠标指针移到图片上变成"↕"表示图形在垂直方向上进行缩放；当鼠标指针移到图片上变成"↔"表示图形在水平方向上进行缩放；当鼠标指针移到图片上变成"↘或↗"表示图形在水平和垂直两个方向上进行缩放。

若用户选择了表格中的一行，并执行了表格菜单中的"删除列"命令，即要删除所选行对应的列，这意味着整个表格被删除。

参考答案

（1）D   （2）A

试题（3）、（4）

某 Excel 成绩表如下所示，若在 G13 单元格中输入__(3)__，则 G13 单元格为平均成绩不及格的学生数。假设学生平均成绩分为优秀（平均成绩≥85）、及格（60≤平均成绩<85）和不及格（平均成绩<60）三个等级，那么在 H3 单元格中输入__(4)__，并垂直向下拖动填充柄至 H12，则可以完成其他同学成绩等级的计算。

	A	B	C	D	E	F	G	H
1			成绩表					
2	学号	姓名	专业	数学	英语	C语言	平均成绩	等级
3	1001	王小龙	计算机科学	89	76	90	85	
4	1002	孙晓红	计算机科学	75	88	80	81	
5	1003	赵贻册	计算机科学	60	72	78	70	
6	1004	李丽敏	计算机科学	91	86	91	89	
7	3002	傅学君	软件工程	56	55	62	58	
8	3003	曹海军	软件工程	78	60	72	70	
9	3004	赵晓勇	软件工程	88	96	89	91	
10	4001	杨一凡	电子商务	90	68	92	83	
11	4003	景昊星	电子商务	88	78	86	84	
12	4005	李建军	电子商务	76	65	90	77	
13								

（3）A．COUNT(G3:G12,"<60")　　　　B．=COUNT(G3:G12,"<60")
　　　　C．COUNTIF(G3:G12,"<60")　　　D．=COUNTIF(G3:G12,"<60")

（4）A．IF(G3>=85,"优秀",IF(G3>=60,"及格","不及格"))
　　　　B．=IF(G3>=85,"优秀",IF(G3>=60,"及格","不及格"))
　　　　C．IF(平均成绩>=85,"优秀",IF(平均成绩>=60,"及格","不及格"))
　　　　D．=IF(平均成绩>=85,"优秀",IF(平均成绩>=60,"及格","不及格"))

试题（3）、（4）分析

本题考查 Excel 基本概念方面的知识。

Excel 规定公式以等号（=）开头，选项 A 和选项 C 没有"="故不正确。选项 B 是错误的，因为函数 COUNT 的格式为：COUNT（参数 1，参数 2，……），其功能是求各参数中数值型参数和包含数值的单元格个数，所以公式"=COUNT(G3:G12,"<60")"中 G3:G12 单元格保存了 10 个数值，而参数"<60"为非数值型参数，故 COUNT 计算结果等于 10，显然不正确。选项 D 是正确的，因为函数 COUNTIF 的格式为：COUNTIF（取值范围，条件式），其功能是计算某区域内满足条件的单元格个数，选项 D 是计算 G3:G12 单元格区域中小于 60 分的单元格的个数，结果等于 1。

IF 函数的格式为 IF（条件式，值 1，值 2），若满足条件，则结果返回值 1，否则，返回值 2。IF 函数可以嵌套使用，最多可嵌套 7 层。本题在 H3 单元格输入选项 B "=IF(G3>=85,"优秀",IF(G3>=60,"及格","不及格"))"的含义为：如果 G3 单元格的值>=85，则在 H3 单元格填写"优秀"，否则如果 G3>=60，则在 H3 单元格填写"及格"，否则填写"不及格"）。

参考答案

（3）D　　（4）B

试题（5）

在高速缓冲存储器（Cache）-主存层次结构中，地址映像以及和主存数据的交换由 __(5)__ 完成。

（5）A．硬件　　　　　　　　　　B．中断机构
　　　　C．软件　　　　　　　　　　D．程序计数器

试题（5）分析

本题考查计算机系统基础知识。

高速缓冲存储器是存在于主存与 CPU 之间的一级存储器，由静态存储芯片（SRAM）组成，容量比较小但速度比主存高得多，接近于 CPU 的速度。为了保证 Cache 的速度，其地址映像以及和主存数据的交换由硬件完成。

参考答案

（5）A

试题（6）、（7）

___(6)___ 是指 CPU 一次可以处理的二进制数的位数，它直接关系到计算机的计算精度、速度等指标；运算速度是指计算机每秒能执行的指令条数，通常以 ___(7)___ 为单位来描述。

（6）A．带宽　　　　　B．主频　　　　　C．字长　　　　　D．存储容量

（7）A．MB　　　　　B．HZ　　　　　　C．MIPS　　　　　D．BPS

试题（6）、（7）分析

本题考查计算机系统基础知识。

字长是指同时参与运算的数的二进制位数，它决定着寄存器、加法器、数据总线等设备的位数，因而直接影响着硬件的代价，同时字长标志着计算机的计算精度和表示数据的范围。微型计算机的字长有 8 位、准 16 位、16 位、32 位、64 位等。

MIPS（Million Instructions Per Second）意为单字长定点指令平均执行速度，即每秒处理的百万级的机器语言指令数，这是衡量 CPU 速度的一个指标。

参考答案

（6）C　　　（7）C

试题（8）

CPU 执行指令时，先根据 ___(8)___ 的内容从内存读取指令，然后译码并执行。

（8）A．地址寄存器　　B．程序计数器　　C．指令寄存器　　D．通用寄存器

试题（8）分析

本题考查计算机系统基础知识。

程序计数器（PC）用于存放指令的地址。当程序顺序执行时，每取出一条指令，PC 内容自动增加一个值，指向下一条要取的指令。当程序出现转移时，则将转移地址送入 PC，然后由 PC 指出新的指令地址。

通用寄存器组是 CPU 中的一组工作寄存器，运算时用于暂存操作数或地址。在程序中使用通用寄存器可以减少访问内存的次数，提高运算速度。

累加器是一个数据寄存器，在运算过程中暂时存放操作数和中间运算结果，不能用于长时间地保存一个数据。

参考答案

（8）B

试题（9）

___(9)___ 是采用一系列计算机指令来描述一幅图的内容。

（9）A．点阵图　　B．矢量图　　　C．位图　　　　D．灰度图

试题（9）分析

本题考查多媒体基础知识。

矢量图是用一系列计算机指令来描述一幅图的内容，即通过指令描述构成一幅图的

所有直线、曲线、圆、圆弧、矩形等图元的位置、维数和形状，也可以用更为复杂的形式表示图像中的曲面、光照、材质等效果。矢量图法实质上是用数学的方式（算法和特征）来描述一幅图形图像，在处理图形图像时根据图元对应的数学表达式进行编辑和处理。在屏幕上显示一幅图形图像时，首先要解释这些指令，然后将描述图形图像的指令转换成屏幕上显示的形状和颜色。位图（点阵图）、灰度图是采用像素来描述一幅图形图像。

参考答案

（9）B

试题（10）

以逻辑变量 X 和 Y 为输入，当且仅当 X 和 Y 同时为 0 时，输出才为 0，其他情况下输出为 1，则逻辑表达式为 （10） 。

（10）A．$X \bullet Y$ B．$X + Y$ C．$X \oplus Y$ D．$\overline{X} + \overline{Y}$

试题（10）分析

本题考查逻辑运算基础知识。

X	Y	$X \bullet Y$	$X + Y$	$X \oplus Y$	$\overline{X} + \overline{Y}$
0	0	0	0	0	1
0	1	0	1	1	1
1	0	0	1	1	1
1	1	1	1	0	0

显然，符合题目描述的运算是 $X + Y$。

参考答案

（10）B

试题（11）

操作系统文件管理中，目录文件是由 （11） 组成的。

（11）A．文件控制块 B．机器指令 C．汇编程序 D．进程控制块

试题（11）分析

本题考查操作系统文件管理方面的基础知识。

操作系统文件管理中为了实现"按名存取"，系统必须为每个文件设置用于描述和控制文件的数据结构，它至少要包括文件名和存放文件的物理地址，这个数据结构称为文件控制块（FCB），文件控制块的有序集合称为文件目录。换句话说，文件目录是由文件控制块组成的，专门用于文件的检索。

参考答案

（11）A

试题（12）

以下关于栈和队列的叙述中，错误的是 （12） 。

（12）A．栈和队列都是线性的数据结构

　　　 B．栈和队列都不允许在非端口位置插入和删除元素

　　　 C．一个序列经过一个初始为空的栈后，元素的排列次序一定不变

　　　 D．一个序列经过一个初始为空的队列后，元素的排列次序不变

试题（12）分析

本题考查数据结构基础知识。

栈和队列是运算受限的线性表，栈的特点是后入先出，即只能在表尾插入和删除元素。队列的特点是先进先出，也就是只能在表尾插入元素，而在表头删除元素。因此，一个序列经过一个初始为空的队列后，元素的排列次序不变。在使用栈时，只要栈不空，就可以进行出栈操作，因此，一个序列经过一个初始为空的栈后，元素的排列次序可能发生变化。

参考答案

（12）C

试题（13）

黑盒测试不能发现___（13）___问题。

（13）A．不正确或遗漏的功能　　　　 B．初始化或终止性错误

　　　 C．内部数据结构无效　　　　　　 D．性能不满足要求

试题（13）分析

本题考查软件测试的基础知识。

黑盒测试也称为功能测试，在完全不考虑软件的内部结构和特性的情况下，测试软件的外部特性。黑盒测试主要是为了发现以下几类错误：

① 是否有错误的功能或遗漏的功能？

② 界面是否有误？输入是否正确？输出是否正确？

③ 是否有数据结构或外部数据库访问错误？

④ 性能是否能够接受？

⑤ 是否有初始化或终止性错误？

参考答案

（13）C

试题（14）

编写源程序时在其中增加注释，是为了___（14）___。

（14）A．降低存储空间的需求量　　　　 B．提高执行效率

　　　 C．推行程序设计的标准化　　　　 D．提高程序的可读性

试题（14）分析

本题考查计算机系统基础知识。

在代码中使用注释的目的是提升代码的可读性，以让那些非原始代码开发者能更好

地理解它们。

参考答案

（14）D

试题（15）

____（15）____ 不属于线性的数据结构。

（15）A．栈　　　　　B．广义表　　　　C．队列　　　　　D．串

试题（15）分析

本题考查计算机系统基础知识。

栈、队列和串都属于线性数据结构，其共性是元素类型相同且形成了一个序列。

广义表不属于线性的数据结构，其元素可以是单元素，也可以是一个表。

参考答案

（15）B

试题（16）

计算机加电以后，首先应该将 ____（16）____ 装入内存并运行，否则，计算机不能做任何事情。

（16）A．操作系统　　B．编译程序　　　C．Office 系列软件　　D．应用软件

试题（16）分析

本题考查操作系统的基本知识。

操作系统是在硬件之上，所有其他软件之下，是其他软件的共同环境与平台。操作系统的主要部分是频繁用到的，因此是常驻内存的（Reside）。计算机加电以后，首先应该将操作系统装入内存并运行，否则，计算机不能做任何事。

参考答案

（16）A

试题（17）

将他人的软件光盘占为己有的行为是侵犯 ____（17）____ 行为。

（17）A．有形财产所有权　　　　　　B．知识产权

　　　　C．软件著作权　　　　　　　D．无形财产所有权

试题（17）分析

本题考查知识产权基本知识。

侵害知识产权的行为主要表现形式为剽窃、篡改、仿冒等，这些行为施加影响的对象是作者、创造者的思想内容（思想表现形式）与其物化载体无关。擅自将他人的软件复制出售行为涉及的是软件开发者的思想表现形式，该行为是侵犯软件著作权行为。

侵害有形财产所有权的行为主要表现为侵占、毁损等，这些行为往往直接作用于“物体”本身，如将他人的财物毁坏，强占他人的财物等。将他人的软件光盘占为己有涉及

的是物体本身，即软件的物化载体，该行为是侵犯有形财产所有权的行为。

参考答案

（17）A

试题（18）

在我国，商标专用权保护的对象是　　(18)　　。

（18）A．商标　　　　　B．商品　　　　　C．已使用商标　　D．注册商标

试题（18）分析

本题考查知识产权基本知识。

商标是生产经营者在其商品或服务上所使用的，由文字、图形、字母、数字、三维标志和颜色，以及上述要素的组合构成，用以识别不同生产者或经营者所生产、制造、加工、拣选、经销的商品或者提供的服务的可视性标志。已使用商标是用于商品、商品包装、容器以及商品交易书上，或者用于广告宣传、展览及其他商业活动中的商标。注册商标是经商标局核准注册的商标，商标所有人只有依法将自己的商标注册后，商标注册人享有商标专用权，受法律保护。未注册商标是指未经商标局核准注册而自行使用的商标，其商标所有人不享有法律赋予的专用权，不能得到法律的保护。一般情况下，使用在某种商品或服务上的商标是否申请注册完全由商标使用人自行决定，实行自愿注册。但对与人民生活关系密切的少数商品实行强制注册，如对人用药品，必须申请商标注册，未经核准注册的，不得在市场销售。

参考答案

（18）D

试题（19）

设信道带宽为 4000Hz，信噪比为 30dB，则信道可达到的最大数据速率约为　　(19)　　b/s。

（19）A．10000　　　　B．20000　　　　C．30000　　　　D．40000

试题（19）分析

按照香农定理，有噪声信道的极限数据速率可由下面的公式计算

$$C = W \log_2 \left(1 + \frac{S}{N} \right)$$

其中，W 为信道带宽，S 为信号的平均功率，N 为噪声平均功率，S/N 叫作信噪比。由于在实际使用中 S 与 N 的比值太大，故常取其分贝数（dB）。分贝与信噪比的关系为

$$dB = 10 \log_{10} \frac{S}{N}$$

$$C = 4000 \log_{10}(1 + 1000) \cong 4000 \times 9.97 \cong 40\,000 \text{ b/s}$$

参考答案

（19）D

试题（20）、（21）

假设模拟信号的最高频率为 10MHz，采样频率必须大于__(20)__，才能使得到的样本信号不失真，如果每个样本量化为 256 个等级，则信道的数据速率是__(21)__。

(20) A. 10MHz   B. 20MHz   C. 30MHz   D. 40MHz

(21) A. 40Mb/s   B. 80Mb/s   C. 90Mb/s   D. 320Mb/s

试题（20）、（21）分析

通常把模拟数据变成数字数据的技术叫作脉冲编码调制技术（Pulse Code Modulation，PCM）。进行 PCM 编码的过程首先需要取样，即每隔一定时间间隔，取模拟信号的当前值作为样本，该样本代表了模拟信号在某一时刻的瞬时值。一系列连续的样本可用来代表模拟信号在某一区间随时间变化的值。由尼奎斯特取样定理得知：取样速率必须大于模拟信号最高频率的 2 倍，得到的样本空间才能恢复原来的模拟信号，即

$$f = \frac{1}{T} > 2f_{max}$$

其中，f 为取样频率，T 为取样周期，f_{max} 为信号的最高频率。

PCM 编码的第二步是量化，即把样本的连续值量化为离散值，离散值的个数决定了量化的精度。如果量化为等级分为 256 级，则每个样本必须用 8 位二进制数表示。

最后一步是编码，把量化后的样本值变成相应的二进制代码，可以得到相应的二进制代码序列。根据计算结果，$8b \times 10MHz \times 2 = 90Mb/s$。

参考答案

(20) B   (21) C

试题（22）、（23）

曼彻斯特编码的特点是__(22)__，它的编码效率是__(23)__。

(22) A. 在"0"比特的前沿有电平翻转，在"1"比特的前沿没有电平翻转

       B. 在"1"比特的前沿有电平翻转，在"0"比特的前沿没有电平翻转

       C. 在每个比特的前沿有电平翻转

       D. 在每个比特的中间有电平翻转

(23) A. 50%   B. 60%   C. 80%   D. 100%

试题（22）、（23）分析

曼彻斯特编码（Manchester Code）是一种双相码。可以用高电平到低电平的转换边表示"0"，而用低电平到高电平的转换边表示"1"，相反的表示也是允许的。比特中间的电平转换边既表示了数据代码，同时也作为定时信号使用。由于曼彻斯特编码用了两个码元来表示 1 比特信息，所以它的编码效率是 50%。

参考答案

(22) D   (23) A

试题（24）、（25）

HDLC 是一种　__(24)__　。HDLC 用一种特殊的位模式　__(25)__　作为标志以确定帧的边界。

(24) A. 面向字符的同步控制协议　　　　B. 面向比特的同步控制协议

　　　C. 面向字节计数的同步控制协议　　D. 异步通信控制协议

(25) A. 01010101　　　　　　　　　　　B. 10101010

　　　C. 01111110　　　　　　　　　　　D. 10000001

试题（24）、（25）分析

数据链路控制协议可分为两大类：面向字符的协议和面向比特的协议。面向字符的协议以字符作为传输的基本单位，并用 10 个专用字符控制传输过程。面向比特的协议以比特作为传输的基本单位，它的传输效率高，已广泛地应用于公共数据网上。HDLC（High Level Data Link Control，高级数据链路控制）协议是国际标准化组织根据 IBM 公司的 SDLC（Synchronous Data Link Control）协议扩充开发而成的面向比特的同步控制协议。HDLC 使用统一的帧结构进行同步传输，用一种特殊的比特模式 01111110 作为帧的边界标志。链路上所有的站都在不断地探索标志模式，一旦得到一个标志就开始接收帧。在接收帧的过程中如果发现一个标志，则认为该帧结束了。由于帧中间出现比特模式 01111110 时也会被当作标志，从而破坏了帧的同步，所以要使用比特填充技术。发送站的数据比特序列中一旦发现 0 后有 5 个 1，则在第 7 位插入一个 0，这样就保证了传输的数据中不会出现与帧标志相同的位模式。接收站则进行相反的操作：在接收的比特序列中如果发现 0 后有 5 个 1，则检查第 7 位，若第 7 位为 0 则删除；若第 7 位是 1 且第 8 位是 0，则认为是检测到帧尾的标志；若第 7 位和第 8 位都是 1，则认为是发送站的停止信号。有了比特填充技术，任意的比特模式都可以出现在数据帧中，这个特点叫作透明的数据传输。

参考答案

(24) B　　(25) C

试题（26）、（27）

路由信息协议 RIP 是一种广泛使用的基于　__(26)__　的动态路由协议。RIP 规定一条通路上最多可包含的路由器数量是　__(27)__　。

(26) A. 链路状态算法　　　　　　B. 距离矢量算法

　　　C. 集中式路由算法　　　　　D. 固定路由算法

(27) A. 1 个　　　　　B. 15 个　　　　　C. 9 个　　　　　D. 无数个

试题（26）、（27）分析

路由信息协议（Routing Information Protocol，RIP）是最早使用的动态路由协议。RIP 的原型出现在 UNIX Berkley 4.3 BSD 中，它采用 Bellman-Ford 的距离矢量路由算法，用于在 ARPAnet 中计算最佳路由，现在的 RIP 作为内部网关协议运行在基于 TCP/IP 的网络中。RIP 适用于小型网络，因为它允许的跳步数不超过 15 步。

参考答案

（26）B　　（27）B

试题（28）

下面的选项中，不属于网络 155.80.100.0/21 的地址是　(28)　。

（28）A．155.80.102.0　　　　　　B．155.80.99.0

　　　　C．155.80.97.0　　　　　　D．155.80.95.0

试题（28）分析

网络地址 155.80.100.0/21 的二进制为：　**10011011 01110001 01010**000 00000000

地址 155.80.102.0 的二进制为：　　10011011 01110001 01100110 00000000

地址 155.80.99.0 的二进制为：　　10011011 01110001 01100011 00000000

地址 155.80.97.0 的二进制为：　　10011011 01110001 01100001 00000000

地址 155.80.95.0 的二进制为：　　10011011 01110001 01011111 00000000

可以看出，地址 155.80.95.0 不属于网络 155.80.100.0/21。

参考答案

（28）D

试题（29）

使用 CIDR 技术把 4 个 C 类网络 158.15.12.0/24、158.15.13.0/24、158.15.14.0/24 和 158.15.15.0/24 汇聚成一个超网，得到的地址是　(29)　。

（29）A．158.15.8.0/22　　　　　B．158.15.12.0/22

　　　　C．158.15.8.0/21　　　　　D．158.15.12.0/21

试题（29）分析

地址 158.15.12.0/24 的二进制形式为：　**10011110 00001111 00001100** 00000000

地址 158.15.13.0/24 的二进制制形为：　**10011110 00001111 00001101** 00000000

地址 158.15.14.0/24 的二进制制形为：　**10011110 00001111 00001110** 00000000

地址 158.15.15.0/24 的二进制制形为：　**10011110 00001111 00001111** 00000000

汇聚后成为　　　　　　　　　　　　**10011110 00001111 00001100** 00000000

即 158.15.12.0/22

参考答案

（29）B

试题（30）

属于网络 202.15.200.0/21 的地址是　(30)　。

（30）A．202.15.198.0　　　　　　B．202.15.206.0

　　　　C．202.15.217.0　　　　　　D．202.15.224.0

试题（30）分析

　　网络 202.15.200.0/21 的二进制形式为：　　**11001010 00001111 11001**000 00000000

　　地址 202.15.198.0 的二进制制形为：　　11001010 00001111 11000110 00000000

　　地址 202.15.206.0 的二进制制形为：　　**11001010 00001111 11001**110 00000000

　　地址 202.15.217.0 的二进制制形为：　　11001010 00001111 11011001 00000000

　　地址 202.15.224.0 的二进制制形为：　　11001010 00001111 11100000 00000000

　　所以只有 202.15.206.0 属于网络 202.15.200.0/21

参考答案

　　（30）B

试题（31）、（32）

　　IP 地址块 155.32.80.192/26 包含了　　(31)　个主机地址，不属于这个网络的地址是

　　(32)　。

　　（31）A．15　　　　　　　B．32　　　　　　　C．62　　　　　　　D．64

　　（32）A．155.32.80.202　　　　　　　　B．155.32.80.195

　　　　　C．155.32.80.253　　　　　　　　D．155.32.80.191

试题（31）、（32）分析

　　地址块 155.32.80.192/26 包含了 6 位主机地址，所以包含的主机地址为 62 个。

　　网络地址 155.32.80.192/26 的二进制为：　**10011011 00100000 01010000 11000000**

　　地址 155.32.80.202 的二进制为：　　**10011011 00100000 01010000 11**001010

　　地址 155.32.80.191 的二进制为：　　**10011011 00100000 01010000 10**111111

　　地址 155.32.80.253 的二进制为：　　**10011011 00100000 01010000 11**111101

　　地址 155.32.80.195 的二进制为：　　**10011011 00100000 01010000 11**000011

　　可以看出，地址 155.32.80.191 不属于网络 155.32.80.192/26。

参考答案

　　（31）C　　（32）D

试题（33）、（34）

　　以太网控制策略中有三种监听算法，其中一种是："一旦介质空闲就发送数据，假如介质忙，继续监听，直到介质空闲后立即发送数据"，这种算法称为　(33)　监听算法。这种算法的主要特点是　(34)　。

　　（33）A．1-坚持型　　　B．非坚持型　　　C．P-坚持型　　　　D．0-坚持型

　　（34）A．介质利用率低，但冲突概率低

　　　　　B．介质利用率高，但冲突概率也高

　　　　　C．介质利用率低，且无法避免冲突

　　　　　D．介质利用率高，可以有效避免冲突

试题（33）、（34）分析

　　以太网的监听算法有三种监听算法：

1. 非坚持型监听算法：当一个站准备好帧，发送之前先监听信道。

① 若信道空闲，立即发送，否则转②。

② 若信道忙，则后退一个随机时间，重复①。

由于随机时延后退，从而减少了冲突的概率。然而，可能出现的问题是因为后退而使信道闲置一段时间，这使信道的利用率降低，而且增加了发送时延。

2. 1-坚持型监听算法：当一个站准备好帧，发送之前先监听信道。

① 若信道空闲，立即发送，否则转②。

② 若信道忙，继续监听，直到信道空闲后立即发送。

这种算法的优缺点与前一种正好相反：有利于抢占信道，减少信道空闲时间。但是，多个站同时都在监听信道时必然发生冲突。

3. P-坚持型监听算法：

① 若信道空闲，以概率 P 发送，以概率（1–P）延迟一个时间单位。一个时间单位等于网络传输时延τ。

② 若信道忙，继续监听直到信道空闲，转①。

③ 如果发送延迟一个时间单位τ，则重复①。

这种算法汲取了以上两种算法的优点，但较为复杂。

参考答案

（33）A　　（34）B

试题（35）、（36）

快速以太网标准 100BASE-TX 规定使用 __(35)__ 无屏蔽双绞线，其特性阻抗为 (36) Ω。

（35）A. 一对 5 类　　　B. 一对 3 类　　　C. 两对 5 类　　　D. 两对 3 类

（36）A. 50　　　　　　B. 70　　　　　　C. 100　　　　　　D. 150

试题（35）、（36）分析

1995 年 100Mb/s 的快速以太网标准 IEEE 802.3u 正式颁布。快速以太网使用的传输介质如下表所示，其中多模光纤的芯线直径为 $62.5\mu m$，包层直径为 $125\mu m$；单模光线芯线直径为 $8\mu m$，包层直径也是 $125\mu m$。

表　快速以太网物理层规范

标　准	传 输 介 质	特 性 阻 抗	最 大 段 长
100Base-TX	2 对 5 类 UTP	100Ω	100m
	2 对 STP	150Ω	
100Base-FX	一对多模光纤 MMF	62.5/125μm	2km
	一对单模光纤 SMF	8/125μm	40km
100Base-T4	4 对 3 类 UTP	100Ω	100m
100Base-T2	2 对 3 类 UTP	100Ω	100m

参考答案

（35）C　　（36）C

试题（37）

如果在下图的 PC3 上运行命令 arp 122.55.19.3，则得到的 MAC 地址是__(37)__。

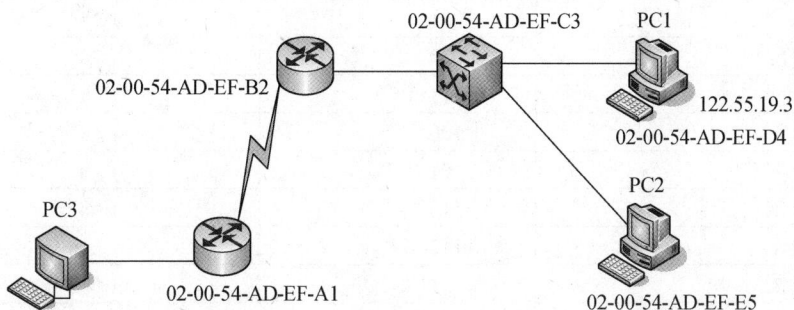

（37）A．02-00-54-AD-EF-A1　　　　　　B．02-00-54-AD-EF-B2

　　　C．02-00-54-AD-EF-C3　　　　　　D．02-00-54-AD-EF-D4

试题（37）分析

Arp 命令查找与目标地址 122.55.19.3 对应的 MAC 地址，由于源和目标之间连接了路由器，所以经过路由器的隔离，命令执行的结果是返回路由器端口的 MAC 地址 02-00-54-AD-EF-A1。这种现象叫作代理 ARP。

参考答案

（37）A

试题（38）

根据 IPv6 的地址前缀判断下面哪一个地址属于全球单播地址？　__(38)__

（38）A．12AB:0000:0000:CD30:0000:0000:0000:005E

　　　B．20A5:0000:0000:CD30:0000:0000:0000:005E

　　　C．FE8C:0000:0000:CD30:0000:0000:0000:005E

　　　D．FFAB:0000:0000:CD30:0000:0000:0000:005E

试题（38）分析

IPv6 地址的具体类型是由格式前缀来区分的，这些前缀的初始分配如下表所示。

表　IPv6 地址的初始分配

分　　配	前缀（二进制）	占地址空间的比例
保留	0000 0000	1 / 256
未分配	0000 000	11 / 256
为 NSAP 地址保留	0000 001	1 / 128
为 IPX 地址保留	0000 010	1 / 128

续表

分　　配	前缀（二进制）	占地址空间的比例
未分配	0000 011	1 / 128
未分配	0000 1	1 / 32
未分配	0001	1 / 16
可聚合全球单播地址	001	1 / 8
未分配	010	1 / 8
未分配	011	1 / 8
未分配	100	1 / 8
未分配	101	1 / 8
未分配	110	1 / 8
未分配	1110	1 / 16
未分配	1111 0	1 / 32
未分配	1111 10	1 / 64
未分配	1111 110	1 / 128
未分配	1111 1110 0	1 / 512
链路本地单播地址	1111 1110 10	1 / 1024
站点本地单播地址	1111 1110 11	1 / 1024
组播地址	1111 1111	1 / 256

地址空间的 15%是初始分配的，其余 85%的地址空间留作将来使用。这种分配方案支持可聚合地址、本地地址和组播地址的直接分配，并保留了 SNAP 和 IPX 的地址空间，其余的地址空间留给将来的扩展或者新的用途。单播地址和组播地址都是由地址的高阶字节值来区分的：FF(1111 1111)标识一个组播地址，其他值则标识一个单播地址，任意播地址取自单播地址空间，与单播地址在语法上无法区分。

参考答案

（38）B

试题（39）、（40）

在 TCP/IP 协议栈中，ARP 协议的作用是　　(39)　　，RARP 协议的作用是　　(40)　　。

（39）A．从 MAC 地址查找对应的 IP 地址

　　　　B．由 IP 地址查找对应的 MAC 地址

　　　　C．把全局 IP 地址转换为私网中的专用 IP 地址

　　　　D．用于动态分配 IP 地址

（40）A．从 MAC 地址查找对应的 IP 地址

　　　　B．由 IP 地址查找对应的 MAC 地址

　　　　C．把全局 IP 地址转换为私网中的专用 IP 地址

　　　　D．用于动态分配 IP 地址

试题（39）、（40）分析

在 TCP/IP 协议栈中，ARP 协议的作用是由 IP 地址查找对应的 MAC 地址，RARP 协议的作用正好相反，是由 MAC 地址查找对应的 IP 地址。

参考答案

（39）B　　（40）A

试题（41）

在 HTML 文档中创建了一个标记 sample，___（41）___可以创建指向标记 sample 的超链接。

（41）A．<a href="sample"> </a>　　　　　　B．<a href="#sample"> </a>

　　　C．<a href="mailto sample"> </a>　　　D．<a href=" www. sample.htm"> </a>

试题（41）分析

本题考查 HTML 的基础知识。

在 HTML 中，超链接有多种跳转位置。超链接的 href 属性用于定义超链接的目标地址，它的取值可以是本地的地址，也可以是一个远程地址，还可以是事先定义好的一个标记（锚点）。其中，HTML 跳转到当前页面一个已定义的标记（锚点）处采用的语法是：<a href="#sample"> </a>。

参考答案

（41）B

试题（42）

在 HTML 文件中，___（42）___标记在页面中显示 work 为斜体字。

（42）A．<pre>work</pre>　　　　　　B．<u>work</u>

　　　C．<i>work</i>　　　　　　　　D．<b>work</b>

试题（42）分析

本题考查 HTML 的基础知识。

在 HTML 中，<u> </u>标记定义在页面中显示文字为带下划线样式，<i> </i>标记定义在页面中显示文字为斜体字样式，<b> </b>标记定义在页面中显示文字为加粗样式。<pre> </pre>标记的作用是可定义预格式化的文本。被包围在 pre 标记中的文本通常会保留空格和换行符，而文本也会呈现为等宽字体。

参考答案

（42）C

试题（43）

在 HTML 的超链接标记中，target 属性不包括___（43）___。

（43）A．blank　　　B．self　　　C．parent　　　D．new

试题（43）分析

本题考查 HTML 的基础知识。

在 HTML 中，target 属性指定所链接的页面在浏览器窗口中的打开方式，它的参数值主要有：blank、parent、self、top，这些参数值代表的含义是：blank 定义在新浏览器窗口中打开链接文件；parent 定义将链接的文件载入含有该链接框架的父框架集或父窗口中。self 定义在同一框架或窗口中打开所链接的文档。此参数为默认值，通常不用指定。top 定义在当前的整个浏览器窗口中打开所链接的文档，因而会删除所有框架。

参考答案

（43）D

试题（44）

在 HTML 中，表格横向通栏的栏距由 ___（44）___ 属性指定。

（44）A. cellpadding　　　　B. colspan　　　　C. rowspan　　　　D. width

试题（44）分析

本题考查 HTML 的基础知识。

在 HTML 中，有横向通栏的表用<th colspan=#>属性说明。colspan 表示横向栏距，#代表通栏占据的网格数，它是一个小于表横向网格数的整数。有纵向通栏的表用 rowspan=#属性说明。rowspan 表示纵向栏距，#表示通栏占据的网格数，应小于纵向网络数。需要说明的是有纵向通栏的表，每一行必须用</tr>明确给出横向栏的结束，这是和表的基本形式不同的。

参考答案

（44）B

试题（45）

在 ASP 中，___（45）___ 对象可以用于网站的计数器。

（45）A. Application　　　B. Session　　　C. Request　　　D. Response

试题（45）分析

本题考查 ASP 的基础知识。

在 ASP 中，Request 对象为脚本提供了当客户端请求一个页面或者传递一个窗体时，客户端提供的全部信息。Response 对象用来访问服务器端所创建的并发回到客户端的响应信息。Application 对象是在为响应一个 ASP 页的首次请求而载入 ASP DLL 时创建的，它提供了存储空间用来存放变量和对象的引用，可用于所有的页面，任何访问者都可以打开它们。Session 对象是在每一位访问者从 Web 站点或 Web 应用程序中首次请求一个 ASP 页时创建的，它与 Application 对象一样提供一个空间用来存放变量和对象的引用，但只能供目前的访问者在会话的生命期中打开的页面使用。

网站的计数器需要服务器端提供存储空间用来存放变量，其应该让任何访问者都可以打开修改，所以应采用 Application 对象实现。

参考答案

（45）A

试题（46）

某客户机在访问页面时出现乱码的原因可能是 (46) 。

(46) A．浏览器没安装相关插件　　　　B．IP 地址设置错误

　　　 C．DNS 服务器设置错误　　　　　D．默认网关设置错误

试题（46）分析

本题考查 Internet 应用中网页访问相关问题。

若出现 IP 地址设置错误或默认网关设置错误，会导致不能访问 Internet，访问不到页面，不会出现页面中出现乱码的情况。若 DNS 服务器设置错误，要么采用域名访问，结果是访问不到页面；要么采用 IP 地址访问，都不会有页面中出现乱码的情况。

参考答案

(46) A

试题（47）

通常工作在 UDP 协议之上的协议是 (47) 。

(47) A．HTTP　　　　B．Telnet　　　　C．TFTP　　　　D．SMTP

试题（47）分析

本题考查 Internet 应用协议及其采用的传输层协议。

HTTP、Telnet 和 SMTP 采用的传输层协议均为 TCP，只有 TFTP 是基于 UDP 协议进行传输的。

参考答案

(47) C

试题（48）

Windows 系统中， (48) 服务用于在本地存储 DNS 信息。

(48) A．DHCP Client　　　　　　　　B．DNS Client

　　　 C．Plug and Play　　　　　　　　D．Remote Procedure Call (RPC)

试题（48）分析

本题考查 Windows 系统中网络应用服务。

DHCP Client 不是一个单独的 Windows 网络应用服务，是 DHCP 协议中申请 IP 地址的客户端。Plug and Play 为即插即用，和 DNS 信息存储无关。RPC 是远程连接中间件。DNS Client 是 Windows 系统中用于在本地存储 DNS 信息的服务。

参考答案

(48) B

试题（49）

在 DHCP 服务器配置过程中，下列配置合理的是 (49) 。

(49) A．移动用户配置较长的租约期　　　B．固定用户配置较短的租约期

　　　 C．本地网关配置较长的租约期　　　D．服务器采用保留地址

试题（49）分析

本题考查 DHCP 设计过程中租约期设置的问题。

DHCP 租约期设置的基本原则是：移动用户流动性大，使用 IP 地址的场合较少，故需配置较短的租约期；固定用户变化较小，需配置较长的租约期；本地网关需配置较长的租约期甚至采用保留地址；服务器需要采用保留地址。

参考答案

（49）D

试题（50）

某 Web 服务器的 URL 为 https://www.softtest.com，在 DNS 服务器中为该 Web 服务器添加资源记录时，创建的域名为__（50）__。

（50）A．https　　　　　B．softtest.com　　　　C．https.www　　　　D．www

试题（50）分析

本题考查 DNS 域名的构成及域名记录的配置。

https://www.softtest.com 中，https 是协议，softtest.com 是域名，www 是主机名。故在 DNS 服务器中为该 Web 服务器添加资源记录时，创建的域名为 softtest.com，然后添加主机名 www 创建记录。

参考答案

（50）B

试题（51）

以下关于木马程序的描述中，正确的是__（51）__。

（51）A．木马程序主要通过移动磁盘传播

　　　　B．木马程序的客户端运行在攻击者的机器上

　　　　C．木马程序的目的是使计算机或网络无法提供正常的服务

　　　　D．Sniffer 是典型的木马程序

试题（51）分析

本题考查木马程序的基础知识。

木马程序一般分为服务器端（Server）和客户端（Client），服务器端是攻击者传到目标机器上的部分，用来在目标机上监听等待客户端连接过来。客户端是用来控制目标机器的部分，放在攻击者的机器上。

木马（Trojans）程序常被伪装成工具程序或游戏，一旦用户打开了带有特洛伊木马程序的邮件附件或从网上直接下载，或执行了这些程序之后，当你连接到互联网上时，这个程序就会通知黑客用户的 IP 地址及被预先设定的端口。黑客在收到这些资料后，再利用这个潜伏其中的程序，就可以恣意修改用户的计算机设定、复制任何文件、窥视用户整个硬盘内的资料等，从而达到控制用户的计算机的目的。

现在有许多这样的程序，国外的此类软件有 Back Office、Netbus 等，国内的此类软

件有 Netspy、YAI、SubSeven、冰河、"广外女生"等。Sniffer 是一种基于被动侦听原理的网络分析软件。使用这种软件，可以监视网络的状态、数据流动情况以及网络上传输的信息，其不属于木马程序。

参考答案

（51）B

试题（52）

以下算法中属于报文摘要算法的是___(52)___。

（52）A. MD5　　　　B. DES　　　　C. RSA　　　　D. AES

试题（52）分析

本题考查摘要算法的基础知识。

信息安全的核心是密码技术。传统的加密系统是以密钥为基础的，这是一种对称加密，也就是说，用户使用同一个密钥加密和解密。而公钥则是一种非对称加密方法，加密者和解密者各自拥有不同的密钥。本题中 DES、AES 属于对称加密算法，而 RSA 属于非对称加密算法。

报文摘要是根据报文摘要算法计算密码检查和，即固定长度的认证码，附加在消息后面发送，根据认证码检查报文是否被篡改。MD5 属于报文摘要算法。

参考答案

（52）A

试题（53）

关于包过滤防火墙和代理服务防火墙，以下描述正确的是___(53)___。

（53）A. 包过滤技术实现成本较高，所以安全性能高

　　　 B. 包过滤技术对应用和用户是透明的

　　　 C. 代理服务技术安全性较高，可以提高网络整体性能

　　　 D. 代理服务技术只能配置成用户认证后才建立连接

试题（53）分析

本题考查防火墙的基础知识。

包过滤防火墙。包过滤防火墙又被称为访问控制表，它根据定义好的过滤规则审查每个数据包并确定数据包是否与过滤规则匹配，从而决定数据包是否能通过。这种防火墙可以与现有的路由器集成，也可以用独立的包过滤软件实现，而且数据包过滤对用户透明，成本低、速度快、效率高。其不足之处如下。

① 包过滤技术的主要依据是包含在 IP 包头中的各种信息，但 IP 包中信息的可靠性没有保证，IP 源地址可以伪造，通过内部合谋，入侵者轻易就可以绕过防火墙。

② 并非所有的服务都绑定在静态端口。包过滤只可以过滤 IP 地址，所以它不能识别相同 IP 地址下的不同用户，从而不具备身份认证功能。

③ 工作在网络层，不能检测那些对高层进行的攻击。

④ 如果为了提高安全性而使用很复杂的过滤规则，那么效率就会大大降低。

应用程序代理防火墙可以配置成允许来自内部网络的任何连接，它也可以配置成要求用户认证后才建立连接，为安全性提供了额外的保证。如果网络受到危害，这个特征使得从内部发动攻击的可能性减少。

代理型防火墙的优点是安全性较高，可以针对应用层进行侦测和扫描，对付基于应用层的侵入和病毒都十分有效。其缺点是对系统的整体性能有较大的影响，而且代理服务器必须针对客户机可能产生的所有应用类型逐一进行设置，大大增加了系统管理的复杂性。

参考答案

（53）B

试题（54）

TCSEC 将计算机系统的安全划分为 4 个等级，其中 Unix 和 Windows NT 操作系统符合　（54）　安全标准。

（54）A．A 级　　　　　B．B 级　　　　　C．C 级　　　　　D．D 级

试题（54）分析

本题考查可信计算机安全评估准则的基础知识。

TCSEC 将计算机系统的安全划分为 4 个等级、8 个级别。常见计算机系统的安全等级如下：

D1 级：这是计算机安全的最低一级。整个计算机系统是不可信任的，硬件和操作系统很容易被侵袭。D1 级的计算机系统包括：MS-DOS、MS-Windows3.x、Windows 95（不在工作组方式中）、Apple 的 System7.x。

C1 级：C1 级系统要求硬件有一定的安全机制（如硬件带锁装置和需要钥匙才能使用计算机等），用户在使用前必须登录到系统。C1 级系统还要求具有完全访问控制的能力，应当允许系统管理员为一些程序或数据设立访问许可权限。

常见的 C1 级兼容计算机系统如下所列：UNIX、XENIX、Novell3.x 或更高版本、Windows NT。

C2 级：C2 级在 C1 级的某些不足之处加强了几个特性，C2 级引进了受控访问环境（用户权限级别）的增强特性。这一特性不仅以用户权限为基础，还进一步限制了用户执行某些系统指令。常见的 C2 级操作系统有：UNIX、XENIX、Novell3.x 或更高版本、Windows NT。

参考答案

（54）C

试题（55）

2014 年 1 月，由于 DNS 根服务器被攻击，国内许多互联网用户无法访问.com 域名网站，这种恶意攻击可能造成的危害是　（55）　。

（55）A．创造条件，攻击相应的服务器

B．快速入侵互联网用户的计算机

C．将正常网站的域名解析到错误的地址

D．以上都是

试题（55）分析

本题考查计算机安全的知识。

DNS 根服务器被攻击，会使许多互联网用户无法访问该根域服务器解析域名的网站。这种攻击可能造成的后果是将正常网站的域名解析到错误的地址上，但这种攻击一般不是以入侵服务器或客户端为目的。

参考答案

（55）C

试题（56）

文件型计算机病毒主要感染的文件类型是 __(56)__ 。

（56）A．EXE 和 COM   B．EXE 和 DOC

C．XLS 和 DOC   D．COM 和 XLS

试题（56）分析

本题考查计算机病毒的基础知识。

文件型计算机病毒感染可执行文件（包括 EXE 和 COM 文件）。一旦直接或间接地执行了这些受计算机病毒感染的程序，计算机病毒就会按照编制者的意图对系统进行破坏，这些计算机病毒还可细分为以下类别。

① 驻留型计算机病毒。

② 主动型计算机病毒。

③ 覆盖型计算机病毒。

④ 伴随型计算机病毒。

参考答案

（56）A

试题（57）

当路由器发生故障时，利用 show interface 命令来检查每个端口的状态，解释屏幕输出信息，查看协议建立状态和 EIA 状态等，这属于 __(57)__ 诊断。

（57）A．物理层   B．数据链路层   C．网路层   D．传输层

试题（57）分析

本题考查网络配置时的故障分析。

物理层是 OSI 参考模型最基础的一层，它建立在通信媒体的基础上，实现系统和通信媒体的物理接口，为数据链路层实体之间进行透明的比特传输，为建立、保持和拆除计算机和网络之间的物理连接提供服务。物理层的故障主要表现为设备的物理连接方式

是否恰当，连接电缆是否正确。确定路由器端口物理连接是否完好的最佳方法是使用
show interface 命令，检查每个端口的状态，解释屏幕输出信息，查看协议建立状态和 EIA
状态等。

参考答案

（57）A

试题（58）

在路由器配置中，如果处于 "Router(config-if)#" 模式下，执行___(58)___命令可将路
由器切换至 "Router(config)#" 模式。

（58）A. end　　　　　　　B. exit　　　　　　　C. show　　　　　　　D. enable

试题（58）分析

本题考查路由器的基本配置命令。

在 "Router(config-if)#" 端口模式下执行 end 命令将直接退回到特权模式 "Router#"
下，执行 exit 命令将退回上一层即退回到全局配置模式 "Router(config)#" 下。

参考答案

（58）B

试题（59）

在 Windows 的 cmd 命令行窗口中，输入___(59)___命令将会得到如下图所示的结果。

```
活动连接

协议   本地地址              外部地址           状态
TCP    127.0.0.1:12080      wodezwj001:49798   ESTABLISHED
TCP    127.0.0.1:12080      wodezwj001:49800   TIME_WAIT
TCP    127.0.0.1:12080      wodezwj001:49802   ESTABLISHED
TCP    127.0.0.1:49794      wodezwj001:12080   TIME_WAIT
TCP    127.0.0.1:49796      wodezwj001:12080   TIME_WAIT
TCP    127.0.0.1:49798      wodezwj001:12080   ESTABLISHED
TCP    127.0.0.1:49802      wodezwj001:12080   ESTABLISHED
```

（59）A. net view　　　　B. nbtstat -r　　　　C. netstat　　　　　D. nslookup

试题（59）分析

本题考查 Windows 的网络命令。

net view 命令用于显示计算机共享资源列表，带选项使用本命令显示前域或工作组
计算机列表。

nbtstat 显示基于 TCP/IP 的 NetBIOS（NetBT）协议统计资料、本地计算机和远程计
算机的 NetBIOS 名称表和 NetBIOS 名称缓存。nbtstat -r 显示 NetBIOS 名称解析统计资料。

netstat 是控制台命令，是一个监控 TCP/IP 网络的非常有用的工具，它可以显示路由
表、实际的网络连接以及每一个网络接口设备的状态信息。netstat 用于显示与 IP、TCP、
UDP 和 ICMP 协议相关的统计数据，一般用于检验本机各端口的网络连接情况。

nslookup 是一个监测网络中 DNS 服务器是否能正确实现域名解析的命令行工具。

参考答案

（59）C

试题（60）

在交换机配置中，　(60)　模式中才可以配置该交换机的设备管理地址。

(60) A．Switch>　　　　　　　　　B．Switch#

　　　 C．Switch(config)#　　　　　 D．Switch(config-if)#

试题（60）分析

本题考查交换机的基本配置。

配置交换机的设备管理地址只能在交换机的接口配置子模式下，四个选项中属于接口配置子模式的是 Switch(config-if)#。

参考答案

（60）D

试题（61）

某企业基于 Windows Server 2003，建立了一个主机名为 www.qiye1.com、IP 地址为 202.100.10.22 的虚拟服务器，配置了一个别名为 bumen1.qiye1.com 的网站，IIS 中网站创建向导输入的信息如下图所示。

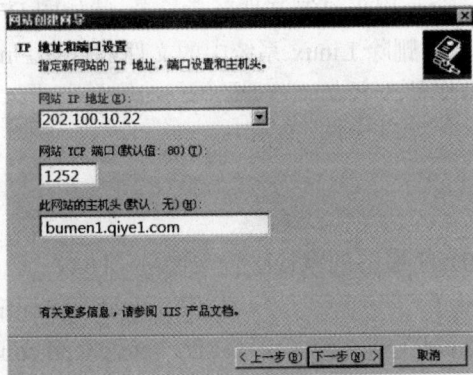

如果要直接访问该网站，在浏览器地址栏中输入　(61)　可正常访问。

(61) A．http://www.qiye1.com:1252　　 B．http:// bumen1.qiye1.com

　　　 C．http:// bumen1.qiye1.com:1252　 D．http:// 202.100.10.22

试题（61）分析

从题目中可以得出，为该网站分配的 IP 地址为 202.100.10.22，端口号为 1252，主机头为 bumen1.qiye1.com。从图中可以看出该网站使用不同的主机头来区分不同的 Web 站点。如果要直接访问图中所配置的网站，则应该输入 http:// bumen1.qiye1.com:1252，如果输入其他的地址则可能访问到该服务器上配置的其他的站点，达不到"直接访问"的目的。

参考答案

（61）C

试题（62）

在 SNMPv2 中，为解决分布式网络管理的需要引入了___（62）___。

（62）A．上下报文和访问特权数据库　　　B．上下报文和管理站数据库
　　　　C．通知报文和访问特权数据库　　　D．通知报文和管理站数据库

试题（62）分析

在 SNMPv2 中首次增加了管理站之间的通信机制，这是分布式网络管理所需要的功能特征。为此引入了通知报文（InformRequest）和管理站数据库（manager-to-manager MIB）。

参考答案

（62）D

试题（63）

在 Linux 操作系统中复制文件或目录时使用的命令是___（63）___。

（63）A．copy　　　　B．rm　　　　C．mv　　　　D．cp

试题（63）分析

Linux 系统中使用 cp 命令用来复制文件或者目录，就如同 DOS 下的 copy 命令一样，功能非常强大。rm 命令用来删除 Linux 系统中的文件或目录。mv 命令是 move 的缩写，可以用来移动文件或者将文件改名。

参考答案

（63）D

试题（64）

在 Linux 系统中，DHCP 服务的默认配置文件是___（64）___。

（64）A．/etc/dhcp.conf　　　　　　　B．/etc/dhcp.config
　　　　C．/etc/dhcpd.conf　　　　　　　D．/etc/dhcpd.config

试题（64）分析

在 Linux 系统中，DHCP 服务的默认配置文件是/etc/dhcpd.conf，启动服务：service dhcpd start 或/etc/init.d/dhcpd start，停止服务：service dhcpd stop 或/etc/init.d/dhcpd stop。

参考答案

（64）C

试题（65）

在 Linux 命令中，___（65）___用来显示和设置网络接口的配置信息。

（65）A．ifconfig　　　B．ipconfig　　　C．route　　　　D．nslookup

试题（65）分析

ifconfig 命令用来配置网络或显示当前网络接口状态，类似于 Windows 下的 ipconfig

命令。route 命令是在本地 IP 路由表中显示和修改条目网络命令。nslookup 是一个监测网络中 DNS 服务器是否能正确实现域名解析的命令行工具。

参考答案

（65）A

试题（66）

SNMP 协议中，管理站用来接收代理发来的 Trap 报文时采用的协议及缺省端口号是 ___（66）___ 。

（66）A．UDP 91　　　　B．TCP 91　　　　C．UDP 92　　　　D．TCP 92

试题（66）分析

本题考查 SNMP 协议的基本知识。

SNMP 协议是应用层协议，其下层协议一般为 UDP，管理进程端口号为 92，代理进程端口号为 91。在代理进程端是用熟知端口 91 来接收 get 或 set 报文，而在管理进程端是用熟知端口 92 来接收 trap 报文。

参考答案

（66）C

试题（67）

以下关于网络规划设计的叙述中，错误的是 ___（67）___ 。

（67）A．网络拓扑结构设计必须具有一定的灵活性，易于重新配置

　　　 B．网络拓扑结构设计应尽量避免单点故障导致整个网络无法正常运行

　　　 C．层次化设计的优点是可以有效地将全局通信问题分解考虑

　　　 D．应用服务器应该放在接入层，以便客户端就近访问

试题（67）分析

本题主要考查网络规划设计中网络拓扑结构设计的相关知识。

确立网络的拓扑结构是整个网络方案规划设计的基础，拓扑结构的选择通常与网络节点的分布、介质访问控制方法、传输介质及网络设备选型等因素有关。进行网络规划设计时，考虑到设备和用户需求的变迁，拓扑结构必须具有一定的灵活性，易于重新配置，同时还要考虑信息点的增加、删除等问题。此外，设计中还应该避免因为个别节点损坏（如网络设备损坏、光缆被挖断等常见故障）而影响整个网络的运行。规模较大的网络必须进行分层设计，这样就可以有效地将全局通信问题分解考虑，还有助于分配和规划带宽。通常在网络规划时将应用服务器放置在核心交换层，以确保访问的速度以及可靠性、稳定性。

参考答案

（67）D

试题（68）

在 Linux 操作系统中，能够显示本机网络路由信息的命令是 ___（68）___ 。

（68）A．ifconfig -a　　　B．netstat -nr　　　　　C．ls -l　　　　　　D．route print

试题（68）分析

本题考查 Linux 操作系统的网络命令。

ifconfig 是 Linux 中用于显示或配置网卡（网络接口卡）的命令，ifconfig -a 显示系统中所有接口信息。

ls-l 是 Linux 中显示当前目录下的文件的详细信息的命令。

route print 是 Windows 操作系统下显示本机网络路由信息的命令。

netstat -nr 命令可以查看 Linux 内核路由表。

参考答案

（68）B

试题（69）

某用户在使用校园网中的一台计算机访问某网站时，发现使用域名不能访问该网站，但是使用该网站的 IP 地址可以访问该网站，造成该故障产生的原因有很多，其中不包括　（69）　。

（69）A．该计算机设置的本地 DNS 服务器工作不正常

　　　　B．该计算机的 DNS 服务器设置错误

　　　　C．该计算机与 DNS 服务器不在同一子网

　　　　D．本地 DNS 服务器网络连接中断

试题（69）分析

本题考查网络故障判断的相关知识。

如果本地的 DNS 服务器工作不正常或者本地 DNS 服务器网络连接中断都有可能导致该计算机的 DNS 无法解析域名，而如果直接将该计算机的 DNS 服务器设置错误也会导致 DNS 无法解析域名，从而出现使用域名不能访问该网站，但是使用该网站的 IP 地址可以访问该网站。但是该计算机与 DNS 服务器不在同一子网不会导致 DNS 无法解析域名的现象发生，通常情况下大型网络里面的上网计算机与 DNS 服务器本身就不在一个子网，只要路由可达 DNS 都可以正常工作。

参考答案

（69）C

试题（70）

在配置交换机 VLAN 时，以下删除 VLAN 的命令中，无法执行的命令是　（70）　。

（70）A．no vlan 1　　　B．no vlan 2　　　C．no vlan 100　　　D．no vlan 1000

试题（70）分析

本题考查 VLAN ID 的相关知识。

VLAN 是由 VLAN 名和 VLAN ID 来标识的。通常，VLAN ID 的取值范围是 1～4094。其中 ID 为 1 的 VLAN 是系统的默认 VLAN，通常用于网络设备管理。而且是只能使用

这个 VLAN 不能删除，也就是无法执行 "no vlan 1" 这个命令。2~1000 一般用于 Ethernet VLANs，可以建立、使用和删除这些 VLAN。

参考答案

（70）A

试题（71）～（75）

Together with the network layer, the transport layer is the heart of the protocol （71）. The network layer provides end-to-end （72） delivery using datagrams or virtual circuits. The transport layer builds on the network layer to provide data transport from a process on a （73） machine to a process on a destination machine with a desired level of reliability that is independent of the physical （74） currently in use. It provides the abstractions that applications need to use the network. Without the （75） layer, the whole concept of layered protocols would make little sense.

（71）A. transport　　　B. network　　　C. hierarchy　　　D. service
（72）A. packet　　　　B. data　　　　C. command　　　D. record
（73）A. connection　　B. terminal　　　C. source　　　　D. destination
（74）A. traffic　　　　B. connection　　C. lines　　　　　D. networks
（75）A. network　　　B. transport　　　C. link　　　　　D. physical

参考译文

传输层与网络层都是协议层次的心脏。网络层通过数据报或虚电路提供了端到端的分组提交服务。传输层建立在网络层之上，提供从源主机进程到目标主机进程的数据传输，这种传输的可靠性级别与当前使用的物理网络无关。这对使用网络通信的应用是一种抽象。没有传输层，整个协议层次的概念就没有意义了。

参考答案

（71）C　（72）A　（73）C　（74）D　（75）B

第 10 章   2014 上半年网络管理员下午试题分析与解答

试题一（20 分）

阅读以下说明，回答问题 1 至问题 4，将解答填入答题纸对应的解答栏内。

【说明】

某单位网络结构及各接口 IP 地址如图 1-1 所示。路由器 R1 的路由表结构及外部网络访问内网的路由记录如表 1-1 所示。

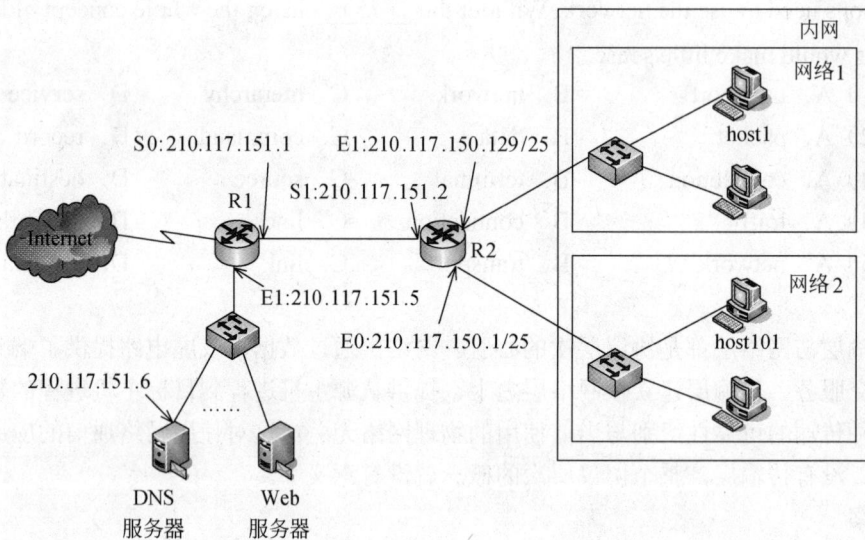

图 1-1

表 1-1

目的网络 IP 地址	子 网 掩 码	下一跳 IP 地址	接　　口
210.117.150.0	255.255.255.0	210.117.151.2	S0

【问题 1】（8 分）

网络中主机 host1 的 Internet 协议属性参数如图 1-2 所示。

1. 进行合理的 IP 地址设计，为 host1 配置协议属性参数（包括 IP 地址、子网掩码、默认网关）。（6 分）

2. 图 1-2 中 DNS 服务器地址的配置能正常工作吗？说明理由。（2 分）

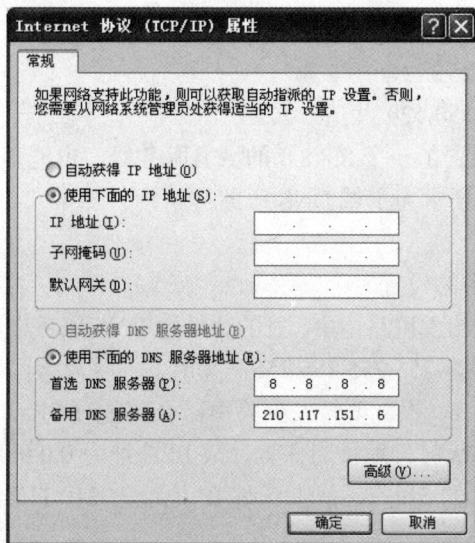

图 1-2

【问题 2】（6 分）

填充表 1-2，为路由器 R2 配置内网到 DNS 服务器的主机路由，以及内网用户访问 Internet 的默认路由。

表 1-2

	目的网络 IP 地址	子 网 掩 码	下一跳 IP 地址	接　　口
主机路由				
默认路由				

【问题 3】（3 分）

在上述 IP 地址设置和路由配置完成之后，发现内网只有 host101 不能访问 Internet，网管员如何解决上述问题。

【问题 4】（3 分）

随着用户数量不断增加，在不申请新的公网 IP 地址的前提下，采用什么方案来解决 IP 地址短缺的问题？

试题一分析

本题考查局域网配置相关问题，属网管员需掌握的基本知识，是经常考查的问题。

【问题 1】

本问题考查局域网相关知识和主机配置。

host1 的网关为路由器 R2 的 E1 口，从图中可看出网关的地址为 210.117.150.129/25，故 host1 的 Internet 协议属性参数为：

IP 地址：210.117.150.130～210.117.150.254 中任一个

子网掩码：255.255.255.128

默认网关：210.117.150.129

图 1-2 中为 host1 配置了一个 8.8.8.8 的域名服务器，也能正常实现域名解析，因为首选 DNS 服务器不一定要求为主域 DNS 服务器。

【问题 2】

本问题考查静态路由的设置。

内网到 DNS 服务器的主机路由中，目的地址是 DNS 服务器单个主机，故 IP 地址为 210.117.151.6，子网掩码为 255.255.255.255；又由下一跳为路由器 R1 的 S0 口，故下一跳 IP 地址为 210.117.151.1，报文要转发到路由器 R2 的 S1 口。

内网用户访问 Internet 时，地址为任意，故 IP 地址为 0.0.0.0，子网掩码为 0.0.0.0；又由下一跳为路由器 R1 的 S0 口，故下一跳 IP 地址为 210.117.151.1，报文要转发到路由器 R2 的 S1 口。

【问题 3】

·　本问题考查网络故障排除基本知识。

网管员在遇到网络故障问题时，通常的做法是先检查本机协议及配置的正确性，再检测本机到交换机的连通性，最后检查路由器中是否有针对 host101 访问控制。

【问题 4】

本问题考查 IP 地址短缺的解决方法。

在不申请新的公网 IP 地址的前提下，可采用 DHCP 自动分配，在路由器中进行 NAT 变换等方案来解决 IP 地址短缺的问题。

参考答案

【问题 1】

1．IP 地址：210.117.150.130～210.117.150.254 中任一个

子网掩码：255.255.255.128

默认网关：210.117.150.129

2．能。

首选 DNS 服务器不一定要求为域内 DNS 服务器。

【问题 2】

	目的网络 IP 地址	子 网 掩 码	下一跳 IP 地址	接　　口
主机路由	210.117.151.6	255.255.255.255	210.117.151.1	S1
默认路由	0.0.0.0	0.0.0.0	210.117.151.1	S1

【问题 3】

检查 host101 协议及配置的正确性

检测到交换机的连通性

检查路由器中是否有针对 host101 访问控制

【问题 4】

采用 DHCP 自动分配

在路由器中进行 NAT 变换

试题二（20 分）

阅读以下说明，回答问题 1 至问题 5，将解答填入答题纸对应的解答栏内。

【说明】

某网络拓扑结构如图 2-1 所示，用户由 DHCP 服务器分配 IP 地址。FTP 服务器的操作系统为 Windows Server 2003，各服务器的 IP 地址如表 2-1 所示。Web 服务器的域名为 www. exam.com。

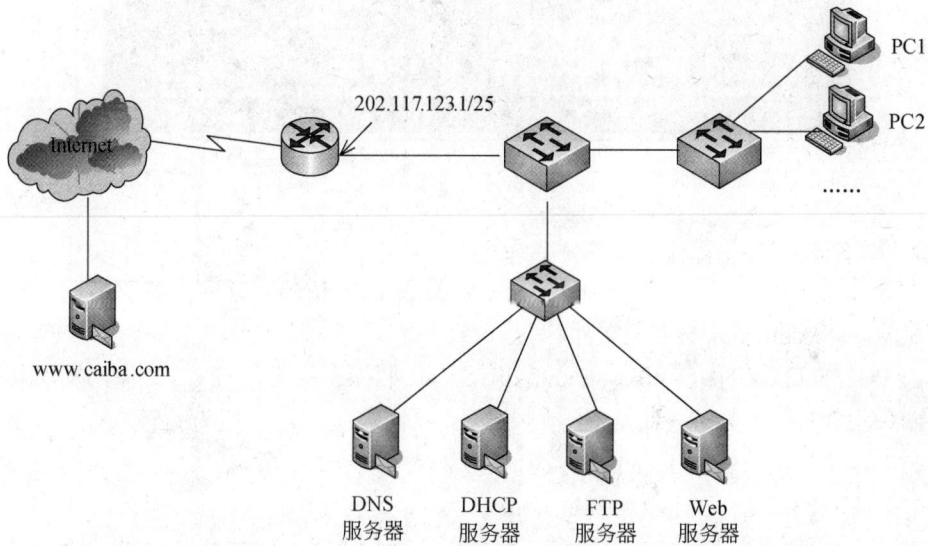

图 2-1

表 2-1

服　务　器	IP 地址
DNS 服务器	202.117.123.2
DHCP 服务器	202.117.123.3
FTP 服务器	202.117.123.4
Web 服务器	202.117.123.5

【问题 1】（3 分）

在配置 DHCP 服务器时，其可动态分配的 IP 地址池范围是多少？

【问题 2】（4 分）

若在 PC1 上运行___(1)___命令，获得如图 2-2 所示结果，请问 PC1 能正常访问 Internet 吗？说明原因。

图 2-2

【问题 3】（5 分）

在 PC2 浏览器地址栏中输入 http://www. caiba.com 访问互联网上某服务器，结果显示的是 www. exam.com 的主页文件。

在 PC2 的 C:\WINDOWS\system32\drivers\etc 目录下打开___(2)___文件，发现其中有如下两条记录：

127.0.0.1   localhost

202.117.123.5   www.caiba.com

造成上述访问错误的原因是什么？要想正常访问 http://www.caiba.com 页面，该如何操作？

【问题 4】（6 分）

在配置 FTP 服务器时，图 2-3 中 "IP 地址" 文本框中应填入___(3)___。

在 FTP 服务器配置完成后，在 PC2 浏览器地址栏中，输入命令___(4)___来访问该服务器。

该 FTP 服务器进行文件传输时使用的端口号是___(5)___。

【问题 5】（2 分）

在 Windows Server 2003 操作系统的 IIS 6.0 中包含的网络组件有___(6)___。

(6) 备选答案（多选题）：

    A. FTP   B. WWW   C. SMTP   D. DNS   E. DHCP

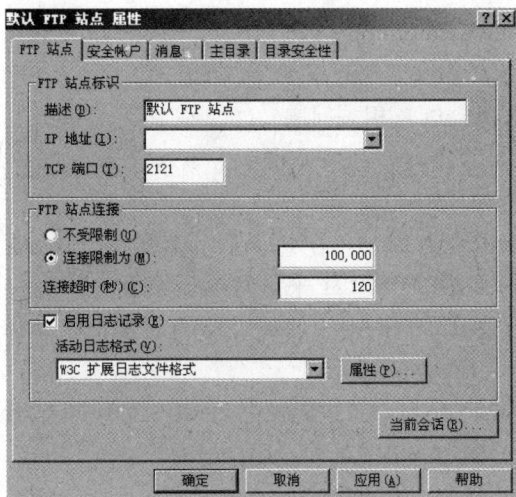

图 2-3

试题二分析

本题考查 Windows 服务器配置相关问题，属网管员需掌握的基本知识，是经常考查的问题。

【问题 1】

本问题考查 DHCP 服务器地址池范围。

从图 2-1 中可以看出，网关地址为 202.117.123.1/25，故本网段地址区间为 202.117.123.1～202.117.123.127，其中 202.117.123.2～202.117.123.5 为服务器地址，需静态配置，故网络内可分配地址范围为 202.117.123.6～202.117.123.126，DHCP 服务器分配的本网络内的地址需通过网关才能转发到其他网络，故其可分配地址空间为 202.117.123.6～202.117.123.126。

【问题 2】

本问题考查主机获取的 IP 地址及简单的网络故障排除。

图 2-2 为查看本机网卡属性得到的结果，使用的命令为 ipconfig/all。从结果可以看出，本机获取的 IP 地址为 169.254.52.200，169 网段是不能正常获取 IP 地址时 Windows 自动分配给用户的一个地址，所以此时 PC1 不能正常访问 Internet。

【问题 3】

本问题考查 DNS 解析时 hosts 文件相关知识。

hosts 文件中存放的是静态指定的解析记录，记录"127.0.0.1 localhost"指定了本地主机 localhost 对应的 IP 为 127.0.0.1；记录"202.117.123.5 www.caiba.com"指定了域名 www.caiba.com 对应的 IP 为 202.117.123.5。不能正常对应到域名的原因是 hosts 文件中对域名 www. caiba.com 进行了错误的指向，解决办法为删除记录"202.117.123.5

www.caiba.com" 或将 www.caiba.com 修改对应到正确的 IP 地址。

【问题 4】

本问题考查 FTP 服务器配置相关问题。

配置 FTP 服务器时，"IP 地址" 文本框中应填入其 IP 地址，即 202.117.123.4 或选择 "全部未分配"。

由于设置 FTP 的端口号为 2121，在 FTP 服务器配置完成后，在 PC2 浏览器地址栏中，输入命令 ftp: //202.117.123.4:2121 来访问该服务器。

该 FTP 服务器进行文件传输时使用的端口号是 2120。

【问题 5】

本问题考查 Windows Server 2003 操作系统的 IIS 6.0 中包含的网络组件，自带的有 FTP、WWW 和 SMTP，DNS 和 DHCP 为独立的组件。

参考答案

【问题 1】

202.117.123.6～202.117.123.126

【问题 2】

（1）ipconfig /all

不能。

169 网段是不能正常获取 IP 地址时 Windows 自动分配给用户的一个地址。

【问题 3】

（2）hosts

原因：hosts 文件中对域名 www.caiba.com 进行了错误的指向，在进行域名解析时首先访问的是 hosts 文件，得到了错误的解析结果。

删除记录 "202.117.123.5 www.caiba.com"

【问题 4】

（3）202.117.123.4 或全部未分配

（4）ftp: //202.117.123.4:2121

（5）2120

【问题 5】

（6）A. FTP B. WWW C. SMTP

试题三（共 20 分）

阅读以下说明，回答问题 1 至问题 4，将解答填入答题纸对应的解答栏内。

【说明】

某企业的内部子网 1 和子网 2 通过路由器 R1 与 Internet 互连，企业内部网络之间的互访要求采用 RIP 路由协议，对外的 Internet 接入要求采用静态路由协议，该企业网络结构和 IP 地址分配如图 3-1 所示。

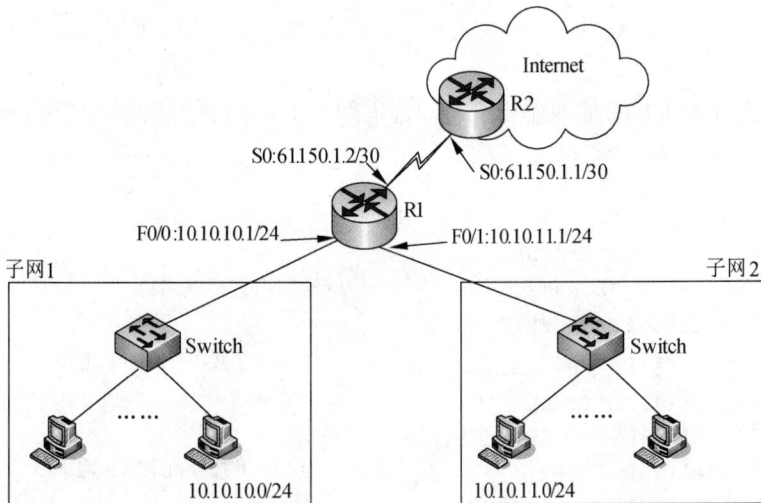

图 3-1

【问题 1】（5 分）

在对路由器进行首次设置时，通过 Console 端口进行连接，客户机系统为 Windows XP，运行的终端仿真程序为超级终端，出现如图 3-2 所示的针对串口通信参数的设置，请给出正确的参数设置，以便进入路由器开始配置。

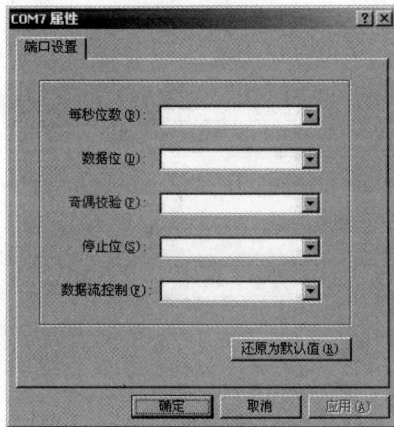

图 3-2　串口通信参数设置

每秒位数　(1)　，数据位　(2)　，奇偶校验　(3)　，停止位　(4)　，数据流控制　(5)　。

(1) ～ (5) 备选答案：

    A. 115200　　　　B. 9600　　　　C. 4800　　　　D. 8　　　　E. 2

F. 1 　　　G. 无 　　　H. 有 　　　I. 硬件 　　　J. Xon/Xoff

【问题 2】（5 分）

下面是路由器 R1 的基本配置信息，根据图 3-1 中拓扑信息，按照题目要求完成配置命令。

```
Router >enable
Router#configure terminal
Router(config)#hostname   (6)        //给路由器更改名称
R1(config)#interface F0/0
R1(config-if)#ip addr    (7)         //为 F0/0 接口配置 IP 地址
R1(config-if)#   (8)                 //激活端口
R1(config-if)#interface    (9)
R1(config-if)#ip addr    (10)        //为 F0/1 接口配置 IP 地址
......
```

【问题 3】（6 分）

根据题目要求，该企业通过 RIP 路由协议完成子网之间的互访，同时使用静态路由接入互联网，根据图 3-1 中拓扑信息，按照题目要求完成路由器 R1 的配置命令。

```
......
R1(config)#interface S0
R1(config-if)#ip addr      (11)          //为 S0 接口配置 IP 地址
R1(config-if)#no shutdown
R1(config-if)#exit
R1(config)#ip route     (12)             //配置默认路由
R1(config)#    (13)                      //指定使用 RIP
R1(config-router)#network    (14)        //配置子网 1 参与 RIP
R1(config-router)#network    (15)        //配置子网 2 参与 RIP
R1(config-router)#    (16)               //退出至特权模式
R1#
......
```

【问题 4】（4 分）

RIP 路由协议中，最大的跳数为___(17)___，一旦超过，则意味着路径不可达。在 RIP 配置模式下，使用命令 distance 指定一个管理距离值，其有效的管理距离值为 0~255，其中 RIP 的默认管理距离值为___(18)___。

试题三分析

本题考查的是路由器有关 RIP 协议的配置。

【问题 1】

本问题主要考查首次配置路由器的相关参数要求。

在对路由器或者交换机进行首次设置时，必须对设备进行初始化配置，这时必须使用 Console 端口进行设备配置。在配置时要使用专用的设备配置线，配置线一端用于连接网络设备的 Console 端口，另一端用于连接计算机的串口。一般运行的终端仿真程序为超级终端，默认情况下串口通信参数设置，也就是 COM 口的参数配置分别为"端口速率为 9600bit/s、8 位数据位、无奇偶校验、1 位停止位、无数据流控制"。

【问题 2】

本问题主要考查路由器的基本配置命令。

```
Router >enable
Router#configure terminal
Router(config)#hostname R1                          //给路由器更改名称
R1(config)#interface F0/0                           //进入 f0/0 的接口配置模式
R1(config-if)#ip addr 10.10.10.1 255.255.255.0     //为 F0/0 接口配置 IP 地址
R1(config-if)#no shutdown                           //激活端口
R1(config-if)#interface F0/1                        //进入 f0/1 的接口配置模式
R1(config-if)#ip addr 10.10.11.1 255.255.255.0     //为 F0/1 接口配置 IP 地址
……
```

【问题 3】

本问题主要考查配置 RIP 路由协议的基本命令。

```
……
R1(config)#interface S0
R1(config-if)#ip addr 61.150.1.2 255.255.255.252   //为 S0 接口配置 IP 地址
R1(config-if)#no shutdown                           //激活端口
R1(config-if)#exit                                  //退出到全局配置模式
R1(config)#ip route 0.0.0.0 0.0.0.0 61.150.1.1     //配置默认路由
R1(config)#router rip                 //指定使用 RIP 路由协议，并进入 RIP 子配置模式
R1(config-router)#network 10.10.10.0               //配置子网 1 参与 RIP
R1(config-router)#network 10.10.11.0               //配置子网 2 参与 RIP
R1(config-router)# end                             //退出至特权配置模式
R1#
……
```

【问题 4】

本问题主要考查 RIP 协议的相关知识点。

RIP 路由协议中总是把具有最小跳数值的路径作为"最优"路径，因此其所选路径并不一定是最佳的。RIP 限制的最大跳数是 15，如果超过则认为路径不可达。在 RIP 配置模式下，使用命令 distance 指定一个管理距离值，其有效的管理距离值为 0～255，如果想提高或者降低可信度，可以在 RIP 配置模式下使用 distance 命令指定一个管理距离

值，RIP 的默认管理距离值为 120，这个数值是可以手工调整的。

参考答案

【问题 1】

（1）B

（2）D

（3）G

（4）F

（5）G

【问题 2】

（6）R1

（7）10.10.10.1 255.255.255.0

（8）no shutdown

（9）F0/1

（10）10.10.11.1 255.255.255.0

【问题 3】

（11）61.150.1.2 255.255.255.252

（12）0.0.0.0 0.0.0.0 61.150.1.1

（13）router rip

（14）10.10.10.0

（15）10.10.11.0

（16）end

【问题 4】

（17）15

（18）120

试题四（共 15 分）

阅读以下说明，回答问题 1 至问题 3，将解答填入答题纸的对应栏内。

【说明】

某留言板采用 ASP+Access 开发，其后台管理登录页面如图 4-1 所示，留言板页面如图 4-2 所示。

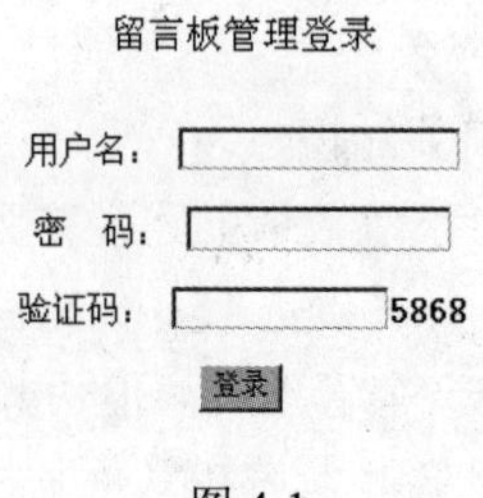

留言板管理登录

用户名：

密　码：

验证码：　　　　　　5868

登录

图 4-1

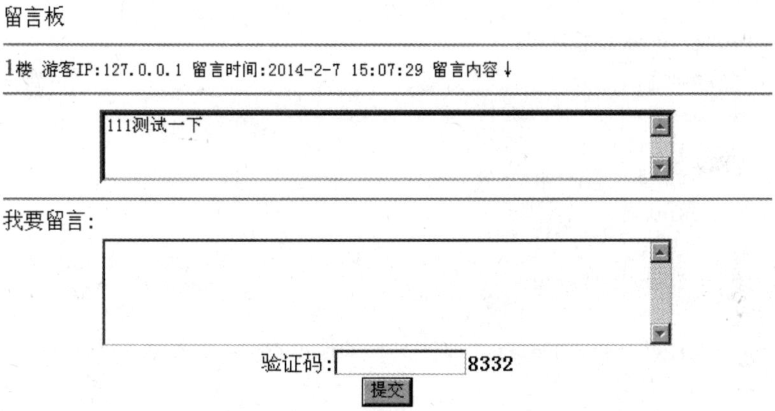

留言板
_____

1楼 游客IP:127.0.0.1 留言时间:2014-2-7 15:07:29 留言内容↓
_____

```
┌─────────────────────────────────────────┬─┐
│111测试一下                               │▲│
│                                          ├─┤
│                                          │▼│
└─────────────────────────────────────────┴─┘
```

我要留言:

```
┌─────────────────────────────────────────┬─┐
│                                          │▲│
│                                          │ │
│                                          │ │
│                                          ├─┤
│                                          │▼│
└─────────────────────────────────────────┴─┘
```

验证码:[＿＿＿＿＿]8332

[提交]

图 4-2

【问题 1】（8 分）

以下是该留言板后台管理登录页面的部分 html 代码，请根据图 4-1 将（1）～（8）
的空缺代码补充完整。

```
<html>
……
<head>
<title>留言板管理登录</title>
</head>
<body  topmargin="0" marginheight="0">
<br>
<form method="post"    (1) ="chklogin.asp">
<table border="0" width="750" align=center cellspacing="2" cellpadding="6">
<tr>
<td width="100%" align="center"><font size="4" >留言板管理登录</font>    (2)
</tr>
……
<td align="center">用户名:
<input  type="   (3) " name="UserName" size="20" >
</td>
</tr>
<tr>
<td align="center">密  码:
  <input type="   (4) " name="Password" >
</td>
</tr>
```

```
<tr>
<td align="center">验证码:
<%dim num1,num2
Randomize
Do While Len(num2)<4
num1=CStr(Chr((57-48)*rnd+48))
___(5)_ = num2&num1
___(6)_
___(7)_("verifycode")=num2
%>
<input type="text" name="Verifycode" ><b><span><%=session("verifycode")%></span>
</b>
</td>
</tr>
<tr>
<td align="center">
<p>
<input type="__(8)__" name="Submit" value="登录">
</p>
......
</html>
```

（1）～（8）备选答案：

A. submit	B. action	C. text	D. </td>
E. session	F. loop	G. num2	H. password

【问题 2】（3 分）

该留言板数据库采用 Access，其数据库名为 data.mdb，留言内容表为 content。content 表设计如表 4-1 所示。留言内容要求大于 8 个字符，小于 500 个字符。

表 4-1

字 段 名 称	说　　明	数 据 类 型
id	留言编号	自动编号
cont	留言内容	(9)
ip	留言者 IP	(10)
time	留言时间	(11)

请根据留言板要求，在表 4-1 中给出合适的数据类型。

（9）～（11）备选答案：

A. 文本　　　　B. 备注　　　　C. 自动编号　　　　D. 日期/时间

【问题 3】（4 分）

以下是该留言板页面部分代码，请根据题目说明完成该程序，将答案填写在答题纸的对应位置。

```
<!--#include file=conn.asp-->
  ……
    <%
    set rs2=server.CreateObject("adodb.recordset")
    rs2.open "select * from ___(12)___ "
    I=0
    do while not rs2.eof
    I=I+1
    response.Write("<tr><td><hr><font color="red"><b>" & ___(13)___ & "</b>
楼 游客 IP:" & rs2("ip") & " 留言时间:" & rs2("time") & " 留言内容↓
    </font><hr></td></tr><tr >
<td align=center><textarea >" & rs2("_(14)_") & "</textarea></td></tr>")
    rs2.movenext
    loop
    rs2.___(15)___
    '验证码生成
    ……
    %>
    <tr valign=middle>
        <td"><hr />我要留言:</td>
    </tr>
        ……
```

（12）～（15）备选答案：

    A. cont   B. close   C. content   D. I

试题四分析

    本题考查网页设计的基本知识。

【问题 1】

    本问题考查 html 代码及 asp 编程的基础知识。根据图示网页及提供的程序代码，该网站后台管理登录页面中的空（1）、（2）属于 HTML 基础标记，空（3）、（4）、（8）可以在图中判断其表单类型值，空（5）～（7）是 asp 程序。所以代码应为如下：

```
<html>
……
<head>
<title>留言板管理登录</title>
</head>
<body topmargin="0" marginheight="0">
<br>
```

```
<form method="post"  action ="chklogin.asp">
<table border="0" width="750" align=center cellspacing="2" cellpadding="6">
<tr>
<td width="100%" align="center"><font size="4" >留言板管理登录</font> </td>
</tr>
……
<td align="center">用户名：
<input  type="  text " name="UserName" size="20" >
</td>
</tr>
<tr>
<td align="center">密  码：
  <input type=" password " name="Password" >
</td>
</tr>
<tr>
<td align="center">验证码：
<%dim num1,num2
Randomize
Do While Len(num2)<4
num1=CStr(Chr((57-48)*rnd+48))
num2= num2&num1
loop
session ("verifycode")=num2
%>
<input type="text" name="Verifycode" ><b><span><%=session("verifycode")
%></span>
</b>
</td>
</tr>
<tr>
<td align="center">
<p>
<input type=" submit    " name="Submit" value="登录">
</p>
    ……
</html>
```

【问题 2】

本问题考查 Access 数据库的基础知识。

由于留言内容要求大于 8 个字符，小于 500 个字符，而 Access 数据库的文本字段默认为 50 个字节，最长为 255 个字节，所以 cont 字段数据类型应该是备注型；ip 字段数据类型应该是文本型，time 字段数据类型应该是日期/时间型。

【问题 3】

本问题考查 ASP 编程的基础知识。

依照 ASP 程序的基本语法，空（12）应是数据表的名称，依照描述可知系统数据库名为 data.mdb，留言内容表为 content，所以此处应填写为 content。空（13）根据题目的图 4-2 及程序可以判断此处应是显示的楼层数，依照程序可以判定此处应填写 I。空（14）、（15）考查 ASP 中数据库的基本操作。所以该程序代码如下：

```
<!--#include file=conn.asp-->
   ……
    <%
    set rs2=server.CreateObject("adodb.recordset")
    rs2.open "select * from  content
    I=0
    do while not rs2.eof
    I=I+1
    response.Write("<tr ><td ><hr><font color="red"><b>" & I & "</b>楼 游
    客 IP:" & rs2("ip") & " 留言时间:" & rs2("time") & " 留言内容↓</font>
    <hr></td></tr><tr >
<td  align=center><textarea >" & rs2("cont ") & "</textarea></td></tr>")
    rs2.movenext
    loop
    rs2. close
    '验证码生成
       ……
    %>
    <tr valign=middle>
        <td"><hr />我要留言:</td>
    </tr>
       ……
```

参考答案

【问题 1】

（1）B

（2）D

（3）C

（4）H

（5）G

（6）F

　　（7）E

　　（8）A

【问题 2】

　　（9）B

　　（10）A

　　（11）D

【问题 3】

　　（12）C

　　（13）D

　　（14）A

　　（15）B

第 11 章　2014 下半年网络管理员上午试题分析与解答

试题（1）、（2）

微型计算机系统中，显示器属于__(1)__，硬盘属于__(2)__。

(1) A. 表现媒体　　　B. 传输媒体　　　C. 表示媒体　　　D. 存储媒体

(2) A. 表现媒体　　　B. 传输媒体　　　C. 表示媒体　　　D. 存储媒体

试题（1）、（2）分析

本题考查多媒体基础知识。

表现媒体是指进行信息输入和输出的媒体，如键盘、鼠标、话筒，以及显示器、打印机、喇叭等。传输媒体是指传输表示媒体的物理介质，如电缆、光缆、电磁波等。表示媒体指传输感觉媒体的中介媒体，即用于数据交换的编码，如图像编码、文本编码和声音编码等；存储媒体是指用于存储表示媒体的物理介质，如硬盘、U 盘、光盘、ROM 及 RAM 等。

参考答案

(1) A　　(2) D

试题（3）

以下设备中，不能使用__(3)__将印刷图片资料录入计算机。

(3) A. 扫描仪　　　B. 投影仪　　　C. 数字摄像机　　　D. 数码相机

试题（3）分析

本题考查多媒体基础知识，主要涉及多媒体信息采集与转换设备。

数字转换设备可以把从现实世界中采集到的文本、图形、图像、声音、动画和视频等多媒体信息转换成计算机能够记录和处理的数据。使用扫描仪对印刷品、图片、照片或照相底片等扫描输入到计算机中。使用数字相机或数字摄像机对印刷品、图片、照片进行拍摄均可获得数字图像数据，且可直接输入到计算机中。投影仪是一种将计算机输出的图像信号投影到幕布上的设备。

参考答案

(3) B

试题（4）

机器字长为 8 位，定点整数 X 的补码用十六进制表示为 B6H，则其反码用十六进制表示为__(4)__。

(4) A. CAH　　　B. B6H　　　C. 4AH　　　D. B5H

试题（4）分析

本题考查计算机系统硬件基础知识。

B6H 的二进制形式为 10110110，若其为数 X 的补码，则说明 X 为负数，其真值为数据位各位取反末位加 1 得到，其反码则是将其由 7 位真值的数据位各位取反得到，因此得到 X 的反码为 10110101，即十六进制的 B5H。

参考答案

（4）D

试题（5）

在定点二进制运算中，减法运算一般通过　__(5)__　来实现。

（5）A．补码运算的二进制减法器　　　　B．原码运算的二进制减法器

　　　C．原码运算的二进制加法器　　　　D．补码运算的二进制加法器

试题（5）分析

本题考查计算机系统硬件基础知识。

由于在补码表示的情况下，可以将数值位和符号为统一处理，并能将减法转换为加法，因此在定点二进制运算中，减法运算一般通过补码运算的二进制加法器来实现。

参考答案

（5）D

试题（6）

下列编码中包含奇偶校验位、无错误，且采用偶校验的编码是　__(6)__　。

（6）A．10101101　　　B．10111001　　　C．11100001　　　D．10001001

试题（6）分析

本题考查计算机系统硬件基础知识。

奇偶校验是一种简单有效的校验方法。这种方法通过在编码中增加一个校验位来使编码中 1 的个数为奇数（奇校验）或者偶数（偶校验），从而使码距变为 2。题目中给出的 4 个选项中，只有 11100001 中 1 的个数为偶数，因此采用偶校验的编码是 11100001。

参考答案

（6）C

试题（7）

直接转移指令执行时，是将指令中的地址送入　__(7)__　。

（7）A．累加器　　　B．数据计数器　　　C．地址寄存器　　　D．程序计数器

试题（7）分析

本题考查计算机系统硬件基础知识。

CPU 中常用指令寄存器来暂存从存储器中取出的指令，以便对其进行译码并加以执行，而程序计数器（PC）则用于暂存要读取的指令的地址。直接转移指令的一般格式是给出要转移到的指令的地址，因此该指令执行时，首先将下一步要执行的指令的地址送入程序计数器，然后才从存储器中取出指令去执行。

参考答案

（7）D

试题（8）

下列部件中属于 CPU 中算术逻辑单元的部件是　(8)　。

（8）A．程序计数器　　B．加法器　　　C．指令寄存器　　D．指令译码器

试题（8）分析

本题考查计算机系统硬件基础知识。

题目中给出的选项中，程序计数器、指令寄存器和指令译码器都是 CPU 中控制单元的基本部件，加法器是算术逻辑单元中的基本部件。

参考答案

（8）B

试题（9）

在 CPU 和主存之间设置"Cache"的作用是为了解决　(9)　的问题。

（9）A．主存容量不足　　　　　　　　B．主存与辅助存储器速度不匹配

　　　C．主存与 CPU 速度不匹配　　　D．外设访问效率

试题（9）分析

本题考查计算机系统硬件基础知识。

基于成本和性能方面的考虑，Cache（即高速缓存）是为了解决相对较慢的主存与快速的 CPU 之间工作速度不匹配问题而引入的存储器。Cache 中所存储的是主存内容的副本。

参考答案

（9）C

试题（10）

以下关于磁盘的描述不正确的是　(10)　。

（10）A．同一个磁盘上每个磁道的位密度都是相同的

　　　　B．同一个磁盘上的所有磁道都是同心圆

　　　　C．提高磁盘的转速一般不会减少平均寻道时间

　　　　D．磁盘的格式化容量一般要比非格式化容量小

试题（10）分析

本题考查计算机系统硬件基础知识。

磁盘存储器由盘片、驱动器、控制器和接口组成。盘片用来存储信息。驱动器用于驱动磁头沿盘面作径向运动以寻找目标磁道位置，驱动盘片以额定速率稳定旋转，并且控制数据的写入和读出。

硬盘中可记录信息的磁介质表面叫作记录面。每一个记录面上都分布着若干同心的闭合圆环，称为磁道。数据就记录在磁道上。使用时要对磁道进行编号，按照半径递减

的次序从外到里编号,最外一圈为 0 道,往内道号依次增加。

为了便于记录信息,磁盘上的每个磁道又分成若干段,每一段称为一个扇区。

位密度是指在磁道圆周上单位长度内存储的二进制位的个数。虽然每个磁道的周长不同,但是其存储容量却是相同的,因此,同一个磁盘上每个磁道的位密度都是不同的。最内圈的位密度称为最大位密度。

磁盘的容量有非格式化容量和格式化容量之分。一般情况下,磁盘容量是指格式化容量。

非格式化容量=位密度×内圈磁道周长×每个记录面上的磁道数×记录面数

格式化容量=每个扇区的字节数×每道的扇区数×每个记录面的磁道数×记录面数

寻道时间是指磁头移动到目标磁道(或柱面)所需要的时间,由驱动器的性能决定,是个常数,由厂家给出。等待时间是指等待读写的扇区旋转到磁头下方所用的时间,一般选用磁道旋转一周所用时间的一半作为平均等待时间。提高磁盘转速缩短的是平均等待时间。

参考答案

（10）A

试题（11）、（12）

在计算机系统工作环境的下列诸因素中,对磁盘工作影响最小的因素是　（11）　;为了提高磁盘存取效率,通常需要利用磁盘碎片整理程序　（12）　。

（11）A. 温度　　　　　B. 湿度　　　　　C. 噪声　　　　　D. 磁场

（12）A. 定期对磁盘进行碎片整理　　　　　B. 每小时对磁盘进行碎片整理

　　　　C. 定期对内存进行碎片整理　　　　　D. 定期对 ROM 进行碎片整理

试题（11）、（12）分析

本题考查计算机系统性能方面的基础知识。

试题（11）的正确答案为 C。使用硬盘时应注意防高温、防潮、防电磁干扰。硬盘工作时会产生一定热量,使用中存在散热问题。温度以 20℃~25℃为宜,温度过高或过低都会使晶体振荡器的时钟主频发生改变。温度还会造成硬盘电路元件失灵,磁介质也会因热胀效应而造成记录错误;温度过低,空气中的水分会被凝结在集成电路元件上,造成短路。湿度过高时,电子元件表面可能会吸附一层水膜,氧化、腐蚀电子线路,以致接触不良,甚至短路,还会使磁介质的磁力发生变化,造成数据的读写错误。湿度过低,容易积累大量的因机器转动而产生的静电荷,这些静电会烧坏 CMOS 电路,吸附灰尘而损坏磁头、划伤磁盘片。机房内的湿度以 45%~65%为宜。注意使空气保持干燥或经常给系统加电,靠自身发热将机内水汽蒸发掉。另外,尽量不要使硬盘靠近强磁场,如音箱、喇叭、电机、电台、手机等,以免硬盘所记录的数据因磁化而损坏。

试题（12）的正确答案为 A。文件在磁盘上一般是以块(或扇区)的形式存储的。有的文件可能存储在一个连续的区域内,有的文件则被分割成若干个"片"存储在磁盘中不连续的多个区域。这种情况对文件的完整性没有影响，但由于文件过于分散，将增加计算机读盘的时间，从而降低了计算机的效率。磁盘碎片整理程序可以在整个磁盘系统范围内对文件重新安排，将各个文件碎片在保证文件完整性的前提下转换到连续的存储区内，提高对文件的读取速度。

参考答案

　　（11）C　　（12）A

试题（13）

　　在 Windows 系统中，将指针移向特定图标时，会看到该图标的名称或某个设置的状态。例如，指向___（13）___图标将显示计算机的当前音量级别。

　　（13）A. 　　　　B. 　　　　C. 　　　　D.

试题（13）分析

　　本题考查操作系统基本操作方面的基础知识。

　　试题（13）正确答案为 B。在 Windows 系统中，将指针移向特定图标时，会看到该图标的名称或某个设置的状态。例如，指向音量图标将显示计算机的当前音量级别。指向网络图标将显示有关是否连接到网络、连接速度以及信号强度的信息。

参考答案

　　（13）B

试题（14）

　　以下关于解释器运行程序的叙述中，错误的是___（14）___。

　　（14）A. 可以先将高级语言程序转换为字节码，再由解释器运行字节码

　　　　　 B. 可以由解释器直接分析并执行高级语言程序代码

　　　　　 C. 与直接运行编译后的机器码相比，通过解释器运行程序的速度更慢

　　　　　 D. 在解释器运行程序的方式下，程序的运行效率比运行机器代码更高

试题（14）分析

　　本题考查程序语言基础知识。

　　解释程序也称为解释器，它可以直接解释执行源程序，或者将源程序翻译成某种中间表示形式后再加以执行；而编译程序（编译器）则首先将源程序翻译成目标语言程序，然后在计算机上运行目标程序。

　　解释程序在词法、语法和语义分析方面与编译程序的工作原理基本相同。一般情况下，在解释方式下运行程序时，解释程序可能需要反复扫描源程序。例如，每一次引用变量都要进行类型检查，甚至需要重新进行存储分配，从而降低了程序的运行速度。在空间上，以解释方式运行程序需要更多的内存，因为系统不但需要为用户程序分配运行空间，而且要为解释程序及其支撑系统分配空间。

参考答案

　　（14）D

试题（15）

注册商标所有人是指___(15)___。

(15) A．商标使用人　　　　　　　　B．商标设计人

　　　C．商标权人　　　　　　　　　D．商标制作人

试题（15）分析

商标权人是指依法享有商标专用权的人。在我国，商标专用权是指注册商标专用权。注册商标是指经国家主管机关核准注册而使用的商标，注册人享有专用权。未注册商标是指未经核准注册而自行使用的商标，其商标使用人不享有法律赋予的专用权。商标所有人只有依法将自己的商标注册后，商标注册人才能取得商标权，其商标才能得到法律的保护。

商标权不包括商标设计人的权利，商标设计人的发表权、署名权等人身权在商标的使用中没有反映，它不受商标法保护，商标设计人可以通过其他法律来保护属于自己的权利。例如，可以将商标设计图案作为美术作品通过著作权法来保护；与产品外观关系密切的商标图案还可以申请外观设计专利通过专利法保护。

参考答案

(15) C

试题（16）

在数据结构中，___(16)___是与存储结构无关的术语。

(16) A．单链表　　　　B．二叉树　　　　C．哈希表　　　　D．循环队列

试题（16）分析

本题考查数据结构基础知识。

单链表是一种与存储结构有关的术语，常用于线性表的链式存储，通过在结点中设置指针域指出当前元素的直接后继（或直接前驱）元素所在结点，从而表示出元素间的顺序关系（即逻辑关系）。

哈希表既是一种存储结构也是一种查找结构，它以记录的关键字为自变量计算一个函数（称为哈希函数）得到该记录的存储地址，从而实现快速存储和查找。

循环队列是指采用顺序存储结构实现的队列。在顺序队列中，为了降低运算的复杂度，元素入队时，只修改队尾指针；元素出队时，只修改队头指针。由于顺序队列的存储空间是提前设定的，因此队尾指针会有一个上限值，当队尾指针达到其上限时，就不能只通过修改队尾指针来实现新元素的入队操作了。此时，可将顺序队列假想成一个环状结构，称之为循环队列，同时保持运算的简便性。

参考答案

(16) B

试题（17）、（18）

在 Word 编辑状态下，若要显示或隐藏编辑标记，则单击___(17)___按钮；若将光标

移至表格外右侧的行尾处，按下 Enter 键，则　　(18)　　。

(17) A. 　　　B. 　　　C. 　　　D.

(18) A. 光标移动到上一行，表格行数不变

　　　B. 光标移动到下一行，表格行数不变

　　　C. 在光标的上方插入一行，表格行数改变

　　　D. 在光标的下方插入一行，表格行数改变

试题 (17)、(18) 分析

本题考查计算机基本操作。

试题 (17) 的正确答案为 C。在 Word 编辑状态下，若要显示或隐藏段落标记，则单击 "" 按钮；"" 按钮可以便捷地将单级项目符号列表或编号列表中的文本按字母顺序排列；"" 按钮可以创建编号列表；"" 按钮可以清除所选内容的所有格式，只保留纯文本。

试题 (18) 的正确答案为 D。若将光标移至表格外右侧的行尾处并按下 Enter 键时，则在光标的下方插入一行，表格行数改变。

参考答案

(17) C　　(18) D

试题 (19)

在地面上相距 1000 公里的两地之间通过电缆传输 4000 比特长的数据包，数据速率为 64kb/s，从开始发送到接收完成需要的时间为　　(19)　　。

(19) A. 5ms　　　　B. 10ms　　　　C. 62.5ms　　　　D. 67.5ms

试题 (19) 分析

电信号以接近光速的速度（300m/μs）传播，但在各种传输介质中略有差别。例如在电缆中的传播速度一般为光速的 77%，即 200 m/μs 左右。所以电信号通过电缆传播 1000 公里，需要的时间是 5ms。另外发送端（或接收端）发送（或接收）完一个数据包的时间是 4000÷64kb/s=62.5ms。

参考答案

(19) D

试题 (20)

设信道带宽为 3400Hz，采用 PCM 编码，每秒采样 8000 次，每个样本量化为 128 个等级，则信道的数据速率为　　(20)　　。

(20) A. 10kb/s　　　　B. 16kb/s　　　　C. 56kb/s　　　　D. 64kb/s

试题 (20) 分析

由于信道带宽为 3400Hz，按照奈奎斯特采样定理，采样频率最少应为信号最高频率的两倍，今假定每秒采样 8000 次，每个样本量化为 128 个等级，即采用 7 位二进制编码，所以信道的数据速率为 7×8000=56kb/s。

参考答案

（20）C

试题（21）、（22）

E1 载波采用的复用方式是 __(21)__ ，提供的数据速率是 __(22)__ 。

（21）A．时分多路 　　 B．空分多路 　　 C．波分多路 　　 D．频分多路

（22）A．56kb/s 　　 B．64kb/s 　　 C．1024kb/s 　　 D．2048kb/s

试题（21）、（22）分析

CCITT建议了一种时分多路复用的 PCM 编码标准，称为 E1 载波，其每一帧开始处有 8 位同步比特，中间有 8 位信令比特，再组织 30 路的 8 比特数据，全帧含 256 比特，每一帧也用 125us 传送，可计算出数据传输速率为 256b/125us=2.048Mb/s。

参考答案

（21）A 　　 （22）D

试题（23）、（24）

路由器启动后由一般用户模式进入特权模式时键入的命令是 __(23)__ ，进入全局配置模式时键入的命令是 __(24)__ 。

（23）A．interface serial 　　　　　　　 B．config terminal

　　　 C．enable 　　　　　　　　　　　 D．config-router

（24）A．interface serial 　　　　　　　 B．config terminal

　　　 C．enable 　　　　　　　　　　　 D．config-router

试题（23）、（24）分析

路由器的配置操作有三种模式，即用户执行模式、特权模式和配置模式。配置模式又分为全局配置模式和接口配置模式、路由协议配置模式、线路配置模式等子模式。在不同的工作模式下，路由器有不同的命令提示状态。

- Router>。路由器处于用户执行模式命令状态，这时用户可以看路由器的连接状态，访问其他网络和主机，但不能看到和更改路由器的设置内容。
- Router#。路由器处于特权模式命令状态，在 Router>提示符下输入 enable，可进入特权命令状态，这时不但可以执行所有的用户命令，还可以看到和更改路由器的设置内容。
- Router(config)#。路由器处于全局配置模式命令状态，在 Router#提示符下输入 configure terminal，可进入全局设置状态，这时可以设置路由器的全局参数。
- Router(config-if)#，router(config-line)#，router(config-router)#，…。路由器处于局部设置状态，这时可以设置路由器某个局部的参数。

参考答案

（23）C 　　 （24）B

试题（25）、（26）

　　扩展访问控制列表的编号范围是　(25)　。如果允许来自子网 172.16.0.0/16 的分组通过路由器，则对应 ACL 语句应该是　(26)　。

　　（25）A．1～99　　　　　　　B．100～199　　　C．800～899　　　D．1000～1099

　　（26）A．access-list 10 permit 172.16.0.0 255.255.0.0

　　　　　　B．access-list 10 permit 172.16.0.0 0.0.0.0

　　　　　　C．access-list 10 permit 172.16.0.0 0.0.255.255

　　　　　　D．access-list 10 permit 172.16.0.0 255.255.255.255

试题（25）、（26）分析

　　访问控制列表 ACL 编号的取值范围如下表所示，其中标准 ACL 和扩展 ACL 是常用的。

表　ACL 编号

ACL 类型	ACL 编号范围
IP 标准	1～99，1300～1999
标准 Vines	1～99
IP 扩展	100～199，2000～2699
扩展 Vines	100～199
网桥类型代码（第二层）	200～299
DECnet	300～399
标准 XNS	400～499
扩展 XNS	500～599
AppleTalk	600～699
网桥 MAC 地址和制造商代码	700～799
IPX 标准	800～899
IPX 扩展	900～999
IPX SAP 过滤器	1000～1099
扩展的透明网桥	1100～1199
IPX NLSP	1200～1299

　　如果允许来自子网 172.16.0.0/16 的分组通过路由器，则对应 ACL 语句应该是 access-list 10 permit 172.16.0.0 0.0.255.255。值得注意的是 permit 后的地址代表源地址，地址后面要用反掩码。

参考答案

　　（25）B　　（26）C

试题（27）、（28）

　　分配给某公司网络的地址块是 210.115.192.0/20，该网络可以被划分为　(27)　个 C

类子网，不属于该公司网络的子网地址是 __(28)__ 。

（27）A. 4　　　　　　B. 8　　　　　　C. 16　　　　　　D. 32
（28）A. 210.115.203.0　　　　　　B. 210.115.205.0
　　　　C. 210.115.207.0　　　　　　D. 210.115.210.0

试题（27）、（28）分析

　　由于分配给公司网络的地址块是 210.115.192.0/20，留给子网掩码的比特数只有 4 位，所以只能划分为 16 个 C 类子网，这 16 个 C 类子网的子网号为 11000000～11001111，即 192～207，所以 210.115.210.0 不属于该公司的网络地址。

参考答案

　　（27）C　　（28）D

试题（29）

　　网络地址 220.117.123.7/20 所属的网络 ID 是 __(29)__ 。

（29）A. 220.117.123.0/20　　　　　　B. 220.117.112.0/20
　　　　C. 220.117.123.7/21　　　　　　D. 220.117.112.7/21

试题（29）分析

　　网络地址 220.117.123.7/20 二进制形式是 11011100.01110101.01111011.00000111，其子网掩码长度为 20，所以其网络 ID 为 **11011100.01110101.0111**0000，即 220.117.112.0/20。

参考答案

　　（29）B

试题（30）

　　在 IPv6 地址无状态自动配置过程中，主机将其 __(30)__ 附加在地址前缀 1111 1110 10 之后，产生一个链路本地地址。

（30）A. IPv4 地址　　　　　　B. MAC 地址
　　　　C. 主机名　　　　　　　D. 任意字符串

试题（30）分析

　　IPv6 把自动 IP 地址配置作为标准功能，只要计算机连接上网络便可自动分配 IP 地址。IPv6 有两种自动配置功能，一种是"全状态自动配置"，另一种是"无状态自动配置"。在无状态自动配置过程中，主机通过两个阶段分别获得链路本地地址和可聚合全球单播地址。首先主机将其网卡 MAC 地址附加在链路本地地址前缀 1111 1110 10 之后，产生一个链路本地地址，并发出一个 ICMPv6 邻居发现（Neighbor Discovery）请求，以验证该地址的唯一性。如果请求没有得到响应，则表明主机自我配置的链路本地地址是唯一的。否则，主机将使用一个随机产生的接口 ID 组成一个新的链路本地地址。获得链路本地地址后，主机以该地址为源地址，向本地链路中所有路由器组播 ICMPv6 路由器请求（Router Solicitation）报文，收到请求的路由器以一个包含可聚合全球单播地址前缀的路由器公告（Router Advertisement）报文响应。主机用从路由器得到的地址前缀加上自己的接口 ID，自动配置成一个全球单播地址，这样就可以与 Internet 中的任何主机进行通信了。使用无状态自动配置，无需手工干预就可以改变主机的 IPv6 地址。

参考答案

　　（30）B

试题（31）

　　在 RIP 协议中，默认的路由更新周期是 　 (31) 　 秒。

　　（31）A．30　　　　　　B．60　　　　　　C．90　　　　　　D．100

试题（31）分析

　　RIP 默认的路由更新周期为 30 秒，持有时间（Hold-Down Time）为 180 秒。也就是说，RIP 路由器每 30 秒向所有邻居发送一次路由更新报文，如果在 180 秒之内没有从某个邻居接收到路由更新报文，则认为该邻居已经不存在了。这时如果从其他邻居收到了有关同一目标的路由更新报文，则用新的路由信息替换已失效的路由表项，否则，对应的路由表项被删除。

参考答案

　　（31）A

试题（32）、（33）

　　PPP 中的安全认证协议是 　 (32) 　，它使用 　 (33) 　 的会话过程传送密文。

　　（32）A．MD5　　　　　B．PAP　　　　　C．CHAP　　　　　D．HASH

　　（33）A．一次握手　　　B．两次握手　　　C．三次握手　　　D．同时握手

试题（32）、（33）分析

　　PPP 认证是可选的。PPP 扩展认证协议（Extensible Authentication Protocol，EAP）可支持多种认证机制，并且允许使用后端服务器来实现复杂的认证过程。例如，通过 Radius 服务器进行 Web 认证时，远程访问服务器（RAS）只是作为认证服务器的代理传递请求和应答报文，并且当识别出认证成功/失败标志后结束认证过程。通常 PPP 支持的两个认证协议是：

　　① 口令验证协议（Password Authentication Protocol，PAP）：提供了一种简单的两次握手认证方法，由终端发送用户标识和口令字，等待服务器的应答，如果认证不成功，则终止连接。这种方法不安全，因为采用文本方式发送密码，可能会被第三方窃取。

　　② 质询握手认证协议（Challenge Handshake Authentication Protocol，CHAP）：采用三次握手方式周期地验证对方的身份。首先是逻辑链路建立后认证服务器就要发送一个挑战报文（随机数），终端计算该报文的 Hash 值并把结果返回服务器，然后认证服务器把收到的 Hash 值与自己计算的 Hash 值进行比较，如果匹配，则认证通过，连接得以建立，否则连接被终止。计算 Hash 值的过程有一个双方共享的密钥参与，而密钥是不通过网络传送的，所以 CHAP 是更安全的认证机制。在后续的通信过程中，每经过一个随机的间隔，这个认证过程都可能被重复，以缩短入侵者进行持续攻击的时间。值得注意

的是，这种方法可以进行双向身份认证，终端也可以向服务器进行挑战，使得双方都能确认对方身份的合法性。

参考答案

（32）C　　（33）C

试题（34）、（35）

ICMP 协议属于因特网中的＿＿（34）＿＿协议，ICMP 协议数据单元封装在＿＿（35）＿＿中传送。

（34）A. 数据链路层　B. 网络层　　　　C. 传输层　　　　D. 会话层

（35）A. 以太帧　　　B. TCP 段　　　C. UDP 数据报　D. IP 数据报

试题（34）、（35）分析

ICMP（Internet control Message Protocol）与 IP 协议同属于网络层，用于传送有关通信问题的消息，例如数据报不能到达目标站，路由器没有足够的缓存空间，或者路由器向发送主机提供最短通路信息等。ICMP 报文封装在 IP 数据报中传送，因而不保证可靠的提交。

参考答案

（34）B　　（35）D

试题（36）、（37）

在局域网中划分 VLAN，不同 VLAN 之间必须通过＿＿（36）＿＿才能互相通信。属于各个 VLAN 的数据帧必须打上不同的＿＿（37）＿＿。

（36）A. 中继端口　　B. 动态端口　　C. 接入端口　　D. 静态端口

（37）A. VLAN 优先级　　　　　　B. VLAN 标记

　　　 C. 用户标识　　　　　　　　D. 用户密钥

试题（36）、（37）分析

在划分成 VLAN 的交换网络中，交换机端口之间的连接分为两种：接入链路连接（Access-Link Connection）和中继连接（Trunk Connection）。接入链路只能连接具有标准以太网卡的设备，也只能传送属于单个 VLAN 的数据包。任何连接到接入链路的设备都属于同一广播域，这意味着，如果有 10 个用户连接到一个集线器，而集线器被插入到交换机的接入链路端口，则这 10 个用户都属于该端口规定的 VLAN。中继链路是在一条物理连接上生成多个逻辑连接，每个逻辑连接属于一个 VLAN。在进入中继端口时，交换机在数据包中加入 VLAN 标记。这样，在中继链路另一端的交换机就不仅根据目标地址、而且要根据数据包所属的 VLAN 进行转发决策。为了与接入链路设备兼容，在数据包进入接入链路连接的设备时，交换机要删除 VLAN 标记，恢复原来的帧结构。添加和删除 VLAN 标记的过程是由交换机中的专用硬件自动实现的，处理速度很快，不会引入太大的延迟。从用户角度看，数据源产生标准的以太帧，目标接收的也是标准的以太帧，VLAN 标记对用户是透明的。

参考答案

（36）A （37）B

试题（38）

在 IEEE 802.3 标准中，数据链路层被划分为两个子层____（38）____。

（38）A. 逻辑链路控制子层和介质访问控制子层

B. 链路控制子层和链路管理子层

C. 介质访问控制子层和物理介质控制子层

D. 物理介质管理子层和逻辑地址管理子层

试题（38）分析

由于局域网使用多种传输介质，而介质访问控制协议与具体的传输介质和拓扑结构有关，所以 IEEE 802 标准把数据链路层划分成了两个子层。与物理介质相关的部分叫作介质访问控制 MAC（Media Access Control）子层，与物理介质无关的部分叫作逻辑链路控制 LLC（Logical Access Control）子层。LLC 提供标准的 OSI 数据链路层服务，这使得任何高层协议（例如 TCP/IP，SNA 或有关的 OSI 标准）都可运行于局域网标准之上。局域网的物理层规定了传输介质及其接口的电气特性，机械特性，接口电路的功能，以及信令方式和信号速率等。整个局域网的标准以及与 OSI 参考模型的对应关系如下图所示。

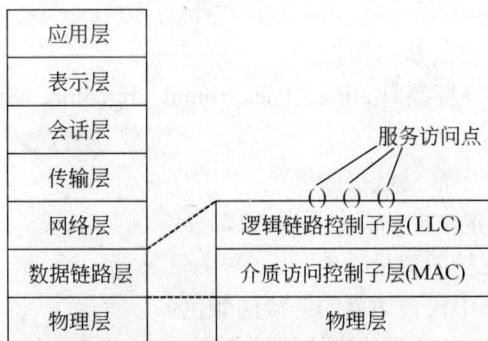

图 局域网体系结构与 OSI/RM 的对应关系

参考答案

（38）A

试题（39）、（40）

结构化综合布线系统中的干线子系统是指____（39）____，水平子系统是指____（40）____。

（39）A. 管理楼层内各种设备的子系统

B. 连接各个建筑物的子系统

C. 工作区信息插座之间的线缆子系统

D. 实现楼层设备间连接的子系统

（40）A. 管理楼层内各种设备的子系统

　　　 B. 连接各个建筑物的子系统

　　　 C. 各个楼层接线间配线架到工作区信息插座之间所安装的线缆

　　　 D. 实现楼层设备间连接的子系统

试题（39）、（40）分析

　　结构化布线系统分为 6 个子系统：工作区子系统、水平子系统、管理子系统、干线（或垂直）子系统、设备间子系统和建筑群子系统。其中干线子系统是建筑物的主干线缆，实现各楼层设备间子系统之间的互连。干线子系统通常由垂直的大对数铜缆或光缆组成，一头端接于设备间的主配线架上，另一头端接在楼层接线间的管理配线架上。水平子系统是指各个楼层接线间的配线架到工作区信息插座之间所安装的线缆系统，其作用是将干线子系统线路延伸到用户工作区。

参考答案

　　（39）D　　（40）C

试题（41）

　　HTML <body>元素中，＿＿（41）＿＿属性用于定义文档中未访问链接的默认颜色。

　　（41）A. alink　　　　　B. link　　　　　C. vlink　　　　　D. bgcolor

试题（41）分析

　　本题考查 HTML 语言的基本知识。

　　HTML 语言中<body>标签有 alink、background、bgcolor、vlink、link 等属性，它们各自的作用如下：

　　① alink：规定文档中活动链接的颜色；

　　② background：规定文档的背景图像；

　　③ bgcolor：规定文档的背景颜色；

　　④ vlink：对丁文档中已被访问的链接的颜色；

　　⑤ link：规定文档中未访问的链接的颜色。

参考答案

　　（41）B

试题（42）

　　在 HTML 中，＿＿（42）＿＿标记用于定义表格的单元格。

　　（42）A. <table>　　　　B. <body>　　　　C. <tr>　　　　D. <td>

试题（42）分析

　　本题考查 HTML 语言的基本知识。

　　在 HTML 语言中<body>与</body>标签一般成对出现，配合使用，用来定义文档的主体；<table>标签用于定义文档中的表格，<tr>标签和</tr>标签成对出现，配合使用，用来定义文档中表格的行；<td>标签用于定义文档中表格的单元格，包含 nowrap 属性，规定单元格中的内容不换行。

参考答案

（42）D

试题（43）

HTML 中的<td rowspan=3>标记用于设置单元格__（43）__。

（43）A．宽度　　　　B．跨越多列　　　　C．跨越多行　　　　D．边框

试题（43）分析

本题考查 HTML 语言的基本知识。

HTML 语言中的<td>标签包含 nowrap、rowspan、width、bgcolor 等属性，其中 rowspan 属性用于规定单元格可横跨的行数，该标签用法为：<td rowspan="value">。

参考答案

（43）C

试题（44）

HTML 中，以下<input>标记的 type 属性值__（44）__在浏览器中的显示不是按钮形式。

（44）A．submit　　　　B．button　　　　C．password　　　　D．reset

试题（44）分析

本题考查 HTML 语言的基本知识。

HTML 语言中<input>标记含有多种属性，其中 type 属性用于规定 input 元素的类型，包含 button、checkbox、hidden、image、password、reset、submit、text 等几种，其中：

① button 用于定义可点击的按钮；

② checkbox 用于定义文档中的复选框；

③ hidden 用于定义隐藏的输入字段；

④ image 用于定义图像形式的提交按钮；

⑤ password 用于定义密码字段，该字段中的字符将被掩码；

⑥ reset 用于定义重置按钮，重置按钮可以清除表单中的所有数据；

⑦ submit 用于定义提交按钮，该按钮可以将表单数据发送至服务器；

⑧ text 用于定义单行的输入字段，用户可在其中输入文本，默认宽度为 20 个字符。

参考答案

（44）C

试题（45）

ASP 中，Response 对象的 Cookie 集合是__（45）__的。

（45）A．只读　　　　B．只写　　　　C．可读写　　　　D．不可读写

试题（45）分析

本题考查 ASP 语言的基本知识。

ASP 语言中，Response 对象的 Cookies 集合可设置 cookie 的值。若指定的 cookie 不存在，则创建它。若存在，则设置新的值并且将旧值删去。

语法为：

```
Response.Cookies(cookie)[(key)|.attribute] = value
```

参考答案

（45）B

试题（46）

DHCP 客户端可从 DHCP 服务器获得　　（46）　　。

（46）A．DHCP 服务器的地址和 Web 服务器的地址

　　　B．DNS 服务器的地址和 DHCP 服务器的地址

　　　C．客户端地址和邮件服务器地址

　　　D．默认网关的地址和邮件服务器地址

试题（46）分析

本题考查 DHCP 协议的工作原理。

DHCP 客户端可从 DHCP 服务器获得本机 IP 地址，DNS 服务器的地址，DHCP 服务器的地址，默认网关的地址等，但没有 Web 服务器、邮件服务器地址。

参考答案

（46）B

试题（47）

DHCP 服务器采用　　（47）　　报文将 IP 地址发送给客户机。

（47）A．DhcpDiscover　　　　　　　B．DhcpNack

　　　C．DhcpOffer　　　　　　　　　D．DhcpAck

试题（47）分析

本题考查 DHCP 协议的工作原理。

DHCP 客户端初次启动时采用 DhcpDiscover 申请 IP 地址，服务器采用 DhcpOffer 报文提供给客户机的 IP 地址，DNS 服务器的地址，DHCP 服务器的地址，默认网关的地址。若客户端决定采用该服务器提供的地址，发送 DhcpRequest 报文请求租用，DHCP 服务器采用 DhcpAck 报文确认后客户机就可以使用了。

参考答案

（47）C

试题（48）、（49）

默认情况下，FTP 服务器在　（48）　端口接收客户端的命令，客户端的 TCP 端口为

　(49)　。
　　(48) A．>1024 的端口　　　　B．80　　　　　　C．25　　　　　D．21
　　(49) A．>1024 的端口　　　　B．80　　　　　　C．25　　　　　D．21

试题（48）、（49）分析

　　本题考查 FTP 协议及服务器的工作原理。

　　一条 TCP 连接需要 2 个端口号建立连接，客户端通常是>1024 的高端，通用的服务则是低端口。FTP 服务器端默认情况下用 21 端口进行控制，20 端口传输数据。

参考答案

　　(48) D　　(49) A

试题（50）

　　在浏览器地址栏中输入　(50)　可访问 FTP 站点 ftp.abc.com。

　　(50) A．ftp.abc.com　　　　　　　　　　　B．ftp://ftp.abc.com
　　　　　 C．http://ftp.abc.com　　　　　　　　D．http://www.ftp.abc.com

试题（50）分析

　　本题考查浏览器的使用。

　　在浏览器地址栏中输入 ftp://ftp.abc.com 可访问 FTP 站点 ftp.abc.com，若输入 ftp.abc.com，默认协议是 http。

参考答案

　　(50) B

试题（51）

　　欲知某主机是否可远程登录，可利用　(51)　进行检测。

　　(51) A．端口扫描　　　　B．病毒查杀　　　　C．包过滤　　　　D．身份认证

试题（51）分析

　　本题考查网络攻击方式的基础知识。

　　所谓端口扫描，就是利用 Socket 编程与目标主机的某些端口建立 TCP 连接、进行传输协议的验证等，从而侦知目标主机的被扫描端口是否处于激活状态、主机提供了哪些服务、提供的服务中是否含有某些缺陷等等。常用的扫描方式有：TCP connect()扫描、TCP SYN 扫描、TCP FIN 扫描、IP 段扫描和 FTP 返回攻击等。

　　通过端口扫描能发现目标主机的某些内在的弱点、查找目标主机的漏洞。通过端口扫描可实现：发现一个主机或网络的能力；发现主机上运行的服务；发现主机漏洞。

　　病毒查杀是通过对特征代码、校验和、行为监测和软件模拟等方法找出计算机中被病毒感染的文件。

　　包过滤是通过在相应设备上设置一定的过滤规则，对通过该设备的数据包特征进行对比，根据过滤规则，对与规则相匹配的数据包采取实施放行或者丢弃的操作。通过包过滤，可防止非法数据包进入或者流出被保护网络。

身份认证也称为"身份验证"或"身份鉴别",是指在计算机及计算机网络系统中确认操作者身份的过程,从而确定该用户是否具有对某种资源的访问和使用权限,进而使计算机和网络系统的访问策略能够可靠、有效地执行,防止攻击者假冒合法用户获得资源的访问权限,保证系统和数据的安全,以及授权访问者的合法利益。身份认证可以采取生物识别、密码、认证证书等方式进行。

通过以上的分析,可知,要能够获知某主机是否能够远程登录,只能采取端口扫描的方法。

参考答案

(51) A

试题(52)

网络系统中,通常把___(52)___置于 DMZ 区。

(52) A. Web 服务器   B. 网络管理服务器

   C. 入侵检测服务器   D. 财务管理服务器

试题(52)分析

本题考查防火墙的基础知识。

DMZ 是指非军事化区,也称周边网络,可以位于防火墙之外也可以位于防火墙之内。非军事化区一般用来放置提供公共网络服务的设备。这些设备由于必须被公共网络访问,所以无法提供与内部网络主机相等的安全性。

分析四个备选答案,Web 服务器是为一种为公共网络提供 Web 访问的服务器,网络管理服务器和入侵检测服务器是管理企业内部网和对企业内部网络中的数据流进行分析的专用设备,一般不对外提供访问,而财务服务器是一种仅针对财务部门内部访问和提供服务的设备,不提供对外的公共服务。

参考答案

(52) A

试题(53)

下列关于计算机病毒的描述中,错误的是___(53)___。

(53) A. 计算机病毒是一段恶意程序代码

   B. 计算机病毒都是通过 U 盘拷贝文件传染的

   C. 使用带读写锁定功能的移动存储设备,可防止被病毒传染

   D. 当计算机感染病毒后,可能不会立即传染其他计算机

试题(53)分析

本题考查计算机病毒的基础知识。

计算机病毒是一段认为编写的,具有一定破坏功能的恶意程序,具有隐蔽性、感染性、潜伏性、可激发性等特性,它是通过网络或者移动存储设备传播,传播的方式是通过网络在被感染主机或者磁盘上进行写操作,将恶意程序写入被感染对象实现的。病毒

的可激发性是指当病毒运行的条件满足时，才会发作或者感染其他的计算机。

参考答案

（53）B

试题（54）

下列描述中，错误的是__(54)__。

（54）A．拒绝服务攻击的目的是使计算机或者网络无法提供正常的服务

　　　　B．拒绝服务攻击是不断向计算机发起请求来实现的

　　　　C．拒绝服务攻击会造成用户密码的泄漏

　　　　D．DDoS 是一种拒绝服务攻击形式

试题（54）分析

本题考查拒绝服务攻击的基础知识。

拒绝服务攻击是指不断对网络服务系统进行干扰，改变其正常的作业流程，执行无关程序使系统响应减慢直至瘫痪，从而影响正常用户的使用。当网络服务系统响应速度减慢或者瘫痪时，合法用户的正常请求将不被响应，从而实现用户不能进入计算机网络系统或不能得到相应的服务的目的。

DDoS 是分布式拒绝服务的英文缩写。分布式拒绝服务的攻击方式是通过远程控制大量的主机向目标主机发送大量的干扰消息的一种攻击方式。

参考答案

（54）C

试题（55）

__(55)__ 不是蠕虫病毒。

（55）A．冰河　　　　B．红色代码　　　　C．熊猫烧香　　　　D．爱虫病毒

试题（55）分析

本题考查计算机病毒的基础知识。

"蠕虫"（Worm）是一个程序或程序序列，它是利用网络进行复制和传播，传染途径是通过网络、移动存储设备和电子邮件。最初的蠕虫病毒定义是因为在 DoS 环境下，病毒发作时会在屏幕上出现一条类似虫子的东西，胡乱吞吃屏幕上的字母并将其改形，蠕虫病毒因此而得名。常见的蠕虫病毒有红色代码、爱虫病毒、熊猫烧香、Nimda 病毒、爱丽兹病毒等。

冰河是木马软件，主要用于远程监控，冰河木马后经其他人多次改写形成多种变种，并被用于入侵其他用户的计算机的木马程序。

参考答案

（55）A

试题（56）

在局域网中的一台计算机上使用了 arp-a 命令，有如下输出：

C:\arp-a

Interface: 192.168.0.1 on Interface 0x1000004

Internet Address Physical Address Type

192.168.0.61 00-e0-4c-8c-9a-47 dynamic

192.168.0.70 00-e0-4c-8c-9a-47 dynamic

192.168.0.99 00-e0-4c-8c-81-cc dynamic

192.168.0.102 00-e0-4c-8c-9a-47 dynamic

192.168.0.103 00-e0-4c-8c-9a-47 dynamic

192.168.0.104 00-e0-4c-8c-9a-47 dynamic

从上面的输出可以看出，该网络可能感染　（56）　。

（56）A．蠕虫病毒　　　B．木马病毒　　　C．ARP 病毒　　　D．震荡波病毒

试题（56）分析

本题考查计算机病毒的基础知识。

命令 arp-a 是显示当前计算机 ARP 缓存中的 MAC 地址映射表的命令。从题目的命令输出可见，多个不同的 IP 地址动态映射到相同的 MAC 地址，显然是由于网络中的其他主机感染了 ARP 病毒或者受到了 ARP 欺骗攻击，被修改了主机 IP 地址与 MAC 地址的映射关系所致。

参考答案

（56）C

试题（57）

对一台新的交换机（或路由器）设备进行配置，只能通过（57）进行访问。

（57）A．Telnet 程序远程访问

　　　B．计算机的串口连接该设备的控制台端口

　　　C．浏览器访问指定 IP 地址

　　　D．运行 SNMP 协议的网管软件

试题（57）分析

本题考查交换机（或路由器）设备的初始化配置。

一般来说，用户可以通过多种方法来对交换机（或路由器）设备进行配置，但是交换机（或路由器）设备在进行第一次配置时必须通过控制台终端（Console 端口）进行配置。

参考答案

（57）B

试题（58）

在测试线路的主要指标中，　（58）　是指一对相邻的线通过电磁感应所产生的耦合信号。

（58）A．衰减值　　　B．回波损耗　　　C．近端串扰　　　D．传输迟延

试题（58）分析

本题考查综合布线相关测试知识。

近端串扰（Near End Cross-Talk，NECT）是指在 UTP 电缆链路中一对线与另一对线之间的因信号耦合效应而产生的串扰，是对性能评价的最主要指标，近端串扰用分贝来度量，分贝值越高，线路性能就越好，有时它也被称为线对间 NECT。由于 5 类 UTP 线缆由 4 个线对组成，依据排列组合的方法可知共有六种组合方式。TSB－67 标准规定两对线之间最差的 NECT 值不能超过标准中基本链路（Basic Link）和通道（Channel）的测试限的要求。

参考答案

（58）C

试题（59）

在 Windows 操作系统中可以通过安装　(59)　组件来提供 FTP 服务。

（59）A．IIS　　　　　　B．IE　　　　　　C．Outlook　　　　　　D．WMP

试题（59）分析

本题考查 Windows 的基本组件服务。

IE 是浏览器，Outlook 是邮件客户端服务，WMP 是 Windows Media Player 的缩写，是 Windows 系统自带的播放器，都不具备 FTP 服务的提供能力。IIS 不仅可以提供 Web 服务也可以提供 FTP 服务。

参考答案

（59）A

试题（60）

在 Windows 的 cmd 命令行窗口中输入　(60)　命令后得到如下图所示的结果。

```
Windows IP Configuration

        Host Name . . . . . . . . . . . . : 20100913-1652
        Primary Dns Suffix  . . . . . . . :
        Node Type . . . . . . . . . . . . : Unknown
        IP Routing Enabled. . . . . . . . : Yes
        WINS Proxy Enabled. . . . . . . . : No

Ethernet adapter 本地连接:

        Connection-specific DNS Suffix  . :
        Description . . . . . . . . . . . : Marvell Yukon 88E8042 PCI-E Fast
ernet Controller
        Physical Address. . . . . . . . . : 00-25-B3-75-46-9E
        Dhcp Enabled. . . . . . . . . . . : Yes
        Autoconfiguration Enabled . . . . : Yes
        IP Address. . . . . . . . . . . . : 10.13.35.104
        Subnet Mask . . . . . . . . . . . : 255.255.255.0
        Default Gateway . . . . . . . . . : 10.13.35.1
        DHCP Server . . . . . . . . . . . : 10.13.35.1
        DNS Servers . . . . . . . . . . . : 202.101.172.35
                                            202.101.172.46
        Lease Obtained. . . . . . . . . . : 2010年12月11日星期六 13:13:21
        Lease Expires . . . . . . . . . . : 2010年12月12日星期日 13:13:21

Ethernet adapter 无线网络连接:

        Media State . . . . . . . . . . . : Media disconnected
        Description . . . . . . . . . . . : Intel(R) PRO/Wireless 3945ABG Ne
k Connection
        Physical Address. . . . . . . . . : 00-1F-3C-DF-CA-B0
```

（60）A. ipconfig　　　　　　　　　B. ipconfig /all

　　　　C. ipconfig /renew　　　　　　D. ipconfig/release

试题（60）分析

　　本题考查 ipconfig 命令。

　　ipconfig /all 用来显示当前计算机与 IP 相关的所有信息，包括 IP 地址，服务器 IP，MAC 地址，服务器名称的命令。在动态获取 IP 地址的时候，用 ipconfig/release 命令，释放原来的 IP 地址，此时 IP 都为零，再用 ipconfig/renew 命令重新获得 DHCP 提供的地址。

参考答案

　　（60）B

试题（61）

　　在 Windows 网络管理命令中，使用 tracert 命令可以　（61）　。

　　（61）A. 检验链路协议是否运行正常

　　　　　B. 检验目标网络是否在路由表中

　　　　　C. 检验应用程序是否正常

　　　　　D. 显示分组到达目标经过的各个路由器

试题（61）分析

　　本题考查 tracert 命令。

　　Tracert（跟踪路由）是路由跟踪实用程序，用于确定 IP 数据包访问目标所采取的路径。Tracert 命令使用用 IP 生存时间（TTL）字段和 ICMP 错误消息来确定从一个主机到网络上其他主机的路由。

参考答案

　　（61）D

试题（62）

　　SNMP 采用 UDP 提供数据报服务，这是由于　（62）　。

　　（62）A. UDP 比 TCP 更加可靠

　　　　　B. UDP 数据报文可以比 TCP 数据报文大

　　　　　C. UDP 是面向连接的传输方式

　　　　　D. 采用 UDP 实现网络管理不会增加太多的网络负载

试题（62）分析

　　本题考查 SNMP 基本知识。

　　SNMP 依托 UDP 数据报服务，向管理应用提供服务。最主要的原因是 UDP 协议效率较高，用它实现网络管理不会太多地增加大网络负载。

参考答案

　　（62）D

试题（63）

　　在 Linux 操作系统中，目录"/etc"主要用于存放　（63）　。

（63）A．用户的相关文件　　　　　　B．可选的安装软件

C．操作系统的配置文件　　　　D．系统的设备文件

试题（63）分析

本题考查 Linux 操作系统的基本知识。

在 Linux 操作系统中，主要目录存放文件如下：/bin：存放最常用命令；/boot：启动 Linux 的核心文件；/dev：设备文件；/etc：存放各种配置文件；/home：用户主目录；/lib：系统最基本的动态链接共享库；/mnt：一般是空的，用来临时挂载别的文件系统；/proc：虚拟目录，是内存的映射；/usr：最大的目录，存许应用程序和文件。

参考答案

（63）C

试题（64）

在 Linux 操作系统中，DHCP 服务默认的配置文件为　　(64)　　。

（64）A．/etc/sbin/dhcpd.conf　　　　B．/etc/dhcpd.conf

C．/var/state/dhcp.config　　　　D．/usr/sbin/dhcp.config

试题（64）分析

本题考查 Linux 操作系统的 DHCP 服务。

DHCP 服务的配置文件为/etc/dhcpd.conf。

参考答案

（64）B

试题（65）

在 Windows 的命令行窗口中键入命令

```
C:\> nslookup
set type= SOA
>202.30.192.2
```

这个命令序列的作用是　　(65)　　。

（65）A．查询 202.30.192.2 的邮件服务器信息

B．查询 202.30.192.2 到域名的映射

C．查询 202.30.192.2 的区域授权服务器

D．显示 202.30.192.2 中各种可用的信息资源记录

试题（65）分析

本题考查域名解析服务。

"type=SOA"表示查询区域授权服务器，"type=MX"表示查询邮件服务器信息，"type=PTR"表示查询 IP 地址到域名的映射，"type=any"表示查询各种可用的信息资源记录。

参考答案

（65）C

试题（66）

（66）命令可查看本机路由表。

（66）A．arp-a   B．ping   C．route　print   D．tracert

试题（66）分析

本题考查网络管理命令。

查看本机路由表的命令是 route　print。

参考答案

（66）C

试题（67）

Windows XP 系统中，管理权限最高的是用户组是（67）。

（67）A．Administrators   B．Users

        C．Guests   D．Power Users

试题（67）分析

本题考查 Windows XP 用户组管理权限。

管理权限最高的是 Administrators。

参考答案

（67）A

试题（68）

匿名 FTP 访问通常使用（68）作为用户名。

（68）A．administrator B．anonymous   C．user   D．guest

试题（68）分析

本题考查匿名 FTP 访问。

匿名 FTP 访问通常使用的用户名是 anonymous。

参考答案

（68）B

试题（69）

POP3 服务默认的 TCP 端口号是（69）。

（69）A．20   B．25   C．80   D．110

试题（69）分析

本题考查 POP3 服务默认的 TCP 端口号。

POP3 服务默认的 TCP 端口号是 110。

参考答案

（69）D

试题（70）

采用交叉双绞线连接的设备组合是　(70)　。

（70）A．PC 与 PC　　　　　　　　B．PC 与交换机

　　　 C．交换机与路由器　　　　　 D．PC 与路由器

试题（70）分析

本题考查网线的使用。

基本原则是相同类型设备用交叉线，不同类型设备用直连线。

参考答案

（70）A

试题（71）～（75）

Digital data can also be represented by　(71)　signals by use of a modem. The modem converts a series of binary voltage　(72)　into an analog signal by encoding the digital data onto a carrier frequency. The resulting signal occupies a certain spectrum of　(73)　centered about the carrier and may be propagated across a medium suitable for that carrier. The most common modems represent digital data in the voice　(74)　and hence allow those data to be propagated over ordinary voice-grade　(75)　lines. At the other end of the line, another modem demodulates the signal to recover the original data.

（71）A．analog　　　　B．digital　　　　C．modem　　　　D．electric

（72）A．signal　　　　B．wave　　　　 C．pulses　　　　D．data

（73）A．medium　　　B．frequency　　 C．modem　　　　D．carrier

（74）A．wave　　　　 B．frequency　　 C．code　　　　 D．spectrum

（75）A．network　　　B．telephone　　 C．type　　　　 D．signal

参考译文

　　数字数据也可以通过调制解调器用模拟信号来表示。调制解调器把数字数据编码为一种载波频率，从而可以把二进制电压序列转换为模拟信号。产生的信号占用了以某一频率为中心的载波频带，可以通过适合于该载波的介质进行传播。大多数通用的调制解调器表示话音频带的数字数据，因而允许这些数据在通常的话音级电话线路上传播。在线路的另一端，另外一个调制解调器对信号进行解调并恢复原来的数据。

参考答案

（71）A　　（72）C　　（73）B　　（74）D　　（75）B

第 12 章　2014 下半年网络管理员下午试题分析与解答

试题一（共 20 分）

阅读以下说明，回答问题 1 至问题 4，将解答填入答题纸对应的解答栏内。

【说明】

某小公司网络拓扑结构如图 1-1 所示，租用了一条 ADSL 宽带来满足上网需求，为了便于管理，在 Server2 上安装 DHCP 服务提供 IP 地址动态配置。

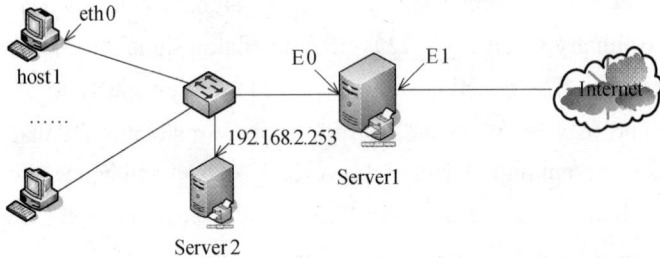

图 1-1

【问题 1】（4 分）

ADSL 利用 __(1)__ 网络，采用 __(2)__ 复用技术来实现宽带接入。

【问题 2】（4 分）

在 Server1 上开启路由和远程访问服务，配置接口 __(3)__ 时，在如图 1-2 所示的对话框中选择 "__(4)__"，然后输入 ADSL 账号和密码完成连接建立过程。

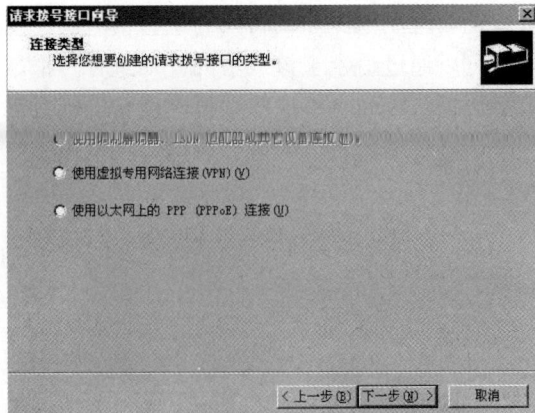

图 1-2

【**问题 3**】（10 分，每空 2 分）

用户 host1 不能访问因特网，这时采用抓包工具捕获的 host1 eth0 接口发出的信息如图 1-3 所示。

No.	Time	Source	Destination	Protocol	Length	Info
64	4.92832900	Hangzhou_1a:06:7c	Broadcast	ARP	60	who has ? Tell
65	4.92832900	Hangzhou_1a:06:7c	Broadcast	ARP	60	who has ? Tell
66	5.35508900	192.168.2.1	192.168.2.255	NBNS	110	Registration NB PC-201003211017<00>
67	5.29448800	192.168.2.1	224.0.0.22	IGMPv3	54	Membership Report / Join group 239.255.255.250 for
68	5.35508900	192.168.2.1	192.168.2.255	NBNS	110	Registration NB PC-201003211017<00>

图 1-3

1. Server2 的 DHCP 地址池范围是　(5)　。
2. host1 从 DHCP 服务器获取的 Internet 协议属性参数为：

IP 地址：　　　(6)　；
子网掩码：　　(7)　；
默认网关：　　(8)　；

3. host1 不能接入 Internet 的可能原因是　(9)　。

（9）备选答案：

    A. DNS 解析错误　　　　　　　　B. 到 Server1 网络连接故障
    C. 没正常获取 IP 地址　　　　　　D. DHCP 服务器工作不正常

【**问题 4**】（2 分）

在 Server1 上可通过　(10)　来实现内部主机访问 Internet 资源。

（10）备选答案（多选题）：

    A. NAT 变换　　　　　　　　　　B. DHCP 动态配置
    C. 设置 Internet 连接共享　　　　　D. DNS 设置

试题一分析

本题考查小型局域网的配置。

【**问题 1**】

ADSL 即非对称数字用户线，是利用电话网络，采用频分多路复用技术来实现宽带接入的技术。

【**问题 2**】

在 Server1 上开启路由和远程访问服务，接入 Internet 的接口应是 E1。要采用 ADSL 接入 Internet，需选择 PPPoE 连接，然后输入 ADSL 账号和密码完成连接建立过程。

【**问题 3**】

从图中可以看出，DHCP 可供分配的地址是 C 类网络 192.168.2.0/24，网关为 192.168.2.254，Server2 又用到了 192.168.2.253，故 Server2 的 DHCP 地址池范围是 192.168.2.1～192.168.2.252。

因此，host1 从 DHCP 服务器获取的 Internet 协议属性参数为：

IP 地址:　　　　　192.168.2.1～192.168.2.252;

子网掩码:　　　　　255.255.255.0;

默认网关:　　　　　192.168.2.254。

图中报文均是找网关的 ARP 广播报文,故 host1 不能接入 Internet 的可能原因是到 Server1 网络连接故障。

【问题 4】

在 Server1 上可采用设置 NAT 变换或设置 Internet 连接共享来实现内部主机访问 Internet 资源。

参考答案

【问题 1】

(1) 电话

(2) 频分多路

【问题 2】

(3) E1

(4) 使用以太网上的 PPP(PPPoE)连接

【问题 3】

(5) 192.168.2.1～192.168.2.252

(6) 192.168.2.1

(7) 255.255.255.0

(8) 192.168.2.254

(9) B

【问题 4】

(10) A　 C

试题二(共 20 分)

阅读以下说明,回答问题 1 至问题 4,将解答填入答题纸对应的解答栏内。

【说明】

某公司网络拓扑结构如图 2-1 所示。

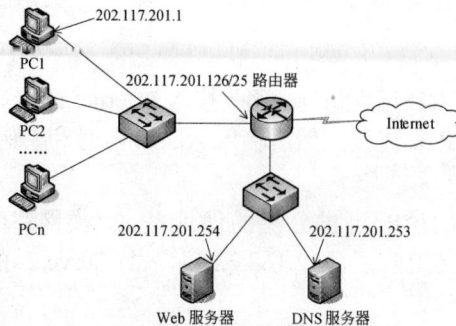

图 2-1

其中 DNS 服务器采用 Windows Server 2003 操作系统，当在本地查找不到域名记录时转向域名服务器 210.113.1.15 进行解析。Web 服务器域名为 www.product.com.cn，需要 CA 颁发数字证书来保障网站安全。

在 DNS 服务器中为 Web 服务器配置域名记录时，区域名称和新建主机分别如图 2-2 和图 2-3 所示。

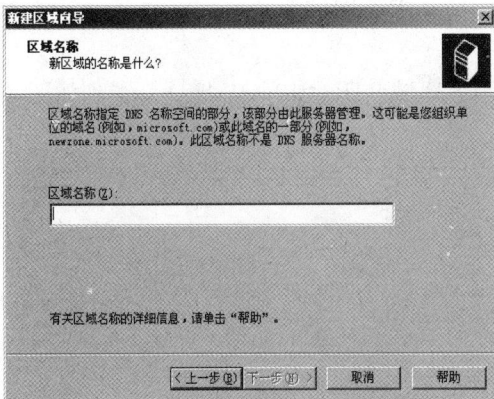

图 2-2

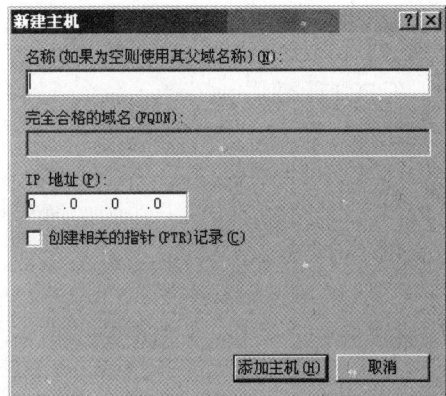

图 2-3

【问题 1】（3 分）

在 Web 站点建成后，添加 DNS 记录时，在图 2-2 所示的对话框中，新建的区域名称是__(1)__；在图 2-3 所示的对话框中，添加的新建主机名称为__(2)__，IP 地址栏应填入__(3)__。

【问题 2】（2 分）

在配置 DNS 服务器时，在图 2-4 所示的属性窗口应如何配置。

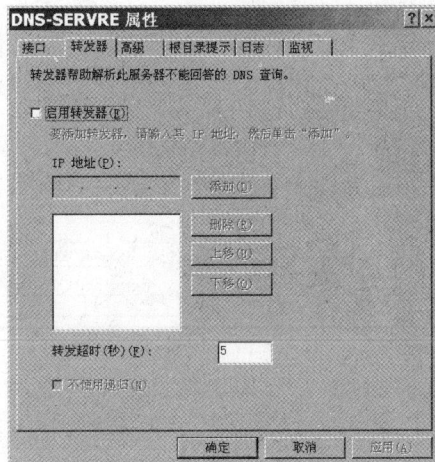

图 2-4

【问题 3】（2 分）

配置 Web 网站时，需要获取服务器证书。CA 颁发给 Web 网站的数字证书中不包括 (4) 。

（1）备选答案：

　　A．证书的有效期　　　　　　　　　B．CA 的签名

　　C．网站的公钥　　　　　　　　　　D．网站的私钥

【问题 4】（13 分）

在 PC1 上使用 nslookup 命令查询 Web 服务器域名所对应的 IP 地址，得到如图 2-5 所示结果。

```
C:\Documents and Settings \User>nslookup
DNS request timed out .
    timeout was 2 seconds.
*** Can't find server name for address  202.117.201.253: Timed out
Default Server:  aaaa-public-dns-a.aaaa.com
Address:  8.8.8.8
```

图 2-5

依据图 2-1 和图 2-5 显示结果，填写图 2-6 所示的 PC1 的 Internet 属性参数

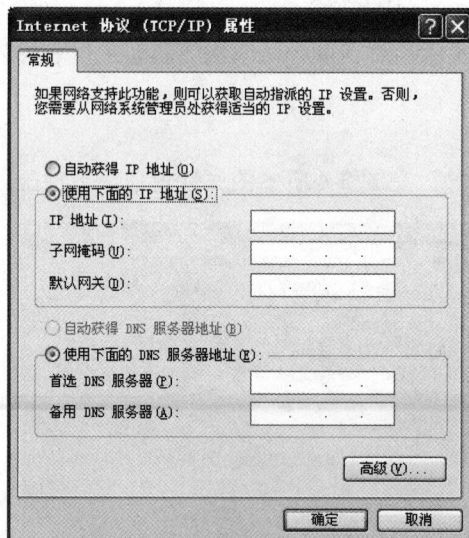

图 2-6

IP 地址：　　　　　　(5)　　　；

子网掩码：　　　　　　(6)　　　；

默认网关：　　　(7)　　；
首选 DNS 服务器：　(8)　；
备用 DNS 服务器：　(9)　。

出现图 2-5 所示结果时，在 PC1 中进行域名解析时最先查询的是　　(10)　，其次查询的是　(11)　，PC1 得到的结果来自　(12)　。

试题二分析

本题考查 Windows Web 和 DNS 服务器的配置。

【问题 1】

在 Web 站点建成后，添加 DNS 记录时，Web 服务器的域名为 www.product.com.cn，www 为主机名，product.com.cn 为区域名称，由于 Web 服务器的 IP 地址为 202.117.201.254，故 IP 地址栏应填入 202.117.201.254。

【问题 2】

题干中说明在本地查找不到域名记录时转向域名服务器 210.113.1.15 进行解析，即 210.113.1.15 为转发域名服务器，故在配转发器时应该单击"启用转发器"单选框，输入 IP 地址 210.113.1.15，单击"添加"按钮加入文本框。

【问题 3】

CA 颁发给 Web 网站的数字证书中包括证书的有效期，CA 的签名，网站的公钥等，不包括网站的私钥。

【问题 4】

从图 2-1 中可以看出 PC1 的 IP 地址为 202.117.201.1，网关为 202.117.201.126，而且子网掩码长度为 25 位，故子网掩码为 255.255.255.128。

图 2-5 所示结果表明先查询 202.117.201.253 的域名服务器，其故障未能正常工作，转而查询 8.8.8.8 的域名服务器。故 PC1 的协议属性参数中，首选 DNS 服务器为 202.117.201.253，备用 DNS 服务器为 8.8.8.8。

出现图 2-5 所示结果时，在 PC1 中进行域名解析时最先查询的是本地缓存，其次查询的是 202.117.201.253，由于 202.117.201.253 没有工作，8.8.8.8 查询得到的解析结果。

参考答案

【问题 1】

（1）product.com.cn

（2）www

（3）202.117.201.254

【问题 2】

单击"启用转发器"单选框，输入 IP 地址 210.113.1.15，单击"添加"按钮加入文本框。

【问题 3】

(4) D. 网站的私钥

【问题 4】

(5) 202.117.201.1

(6) 255.255.255.128

(7) 202.117.201.126

(8) 202.117.201.253

(9) 8.8.8.8

(10) 本地缓存

(11) 202.117.201.253

(12) 8.8.8.8

试题三（共 20 分）

阅读以下说明，回答问题 1 至问题 4，将解答填入答题纸对应的解答栏内。

【说明】

某公司上网用户较少（约 50 台上网机器），因此公司网管申请了公网 IP 地址（117.112.2.101/30）拟通过 NAT 方式结合 ACL 提供公司内部员工上网，公司内网 IP 地址段为 192.168.1.0/24。

该公司的网络拓扑结构如图 3-1 所示。

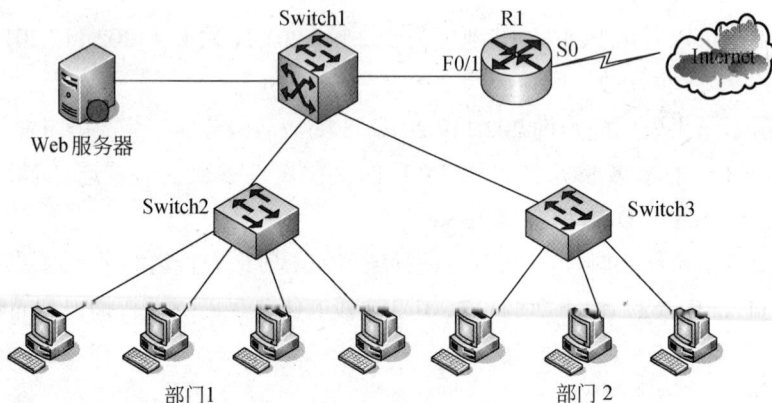

图 3-1

【问题 1】（5 分）

通过命令行接口（CLI）访问路由器有多种模式，请补充完成图 3-2 中（1）～（5）的相关内容，实现这四种模式的转换。

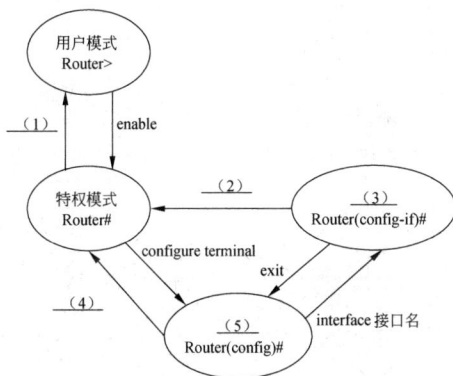

图 3-2

【问题 2】（6 分）

为了完成对路由器 R1 的管理，按照题目要求对路由器 R1 进行相关配置，请补充完成下列配置命令。

```
......
Router(config)#___(6)___
R1(config)# enable password abc001  //配置全局配置模式的明文密码为"abc001"
R1(config)#interface f0/1
R1(config-if)#ip address 192.168.0.1 255.255.255.0  //为 F0/1 接口配置 IP 地址
R1(config-if)#___(7)___              //激活端口
R1(config-if)#interface s0           //进入 s0 的接口配置子模式
R1(config-if)#ip address ___(8)___   //为 s0 接口配置 IP 地址
......
R1(config)#line vty 0 4
R1(config-line)#login
R1(config-line)#password abc001      //配置 vty 口令为"abc001"
......
R1(config)#___(9)___                 //进入 Console 口的配置子模式
R1(config-line)#login
R1(config-line)#password abc001      //配置 Console 控制口口令为"abc001"
......
R1(config)#___(10)___ password-encryption    //为所有口令加密
R1#___(11)___ running-config                  //查看配置信息
......
```

【问题 3】（6 分）

为实现该公司员工通过出口设备访问互联网的需求，必须在路由器 R1 上配置基于端口的动态地址转换，也就是 PAT，请解释或完成下列配置命令。

```
……
R1(config)# ip route 0.0.0.0 0.0.0.0 s0     //___(12)___
R1(config)# access-list 1 permit ip 192.168.1.0 0.0.0.255  //___(13)___
R1(config)#ip nat pool public 117.112.2.100 117.112.2.100 netmask 255.255.255.0
R1(config)#ip nat inside source list 1 pool public  //定义 NAT 转换关系
R1(config)#interface ___(14)___
R1(config-if)#ip nat inside
R1(config)#interface ___(15)___
R1(config-if)#ip nat outside      //定义 NAT 的内部和外部接口
……
R1#show ip nat translations       //显示 NAT 转换表
R1#show ip nat statistics         //显示当前 NAT 状态
R1#write  //___(16)___
R1#reload //___(17)___
……
```

【问题 4】（3 分）

随着公司内部网络的不断扩大，为了公司内网的安全，可利用 ___(18)___ 快速实现企业内网的 VLAN 配置以解决广播风暴的问题，同时可使用 ___(19)___ 解决网络中的地址冲突以及地址欺骗等现象。

如果要实现外网用户对公司的 Web 服务器的访问，可利用 ___(20)___ 在 R1 上实现，随着公司规模的扩大，Web 服务器的访问量也会增大，这时也可将该网站托管去。

试题三分析

本题考查路由器有关 NAT 的配置知识。

【问题 1】

本问题主要考查路由器（交换机）的模式之间的转换命令。

与交换机一样，路由器也分为用户模式（登录时自动进入，只能够查看简单的信息）、特权模式（也称为 EXEC 模式，能够完成配置修改、重启等工作）、全局配置模式（对会影响 IOS 全局运作的配置项进行设置）和子配置模式（对具体的组件，如网络接口等进行配置）。四种状态的转换命令如图 3-3 所示。

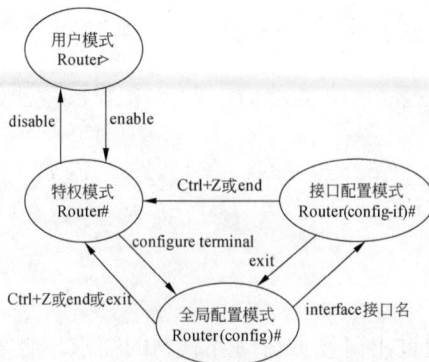

图 3-3

【问题 2】

本问题主要考查路由器的基本配置命令。

......
```
Router(config)#hostname R1               //设置路由器名字为 R1
R1(config)# enable password abc001       //配置全局配置模式的明文密码为"abc001"
R1(config)#interface f0/1                 //进入 f0/1 的子接口配置模式
R1(config-if)#ip address 192.168.0.1 255.255.255.0  //为 F0/1 接口配置 IP 地址
R1(config-if)#no shutdown                 //激活端口
R1(config-if)#interface s0                //进入 s0 的接口配置子模式
R1(config-if)#ip address 117.112.2.101 255.255.255.252  //为 s0 接口配置 IP 地址
......
R1(config)#line vty 0 4                   //进入 VTY 端口
R1(config-line)#login
R1(config-line)#password abc001           //配置 vty 口令为"abc001"
......
R1(config)#line console 0                 //进入 Console 口的配置子模式
R1(config-line)#login
R1(config-line)#password abc001           //配置 Console 控制口口令为"abc001"
......
R1(config)#service password-encryption   //为所有口令加密
R1#show  running-config                    //查看配置信息
......
```

【问题 3】

本问题主要考查使用基于端口的动态地址转换的配置命令。

......
```
R1(config)# ip route 0.0.0.0 0.0.0.0 s0    //定义默认路由
R1(config)# access-list 1 permit ip 192.168.1.0 0.0.0.255
                                           //定义需要被 NAT 的数据流
R1(config)#ip nat pool public 117.112.2.100 117.112.2.100 netmask 255.255.255.0
R1(config)#ip nat inside source list 1 pool public  //定义 NAT 转换关系
R1(config)#interface f0/1                 //进入 f0/1 的子接口配置模式
R1(config-if)#ip nat inside               //定义 NAT 的内部接口
R1(config)#interface s0                    //进入 S0 的子接口配置模式
R1(config-if)#ip nat outside              //定义 NAT 的外部接口
......
R1#show ip nat translations              //显示 NAT 转换表
R1#show ip nat statistics                //显示当前 NAT 状态
R1#write                                  //保存配置信息
R1#reload                                 //重新启动路由器
......
```

【问题 4】

本问题主要考查内网的基本安全设置。

VTP（VLAN Trunking Protocol）：是 VLAN 中继协议，也被称为虚拟局域网干道协议。它是思科私有协议。作用是多台交换机在企业网中，配置 VLAN 工作量大，可以使用 VTP 协议，把一台交换机配置成 VTP Server，其余交换机配置成 VTP Client，这样它们可以自动学习到 server 上的 VLAN 信息。地址绑定技术一般用于解决内网中的 IP 地址冲突和网络地址欺骗等问题，但是要从根本上解决此问题还得结合其他的手段才行。通过路由器上网的用户，希望将局域网内的机器提供公网服务，就需要用到端口映射技术，换言之，也就是说数据服务器放置在局域网内，通过路由器连接网络。使用端口映射技术对用户来说有很多好处，最为关键的是安全，隐蔽，简单。

参考答案

【问题 1】

　　（1）disable

　　（2）Ctrl+Z 或 end

　　（3）接口配置模式

　　（4）Ctrl+Z 或 end 或 exit

　　（5）全局配置模式

【问题 2】

　　（6）hostname R1

　　（7）no shutdown

　　（8）117.112.2.101 255.255.255.252

　　（9）line console 0

　　（10）service

　　（11）show

【问题 3】

　　（12）定义默认路由

　　（13）定义需要被 NAT 的数据流

　　（14）f0/1

　　（15）s0

　　（16）保存配置信息

　　（17）重新启动路由器

【问题 4】

　　（18）VTP 协议

　　（19）地址绑定技术

　　（20）端口映射技术

试题四（15 分）

阅读下列说明，回答问题 1 和问题 2，将解答填入答题纸的对应栏内。

【说明】

某系统在线讨论区采用 ASP+Access 开发，其主页如图 4-1 所示。

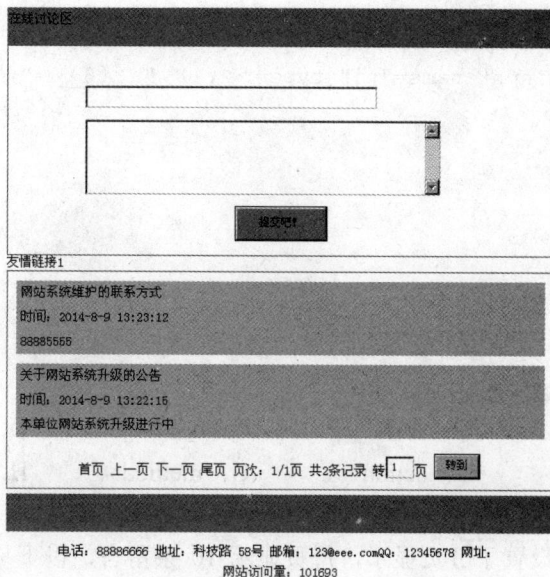

图 4-1

【问题 1】(8 分)

以下是该网站主页部分的 html 代码，请根据图 4-1 将 (1) ～ (8) 的空缺代码补齐。

```
<!--#_(1)_file="conn.asp"-->
<html >
……
<div id="content" class="layout">
  <div class="right_body">
    <_(2)_ name="guestbook" _(3)_="post" _(4)_="guestbook_add.asp">
      <table class="table">
        <tr>
          <th width="60"> </th>
          <td><label></label></td>
        </tr>
        <tr>
          <th width="60"> </th>
          <td><input name="title" type="_(5)_" size="50"  /></td>
        </tr>
        <tr>
          <th> </th>
```

```
      <td>< (6)  name="body" cols="60" rows="5"></textarea></td>
    </tr>
    <tr>
      <td colspan="2"><p class="tj">
        <input name="tj" type=" (7) "  (8) ="提交吧！" />
      </p></td>
    </tr>
  </table>
 </form>
</div>
……
</html>
```

（1）～（8）备选答案：

　　A. submit　　　　B. form　　　　C. text　　　　D. textarea

　　E. include　　　　F. action　　　G. method　　　H. value

【问题 2】（7 分）

该网站在主页上设置了分页显示，每页显示 10 条留言，以下是该网站页面分页显示部分代码，请阅读程序代码，并将（9）～（15）的空缺代码补齐。

```
……
<%
Set rs = server.CreateObject("adodb.recordset")
  (9)   = "select * from cont  (10)  by id desc "
rs.Open exec, conn, 1, 1
If rs. (11)  Then
   response.Write " 暂无留言！"
Else
   rs.PageSize =  (12)  '每页记录条数
   iCount = rs.RecordCount '记录总数
   iPageSize = rs.PageSize
   maxpage = rs.PageCount
   page = request("page")
   If Not IsNumeric(page) Or page = "" Then
      page = 1
   Else
      page =  (13)
   End If
   If page<1 Then
      page = 1
```

```
ElseIf page>maxpage Then
    page =   (14)
End If
rs.AbsolutePage = Page
If page = maxpage Then
    x = iCount - (maxpage -1) * iPageSize
Else
    x =   (15)
End If
%>
    ……
</div>
```

（9）～（15）备选答案：

    A．CInt(page)　　　B．exec　　　　　C．maxpage　　　　　D．10

    E．EOF　　　　　　F．iPageSize　　　G．order

试题四分析

本题考查网页设计的基本知识及应用。

【问题 1】

本问题考查 html 代码的基础知识。

根据图示网页及提供的程序代码，该网站主页面中的（1）是引用文件，（2）～（4）
空属于 HTML 中表单的基础属性标记，（5）～（8）空可以在图中判断其表单类型值。
所以代码应如下：

```
<!--#  include  file="conn.asp"-->
<html >
……
<div id="content" class="layout">
  <div class="right_body">
    < form  name="guestbook"  method ="post"  action ="guestbook_add.asp">
      <table class="table">
        <tr>
          <th width="60"> </th>
          <td><label></label></td>
        </tr>
        <tr>
          <th width="60"> </th>
          <td><input name="title" type=" text " size="50"  /></td>
        </tr>
        <tr>
```

```
        <th> </th>
        <td>< textarea  name="body" cols="60" rows="5"></textarea></td>
      </tr>
      <tr>
        <td colspan="2"><p class="tj">
          <input name="tj" type=" submit " value ="提交吧！" />
        </p></td>
      </tr>
    </table>
  </form>
 </div>
……
</html>
```

【问题 2】

本问题考查 ASP 编程。

依照 ASP 程序的基本语法和 rs.Open exec, conn, 1, 1 可以判断(9)空应填写取得 SQL 语句的变量名 exec，（10）空按照 SQL 语句规则应填写 order，（11）是判断从数据库中读取留言是否为空，应填写 EOF，（12）空根据题目描述可知每页显示 10 条留言，故此处应填写 10，（13）～（15）空中是分页显示基本代码，根据上下程序关系分别应填写 CInt(page)、maxpage、iPageSize。所以该程序代码如下：

```
<%
Set rs = server.CreateObject("adodb.recordset")
 exec  = "select * from cont  order  by id desc "
rs.Open exec, conn, 1, 1
If rs. EOF  Then
    response.Write " 暂无留言！"
Else
    rs.PageSize =  10  '每页记录条数
    iCount = rs.RecordCount '记录总数
    iPageSize = rs.PageSize
    maxpage = rs.PageCount
    page = request("page")
    If Not IsNumeric(page) Or page = "" Then
        page = 1
    Else
        page =  CInt(page)
    End If
    If page<1 Then
```

```
        page = 1
    ElseIf page>maxpage Then
        page = maxpage
    End If
    rs.AbsolutePage = Page
    If page = maxpage Then
        x = iCount - (maxpage -1) * iPageSize
    Else
        x = iPageSize
    End If
%>
    ……
</div>
```

（9）～（15）备选答案：
  A．CInt(page) B．exec   C．maxpage   D．10
  E．EOF   F．iPageSize G．order

参考答案
【问题 1】
  （1）E
  （2）B
  （3）G
  （4）F
  （5）C
  （6）D
  （7）A
  （8）H
【问题 2】
  （9）B
  （10）G
  （11）E
  （12）D
  （13）A
  （14）C
  （15）F

第 13 章　2015 上半年网络管理员上午试题分析与解答

试题（1）

以下关于打开扩展名为 docx 的文件的说法中，不正确的是　(1)　。

（1）A．通过安装 Office 兼容包就可以用 Word 2003 打开 docx 文件

B．用 Word 2007 可以直接打开 docx 文件

C．用 WPS2012 可以直接打开 docx 文件

D．将扩展名 docx 改为 doc 后可以用 Word 2003 打开 docx 文件

试题（1）分析

扩展名为 docx 的文件是 Word 2007 及后续版本采用的文件格式，扩展名为 doc 的文件是 Word 2003 采用的文件格式，这两种文件的格式是不同的，如果将扩展名 docx 改为 doc 后是不能用 Word 2003 打开的。但如果安装 Office 兼容包就可以用 Word 2003 打开 docx 文件。另外，WPS2012 兼容 docx 文件格式，故可以直接打开 docx 文件。

参考答案

（1）D

试题（2）

Windows 系统的一些对话框中有多个选项卡，下图所示的"鼠标属性"对话框中　(2)　为当前选项卡。

（2）A．鼠标键　　　　B．指针　　　　C．滑轮　　　　D．硬件

试题（2）分析

在 Windows 系统的一些对话框中，选项分为两个或多个选项卡，但一次只能查看一个选项卡或一组选项。当前选定的选项卡将显示在其他选项卡的前面。显然"滑轮"为当前选项卡。

参考答案

（2）C

试题（3）

CPU 中不包括　(3)　。

（3）A．直接存储器（DMA）控制器　　　B．算逻运算单元

　　C. 程序计数器　　　　　　　　　D. 指令译码器

试题（3）分析

　　本题考查计算机系统基础知识。

　　CPU 是计算机工作的核心部件，用于控制并协调各个部件，其基本功能如下所述。

　　① 指令控制。CPU 通过执行指令来控制程序的执行顺序，其程序计数器的作用是当程序顺序执行时，每取出一条指令，PC 内容自动增加一个值，指向下一条要取的指令。当程序出现转移时，则将转移地址送入 PC，然后由 PC 指出新的指令地址。

　　② 操作控制。一条指令功能的实现需要若干操作信号来完成，CPU 通过指令译码器产生每条指令的操作信号并将操作信号送往不同的部件，控制相应的部件按指令的功能要求进行操作。

　　③ 时序控制。CPU 通过时序电路产生的时钟信号进行定时，以控制各种操作按照指定的时序进行。

　　④ 数据处理。在 CPU 的控制下由算逻运算单元完成对数据的加工处理是其最根本的任务。

　　直接存储器（DMA）控制器是一种能够通过一组专用总线将内部和外部存储器与每个具有 DMA 能力的外设连接起来的控制器，它是在处理器的编程控制下来执行传输的。

参考答案

　　（3）A

试题（4）

　　____（4）____ 不属于按照寻址方式命名的存储器。

　　（4）A. 读写存储器　　B. 随机存储器　　C. 顺序存储器　　D. 直接存储器

试题（4）分析

　　本题考查计算机系统基础知识。

　　存储器按寻址方式可分为随机存储器、顺序存储器和直接存储器。读写存储器是指存储器的内容既可读出也可写入，通常指 RAM，而 ROM 是只读存储器的缩写。

参考答案

　　（4）A

试题（5）

　　CPU 中用于暂时存放操作数和中间运算结果的是 ____（5）____ 。

　　（5）A. 指令寄存器　　　　　　　　B. 数据寄存器

　　　　　C. 累加器　　　　　　　　　　D. 程序计数器

试题（5）分析

　　本题考查计算机系统基础知识。

　　寄存器是 CPU 中的一个重要组成部分，它是 CPU 内部的临时存储单元。寄存器既可以用来存放数据和地址，也可以存放控制信息或 CPU 工作时的状态。

累加器在运算过程中暂时存放操作数和中间运算结果，不能用于长时间保存数据。标志寄存器也称为状态字寄存器，用于记录运算中产生的标志信息。指令寄存器用于存放正在执行的指令，指令从内存取出后送入指令寄存器。数据寄存器用来暂时存放由内存储器读出的一条指令或一个数据字；反之，当向内存写入一个数据字时，也暂时将它们存放在数据缓冲寄存器中。

程序计数器的作用是存储待执行指令的地址，实现程序执行时指令执行的顺序控制。

参考答案

（5）C

试题（6）、（7）

显示器的 __(6)__ 是指显示屏上能够显示出的像素数目，__(7)__ 指的是显示器全白画面亮度与全黑画面亮度的比值。

（6）A. 亮度　　　　B. 显示分辨率　　C. 刷新频率　　　D. 对比度

（7）A. 亮度　　　　B. 显示分辨率　　C. 刷新频率　　　D. 对比度

试题（6）、（7）分析

本题考查计算机性能评价方面的基础知识。

试题（6）的正确选项为 B。显示器的分辨率指屏幕上显示的文本和图像的清晰度。分辨率越高（如 1600×1200 像素），项目越清楚，同时屏幕上的项目越小，因此屏幕可以容纳越多的项目。分辨率越低（例如 800×600 像素），在屏幕上显示的项目越少，但尺寸越大。可以使用的分辨率取决于显示器支持的分辨率。

试题（7）的正确选项为 D。对比度指的是显示器的白色亮度与黑色亮度的比值。比如一台显示器在显示全白画面（255）时实测亮度值为 $200cd/m^2$，全黑画面实测亮度为 $0.5cd/m^2$，那么它的对比度就是 400：1。显示器的亮度就是屏幕发出来的光强度，在全白画面下的亮度是液晶显示器的最大亮度，目前一般为 300 流明。

参考答案

（6）B　　（7）D

试题（8）

计算机系统中在解决计算机与打印机之间速度不匹配的问题时，通常设置一个打印数据缓冲区，主机将要输出的数据依次写入该缓冲区，而打印机则依次从该缓冲区取出数据。因此，该缓冲区的数据结构应该是 __(8)__ 。

（8）A. 树　　　　　B. 图　　　　　C. 栈　　　　　D. 队列

试题（8）分析

本题考查数据结构基础知识。

队列是一种先进先出（FIFO）的线性数据结构，它只允许在表的一端插入元素，而在表的另一端删除元素。题目中所述情形为队列的应用场景。

参考答案

（8）D

试题（9）

　　__(9)__ 不是良好的编码风格。

　　（9）A. 恰当使用缩进、空行以改善清晰度

　　　　　B. 利用括号使逻辑表达式或算术表达式的运算次序清晰直观

　　　　　C. 用短的变量名使得程序更紧凑

　　　　　D. 保证代码和注释的一致性

试题（9）分析

　　本题考查编码风格的相关知识。

　　良好的程序设计风格可有效地提高程序的可读性、可维护性等，已存在的一些常用的程序设计风格原则包括恰当使用缩进、空行以改善清晰度；用大括号把判断和循环体的语句组织在一起，可以清晰地看到程序结构；保证代码和注释的一致性对程序的理解和维护具有重要意义。若用短的变量命名虽然可以使得程序更紧凑，但是不利于程序的阅读和理解，不易于软件的维护。

参考答案

（9）C

试题（10）

　　微型计算机系统中，显示器属于表现媒体，鼠标属于 __(10)__ 。

　　（10）A. 感觉媒体　　　B. 传输媒体　　　C. 表现媒体　　　D. 存储媒体

试题（10）分析

　　本题考查多媒体的基本知识。

　　表现媒体是指进行信息输入和输出的媒体，如键盘、鼠标、话筒，以及显示器、打印机、喇叭等；表示媒体指传输感觉媒体的中介媒体，即用于数据交换的编码，如图像编码、文本编码和声音编码等；传输媒体指传输表示媒体的物理介质，如电缆、光缆、电磁波等；存储媒体指用于存储表示媒体的物理介质，如硬盘、光盘等。

参考答案

（10）C

试题（11）

　　音频信号经计算机系统处理后送到扬声器的信号是 __(11)__ 信号。

　　（11）A. 数字　　　B. 模拟　　　C. 采样　　　D. 量化

试题（11）分析

　　本题考查多媒体的基本知识。

　　声音是通过空气传播的一种连续的波，称为声波。声波在时间和幅度上都是连续的模拟信号。音频信号主要是人耳能听得到的模拟声音（音频）信号，音频信号经计算机

系统处理后送到扬声器的信号是模拟信号。

参考答案

（11）B

试题（12）

以下文件格式中，___(12)___ 是声音文件格式。

（12）A．MP3　　　　　B．BMP　　　　　C．JPG　　　　　D．GIF

试题（12）分析

本题考查多媒体的基本知识。

声音、图像、动画等在计算机中存储和处理时，其数据必须以文件的形式进行组织，所选用的文件格式必须得到操作系统和应用软件的支持。本试题中，MP3 属于声音文件格式，BMP、JPG 和 GIF 属于图形图像文件格式。

参考答案

（12）A

试题（13）

十六进制数 92H 的八进制表示为___(13)___。

（13）A．442　　　　　B．222　　　　　C．234　　　　　D．444

试题（13）分析

本题考查计算机系统基础知识。

十六进制数 92H 表示为二进制是 10010010，从右往左每 3 位一组得到对应的八进制表示 222。

参考答案

（13）B

试题（14）

机器字长确定后，___(14)___ 运算过程中不可能发生溢出。

（14）A．定点正整数 X 与定点正整数 Y 相加

　　　B．定点负整数 X 与定点负整数 Y 相加

　　　C．定点负整数 X 与定点负整数 Y 相减

　　　D．定点负整数 X 与定点正整数 Y 相减

试题（14）分析

本题考查计算机系统基础知识。

进行定点数加减运算时，绝对值若变大，则可能溢出，反之，则不会溢出。因此定点负整数 X 与定点负整数 Y 相减不会发生溢出。

参考答案

（14）C

试题（15）、（16）

Windows 操作系统通常将系统文件保存在 __(15)__ ；为了确保不会丢失，用户的文件应当定期进行备份，以下关于文件备份的说法中，不正确的是 "__(16)__"。

(15) A. "Windows" 文件或 "Program Files" 文件中
　　　B. "Windows" 文件夹或 "Program Files" 文件夹中
　　　C. "QMDownload" 文件或 "Office_Visio_Pro_2007" 文件中
　　　D. "QMDownload" 文件夹或 "Office_Visio_Pro_2007" 文件夹中

(16) A. 可以将文件备份到移动硬盘中
　　　B. 可以将需要备份的文件刻录成 DVD 盘
　　　C. 应该将文件备份到安装 Windows 操作系统的硬盘中
　　　D. 可以将文件备份到未安装 Windows 操作系统的硬盘中

试题（15）、（16）分析

本题考查 Windows 操作系统基础知识。

试题（15）的正确选项为 B，系统文件是计算机上运行 Windows 所必需的任意文件。系统文件通常位于 "Windows" 文件夹或 "Program Files" 文件夹中。默认情况下，系统文件是隐藏的。最好让系统文件保持隐藏状态，以避免将其意外修改或删除。

试题（16）的正确选项为 C。为了确保不会丢失用户的文件，应当定期备份这些文件，但不要将文件备份到安装了 Windows 操作系统的硬盘中。将用于备份的介质（外部硬盘、DVD 或 CD）存储在安全的位置，以防止未经授权的人员访问文件。

参考答案

(15) B　　　(16) C

试题（17）

王某按照其所属公司要求而编写的软件文档著作权 __(17)__ 享有。

(17) A. 由公司
　　　B. 由公司和王某共同
　　　C. 由王某
　　　D. 除署名权以外，著作权的其他权利由王某

试题（17）分析

本题考查知识产权的基本知识。

依据著作权法第十一条、第十六条规定，职工为完成所在单位的工作任务而创作的作品属于职务作品。职务作品的著作权归属分为两种情况。

① 虽是为完成工作任务而为，但非经法人或其他组织主持，不代表其意志创作，也不由其承担责任的职务作品，如教师编写的教材，著作权应由作者享有，但法人或者其他组织有权在其业务范围内优先使用的权利，期限为 2 年。

② 由法人或者其他组织主持，代表法人或者其他组织意志创作，并由法人或者其

他组织承担责任的职务作品，如工程设计、产品设计图纸及其说明、计算机软件、地图等职务作品，以及法律规定或合同约定著作权由法人或非法人单位单独享有的职务作品，作者享有署名权，其他权利由法人或者其他组织享有。

参考答案

（17）A

试题（18）

美国甲公司生产的平板计算机在其本国享有"A"注册商标专用权，但未在中国申请注册。我国乙公司生产的平板计算机也使用"A"商标，并享有我国注册商标专用权，但未在美国申请注册。美国甲公司与我国的乙公司生产的平板计算机都在我国市场上销售。此情形下，依据我国商标法___（18）___商标权。

（18）A．甲公司侵犯了乙公司的   B．甲公司未侵犯乙公司的

       C．乙公司侵犯了甲公司的   D．甲公司与乙公司均未侵犯

试题（18）分析

本题考查知识产权的基本知识。

商标权（商标专用权、注册商标专用权）是商标注册人依法对其注册商标所享有的专有使用权。注册商标是指经国家主管机关核准注册而使用的商标。商标权人的权利主要包括使用权、禁止权、许可权和转让权等。使用权是指商标权人（注册商标所有人）在核定使用的商品上使用核准注册的商标的权利。商标权人对注册商标享有充分支配和完全使用的权利，可以在其注册商标所核定的商品或服务上独自使用该商标，也可以根据自己的意愿，将注册商标权转让给他人或许可他人使用其注册商标。禁止权是指商标权利人禁止他人未经其许可擅自使用、印刷注册商标及其他侵权行为的权利。许可权是注册商标所有人许可他人使用其注册商标的权利。转让权是指注册商标所有人将其注册商标转移给他人的权利。

本题美国甲公司生产的平板计算机在其本国享有"A"注册商标专用权，但未在中国申请注册。中国的乙公司生产的平板计算机也使用"A"商标，并享有中国注册商标专用权，但未在美国申请注册。美国的甲公司与中国的乙公司生产的平板计算机都在中国市场上销售。此情形下，依据中国商标法，甲公司未经乙公司的许可擅自使用，故甲公司侵犯了乙公司的商标权。

参考答案

（18）A

试题（19）

在地面上相距 1000 公里的两地之间通过电缆传输电磁信号，其延迟时间是多少？___（19）___

（19）A．5μs   B．10μs   C．5ms   D．10ms

试题（19）分析

信号在信道中传播，从源端到达宿端需要一定的时间。这个时间与源端和宿端的距

离有关，也与具体信道中的信号传播速度有关。通常认为电信号在电缆中的传播速度一般为 200 m/μs，即每公里 5μs 或每 1000 公里需要 5ms。

参考答案

（19）C

试题（20）

ADSL 的技术特点是　__(20)__　。

（20）A. 波分多路　　　B. 空分多路　　　C. 时分多路　　　D. 频分多路

试题（20）分析

数字用户线路（Digital Subscriber Line，DSL）是通过频分多路机制在话音信道中划分出提供高速数据传输的子信道。ADSL 技术是非对称的 DSL，用户的上下行流量不对称，一般具有 3 个子信道，分别为 1.544～9Mb/s 的高速下行信道，16～640kb/s 的双工信道，64kb/s 的话音信道。

参考答案

（20）D

试题（21）

参见下面的网络拓扑结构图，一个路由器、一个集线器和一个交换机共与 10 台 PC 相连，下列说法中正确的是__(21)__。

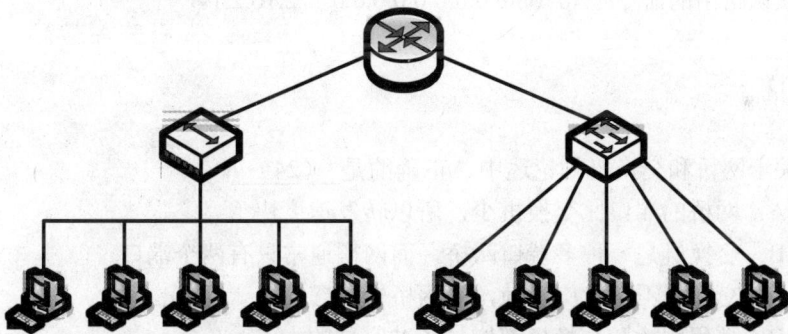

（21）A. 一个广播域和一个冲突域　　　　B. 两个广播域和两个冲突域
　　　C. 一个广播域和五个冲突域　　　　D. 两个广播域和七个冲突域

试题（21）分析

题图中路由器两边各有一个广播域。在路由器的左边，交换机有 6 个端口，形成 6 个冲突域，路由器右边是 1 个冲突域，共 7 个冲突域。

参考答案

（21）D

试题（22）

用路由器对网络进行分段，其优点有__(22)__。

（22）A. 路由器不转发广播帧，避免了网络风暴的产生

　　　　B. 路由器比交换机价格便宜，减少了联网的成本

　　　　C. 路由器速度比交换机快，减少了转发延迟

　　　　D. 路由器禁止了所有广播机制，有利于多媒体信息的传播

试题（22）分析

　　用路由器对网络进行分段，由于路由器不转发广播帧，从而避免了网络风暴的产生。另外路由器结构复杂，比交换机昂贵，而且由于要运行路由软件，所以转发速度也没有交换机快。路由器也不是禁止了所有的广播机制，它可以转发定向广播的 IP 分组。

参考答案

（22）A

试题（23）

　　配置默认路由的命令是　　（23）　　。

（23）A. ip route 172.16.1.0 255.255.255.0 0.0.0.0

　　　　B. ip route 172.16.1.0 255.255.255.0 172.16.2.1

　　　　C. ip route 0.0.0.0 255.255.255.0 172.16.2.1

　　　　D. ip route 0.0.0.0 0.0.0.0 172.16.2.1

试题（23）分析

　　配置默认路由的命令是 ip route 0.0.0.0 0.0.0.0 172.16.2.1。

参考答案

（23）D

试题（24）

　　下面关于网桥和交换机的论述中，正确的是　　（24）　　。

（24）A. 网桥的端口比交换机少，所以转发速度快

　　　　B. 交换机是一种多端口网桥，而网桥通常只有两个端口

　　　　C. 交换机不转发广播帧，而网桥转发广播帧

　　　　D. 使用网桥和交换机都增加了冲突域的大小

试题（24）分析

　　传统的网桥是在计算机上插入两个以上网卡，并运行网桥软件进行帧转发，而交换机是用硬件实现多端口网桥。无论是网桥或是交换机，都要转发广播帧，各个端口都属于一个广播域。

参考答案

（24）B

试题（25）

　　假定子网掩码为 255.255.255.224，　　（25）　　属于有效的主机地址。

（25）A. 15.234.118.63　　　　　　　　　　B. 92.11.178.93

　　　　C. 201.45.116.159　　　　　　　　D. 202.53.12.192

试题（25）分析

　　由于子网掩码为 255.255.255.224，所以主机地址只占用最右边的 5 位。

　　15.234.118.63 地址的二进制为：**00001111.11101010.01110110.001**11111 这是一个广播地址。

　　92.11.178.93 的二进制：**01011100.00001011.10110010.010**11101 这是一个有效的主机地址。

　　201.45.116.159 的二进制：**11001001.00101101.01110100.100**11111 这是一个广播地址；

　　202.53.12.192 的二进制：**11001010.00110101.00001100.11**000000 这是一个子网地址。

参考答案

　　（25）B

试题（26）

　　下面的主机地址中，可以通过因特网进行路由的是　（26）　。

　　（26）A. 172.16.223.15　　　　　　　B. 10.172.13.44
　　　　　C. 192.168.0.55　　　　　　　　D. 198.215.43.254

试题（26）分析

　　172.16.223.15 是 B 类私网地址；10.172.13.44 是 A 类私网地址；192.168.0.55 是 C 类私网地址；198.215.43.254 是公网单播地址。

参考答案

　　（26）D

试题（27）、（28）

　　两个工作站怎样连接才能互相通信？　（27）　。假设工作站 A 的 IP 地址是 20.15.10.24/28，而工作站 B 的 IP 地址是 20.15.10.100/28，正确连接后仍不能互相通信，怎样修改地址才能使得这两个工作站互相通信？　（28）　。

　　（27）A. 采用交叉双绞线直接相连

　　　　　B. 采用交叉双绞线通过交换机相连

　　　　　C. 采用直通双绞线直接相连

　　　　　D. 采用直通双绞线通过服务器相连

　　（28）A. 把工作站 A 的地址改为 20.15.10.15

　　　　　B. 把工作站 B 的地址改为 20.15.10.112

　　　　　C. 把子网掩码改为 25

　　　　　D. 把子网掩码改为 26

试题（27）、（28）分析

　　两个工作站采用交叉双绞线直接相连就可以通信。

工作站 A 的 IP 地址是 20.15.10.24/28：**00010100.00001111.00001010.00011**000

工作站 B 的 IP 地址是 20.15.10.100/28：**00010100.00001111.00001010.01100**100

当地址掩码占 28 位时，这两个地址不属于同一个子网，把地址掩码改为 25 就属于同一个子网了。

参考答案

（27）A （28）C

试题（29）、（30）

为本地路由器端口指定的地址是 220.117.10.6/29，则这个子网的网络地址是 (29)，这个子网的广播地址是 (30) 。

（29）A. 220.117.10.0　　　　　　　B. 220.117.10.6

　　　C. 220.117.10.7　　　　　　　D. 220.117.10.10

（30）A. 220.117.10.0　　　　　　　B. 220.117.10.6

　　　C. 220.117.10.7　　　　　　　D. 220.117.10.10

试题（29）、（30）分析

路由器端口地址 220.117.10.6/29：**11011100.01110101.00001010.00000**110

这个网络中的子网地址是 220.117.10.0：**11011100.01110101.00001010.00000**000

这个网络中的广播地址是 220.117.10.7：**11011100.01110101.00001010.00000**111

参考答案

（29）A （30）C

试题（31）

IPv6 的可聚合全球单播地址前缀为 (31) 。

（31）A. 010　　　　B. 011　　　　C. 001　　　　D. 100

试题（31）分析

IPv6 地址的具体类型是由格式前缀来区分的，这些前缀的初始分配如下表所示。

表　IPv6 地址的初始分配

分　　配	前缀（二进制）	占地址空间的比例
保留	0000 0000	1/256
未分配	0000 000	11/256
为 N S A P 地址保留	0000 001	1/128
为 I P X 地址保留	0000 010	1/128
未分配	0000 011	1/128
未分配	0000 1	1/32
未分配	0001	1/16
可聚合全球单播地址	001	1/8
未分配	010	1/8

续表

分　配	前缀（二进制）	占地址空间的比例
未分配	011	1/8
未分配	100	1/8
未分配	101	1/8
未分配	110	1/8
未分配	1110	1/16
未分配	1111 0	1/32
未分配	1111 10	1/64
未分配	1111 110	1/128
未分配	1111 1110 0	1/512
链路本地单播地址	1111 1110 10	1/1024
站点本地单播地址	1111 1110 11	1/1024
组播地址	1111 1111	1/256

地址空间的 15%是初始分配的，其余 85%的地址空间留作将来使用。这种分配方案支持可聚合地址、本地地址和组播地址的直接分配，并保留了 SNAP 和 IPX 的地址空间，其余的地址空间留给将来的扩展或者新的用途。单播地址和组播地址都是由地址的高阶字节值来区分的：FF（1111 1111）标识一个组播地址，其他值则标识一个单播地址，任意播地址取自单播地址空间，与单播地址在语法上无法区分。

可见，IPv6 的可聚合全球单播地址前缀为 001。

参考答案

（31）C

试题（32）

与老版本相比，RIPv2 协议新增加的特征是　(32)　。

（32）A．使用 SPF 算法计算最佳路由

　　　 B．采用广播地址更新路由

　　　 C．支持可变长度子网掩码

　　　 D．成为一种有类的路由协议

试题（32）分析

RIPv2 是增强了 RIP 协议，定义在 RFC 1721 和 RFC 1722（1994）中。RIPv2 基本上还是一个距离矢量路由协议，但是有三方面的改进。首先是它使用组播而不是广播来传播路由更新报文，并且采用了触发更新机制来加速路由收敛，即出现路由变化时立即向邻居发送路由更新报文，而不必等待更新周期的到达。其次是 RIPv2 是一个无类别的协议，可以使用可变长子网掩码（VLSM），也支持无类别域间路由（CIDR），这些功能使得网络的设计更具伸缩性。第三个增强是 RIPv2 支持认证，使用经过散列的口令字来限制路由更新信息的传播。其他方面的特性与第一版相同，例如以跳步计数来度量路由

费用，允许的最大跳步数为 15 等。

参考答案

（32）C

试题（33）

本地路由表如下所示，路由器把目标地址为 10.1.5.65 的分组发送给＿＿（33）＿＿。

Network	Interface	Next-hop
10.1.1.0/24	e 0	Directly connected
10.1.2.0/24	e 1	Directly connected
10.1.5.0/24	s 1	10.1.1.2
10.1.5.64/28	e 0	10.1.2.2
10.1.5.64/29	s 0	10.1.3.3
10.1.5.64/27	s 1	10.1.4.4

（33）A．10.1.1.2　　　　B．10.1.2.2　　　　C．10.1.3.3　　　　D．10.1.4.4

试题（33）分析

按照最长匹配规则，选择的匹配项是

10.1.5.64/29	s 0	10.1.3.3

所以路由器会把目标地址为 10.1.5.65 的分组发送给 10.1.3.3。

参考答案

（33）C

试题（34）

参见下图，出现默认网关 ping 不通的情况，出问题的协议层是＿＿（34）＿＿。

```
C:\>ping 10.10.10.1
Pinging 10.10.10.1 with 32 bytes of data:
Request timed out.
Request timed out.
Request timed out.
Request timed out.
Ping statistics for 10.10.10.1:
Packets: Sent=4, Received=0, Lost=4 (100% loss)
```

（34）A．物理层　　　　B．网络层　　　　C．传输层　　　　D．应用层

试题（34）分析

根据显示的信息，物理层连通是正常的，问题出在网络层。

参考答案

（34）B

试题（35）

在终端设备与远程站点之间建立安全连接的协议是 　（35）　。

（35）A．ARP　　　　　　　B．Telnet　　　　　　C．SSH　　　　　　D．WEP

试题（35）分析

终端设备与远程站点之间建立安全连接的协议是 SSH。SSH 为Secure Shell的缩写，是由 IETF 制定的建立在应用层和传输层基础上的安全协议。SSH 是专为远程登录会话和其他网络服务提供安全性的协议。利用 SSH 协议可以有效防止远程管理过程中的信息泄露问题。SSH 最初是 UNIX 上的程序，后来又迅速扩展到其他操作平台。

参考答案

（35）C

试题（36）

参见下面的本地连接配置图，默认网关地址应该配置为 　（36）　。

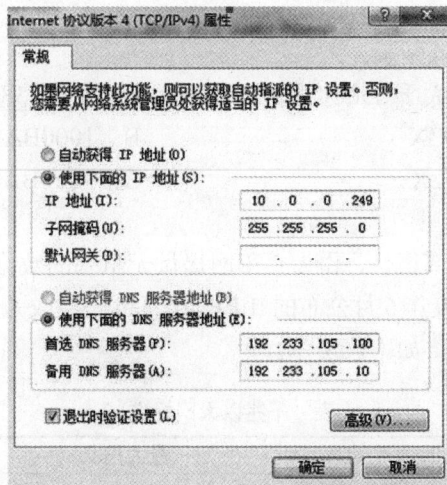

（36）A．10.0.0.0　　　　　　　　　　　　B．10.0.0.254
　　　C．192.233.105.100　　　　　　　　D．192.233.105.10

试题（36）分析

由于主机的IP 地址为 10.0.0.249,所以与其同一子网中的网关地址只能是 10.0.0.254。

参考答案

（36）B

试题（37）

下面的选项中，属于 VLAN 的优点的是 　（37）　。

（37）A．允许逻辑地划分网段　　　　B．减少了冲突域的数量
　　　C．增加了冲突域的大小　　　　D．减少了广播域的数量

试题（37）分析

虚拟局域网是根据管理功能、组织机构或应用类型对交换局域网进行分段而形成的逻辑网络。虚拟局域网与物理局域网具有同样的属性，然而其中的工作站可以不属于同一物理网段。把物理网络划分成 VLAN 的好处如下。

① 控制网络流量。一个 VLAN 内部的通信（包括广播通信）不会转发到其他 VLAN 中去，从而有助于控制广播风暴，减小冲突域，提高网络带宽的利用率。

② 提高网络的安全性。可以通过配置 VLAN 之间的路由来提供广播过滤、安全和流量控制等功能。不同 VLAN 之间的通信受到限制，提高了企业网络的安全性。

③ 灵活的网络管理。VLAN 机制使得工作组可以突破地理位置的限制而根据管理功能来划分。如果根据 MAC 地址划分 VLAN，用户可以在任何地方接入交换网络，实现移动办公。

参考答案

（37）A

试题（38）

下面的标准中，支持大于 550 米距离光纤以太网的是___(38)___。

（38）A．1000BASE-CX　　　　　　　　B．1000BASE-T

　　　　C．1000BASE-LX　　　　　　　　D．1000BASE-SX

试题（38）分析

千兆以太网的传输速率很快，作为主干网提供无阻塞的数据传输服务。1998 年 6 月公布的 IEEE 802.3z 和 1999 年 6 月公布的 IEEE 802.3ab 已经成为千兆以太网的正式标准。它们规定了 4 种传输介质，如下表所示。

表　千兆以太网标准

标　准	名　称	电　缆	最大段长	特　点
IEEE 802.3z	1000Base-SX	光纤（短波 770～860nm）	550m	多模光纤（50，62.5μm）
	1000Base-LX	光纤（长波 1270～1355nm）	5000m	单模（10μm）或多模光纤（50，62.5μm）
	1000Base-CX	2 对 STP	25m	屏蔽双绞线，同一房间内的设备之间
IEEE 802.3ab	1000Base-T	4 对 UTP	100m	5 类无屏蔽双绞线，8B/10B 编码

参考答案

（38）C

试题（39）

如下图所示，发送方从 0 字节开始、以 1000 字节的固定大小发送报文，在 TCP 连接发出的 3 个数据包都被接收方正确接收后，接收方返回的应答报文应该是___(39)___。

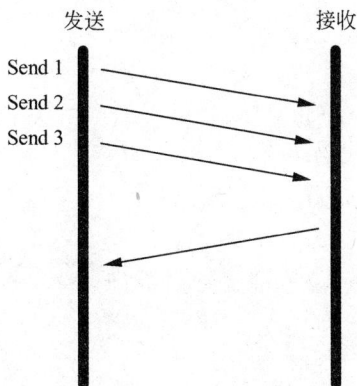

（39）A．ACK 1000　　B．ACK 2000　　C．ACK 3000　　D．ACK 4000

试题（39）分析

由于发送方从 0 字节开始、以 1000 字节的固定大小发送报文，所以 Send1 发送的是 0～999 字节，Send2 发送的是 1000～1999 字节，Send3 发送的是 2000～2999 字节，TCP 连接在 3 个数据包都被接收方正确接收后，应返回的应答报文应该是 ACK 3000。

参考答案

（39）C

试题（40）

通过有线电视的同轴电缆提供互联网接入，这时使用的调制解调器是__（40）__。

（40）A．Cable Modem　　　　　　　　B．ADSL Modem

　　　 C．ISDN Modem　　　　　　　　D．PSTN Modem

试题（40）分析

通过有线电视电缆提供互联网接入，这时使用的调制解调器是 Cable Modem，其他 3 种 Modem 分别用于 ADSL 接入、ISDN 接入和普通电话线（PSTN）连接。

参考答案

（40）A

试题（41）

在 html 文档中，定义锚使用__（41）__标记。

（41）A．<a>　　　　B．<b>　　　　C．<u>　　　　D．<i>

试题（41）分析

本题考查 HTML 语言标记知识。

<a>标记用于在 HTML 文档中定义锚。

<b>标记用于加粗显示标记中的文本。

<u>标记用于为文本添加下画线。

<i>标记用于斜体显示标记中的文本。

参考答案

（41）A

试题（42）

在 html 文档中，有如下代码：

```
<form>
    List1:
    <input type="text" name="List1" />
    <br />
    List2:
    <input type="text" name="List2" />
</form>
```

在浏览器中显示为 ___（42）___ 。

（42）A. 　　　　　　　　B.

　　　　C. 　　　　　　　　D.

试题（42）分析

本题考查的是 HTML 语言中的 input 标签的 type 属性。

在 HTML 语言中的 input 标签有多种属性，具体属性如下表所示：

button	定义可单击的按钮（大多与 JavaScript 使用来启动脚本）
checkbox	定义复选框
color	定义拾色器
date	定义日期字段（带有 calendar 控件）
datetime	定义日期字段（带有 calendar 和 time 控件）
datetime-local	定义日期字段（带有 calendar 和 time 控件）
month	定义日期字段的月（带有 calendar 控件）
week	定义日期字段的周（带有 calendar 控件）
time	定义日期字段的时、分、秒（带有 time 控件）
email	定义用于 E-mail 地址的文本字段
file	定义输入字段和"浏览..."按钮，供文件上传
hidden	定义隐藏输入字段
image	定义图像作为提交按钮
number	定义带有 spinner 控件的数字字段
password	定义密码字段。字段中的字符会被遮蔽
radio	定义单选按钮
range	定义带有 slider 控件的数字字段
reset	定义重置按钮。重置按钮会将所有表单字段重置为初始值

续表

Search	定义用于搜索的文本字段
submit	定义提交按钮。提交按钮向服务器发送数据
tel	定义用于电话号码的文本字段
text	默认。定义单行输入字段，用户可在其中输入文本。默认是 20 个字符
url	定义用于 URL 的文本字段

题目中指定了 type 属性为"text"，表示定义一个单行的输入字段，使用户可以在其中输入文本。据此，可在备选项中选择相应答案。

参考答案

（42）A

试题（43）

下列关于 URL 的说法中，错误的是 ___（43）___ 。

（43）A．使用 www.abc.com 和 abc.com 打开的是同一页面

　　　　B．在地址栏中输入 www.abc.com 默认使用 http 协议

　　　　C．www.abc.com 中的"www"是主机名

　　　　D．www.abc.com 中的"abc.com"是域名

试题（43）分析

本题考查的是 URL 的使用和格式的基本知识。

URL 由三部分组成：资源类型、存放资源的主机域名、资源文件名。

URL 的一般语法格式为（带方括号[]的为可选项）：

```
protocol :// hostname[:port] / path /filename
```

其中，**protocol** 指定使用的传输协议，最常见的是 HTTP 或者 HTTPS 协议，也可以有其他协议，如 file、ftp、gopher、mms、ed2k 等；Hostname 是指主机名，即存放资源的服务域名或者 IP 地址；Port 是指各种传输协议所使用的默认端口号，该选项是可选选项，例如 http 的默认端口号为 80，一般可以省略，如果为了安全考虑，可以更改默认的端口号，这时，该选项是必选的；Path 是指路径，有一个或者多个"/"分隔，一般用来表示主机上的一个目录或者文件地址；filename 是指文件名，该选项用于指定需要打开的文件名称。

一般情况下，一个 URL 可以采用"主机名.域名"的形式打开指定页面，也可以单独使用"域名"来打开指定页面，但是这样实现的前提是需进行相应的设置和对应。

参考答案

（43）A

试题（44）

在一个 HTML 文档中，使用语句：

```
<img src="../i/eg_goleft123.gif" alt="向左转" />
```

在网页中插入一幅图片，当该图片无法显示时，会在浏览器上显示 (44) 。

(44) A. 错误 404   B. 图片无法显示

       C. 向左转   D. ../i/eg_goleft123.gif

试题（44）分析

本题考查 HTML 语言中 ALT 标记的作用。

在 HTML 语言中 ALT 标记的作用是当源文件无法正常显示时，显示 ALT 标记中的内容。

参考答案

（44） C

试题（45）

网页设计人员创建了一个外部样式表 webstyle.css，下面的说法中 (45) 是正确的。

(45) A. 在<body></body>标签中引用 webstyle.css 文件使用该样式表

       B. 在<head></head>标签中引用 webstyle.css 文件使用该样式表

       C. 在 web 页面中使用<style></style>标签引用 webstyle.css 文件使用样式表

       D. 在相关标签内部使用 style 属性引用 webstyle.css 文件使用样式表

试题（45）分析

本题考查 HTML 语言中外部样式表使用的方法。

外部样式表 CSS，适用于格式化网页文件中的内容。创建一个外部样式表有三种调用方式，直接调用样式表文件、使用时调用和内部嵌入。如果要调用样式表文件，一般将调用的语句放在 HTML 文件代码中的<head></head>标签内。

参考答案

（45） B

试题（46）、（47）

DHCP 协议的功能是 (46) ；FTP 协议使用的传输层协议为 (47) 。

(46) A. WINS 名字解析   B. 静态地址分配

       C. DNS 域名解析   D. 自动分配 IP 地址

(47) A. TCP   B. IP   C. UDP   D. HDLC

试题（46）、（47）分析

本题考查 DHCP 和 FTP 两个应用协议。

DHCP 协议的功能是自动分配 IP 地址；FTP 协议的作用是文件传输，使用的传输层协议为 TCP。

参考答案

（46）D   （47）A

试题（48）

在 IEEE 802.3 标准中，定义在最顶端的协议层是 ___(48)___ 。

（48）A．物理层   B．介质访问控制子层

   C．逻辑链路控制子层   D．网络层

试题（48）分析

本题考查 IEEE 802.3 标准的协议层次关系。

1980 年 2 月，电器和电子工程师协会（Institute of Electrical and Electronics Engineers，IEEE）成立了 802 委员会。当时个人计算机联网刚刚兴起，该委员会针对这一情况，制定了一系列局域网标准，称为 IEEE 802 标准。按 IEEE 802 标准，局域网体系结构由物理层、媒体访问控制子层（Media Access Control，MAC）和逻辑链路控制子层（Logical Link Control，LLC）组成，如下图所示。

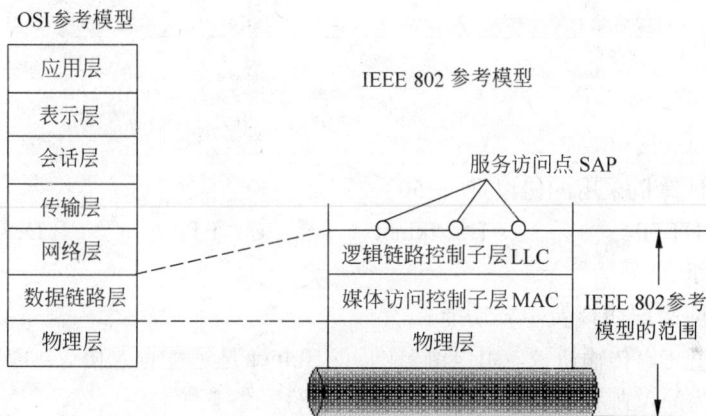

故在 IEEE 802.3 标准中，定义在最顶端的协议层是逻辑链路控制子层。

参考答案

（48）C

试题（49）

当用户不能访问 Internet 时，采用抓包工具捕获的结果如下图所示。图中报文的协议类型是 ___(49)___ 。

（49）A．Web 请求报文   B．ARP 请求报文

   C．Web 响应报文   D．ARP 响应报文

试题（49）分析

本题考查抓包工具的使用及 ARP 协议的报文格式。

从题图中可以看出是查找 IP 地址对应的 MAC 地址的报文，且目标地址为 FFFFFFFFFFFF，故为 ARP 请求报文。

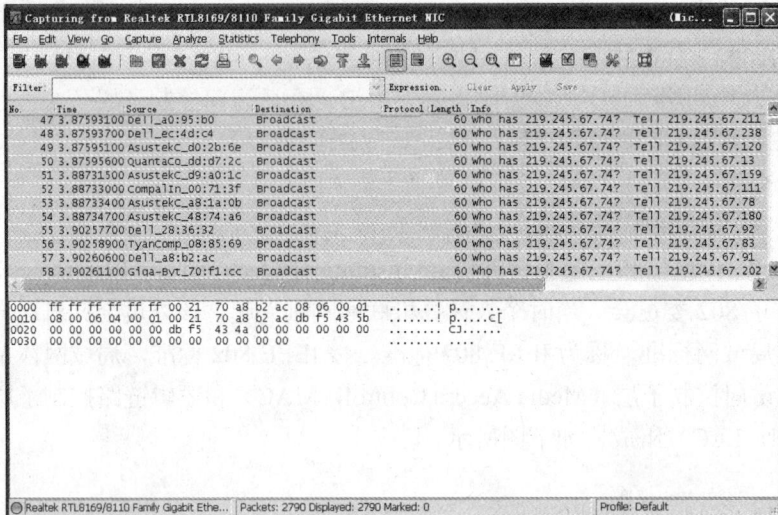

参考答案

（49）B

试题（50）

登录远程计算机采用的协议是 __（50）__ 。

（50）A．HTTP   B．Telnet   C．FTP   D．SMTP

试题（50）分析

本题考查应用层协议及主要功能。

HTTP 是超文本传输协议，用以浏览网页；Telnet 是远程登录协议；FTP 为文件传输协议；SMTP 为简单邮件传输协议，用来发送邮件。

参考答案

（50）B

试题（51）、（52）

在进行域名解析过程中，若主域名服务器出现故障，则在 __（51）__ 上进行查找；若主域名服务器工作正常但未能查找到记录，由 __（52）__ 负责后续解析。

（51）A．WINS 服务器   B．辅助域名服务器

        C．缓存域名服务器   D．转发域名服务器

（52）A．WINS 服务器   B．辅助域名服务器

        C．缓存域名服务器   D．转发域名服务器

试题（51）、（52）分析

本题考查域名解析服务器及主要功能。

通常在一个域中可能有多个域名服务器，域名服务器有以下几种类型。

① 主域名服务器（Primary Name Server）：负责维护这个区域的所有域名信息，是

特定域所有信息的权威性信息源。一个域有且只有一个主域名服务器。

　　② 辅域名服务器（Secondary Name Server）：当主域名服务器关闭、出现故障或负载过重时，辅域名服务器作为备份服务器提供域名解析服务。辅助服务器从主域名服务器获得授权，并定期向主服务器询问是否有新数据，如果有则调入并更新域名解析数据，以达到与主域名服务器同步的目的。

　　③ 缓存域名服务器（Caching-Only Server）：可运行域名服务器软件但是没有域名数据库。它从某个远程服务器取得每次域名服务器查询的回答，一旦取得一个答案，就将它放在高速缓存中，以后查询相同的信息时就用它予以回答。

　　④ 转发域名服务器（Forwarding Server）：负责所有非本地域名的本地查询。转发域名服务器接到查询请求时，在其缓存中查找，如找不到就把请求依次转发到指定的域名服务器，直到查询到结果为止，否则返回无法映射的结果。

　　可以看出，在进行域名解析过程中，若主域名服务器出现故障，则在辅助域名服务器上进行查找；若主域名服务器工作正常但未能查找到记录，由转发域名服务器负责后续解析。

参考答案

　　（51）B　　（52）D

试题（53）

　　下列四个病毒中，属于木马的是　　(53)　　。

　　（53）A．Trojan.Lmir.PSW.60　　　　　　B．VBS.Happytime

　　　　　C．JS.Fortnight.c.s　　　　　　　　D．Script.Redlof

试题（53）分析

　　本题考查计算机病毒的基本知识。

　　一般地，根据计算机病毒的发作方式和原理，在计算机病毒的名称前面加上相应的代码以表示该病的制作原理和发作方式。

　　例如，以 Trojan.开始的病毒一般为木马病毒，以 VBS.、JS.、Script.开头的病毒一般为脚本病毒，以 Worm.开头的一般为蠕虫病毒等。

参考答案

　　（53）A

试题（54）

　　在网上邻居可以看到某计算机，但是 ping 不通对方，原因是　　(54)　　。

　　（54）A．本机 TCP/IP 协议故障　　　　　B．本机网络适配器故障

　　　　　C．对方安装了防火墙　　　　　　　D．对方 TCP/IP 协议故障

试题（54）分析

　　本题考查网络协议的基本知识。

　　网络（网上邻居）用的是 NetBIOS，在 Win95 OSR2（版本号 4.00.950B）之前的

Windows 操作系统需要安装用于 NetBIOS 的 NetBEUI 协议，之后的绝大部分，只要安装 TCP/IP 协议就可以了，因为此时 TCP/IP 已经有自己的 NetBIOS 功能（NetBT）了。

ping 命令是一种测试网络连通性的网络命令。ping 命令首先向对端主机发送呼叫信息（Request），如果对端主机接收到了该呼叫，一般情况下会发出相应的回应信息（Echo），发送端接收到对方的回应信息后，在本地会有相应的显示，标明网络连接时正常的，且可以正常通讯。

根据题干描述，用户可以在网上邻居里看到对方计算机，这一操作表明两个计算机均已经正确安装了所需协议并能够正常工作，但却无法 ping 通对方，表明本地计算机并未接受到对方的回应信息。网络连接正常，但无法收到回应信息，一般情况下是由于对方主机安装了防火墙的原因所致。题目备选答案中其他的三个选项均不可能形成题干描述的结果。

参考答案

（54）C

试题（55）

报文的完整性采用消息摘要进行检验，可用的完整性验证算法是 __（55）__。

（55）A. RSA   B. Triple-DES   C. MD5   D. IDEA

试题（55）分析

本题考查加密算法的基本知识。

消息摘要是通过使用相应的消息摘要算法，对原消息进行运算后得到的一串代码，这串代码具有唯一性，可用于检验报文的完整性。目前广泛使用的消息摘要算法是 MD5 算法。

RSA、Triple-DES、IDEA 算法均为加密算法。

参考答案

（55）C

试题（56）

安全电子交易使用的协议是 __（56）__。

（56）A. PGP   B. SHTTP   C. MIME   D. SET

试题（56）分析

本题考查安全电子交易的基本知识。

PGP（Pretty Good Privacy）是 Philip R. Zimmermann 在 1991 年开发的电子邮件加密软件包。它能够在各种平台上免费试用，并得到了众多的制造商支持。PGP 提供数据加密和数字签名服务，可用于电子邮件的加密和签名。

SET（Secure Electronic Transaction）是安全电子交易的英文简写，它是一种安全协议和报文格式的集合，融合了 Netscape 的 SSL、Microsoft 的 STT、Terisa 的 S-HTTP 以及 PKI 技术，通过数字证书和数字签名机制，使得客户可以与供应商进行安全的电子交易。目前，SET 已经获得了 Mastercard、Visa 等众多厂商的支持，成为电子商务安全中的安全基础设施。

SHTTP 也可以写作 S-HPPT，是一种面向报文的安全通信协议，其目的是保证商业贸易信息的传输安全，促进电子商务的发展。但是在 SSL 出现后，S-HTTP 并未获得广泛的应用，目前，SSL 基本已经取代了 S-HTTP。

MIME（Multipurpose Internet Mail Extensions）多用途互联网邮件扩展类型。它是设定某种扩展名的文件用一种应用程序来打开的方式类型，当该扩展名文件被访问的时候，浏览器会自动使用指定应用程序来打开。多用于指定一些客户端自定义的文件名，以及一些媒体文件打开方式。它是一个互联网标准，扩展了电子邮件标准，使其能够支持：非 ASCII 字符文本；非文本格式附件（二进制、声音、图像等）；由多部分（Multiple Parts）组成的消息体；包含非 ASCII 字符的头信息（Header Information）。

参考答案

（56）D

试题（57）

在下列描述中，对 SNMP 协议理解错误的是　(57)　。

（57）A．SNMP 为应用层协议，是 TCP/IP 协议族的一部分

　　　　B．SNMP 的各个版本中，所有数据都以明文形式发送

　　　　C．如果没有用 SNMP 来管理网络，那就没有必要运行它

　　　　D．SNMP 协议使用公开端口是 UDP 端口 161 和 162

试题（57）分析

本题考查 SNMP 协议的基础知识。

基于 TCP/IP 的网络管理包括两部分：网络管理站（Manager）和被管理的网络单元（被管设备）。这些被管设备的共同点就是都运行 TCP/IP 协议。管理进程和代理进程之间的通信有两种方式，一种是管理进程向代理进程发出请求，询问参数值，另一种方式是代理进程主动向管理进程报告某些重要的事件。管理进程采用 UDP 的 161 端口，代理进程使用 UDP 的 162 端口。

SNMP 协议有多版本，在第三版中新增了认证和加密功能。

参考答案

（57）B

试题（58）、（59）

在 TCP/IP 协议分层结构中，SNMP 是在传输层协议之上的　(58)　请求/响应协议；SNMP 协议管理操作中，代理主动向管理进程报告事件的操作是　(59)　。

（58）A．异步　　　　B．同步　　　　C．主从　　　　D．面向连接

（59）A．get-request　B．get-response　C．trap　　　D．et-request

试题（58）、（59）分析

本题考查 SNMP 协议的基础知识。

SNMP 是一个异步请求/响应协议，它的请求与响应没有必定的时间顺序关系，它是一个非面向连接的协议。SNMP 提供的管理操作中，get 操作用来提取特定的网络管理信息；get-next 操作通过遍历来提供强大的管理信息提取能力；set 操作用来对管理信息进行控制（修改、设置）；trap 操作用来报告重要的事件。

参考答案

（58）A　　（59）C

试题（60）

网络管理系统一般具备 OSI 网络管理标准中定义的五项功能，并可以提供图形化的用户界面。下面不属于网络管理工具的是　（60）　。

（60）A．Wireshark　　　　　　　　　B．HP open view

　　　 C．Symantec　　　　　　　　　D．Sniffer

试题（60）分析

本题考查常用的网络管理工具知识。

Wireshark 是网络数据包分析软件，通过抓取网络数据包并尽可能详细地显示数据包信息实时监测网络通信数据的工具；HP open view 是基于网络管理与系统管理特点，可以从用户网络的关键性着手迅速控制网络并提供解决方案的管理平台；Sniffer 是采用混杂模式工作的协议分析器，以软件或硬件产品的方式实现对网络高效率的控制。

Symantec 是一款以查杀病毒、木马为主的网络安全产品。

参考答案

（60）C

试题（61）、（62）

显示 ARP 缓存的命令是　（61）　，清除 ARP 缓存病毒的命令是　（62）　。

（61）A．arp -a　　　　B．arp -s　　　　C．arp -d　　　　D．arp -g

（62）A．arp -a　　　　B．arp -s　　　　C．arp -d　　　　D．arp -g

试题（61）、（62）分析

本题考查网络命令的基础知识。

ARP 命令用于显示和修改"地址解析协议（ARP）"缓存中的项目。ARP 缓存中包含一个或多个表，它们用于存储 IP 地址及其经过解析的以太网或令牌环物理地址。其中参数-a 显示所有接口当前 ARP 缓存表，-d 删除指定的 IP 地址项。

参考答案

（61）A　　（62）C

试题（63）

在 Linux 中，要将指定源文件复制到目标文件，但不覆盖原有文件时，需使用　（63）

命令。

（63）A．cp -a　　　　B．cp -f　　　　C．cp -i　　　　D．cp -l

试题（63）分析

本题考查 Linux 文件系统的基本知识。

在 Linux 系统中，文件复制命令 cp。cp 命令的功能是把指定的源文件复制到目标文件或把多个源文件复制到目标目录中。如同 DOS 下的 copy 命令一样。cp 命令的一般格式是：

```
cp [-选项] source fileName | directory dest fileName | directory
```

重要选项参数说明如下。

- -a：整个目录拷贝。它保留链接、文件属性，并递归地拷贝子目录。
- -f：删除已经存在的目标文件而不提示。
- -i：和 f 选项相反，在覆盖目标文件之前将给出提示要求用户确认。回答 y 时目标文件将被覆盖，是交互式拷贝。
- -p：除复制源文件的内容外，还把其修改时间以及访问权限也复制到新文件中。
- -R：若给出的源文件是一目录文件，将递归复制该目录下所有的子目录和文件。此时目标文件必须为一个目录名。
- -l：不作拷贝，只是链接文件。

参考答案

（63）C

试题（64）

在 Linux 中，目录/dev 主要用于存放__（64）__文件。

（64）A．用户　　　　B．目录　　　　C．设备　　　　D．网络配置

试题（64）分析

本题考查 Linux 文件系统的基本知识。

在 Linux 操作系统中，/dev 目录里要存放与设备（包括外设）有关的文件（unix 和 Linux 系统均把设备当成文件）。

参考答案

（64）C

试题（65）

为了使得内外网用户均能访问，Web 服务器应放置在__（65）__区域。

（65）A．外网　　　　　　　　B．内部网络
　　　　C．VIP　　　　　　　　D．DMZ

试题（65）分析

本题考查网络设备部署的基本知识。

防火墙中的 DMZ 区也称为非军事区域，允许外网的用户有限度地访问其中的资源。通常，DMZ 区的安全规则如下。

① 允许外部网络用户访问 DMZ 区的面向外网的应用服务（如 Web、FTP 和 BBS 等）。

② 允许 DMZ 区内的应用服务器及工作站访问 Internet。

③ 禁止 DMZ 区的应用服务器访问内部网络。

④ 禁止外部网络非法用户访问内部网络等。

通常 DMZ 中服务器不应包含任何商业机密、资源代码或是私人信息。存放机密、私人信息的设备应部署在内部网络中。

由以上分析可知，要保证学校相关信息的机密性，就要避免外部网络的用户和内部网络中未经授权的用户直接访问存储学校机密数据的服务器、存储资源代码的 PC 和存储私人信息的 PC 等，因此需要将这些设备部署在校园网内部网络中以确保其安全。

对于邮件服务器、电子商务系统和应用网关等设备既要允许内、外网主机对其访问，又要保障它们的安全性。因此，这些设备需部署在防火墙的 DMZ 区域中。

参考答案

（65）　D

试题（66）

采用命令　 (66) 　查看域名服务器工作状态。

（66）A．ipconfig　　　　　　　　　B．nslookup

　　　　C．netstat　　　　　　　　　D．route

试题（66）分析

本题考查网络管理命令及作用。

ipconfig 命令相当于 Windows 9x 中的图形化命令 Winipcfg，是最常用的 Windows 实用程序，可以显示所有网卡的 TCP/IP 配置参数，可以刷新动态主机配置协议（DHCP）和域名系统（DNS）的设置。

nslookup 命令用于显示 DNS 查询信息，诊断和排除 DNS 故障。

netstat 命令用于显示 TCP 连接、计算机正在监听的端口、以太网统计信息、IP 路由表、IPv4 统计信息（包括 IP、ICMP、TCP 和 UDP 等协议）、IPv6 统计信息（包括 IPv6、ICMPv6、TCP over IPv6、UDP over IPv6 等协议）等。

route 命令用于显示路由相关信息。

故采用命令 nslookup 来查看域名服务器工作状态。

参考答案

（66）B

试题（67）

与 route print 命令功能相同的命令是　 (67) 　。

（67）A．netstat -r　　　　　　　　B．ping

　　　　C．ipconfig /all　　　　　　　D．nslookup

试题（67）分析

本题考查网络管理命令及作用。

route print 命令的功能是显示路由信息，netstat -r 的作用也是显示路由信息。ping 命令通过发送 ICMP 回声请求报文来检验与另外一个计算机的连接。ipconfig /all 显示所有网卡的 TCP/IP 配置信息。如果没有该参数，则只显示各个网卡的 IP 地址、子网掩码和默认网关地址。nslookup 命令用于显示 DNS 查询信息，诊断和排除 DNS 故障。

参考答案

（67）A

试题（68）

客户端收到　（68）　报文后方可使用 DHCP 服务器提供的 IP 地址。

（68）A．DhcpOffer　　　　　　　B．DhcpDecline

　　　　C．DhcpAck　　　　　　　　D．DhcpNack

试题（68）分析

本题考查 DHCP 报文类型及作用。

DHCP 服务器监听到客户端发出的 Dhcpdiscover 广播后，它会从那些还没有租出的地址范围内，选择最前面的空置 IP，连同其他 TCP/IP 设定，回应给客户端一个 Dhcpoffer 报文。

客户端向网络发送一个 Dhcprequest 广播封包，告诉所有 DHCP 服务器它将指定接收哪一台服务器提供的 IP 地址。同时，客户端还会向网络发送一个 ARP 封包，查询网络上面有没有其他机器使用该 IP 地址；如果发现该 IP 已经被占用，客户端则会送出一个 Dhcpdecline 封包给 DHCP 服务器，拒绝接收其 Dhcpoffer，并重新发送 Dhcpdiscover 信息。

当 DHCP 服务器接收到客户端的 Dhcprequest 之后，会向客户端发出一个 dhcpack 回应，以确认 IP 租约的正式生效，或者发 DhcpNack 取消。

参考答案

（68）C

试题（69）

向 FTP 服务器上传文件的命令是　（69）　。

（69）A．get　　　　　B．dir　　　　　C．put　　　　　D．push

试题（69）分析

本题考查 FTP 命令及作用。

向 FTP 服务器上传文件的命令是 put。

参考答案

（69）C

试题（70）

下列 Internet 应用中，采用 UDP 作为传输层协议的是___（70）___。

（70）A．电子邮件　　　　　　　　　B．Web 浏览

　　　　C．FTP 文件传输　　　　　　　D．SNMP

试题（70）分析

本题考查 Internet 应用及使用的传输层协议。

使用 TCP 的应用是电子邮件、Web 浏览、FTP 文件传输；采用 UDP 作为传输层协议的是 SNMP。

参考答案

（70）D

试题（71）～（75）

Routers perform the decision process that selects what path a packet takes. These ___（71）___ layer devices participate in the collection and distribution of network-layer information, and perform Layer 3 switching based on the contents of the network layer ___（72）___ of each packet. You can connect the routers directly by point-to-point ___（73）___ or local-area networks, or you can connect them by LAN or WAN switches. These Layer 2 switches unfortunately do not have the capability to hold Layer 3 ___（74）___ information or to select the path taken by a packet through analysis of its Layer 3 destination address. Thus, Layer 2 switches cannot be involved in the Layer 3 packet ___（75）___ decision process.

（71）A．application　　　B．network　　　C．physical　　　D．link

（72）A．header　　　　　B．connection　　C．protocol　　　D．data

（73）A．medium　　　　　B．links　　　　 C．switches　　　D．carriers

（74）A．network　　　　　B．links　　　　 C．protocol　　　D．routing

（75）A．switching　　　　B．processing　　C．forwarding　　D．connecting

参考译文

路由器完成决策过程，选择分组要走的通路。这些网络层设备加入分发网络层信息的集合，基于每一个分组网络层头部的内容完成第三层交换功能。你可以直接通过点对点链路或局域网连接路由器，也可以用 LAN 或 WAN 交换机连接它们。但是这些第二层交换机不具有保存第三层路由信息的能力，也不能通过分析第三层目标地址选择分组要经过的通路。于是，第二层交换机不会涉入第三层分组转发的决策过程。

参考答案

（71）B　　（72）A　　　（73）B　　（74）D　　（75）C

第14章 2015上半年网络管理员下午试题分析与解答

试题一（20分）

阅读以下说明，回答问题1至问题7，将解答填入答题纸对应的解答栏内。

【说明】

某家庭采用家庭路由器接入校园网，如图1-1所示。在路由器R1上配置有线和无线连接功能，部分配置信息如图1-2所示。

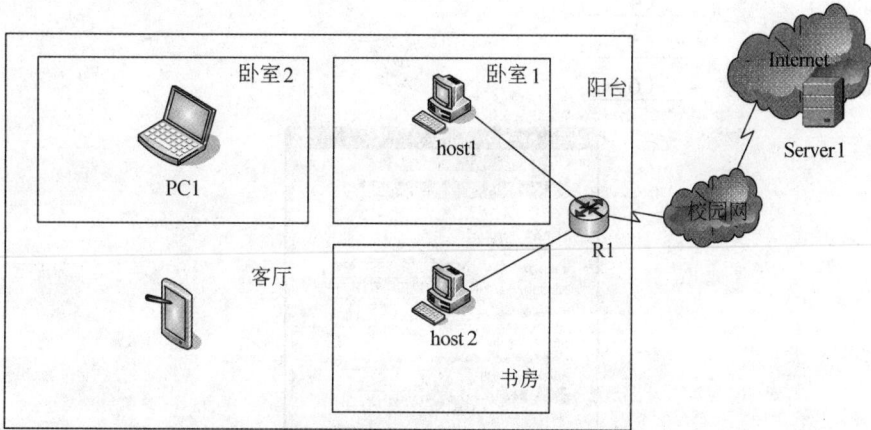

图 1-1

```
LAN口状态
    MAC地址:     28-2C-B2-82-AF-28
    IP地址:      192.168.1.1
    子网掩码:    255.255.255.0
无线状态
    无线功能:    启用
    SSID号:      FAST_8888
    信 道:       自动（当前信道 1）
    模 式:       11bgn mixed
    频段带宽:    自动
    MAC地址:     28-2C-B2-82-AF-28
    WDS状态:     未开启
WAN口状态
    MAC地址:     28-2C-B2-82-AF-29
    IP地址:      10.169.247.64
    子网掩码:    255.255.255.0
    网关:        10.169.247.254
    DNS服务器:   202.110.112.3 , 221.10.1.67
    上网时间:    0 day(s) 20:48:14
```

图 1-2

【问题 1】（2 分）

家庭网络中有线网络采用___(1)___型拓扑结构。

【问题 2】（2 分）

路由器 R1 有 6 个 LAN 和 1 个 WAN 接口，和校园网连接的是接口___(2)___，host1 连接的是接口___(3)___。

【问题 3】（2 分）

在 host1 上如何登录 R1 的配置界面？

【问题 4】（6 分）

主机 host1 采用静态 IP 地址配置，其 Internet 协议属性参数如图 1-3 所示，请填写 host1 的 Internet 协议属性参数。

IP 地址：　　　___(4)___；

子网掩码：　　___(5)___；

默认网关：　　___(6)___；

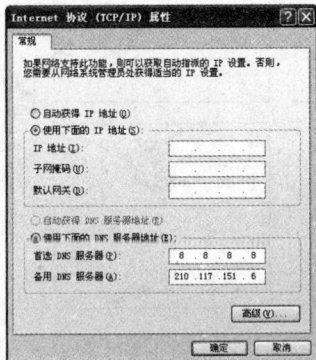

图 1-3

【问题 5】（3 分）

为了使手机、PAD 等移动设备能自动获取 IP 地址，路由器上需开启___(7)___功能。路由器的无线设置界面如图 1-4 所示，SSID 为___(8)___。

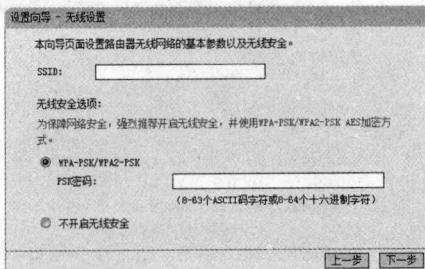

图 1-4

WPA2-PSK 采用的加密算法为　__(9)__　。

（9）备选答案：

    A．AES   B．TKIP   C．WEP

【问题 6】（2 分）

    校园网提供的 IP 地址为　__(10)__　。

【问题 7】（3 分）

    PC1 访问 Internet 资源 Server1 时，在上行过程中至少应做　__(11)__　次 NAT 变换。

    路由器 R1 上的 NAT 表如表 1-1 所示，PC1 访问 Internet 时经过 R1 后的报文 IP 地址如表 1-2 所示，则 PC1 的 IP 地址为　__(12)__　，Server1 的 IP 地址为　__(13)__　。

表 1-1

R1　NAT 变换表	
内部 IP / 端口号	变换后的端口号
192.168.1.3: 1358	34576
192.168.1.2 : 1252	65534
192.168.1.5 : 1252	20000

表 1-2

源 IP 地址	端口号	目的 IP 地址	端口号
10.169.247.64	20000	61.123.110.251	80

试题一分析

    本题考查局域网配置及基本网络管理相关问题，属常考问题。

【问题 1】

    局域网常见拓扑结构分总线型、环型和星型，题中家庭网络中有线部分采用星型拓扑结构。

【问题 2】

    家庭无线路由器 WAN 口为局域网出口，LAN 口内接设备。故路由器 R1 和校园网连接的是接口 WAN 口，host1 连接的是接口 LAN 口。

【问题 3】

    家庭无线路由器在其连接的客户机上通过浏览器进行配置，操作方法是在 host1 上启动浏览器，在浏览器地址栏中输入 192.168.1.1，输入用户名和密码，通过认证后登录 R1 的配置界面进行配置。

【问题 4】

    主机 host1 在 192.168.1.0/24 网段，网关即路由器地址，故 host1 的 Internet 协议属性参数为：

    IP 地址：　　　　　192.168.1.2～192.168.1.254 中任选一个

子网掩码：　　　255.255.255.0

默认网关：　　　192.168.1.1

【问题 5】

为了使手机、PAD 等移动设备能接入 Internet 必须获取 IP 地址，若采用自动获取 IP 地址，路由器上需开启 DHCP 功能。

从题图中可以看出，SSID 为 FAST_8888。

WPA2-PSK 采用的加密算法为 AES。

【问题 6】

校园网提供的 IP 地址为 WAN 口的地址，从题图中可以看出为 10.169.247.64。

【问题 7】

PC1 访问 Internet 资源 Server1 时，在上行过程中至少应做 2 次 NAT 变换。第 1 次为家庭路由器，第 2 次为学校出口。

路由器 R1 上的 NAT 表如表 1-1 所示，PC1 访问 Internet 时经过 R1 后的报文 IP 地址如表 1-2 所示，则 PC1 的 IP 地址为 192.168.1.5，Server1 的 IP 地址为 61.123.110.251。

参考答案

【问题 1】

（1）星型

【问题 2】

（2）WAN

（3）LAN

【问题 3】

浏览器地址栏中输入 192.168.1.1 地址，通过用户名和密码认证后登录

【问题 4】

（4）192.168.1.2～192.168.1.254

（5）255.255.255.0

（6）192.168.1.1

【问题 5】

（7）DHCP

（8）FAST_8888

（9）A．AES

【问题 6】

（10）10.169.247.64

【问题 7】

（11）2

（12）192.168.1.5

（13）61.123.110.251

试题二（共 20 分）

阅读以下说明，回答问题 1 至问题 5，将解答填入答题纸对应的解答栏内。

【说明】

某单位网络拓扑结构如图 2-1 所示，FTP 服务器的域名为 xhftp. SoftwareExam.com。

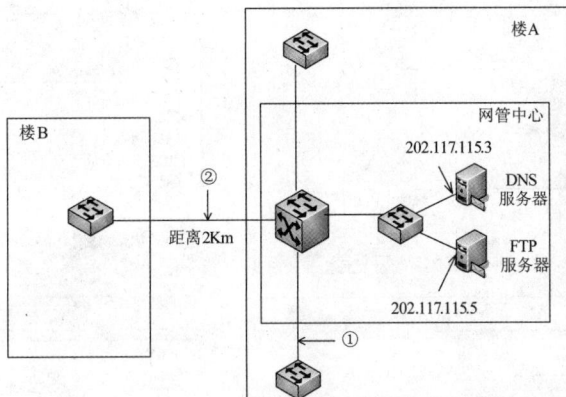

图 2-1

【问题 1】（4 分）

在该单位综合布线时，连接楼 A 与楼 B 的布线子系统为___(1)___；楼 A 内网管中心服务器群至核心交换机的布线子系统为___(2)___。

(1)、(2) 备选答案：

　　A. 水平子系统　　　　B. 垂直子系统　　　　C. 设备间子系统

　　D. 建筑群子系统　　　E. 干线子系统　　　　F. 管理子系统

【问题 2】（4 分）

图 2-1 中①的传输介质为___(3)___、②处的传输介质为___(4)___。

(3)、(4) 备选答案（限选一次）：

　　A. 单模光纤　　　　　B. 多模光纤

【问题 3】（4 分）

依据图 2-2 配置好 FTP 服务器后，其数据端口为___(5)___。若尚未配置域名记录，在浏览器中可输入 URL___(6)___来访问 FTP 站点。

【问题 4】（2 分）

图 2-3 为用户组的权限设置，网站的创建者对 FTP 根目录的默认权限为___(7)___。

【问题 5】（6 分）

在 DNS 服务器中为 FTP 服务器配置域名记录时，新建主机如图 2-4 所示。

在图 2-4 所示的对话框中，添加的主机"名称"为___(8)___，"IP 地址"是___(9)___。

如果要实现 FTP 服务器的 IP 地址和域名互查，该如何操作？

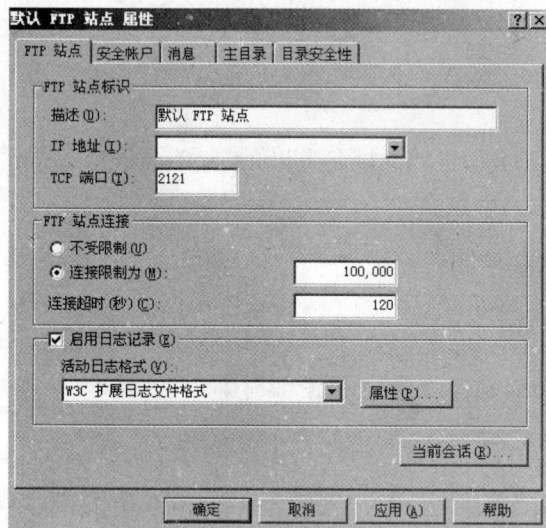

图 2-2

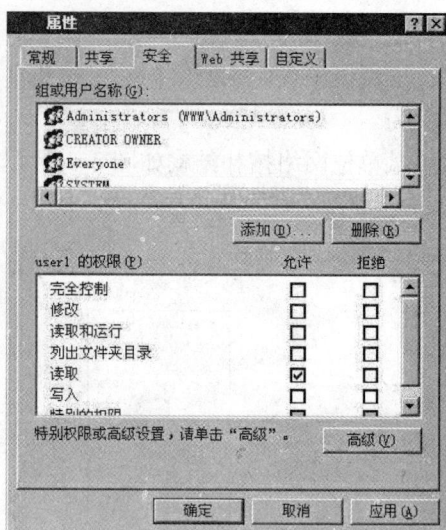

图 2-3

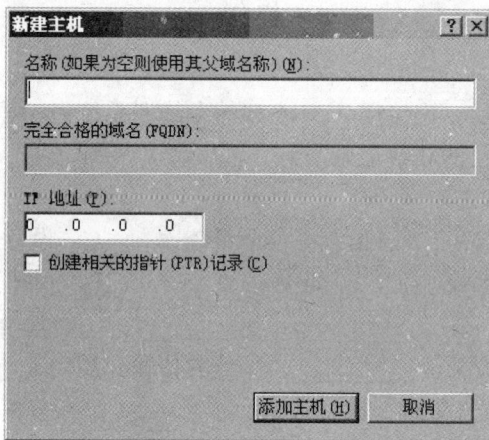

图 2-4

试题二分析

　　本题考查综合布线、用户权限以及服务器配置相关知识，属传统考查项目。

【问题 1】

　　综合布线系统由 6 个子系统组成，即建筑群子系统、设备间子系统、干线子系统、管理子系统、配线子系统、工作区子系统。大型布线系统需要用铜介质和光纤介质部件将 6 个子系统集成在一起。

　　（1）水平子系统（Horizontal Subsystem）：由信息插座、配线电缆或光纤、配线设备和跳线等组成。国内称之为配线子系统。

（2）垂直子系统（Backbone Subsystem）：由配线设备、干线电缆或光纤、跳线等组成。国内称之为干线子系统。

（3）工作区子系统（Work Area Subsystem）：为需要设置终端设备的独立区域。

（4）管理子系统（Administration Subsystem）：针对设备间、交接间、工作区的配线设备、缆线、信息插座等设施进行管理的系统。

（5）设备间子系统（Equipment room Subsystem）：安装各种设备的场所，对综合布线而言，还包括安装的配线设备。

（6）建筑群子系统（Campus Subsystem）：由配线设备、建筑物之间的干线电缆或光纤、跳线等组成。

由此，题目中连接楼 A 与楼 B 的布线子系统为建筑群子系统；楼 A 内网管中心服务器群至核心交换机的布线子系统为设备间子系统。

【问题 2】

图 2-1 中①处传输介质连接两个楼层，可选多模光纤，②处连接 2 个建筑物，且距离 2km，故传输介质为单模光纤。

【问题 3】

默认情况下，FTP 服务器数据端口和控制端口分别是 20 和 21，控制端口也可手工设置（通常为大于 1024 的高端），若设置好控制端口，数据端口通常为控制端口−1，题图中为 FTP 服务器设置 TCP 端口为 2121，故其数据端口为 2120。

在没有配置域名记录的情况下，要访问该 FTP 服务器，在浏览器中可输入 URL ftp:// 202.117.115.5:2121 来访问 FTP 站点。

【问题 4】

网站的创建者需要完全控制网站，故其对 FTP 根目录的默认权限为完全控制。

【问题 5】

在 DNS 服务器中为 FTP 服务器配置域名记录时，由于 FTP 服务器的域名为 xhftp.SoftwareExam.com，故添加的主机"名称"为 xhftp，"IP 地址"是 202.117.115.5。

如果要实现 FTP 服务器的 IP 地址和域名互查，即 FTP 服务器除了正向解析外还需有反向解析的功能，在图 2-4 中，勾选"创建相关的指针（PTR）记录（C）"复选框实现反向解析。

参考答案

【问题 1】

（1）D

（2）C

【问题 2】

（3）B

（4）A

【问题 3】

（5）2120

（6）ftp:// 202.117.115.5:2121

【问题 4】

（7）完全控制

【问题 5】

（8）xhftp

（9）202.117.115.5

在图 2-4 中，勾选 "创建相关的指针（PTR）记录（C）" 复选框。

试题三（共 20 分）

阅读以下说明，回答问题 1 至问题 4，将解答填入答题纸对应的解答栏内。

【说明】

某公司局域网拓扑图如图 3-1 所示，其中 S1 为三层交换机，S2 和 S3 为二层交换机。

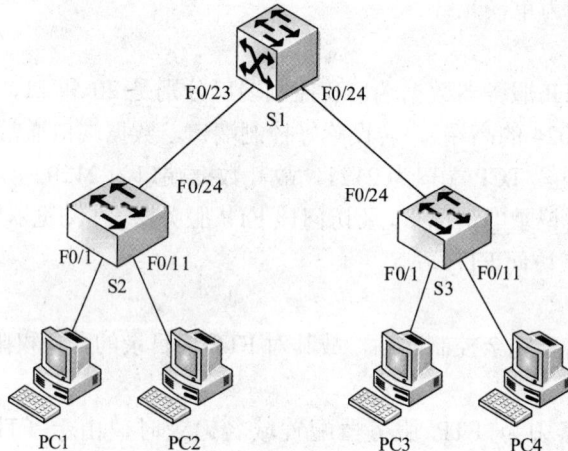

图 3-1

【问题 1】（4 分）

由于业务需要，需将 PC1 和 PC3 划分在 vlan10，PC2 和 PC4 划分在 vlan20 中。IP 地址配置如下表所示，请将下表空白部分补充完整：

主机	IP 地址	子网掩码	默认网关	定向广播地址	网络号
PC1	192.168.0.1	255.255.254.0	192.168.0.254	（1）	（2）
PC2	192.168.2.1	255.255.254.0	192.168.2.254	（3）	（4）
PC3	192.168.0.2	255.255.254.0	192.168.0.254	-	-
PC4	192.168.2.2	255.255.254.0	192.168.2.254	-	-

【问题 2】（10 分）

管理员计划使用 VTP 为网络划分 VLAN，为 S1 做了如下配置，请将其补充完整或解释命令：

```
Switch>
Switch>  (5)                                    ;进入特权模式
Switch#config terminal
Switch(config)#  (6)  S1                        ;命名
S1(config)#vtp mode  (7)                        ;设置为 VTP 服务器模式
S1(config)#vtp password class                   ;设置  (8)
S1(config)#vtp domain s1                        ;设置  (9)
S1(config)#vlan 10
S1(config)#vlan 20
S1(config)#interface range fastethernet 0/23-24 ;进入多个接口配置模式
S1(config-if-range)#switchport mode trunk        ;设置接口为中继模式
……
```

【问题 3】（5 分）

管理员为 S2 做了如下配置，请将其补充完整或解释命令：

```
……
S2(config)#vtp mode  (10)                       ;设置为 VTP 客户端模式
S2(config)#vtp password  (11)                   ;设置 VTP 口令
S2(config)#interface fastethernet 0/24
S2(config-if)#switchport mode  (12)             ;设置接口为中继模式
S2(config)#interface fastethernet 0/1
S2(config-if)#switchport access vlan 10         ;  (13)
S2(config)#interface fastethernet 0/11
S2(config-if)#switchport access vlan 20         ;  (14)
……
```

【问题 4】（1 分）

由于业务扩展，需在 S2 上创建 vlan 30，管理员在 S2 上使用了如下命令：

```
S2(config)#vlan 30
VTP VLAN configuration not allowed.
S2(config)#
```

使用 show vlan 命令查看后，发现 vlan 30 未创建成功，可能的原因是 (15) 。

（15）备选答案：

　　A．vlan 配置命令使用错误

B．vlan 配置模式错误

C．S2 是 clinet 模式，不允许创建、删除和修改 vlan

D．S2 不支持 vlan

试题三分析

本题考查的是交换机配置和 VTP 基本配置的命令。

【问题 1】

广播地址氛围定向广播地址和直接广播地址，其中定向广播地址是指将信息广播至指定的子网内的所有主机，这样的广播地址为二进制主机部分的位全 1，而直接广播地址是全 1 的广播地址，即 255.255.255.255。

网络号可使用 IP 地址与子网掩码二进制相与的方法进行计算。

【问题 2-3】

题目中给出了交换机的三种模式进入的命令列表以及 VTP 服务器模式的配置命令列表，需将 S1 配置为 VTP 服务器模式，并设置通信口令和域名等信息。VTP 服务器模式的交换机可以将自身的 VLAN 配置信息以数据的形式发送给其他使用中继接口相连的交换机，为了安全起见，在通信时需使用配置的通信口令和域名进行验证，当口令和域名都一致时，才可以正常通信，客户端交换机接收到服务器发来的 VLAN 配置信息，并将该信息应用于自身。

【问题 4】

本问题考查的是 VTP 交换机 3 种模式的基本知识。

VTP 技术中，将交换机有三种模式。

（1）服务器模式：在该模式下，管理员可对交换机上的 VLAN 进行创建、修改、删除操作，并且可将 vlan 配置信息以数据的形式发送至与之相连的其他交换机。

（2）客户端模式：在该模式下，管理员不能够对交换机上的 VLAN 进行创建、修改、删除操作，交换机仅接收服务器发送给自己的配置信息，并应用于自身，交换机不转发这些信息。

（3）透明模式：在该模式下，管理员可对交换机上的 VLAN 进行创建、修改、删除操作，对于服务器发送给自己的 vlan 配置信息，交换机不应用，仅将该信息转发至其他交换机。

根据题意描述，交换机 S2 所处的模式为客户机模式，管理员无法对交换机上的 VLAN 配置信息进行修改。

参考答案

【问题 1】

（1）192.168.1.255

（2）192.168.0.0

（3）192.168.3.255

（4）192.168.2.0

【问题 2】

（5）enable / en

（6）hostname / host

（7）server

（8）设置 VTP 口令为 class

（9）设置 VTP 域名为 s1

【问题 3】（5 分）

（10）client

（11）class

（12）trunk / tr

（13）将接口放入 vlan 10

（14）将接口放入 vlan 20

【问题 4】（1 分）

（15）C

试题四（共 15 分）

阅读下列说明，回答问题 1 至问题 2，将解答填入答题纸的对应栏内。

【说明】

某学生信息管理系统的网站后台管理主页如图 4-1 所示。

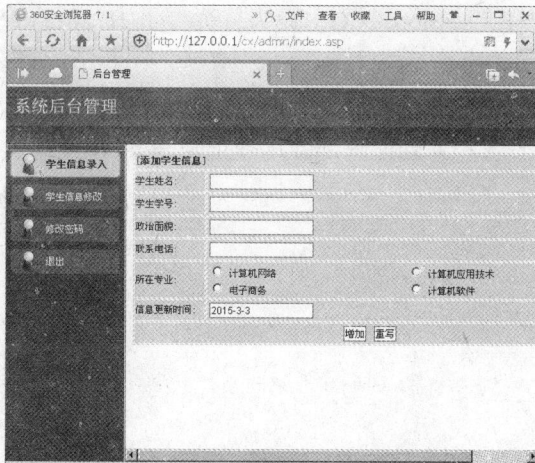

图 4-1

【问题 1】（7 分）

以下是该管理系统后台管理主页部分的 html 代码，请根据图 4-1，从以下备选答案

内为程序中（1）～（7）处空缺部分选择正确答案

```
<html>
<head>
<title>　(1)　</title>
</head>
<%
if 　(2)　("admin")=""
then 　(3)　.Redirect("login.asp")
　(4)
    %>
    <frameset 　(5)　="71,*" framespacing="0"border="0"frameborder="0">
    <frame 　(6)　="head.asp" scrolling="no" name="head" noresize>
     <frameset 　(7)　="152,*">
     <frame src="menu.asp">
      <frame src="main.asp" name="main" scrolling="yes" noresize>
     </frameset>
</frameset>
……
</html>
```

（1）～（7）备选答案：

  A. cols B. else C. rows   D. response
  E. src   F. session G. 设为首页 H. 后台管理

【问题 2】（8 分）

  以下是该管理系统学生信息录入页面部分的 html 代码，请根据图 4-1，从以下备选答案内为程序中（8）～（15）处空缺部分选择正确答案。

```
<html>
……
<script language="JavaScript">
 (8)　check()
{
 if (forma. (9)　.value=="")
 {
   alert("请输入学生姓名！");
   forma.name_xs.focus();
   return 　(10)　;
 }
 ……
  return 　(11)　;
```

```
}
</script>
……
<form action=" " method="post"    (12)   ="return check();">
    <table">
    <tr>
      <td height="21" colspan="2">[<strong>添加学生信息</strong>]
          <font color="#0000FF"></font></td>
    </tr>
    <tr>
      <td width="19%" height="20">学生姓名:</td>
      <td width="81%"><input name="name_xs" type="   (13)   " id="name_cnxdb"
onkeydown="next()" ></td>
    </tr>
……
    <tr align="center">
    <td ><input type="   (14)   " value="增加">
    <input type="   (15)   " value="重写"></td>
……
</html>
```

（8）～（15）备选答案：

A．false　　B．function　　C．name_xs　　D．onsubmit

E．true　　F．reset　　G．submit　　H．text

试题四分析

本题考查的是网页设计的基本知识。

【问题 1】

根据图示网页及提供的程序代码，该网站主页面中的（1）是网页的标题，（2）～（4）空属于 ASP 编程中的基础知识。（5）～（7）空考查的是 HTML 中表单设置的基本知识。所以代码应为如下：

```
<html>
<head>
<title>后台管理</title>
</head>
<%
if   session   ("admin")=""
then   response.Redirect("login.asp")
else
```

```
%>
<frameset  cols  ="71,*" framespacing="0" border="0" frameborder="0">
<frame   src  ="head.asp" scrolling="no" name="head" noresize>
 <frameset  rows  ="152,*">
 <frame src="menu.asp">
  <frame src="main.asp"  name="main" scrolling="yes" noresize>
 </frameset>
</frameset>
……
</html>
```

【问题 2】

　　其中，check()为函数名，所以可以判断（8）空应填写 function，（9）～（11）空判别用户输入表单值的状况，（12）～（15）空是表单处理程序。所以该程序代码如下：

```
<html>
……
<script language="JavaScript">
function  check()
{
  if (forma. name_xs.value=="")
  {
    alert("请输入学生姓名！");
    forma.name_xs.focus();
    return   false  ;
  }
  ……
  return   true  ;
}
</script>
……
<form action=" " method="post"  onsubmit ="return check();">
    <table">
    <tr>
     <td height="21" colspan="2">[<strong>添加学生信息</strong>]
        <font color="#0000FF"></font></td>
    </tr>
    <tr>
     <td width="19%" height="20">学生姓名:</td>
     <td width="81%"><input name="name_xs" type=" text " id="name_cnxdb"
```

```
onkeydown="next()" ></td>
    </tr>
......
    <tr align="center">
     <td ><input type="_submit" value="增加">
    <input type="_reset_" value="重写"></td>
......
</html>
```

参考答案

【问题 1】

　　(1) H

　　(2) F

　　(3) D

　　(4) B

　　(5) A

　　(6) E

　　(7) C

【问题 2】

　　(8) B

　　(9) C

　　(10) A

　　(11) E

　　(12) D

　　(13) H

　　(14) G

　　(15) F

第15章　2015下半年网络管理员上午试题分析与解答

试题（1）

下列各种软件中，___(1)___ 不属于办公软件套件。

(1) A. Kingsoft Office
B. Internet Explorer
C. Microsoft Office
D. Apache OpenOffice

试题（1）分析

本题的正确选项为 B。办公软件套件通常应包括字处理、表格处理、演示文稿和数据库等软件。选项 A 是金山公司开发办公软件套件。选项 B 是网页浏览软件，该软件不属于办公软件套件。选项 C 是 Microsoft 公司开发的 Office 2007 办公软件套件。选项 D 是 Apache 公司开发的优秀的办公软件套件，能在 Windows、Linux、MacOS X（X11）和 Solaris 等操作系统平台上运行。

参考答案

(1) B

试题（2）

在 Word 2007 的编辑状态下，需要设置表格中某些行列的高度和宽度时，可以先选择这些行列，再选择 ___(2)___ ，然后进行相关参数的设置。

(2) A. "设计"功能选项卡中的"行和列"功能组
B. "设计"功能选项卡中的"单元格大小"功能组
C. "布局"功能选项卡中的"行和列"功能组
D. "布局"功能选项卡中的"单元格大小"功能组

试题（2）分析

本题考查 Word 基本操作。

在 Word 2007 的编辑状态下，利用"布局"功能选项卡中的"单元格大小"功能组区可以设置表格单元格的高度和宽度。

参考答案

(2) D

试题（3）

在指令中，操作数地址在某寄存器中的寻址方式称为 ___(3)___ 寻址。

(3) A. 直接　　 B. 变址　　　 C. 寄存器　　　 D. 寄存器间接

试题（3）分析

本题考查计算机系统指令寻址方式基础知识。

指令是指挥计算机完成各种操作的基本命令。一般来说，一条指令需包括两个基本组成部分：操作码和地址码。操作码说明指令的功能及操作性质。地址码用来指出指令的操作对象，它指出操作数或操作数的地址及指令执行结果的地址。

寻址方式就是如何对指令中的地址字段进行解释，以获得操作数的方法或获得程序转移地址的方法。

立即寻址是指操作数就包含在指令中。

直接寻址是指操作数存放在内存单元中，指令中直接给出操作数所在存储单元的地址。

寄存器寻址是指操作数存放在某一寄存器中，指令中给出存放操作数的寄存器名。

寄存器间接寻址是指操作数存放在内存单元中，操作数所在存储单元的地址在某个寄存器中。

变址寻址是指操作数地址等于变址寄存器的内容加偏移量。

参考答案

（3）D

试题（4）

采用虚拟存储器的目的是　__(4)__　。

（4）A．提高主存的存取速度　　　　B．提高外存的存取速度

　　　C．扩大用户的地址空间　　　　D．扩大外存的存储空间

试题（4）分析

本题考查计算机系统存储器基础知识。

一个作业的部分内容装入主存便可开始启动运行，其余部分暂时留在磁盘上，需要时再装入主存。这样就可以有效地利用主存空间。从用户角度看，该系统所具有的主存容量将比实际主存容量大得多，人们把这样的存储器称为虚拟存储器。因此，虚拟存储器是为了扩大用户所使用的主存容量而采用的一种设计方法。

参考答案

（4）C

试题（5）、（6）

计算机系统的工作效率通常用　__(5)__　来度量；计算机系统的可靠性通常用　__(6)__　来评价。

（5）A．平均无故障时间（MTBF）和吞吐量

　　　B．平均修复时间（MTTR）和故障率

　　　C．平均响应时间、吞吐量和作业周转时间

　　　D．平均无故障时间（MTBF）和平均修复时间（MTTR）

（6）A．平均响应时间　　　　　　　　B．平均无故障时间（MTBF）

　　　C．平均修复时间（MTTR）　　　D．数据处理速率

试题（5）、（6）分析

　　试题（5）的正确答案为 C。平均响应时间指为完成某个功能，系统所需要的平均处理时间；吞吐量指单位时间内系统所完成的工作量；作业周转时间是指从作业提交到作业完成所花费的时间，这三项指标通常都是用来度量系统的工作效率。

　　试题（6）的正确答案为 B。平均无故障时间（MTBF）指系统多次相继失效之间的平均时间，该指标和故障率用来衡量系统可靠性。平均修复时间（MTTR）指多次故障发生到系统修复后的平均间隔时间，该指标和修理率主要用来衡量系统的可维护性。数据处理速率通常用来衡量计算机本身的处理性能。

参考答案

　　（5）C　　（6）B

试题（7）

　　声音信号的数字化过程包括采样、__(7)__ 和编码。

　　（7）A. 合成　　　　　　B. 转换　　　　　　C. 量化　　　　　　D. 压缩

试题（7）分析

　　自然声音信号是一种模拟信号，计算机要对它进行处理，必须将它转换为数字声音信号，即用二进制数字的编码形式来表示声音。最基本的声音信号数字化方法是采样－量化法。它分为采样、量化和编码 3 个步骤。

　　采样是把时间连续的模拟信号转换成时间离散、幅度连续的信号。

　　量化处理是把在幅度上连续取值（模拟量）的每一个样本转换为离散值（数字量）表示。量化后的样本是用二进制数来表示的，二进制位数的多少反映了度量声音波形幅度的精度，称为量化精度。

　　经过采样和量化处理后的声音信号已经是数字形式了，但为了便于计算机的存储、处理和传输，还必须按照一定的要求进行数据压缩和编码。

参考答案

　　（7）C

试题（8）

　　通常所说的"媒体"有两重含义，一是指__(8)__等存储信息的实体；二是指图像、声音等表达与传递信息的载体。

　　（8）A. 文字、图形、磁带、半导体存储器

　　　　　B. 磁盘、光盘、磁带、半导体存储器

　　　　　C. 声卡、U 盘、磁带、半导体存储器

　　　　　D. 视频卡、磁带、光盘、半导体存储器

试题（8）分析

　　本题考查多媒体基础知识。

　　我们通常所说的"媒体（Media）"包括其中的两点含义。一是指信息的物理载体，

即存储信息的实体，如手册、磁盘、光盘、磁带；二是指承载信息的载体即信息的表现形式（或者说传播形式），如文字、声音、图像、动画、视频等，即 CCITT 定义的存储媒体和表示媒体。表示媒体又可以分为 3 种类型：视觉类媒体（如位图图像、矢量图形、图表、符号、视频、动画等）、听觉类媒体（如音响、语音、音乐等）、触觉类媒体（如点、位置跟踪；力反馈与运动反馈等），视觉和听觉类媒体是信息传播的内容，触觉类媒体是实现人机交互的手段。

参考答案

（8）B

试题（9）

以下关于 SSD 固态硬盘和普通 HDD 硬盘的叙述中，错误的是__(9)__。

（9）A．SSD 固态硬盘中没有机械马达和风扇，工作时无噪音和震动

　　　B．SSD 固态硬盘中不使用磁头，比普通 HDD 硬盘的访问速度快

　　　C．SSD 固态硬盘不会发生机械故障，普通 HDD 硬盘则可能发生机械故障

　　　D．SSD 固态硬盘目前的容量比普通 HDD 硬盘的容量大得多且价格更低

试题（9）分析

本题考查计算机系统存储器方面的基础知识。

SSD 固态硬盘工作时没有电机加速旋转的过程，启动速度更快。读写时不用磁头，寻址时间与数据存储位置无关，因此磁盘碎片不会影响读取时间。可快速随机读取，读延迟极小。因为没有机械马达和风扇，工作时无噪音（某些高端或大容量产品装有风扇，因此仍会产生噪音）。内部不存在任何机械活动部件，不会发生机械故障，也不怕碰撞、冲击、振动。这样即使在高速移动甚至伴随翻转倾斜的情况下也不会影响到正常使用，而且在笔记本电脑发生意外掉落或与硬物碰撞时能够将数据丢失的可能性降到最小。典型的硬盘驱动器只能在 5 ℃～55 ℃范围内工作，而大多数固态硬盘可在-10 ℃～70 ℃工作，一些工业级的固态硬盘还可在-40 ℃～85 ℃工作。低容量的固态硬盘比同容量硬盘体积小、重量轻。

参考答案

（9）D

试题（10）

表示定点数时，若要求数值 0 在机器中唯一地表示为全 0，应采用__(10)__。

（10）A．原码　　　　B．补码　　　　C．反码　　　　D．移码

试题（10）分析

本题考查计算机系统数据表示基础知识。

以字长为 8 为例，$[+0]_原$=00000000，$[-0]_原$=10000000。$[+0]_反$=00000000，$[-0]_反$=11111111。

$[+0]_补$=00000000，$[-0]_补$=00000000。$[+0]_移$=10000000，$[-0]_移$=10000000。

参考答案

（10）B

试题（11）

设 X、Y 为逻辑变量，与逻辑表达式 $\overline{X} \oplus Y$ 等价的是 __(11)__。

（11）A. $X \oplus \overline{Y}$　　　　B. $\overline{X \cdot Y}$　　　　C. $\overline{X} + \overline{Y}$　　　　D. $X + Y$

试题（11）分析

本题考查计算机系统逻辑运算基础知识。

X	Y	$\overline{X} \oplus Y$	$X \oplus \overline{Y}$	$\overline{X \cdot Y}$	$\overline{X} + \overline{Y}$	$X + Y$
0	0	1	1	1	1	0
0	1	0	0	0	1	1
1	0	0	0	0	1	1
1	1	1	1	0	0	1

从以上真值表可知，$\overline{X} \oplus Y$ 与 $X \oplus \overline{Y}$ 等价。

参考答案

（11）A

试题（12）、（13）

已知 x = −31/64，若采用 8 位定点机器码表示，则[x]原= __(12)__，[x]补= __(13)__。

（12）A. 01001100　　　　B. 10111110　　　　C. 11000010　　　　D. 01000010

（13）A. 01001100　　　　B. 10111110　　　　C. 11000010　　　　D. 01000010

试题（12）、（13）分析

本题考查计算机系统数据表示基础知识。

$$x = -\frac{31}{64} = -(\frac{1}{4} + \frac{1}{8} + \frac{1}{16} + \frac{1}{32} + \frac{1}{64}) = -0.0111110$$

[x]原=10111110，[x]补=11000010

参考答案

（12）B　　　（13）C

试题（14）

在 Windows 系统中，当用户选择"config.xml"文件并执行"剪切"命令后，被"剪切"的"config.xml"文件放在 __(14)__ 中。

（14）A. 回收站　　　　B. 剪贴板　　　　C. 硬盘　　　　D. USB 盘

试题（14）分析

本题考查的是 Windows 操作系统中的基本知识及应用。

试题（14）正确答案是 B。剪贴板是应用程序之间传递信息的媒介，用来临时存放被传递的信息。在应用程序之间传递信息时，从某个应用程序复制或剪切的信息被置于剪贴板上；剪贴板上的信息可以被粘贴到其他的文档或应用程序中，利用剪贴板在文件之间共享信息。

参考答案

（14）B

试题（15）

在计算机系统中，除了机器语言，___(15)___ 也称为面向机器的语言。

(15) A．汇编语言   B．通用程序设计语言

    C．关系数据库查询语言   D．函数式程序设计语言

试题（15）分析

本题考查程序语言基础知识。

汇编语言是与机器语言对应的程序设计语言，因此也是面向机器的语言。

从适用范围而言，某些程序语言在较为广泛的应用领域被使用来编写软件，因此成为通用程序设计语言，常用的如 C/C++、Java 等。

关系数据库查询语言特指 SQL，用于存取数据以及查询、更新和管理关系数据库系统中的数据。

函数式编程是一种编程范式，它将计算机中的运算视为函数的计算。函数编程语言最重要的基础是 λ 演算（lambda calculus），其可以接受函数当作输入（参数）和输出（返回值）。

参考答案

（15）A

试题（16）

编译过程中使用 ___(16)___ 来记录源程序中各个符号的必要信息，以辅助语义的正确性检查和代码生成。

(16) A．散列表   B．符号表   C．单链表   D．决策表

试题（16）分析

本题考查程序语言处理基础知识。

编译过程中符号表的作用是连接声明与引用的桥梁，记住每个符号的相关信息，如作用域和绑定等，帮助编译的各个阶段正确有效地工作。符号表设计的基本设计目标是合理存放信息和快速准确查找。符号表可以用散列表或单链表来实现。

参考答案

（16）B

试题（17）

我国软件著作权中的翻译权是指将原软件由 ___(17)___ 的权利。

(17) A．源程序语言转换成目标程序语言

    B．一种程序设计语言转换成另一种程序设计语言

    C．一种汇编语言转换成一种自然语言

    D．一种自然语言文字转换成另一种自然语言文字

试题（17）分析

本题考查知识产权基本知识。

我国著作权法第十条规定："翻译权，即将作品从一种语言文字转换成另一种语言文字的权利"；《计算机软件保护条例》第八条规定："翻译权，即将原软件从一种自然语言文字转换成另一种自然语言文字的权利"。自然语言文字包括操作界面上、程序中涉及的自然语言文字。软件翻译权不涉及软件编程语言的转换，不会改变软件的功能、结构和界面。将源程序语言转换成目标程序语言，或者将程序从一种编程语言转换成另一种编程语言，不属于《计算机软件保护条例》中规定的翻译。

参考答案

（17）D

试题（18）

　　（18）　可以保护软件的技术信息、经营信息。

（18）A. 软件著作权　　　　B. 专利权　　　　C. 商业秘密权　　　　D. 商标权

试题（18）分析

本题考查知识产权基本知识。

软件著作权从软件作品性的角度保护其表现形式，源代码（程序）、目标代码（程序）、软件文档是计算机软件的基本表达方式（表现形式），受著作权保护；专利权从软件功能性的角度保护软件的思想内涵，即软件的技术构思、程序的逻辑和算法等的思想内涵，涉及计算机程序的发明，可利用专利权保护；商标权可从商品（软件产品）、商誉的角度为软件提供保护，利用商标权可以禁止他人使用相同或者近似的商标，生产（制作）或销售假冒软件产品，商标权保护的力度大于其他知识产权，对软件侵权行为更容易受到行政查处。商业秘密权可保护软件的经营信息和技术信息，我国《反不正当竞争法》中对商业秘密的定义为"不为公众所知悉、能为权利人带来经济利益、具有实用性并经权利人采取保密措施的技术信息和经营信息"。软件技术信息是指软件中适用的技术情报、数据或知识等，包括：程序、设计方法、技术方案、功能规划、开发情况、测试结果及使用方法的文字资料和图表，如程序设计说明书、流程图、用户手册等。软件经营信息指经营管理方法以及与经营管理方法密切相关的信息和情报，包括管理方法、经营方法、产销策略、客户情报（客户名单、客户需求），以及对软件市场的分析、预测报告和未来的发展规划、招投标中的标底及标书内容等。

参考答案

（18）C

试题（19）

设信道带宽为 4kHz，信噪比为 30dB，按照香农定理，信道最大数据速率约等于　（19）　。

（19）A. 10kb/s　　　　B. 20kb/s　　　　C. 30kb/s　　　　D. 40kb/s

试题（19）分析

香农（Shannon）定理表明，有噪声信道的极限数据速率可由下面的公式计算：

$$C = W \log_2(1 + \frac{S}{N})$$

其中，W 为信道带宽，S 为信号平均功率，N 为噪声平均功率，S/N 叫作信噪比。由于在实际使用中 S 与 N 的比值太大，故常取其分贝数（dB）。例如当 S/N=1000 时，信噪比为 30dB。这个公式与信号取的离散值个数无关，也就是说，无论用什么方式调制，只要给定了信噪比，则单位时间内可传输的最大信息量就确定了。本题中信道带宽为 4 000Hz，信噪比为 30dB，则最大数据速率为

$$C=4000\log_2(1+1000) \approx 4000 \times 9.97 \approx 40000 \text{ b/s}$$

参考答案

（19）D

试题（20）、（21）

E1 载波的数据速率为___（20）___，其中每个子信道的数据速率是___（21）___。

（20）A．2048kb/s　　　B．4096kb/s　　　C．10Mb/s　　　D．100Mb/s

（21）A．32kb/s　　　　B．64kb/s　　　　C．72kb/s　　　　D．96kb/s

试题（20）、（21）分析

ITU-T E1 信道的数据速率是 2.048 Mb/s。这种载波把 32 个 8 位一组的数据样本组装成 125μs 的基本帧，其中 30 个子信道用于话音传送数据，2 个子信道（CH0 和 CH16）用于传送控制信令，每 4 帧能提供 64 个控制位。

由于每个子信道包含 8bit 数据，每秒发送 8000 个基本帧，所以 8bit×8000/s=64kb/s。

参考答案

（20）A　　（21）B

试题（22）、（23）

以下关于 CSMA/CD 协议的描述中，正确的是___（22）___。按照 CSMA/CD 协议中的二进制指数后退算法，每次后退的时延大小是___（23）___。

（22）A．每个结点按预定的逻辑顺序占用一个时间片轮流发送

　　　B．每个结点发现介质空闲时立即发送，同时检查是否有冲突

　　　C．每个结点想发就发，没有冲突则继续发送直至发送完毕

　　　D．得到令牌的结点发送，没有得到令牌的结点等待

（23）A．与重发次数成正比　　　　　　　B．预定的时间片大小

　　　C．完全随机决定的　　　　　　　　D．在一个范围内随机选取的

试题（22）、（23）分析

以太网 CSMA/CD 协议的工作原理如下。工作站在发送数据之前，先监听信道上是否有载波信号。若有，说明信道忙；否则信道是空闲的。即使信道空闲，发送时仍然会

发生冲突。所以通过以下三种不同的监听算法来减小冲突概率：

1．非坚持型监听算法：一个站在准备发送之前先监听信道。

① 若信道空闲，立即发送，否则转②。

② 若信道忙，则后退一个随机时间，重复①。

由于随机时延后退，从而减少了冲突的概率。然而，可能会因为后退而使信道闲置一段时间，这使得信道的利用率降低，并增加了发送时延。

2．1-坚持型监听算法：一个站发送之前先监听信道。

① 若信道空闲，立即发送，否则转②。

② 若信道忙，继续监听，直到信道空闲后立即发送。

这种算法的优缺点与前一种正好相反：有利于抢占信道，减少信道空闲时间。但是多个站同时都在监听信道时必然发生冲突。

3．P-坚持型监听算法。这种算法汲取了以上两种算法的优点，但较为复杂：

① 若信道空闲，以概率 P 发送，以概率（1–P）延迟一个时间单位。一个时间单位等于网络传输时延 τ。

② 若信道忙，继续监听直到信道空闲，转①。

③ 如果发送延迟一个时间单位 τ，则重复①。

检测到冲突后要后退一段时间再重新发送。按照二进制指数后退算法，后退时延的取值范围与重发次数 n 形成二进制指数关系。或者说，随着重发次数 n 的增加，后退时延 t_ξ 的取值范围按 2 的指数增大。即：第一次试发送时 n 的值为 0，每冲突一次 n 的值加 1，并按下式计算后退时延

$$\begin{cases} \xi = \text{random}[0, 2^n] \\ t_\xi = \xi\tau \end{cases}$$

其中第一式是在区间 $[0, 2^n]$ 中取一均匀分布的随机整数 ξ，第二式是计算出随机后退时延 t_ξ。为了避免无限制的重发，当 n 增加到某一最大值（例如 16）时，停止发送，并向上层报告发送错误。

二进制指数后退算法考虑了网络负载的变化。事实上，后退次数的多少往往与负载大小有关，二进制指数后退算法的优点正是把后退时延的平均取值与负载的大小联系起来了。

参考答案

（22）B　　（23）D

试题（24）、（25）

以太帧的最大长度（MTU）是　（24）　字节，如果 IP 头和 TCP 头的长度都是 20 字节，则 TCP 段可以封装的数据最多是　（25）　字节。

（24）A．1434　　　　　B．1460　　　　　C．1500　　　　　D．1518

（25）A．1434　　　　　B．1460　　　　　C．1500　　　　　D．1518

试题（24）、（25）分析

802.3 以太帧结构如下图。

字节数	6	6	2	0-1500	0-46	4
	目的地址	源地址	长度	数据	填充	校验和

帧的源地址和目标地址通常是 6 字节长。长度字段说明数据字段的长度。数据字段可以为 0，这时帧中不包含上层协议的数据。为了保证帧发送期间能检测到冲突，802.3 规定最小帧为 64 字节。这个帧长是指从目标地址到校验和的长度。如果帧的长度不足 64 字节，要加入最多 46 字节的填充位。

DIX 以太网用类型字段代替了 IEEE 802.3 中的长度字段。实际上，这两种格式可以并存，两个字节可表示的数字值范围是 0～65535，长度字段的最大值是 1500，因此 1501～65535 的值都可以用来标识协议类型。事实上，这个字段的 1536～65535（0x0600～0xFFFF）的值都被保留作类型值，而 0～1500 则被用作长度的值。

根据以上以太帧的结构看出，其最大长度（MTU）1518 字节，考虑到 IP 头和 TCP 头的长度都是 20 字节，则 TCP 段可以封装的数据最多为 1500-20-20=1460 字节。

参考答案

（24）D　　（25）B

试题（26）

边界网关协议 BGP4 的报文封装在　__(26)__　中传送。

（26）A．IP 数据报　　　　　　　　　　　B．以太帧

　　　C．TCP 报文　　　　　　　　　　　D．UDP 报文

试题（26）分析

外部网关协议 BGP 4 是一种动态路由发现协议，其主要功能是控制路由策略，例如是否愿意转发过路的分组等。BGP4 报文封装在 TCP 报文中传送，在封装层次上看似是 TCP 的上层协议，但是从功能上理解，它解决路由问题，所以仍然属于网络层协议。

参考答案

（26）C

试题（27）

在 RIP 协议中，默认的路由更新周期是　__(27)__　秒。

（27）A．30　　　　　　B．60　　　　　　C．90　　　　　　D．100

试题（27）分析

RIP 默认的路由更新周期为 30 秒，持有时间（Hold-Down Time）为 180 秒。也就是说，RIP 路由器每 30 秒向所有邻居发送一次路由更新报文，如果在 180 秒之内没有从某个邻居接收到路由更新报文，则认为该邻居已经不存在了。这时如果从其他邻居收到了有关同一目标的路由更新报文，则用新的路由信息替换已失效的路由表项，否则，对应的路由表项被删除。

参考答案

（27）A

试题（28）～（30）

某公司申请到一个 IP 地址块 210.115.80.128/27，其中包含了　(28)　个主机地址，其中最小的地址是　(29)　，最大的地址是　(30)　。

（28）A. 15　　　　　B. 16　　　　　C. 30　　　　　D. 32

（29）A. 210.115.80.128　　　　　　　B. 210.115.80.129

　　　　C. 210.115.80.158　　　　　　　D. 210.115.80.160

（30）A. 210.115.80.128　　　　　　　B. 210.115.80.129

　　　　C. 210.115.80.158　　　　　　　D. 210.115.80.160

试题（28）～（30）分析

地址块 210.115.80.128/27 子网掩码为 27 位，只留出了 5 位表示网络地址，其中有 30 个主机地址，

最小地址是 210.115.80.129：**1101 0010.0111 0011.0101 0000.100**0 0001

最大地址是 210.115.80.158：**1101 0010.0111 0011.0101 0000.100**1 1110

参考答案

（28）C　　（29）B　　（30）C

试题（31）

私网 IP 地址区别于公网 IP 地址的特点是　(31)　。

（31）A. 必须向 IANA 申请　　　　B. 可使用 CIDR 组成地址块

　　　　C. 不能通过 Internet 访问　　D. 通过 DHCP 服务器分配的

试题（31）分析

私网 IP 地址与公网 IP 地址的区别是私网地址不能通过 Internet 访问。下面的地址都是私网地址：

10.0.0.0～10.255.255.255　　　　　　1 个 A 类地址

172.16.0.0～172.31.255.255　　　　　16 个 B 类地址

192.168.0.0～192.168.255.255　　　　256 个 C 类地址

参考答案

（31）C

试题（32）

下面列出了 4 个 IP 地址，其中不能作为主机地址的是　(32)　。

（32）A. 127.0.10.1　　　　　　　B. 192.168.192.168

　　　　C. 10.0.0.10　　　　　　　D. 210.224.10.1

试题（32）分析

常用的 IP 地址有 3 种基本类型，由网络号的第一个字节来区分。A 类地址的第一个

字节为 1～126，数字 0 和 127 不能作为 A 类地址，数字 127 保留给内部回送函数，而数字 0 则表示该地址是本地宿主机。B 类地址的第一个字节为 128～191。C 类地址的第一个字节为 192～223。D 类地址（组播）的第一个字节为 224～239。E 类地址（保留）的第一个字节为 240～254。

参考答案

（32）A

试题（33）、（34）

某公司申请了一个 B 类地址块 128.10.0.0/16，公司网络要划分为 8 个子网，这时子网掩码应该是　（33）　，下面列出的 4 个网络地址中，属于广播地址的是　（34）　。

（33）A. 255.255.0.0　　　　　　　　B. 255.255.224.0

　　　 C. 255.255.248.0　　　　　　　D. 255.224.0.0

（34）A. 128.10.65.0　　　　　　　　B. 128.10.126.0

　　　 C. 128.10.191.255　　　　　　　D. 128.10.96.255

试题（33）、（34）分析

把 B 类地址块 128.10.0.0/16 划分为 8 个子网，子网掩码应该是 255.255.224.0。这时子网掩码变为 128.10.0.0/19。其二进制形式为：

$$1000\ 0000.0000\ 1010.0000\ 0000.0000\ 0000$$

$$1111\ 1111.1111\ 1111.\ 1110\ 0000.0000\ 0000$$

最后的 3 个 1 用来区分 8 个子网。

选项中列出的 4 个网络地址中，属于广播地址的是 128.10.191.255，其对应的二进制形式是：　　$1000\ 0000.\ 0000\ 1010.1011\ 1111.1111\ 1111$

参考答案

（33）B　　（34）C

试题（35）

在 IPv6 中，地址类型是由格式前缀来区分的，IPv6 组播地址的格式前缀是　（35）　。

（35）A. 001　　　　　　　　　　　B. 1111 1110 10

　　　 C. 1111 1110 11　　　　　　　D. 1111 1111

试题（35）分析

IPv6 组播地址的格式前缀是 1111 1111，参见下表。

分　配	前缀（二进制）	占地址空间的比例
保留	0000 0000	1 / 256
未分配	0000 000	11 / 256
为 NSAP 地址保留	0000 001	1 / 128
为 IPX 地址保留	0000 010	1 / 128
未分配	0000 011	1 / 128

续表

分　配	前缀（二进制）	占地址空间的比例
未分配	0000 1	1 / 32
未分配	0001	1 / 16
可聚合全球单播地址	**001**	**1 / 8**
未分配	010	1 / 8
未分配	011	1 / 8
未分配	100	1 / 8
未分配	101	1 / 8
未分配	110	1 / 8
未分配	1110	1 / 16
未分配	1111 0	1 / 32
未分配	1111 10	1 / 64
未分配	1111 110	1 / 128
未分配	1111 1110 0	1 / 512
链路本地单播地址	**1111 1110 10**	**1 / 1024**
站点本地单播地址	**1111 1110 11**	**1 / 1024**
组播地址	**1111 1111**	**1 / 256**

参考答案

（35）D

试题（36）、（37）

ARP 协议属于__（36）__协议。若主机 A 通过交换机向主机 B 发送数据，主机 A 和主机 B 要按照__（37）__指示的顺序执行下面 6 个子过程。

a. 主机 A 发出 ARP 广播请求

b. 主机 A 将主机 B 的 MAC 地址加入 A 的本地缓存中

c. 主机 A 发送 IP 数据

d. 主机 A 检查本地 ARP 缓存，未发现主机 B 的 MAC 地址

e. 主机 B 将主机 A 的 MAC 地址加入 B 的本地缓存中

f. 主机 B 发出 ARP 应答消息

（36）A．物理层　　　　　B．数据链路层　　C．网络层　　　　D．传输层

（37）A．abdefc　　　　　B．daefbc　　　　C．debfac　　　　D．faecdb

试题（36）、（37）分析

IP 地址是分配给主机的逻辑地址（或软件地址），MAC 地址是主机的物理地址（或硬件地址）。逻辑地址在网络层使用，在整个互连网络中有效，而物理地址只是在子网内部有效，由数据链路层使用。由于有两种主机地址，因而需要一种映像关系把这两种地址对应起来。在 Internet 中用地址分解协议（ARP）来实现逻辑地址到物理地址映像，通常认为 ARP 属于网络层协议。

若主机 A 通过交换机向主机 B 发送数据，主机 A 和主机 B 要按照下列顺序执行 6 个子过程。

① 主机 A 检查本地 ARP 缓存，未发现主机 B 的 MAC 地址

② 主机 A 发出 ARP 广播请求

③ 主机 B 将主机 A 的 MAC 地址加入 B 的本地缓存中

④ 主机 B 发出 ARP 应答消息

⑤ 主机 A 将主机 B 的 MAC 地址加入 A 的本地缓存中

⑥ 主机 A 发送 IP 数据

参考答案

（36）C　　（37）B

试题（38）～（40）

由 3 台交换机 X、Y、Z 连接两个子网 A 和 B 组成一个交换局域网，每台交换机的 MAC 地址和优先级配置如下图所示。根据 STP 协议，交换机　（38）　将被选为根网桥。交换机 X 的端口 Port 0 成为　（39）　。如果网络 B 把交换机 X 的端口 Port 1 选为指定端口，则被阻塞的端口是　（40）　。

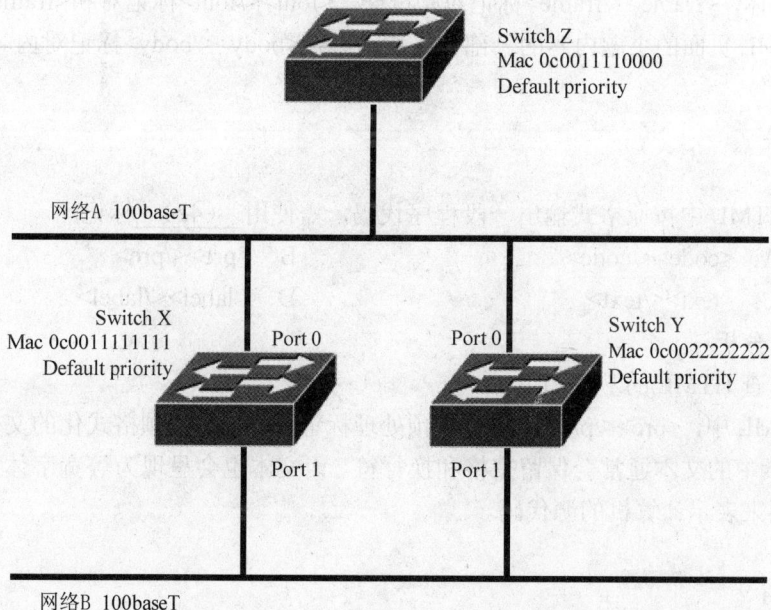

（38）A. X　　　　　　　B. Y　　　　　　　C. Z　　　　　　　D. 任意一台

（39）A. 指定端口　　　B. 根端口　　　　　C. 转发端口　　　　D. 阻塞端口

（40）A. X 的 Port 0　　　　　　　　　　　B. X 的 Port 1

　　　C. Y 的 Port 0　　　　　　　　　　　D. Y 的 Port 1

试题（38）～（40）分析

根据 STP 协议，网桥 ID 由 2 字节的网桥优先级和 6 字节的MAC 地址组成，图中 3 个交换机的优先级都采用默认值，所以就把 MAC 地址最小的交换机 Z 选为根网桥。交换机 X 的端口 Port 0 到达根网桥最近，通信费用最小，所以成为根端口。如果网络 B 把交换机 X 的端口 Port 1 选为指定端口，则交换机 Y 的端口就要被阻塞以免造成环路。

参考答案

（38）C　　（39）B　　（40）D

试题（41）

一个 HTML 页面的主体内容需写在＿＿(41)＿＿标记内。

(41) A. <body></body>　　　　　　　　B. <head></head>

　　　C. <font></font >　　　　　　　　D. <frame></frame>

试题（41）分析

本题考查 HTML 的基础知识。

一个 HTML 文件包含有多个标记，其中所有的 HTML 代码需包含在<html></html>标记对之内，文件的头部需写在<head></head>标记对内，<font></font>标记对的作用是设定文字字体，<frame></frame>标记对是框架，<font></font>标记对和<frame></frame>均属于 HTML 页面的主题内容的一部分，均需写在<body></body>标记对内。

参考答案

（41）A

试题（42）

要在 HTML 中按原格式输出一段程序代码，需使用＿＿(42)＿＿标记。

(42) A. <code></code>　　　　　　　　B. <pre></pre>

　　　C. <text></text>　　　　　　　　D. <label></label>

试题（42）分析

本题考查 HTML 的基础知识。

在 HTML 中，<pre></pre>标记对是预处理标记对，可定义预格式化的文本。被包围在 pre 元素中的文本通常会保留空格和换行符。而文本也会呈现为等宽字体。一个常见应用就是用来表示计算机的源代码。

参考答案

（42）B

试题（43）

有以下 HTML 代码，在浏览器中显示正确的是＿＿(43)＿＿。

```
<html>
<frameset rows="25%,50%,25%">
  <frame src="/html/frame_A.html">
```

```
  <frame src="/html/frame_B.html">
  <frame src="/html/frame_C.html">
</frameset>
</html>
```

（43）A.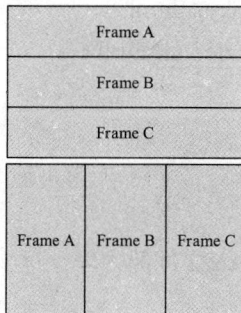

B.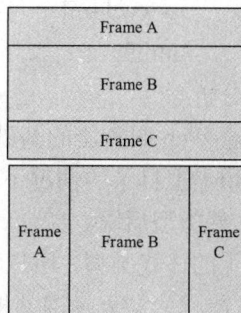

C.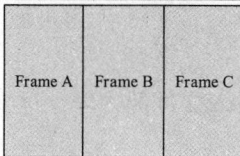

D.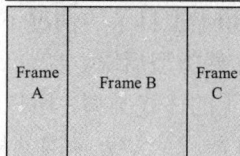

试题（43）分析

本题考查 HTML 中<frameset> 标签的基本用法。

<frameset> 标签有一个必需的属性：rows 或者 cols，rows 为行，cols 为列，用于定义文档窗口中框架或嵌套的框架集的行或列的大小及数目。

这两个属性都接受用引号括起来并用逗号分开的值列表，这些数值指定了框架的绝对（像素点）或相对（百分比或其余空间）宽度（对列而言），或者绝对或相对高度（对行而言）。这些属性值的数目决定了浏览器将会在文档窗口中显示多少行或列的框架。

根据题意，以行的方式来嵌套了 3 个框架，并使用百分比的方式来显示三个框架的大小，比例为 1:2:1。

参考答案

（43）B

试题（44）

HTML 语言中，button 标记的 type 属性不包括__（44）__。

（44）A. button　　　　　B. submit　　　　C. reset　　　　D. cancel

试题（44）分析

本题考查 HTML 中 button 标签的基本用法。

button 标签的 type 属性包括 3 种：button、reset 和 submit，3 种属性的作用是规定按钮的作用。type 属性在 Internet Explorer 的默认类型是 "button"，而其他浏览器中（包括 W3C 规范）的默认值是 "submit"，button 是定义可单击按钮，submit 是定义提交按钮，提交按钮会把表单数据发送到服务器。reset 属性的作用是定义重置按钮。重置按钮会清除表单中的所有数据。

参考答案

（44）D

试题（45）

使用 http://www.xyz.com.cn/html/index.asp 打开了某网站的主页，在未使用虚拟目录的情况下，该主页文件存储在 ___（45）___ 目录下。

（45）A. …\www\html　　　　　　　B. …\xyz \html\

　　　　C. …\html\　　　　　　　　D. …\default\html\

试题（45）分析

本题考查 Web 服务器的基础知识。

在未使用虚拟目录的情况下，URL 的格式是：协议://主机名.主机域名.域名后缀/目录/文件名.文件类型后缀。

根据以上的格式类型，用户正在浏览的是 index.asp 文件的内容，而该文件存储的目录是 html\目录，"…\"表示网站根目录。

参考答案

（45）C

试题（46）

Internet 是由 ___（46）___ 演变而来的。

（46）A. NCFC　　　　　　　　　　B. CERNET

　　　　C. GBNET　　　　　　　　　D. ARPANET

试题（46）分析

本题考查互联网相关基础知识。

互联网的前身是 1969 年美国国防部高级研究计划署（Advanced Research Projects Agency，ARPA）的军用实验网络 ARPANET。20 世纪 80 年代初期，ARPA 和美国国防部通信局成功地研制了用于异构网络的 TCP/IP 协议并投入使用。1986 年在美国国家科学基金会（National Science Foundation，NSF）的支持下，通过高速通信线路把分布在各地的一些超级计算机连接起来，经过十几年的发展形成了互联网的雏形。

参考答案

（46）D

试题（47）

DHCP 客户端收到 ___（47）___ 报文后即可使用服务器提供的 IP 地址。

（47）A. DhcpDiscover　　　　　　　B. DhcpOffer

　　　　C. DhcpNack　　　　　　　　D. DhcpAck

试题（47）分析

本题考查 DHCP 及服务器相关基础知识。

客户机查找服务器是发送报文 DhcpDiscover，服务器如果可以提供地址发送 DhcpOffer，如果客户机采纳这个地址发送报文 DhcpRquest，在接收到服务器的 DhcpAck 报文后，客户端即可使用服务器提供的 IP 地址。

参考答案

(47) D

试题（48）

工作在 UDP 协议之上的协议是 (48) 。

(48) A. HTTP   B. Telnet   C. SNMP   D. SMTP

试题（48）分析

本题考查 TCP/IP 协议簇中应用层协议及其采用的传输层协议。

HTTP、Telnet、SMTP 传输层均采用 TCP，SNMP 传输层采用 UDP。

参考答案

(48) C

试题（49）

由 IP 地址查询 MAC 地址的 Windows 命令是 (49) 。

(49) A. tracert   B. arp -a   C. ipconfig /all   D. netstat -s

试题（49）分析

本题考查 Windows 网络命令及相关知识。

由 IP 地址查询 MAC 地址的协议是 arp，在 Windows 中由 IP 地址查询 MAC 地址的命令是 arp -a。

参考答案

(49) B

试题（50）

与 netstat -r 具有同等功能的命令是 (50) 。

(50) A. rout print   B. ipconfig /all   C. arp -a   D. tracert -d

试题（50）分析

本题考查 Windows 网络命令及相关知识。

netstat -r 的作用是查看本地路由信息，与之功能等同的命令是 rout print。

参考答案

(50) A

试题（51）

在层次化网络设计结构中，通常在 (51) 实现 VLAN 间通信。

(51) A. 接入层   B. 汇聚层   C. 核心层   D. Internet 层

试题（51）分析

本题考查层次化网络结构及相关知识。

实现 VLAN 间通信的是汇聚层。

参考答案

(51) B

试题（52）

散列（Hash）算法是 ___(52)___ 。

（52）A．将任意长度的二进制串映射为固定长度的二进制串

　　　　B．将较短的二进制串映射为较长的二进制串

　　　　C．将固定长度的二进制串映射为任意长度的二进制串

　　　　D．将任意长度的二进制串映射为与源串等长的二进制串

试题（52）分析

本题考查网络安全摘要中散列（Hash）算法相关知识。

散列（Hash）算法将任意长度的二进制串映射为固定长度的二进制串。

参考答案

（52）A

试题（53）

安全传输电子邮件通常采用 ___(53)___ 系统。

（53）A．S-HTTP　　　　B．PGP　　　　C．SET　　　　D．SSL

试题（53）分析

本题考查网络安全中安全电子邮件传输相关知识。

S-HTTP 用以传输网页，SET 是安全电子交易，SSL 是安全套接层协议，PGP 是安全电子邮件协议。

参考答案

（53）B

试题（54）

RSA 通常用作 ___(54)___ 。

（54）A．数字签名　　　　　　　　　　B．产生数字指纹

　　　　C．生成摘要　　　　　　　　　　D．产生大的随机数

试题（54）分析

本题考查网络安全中加密算法相关知识。

RSA 是基于大数定律和欧拉函数的非对称密钥加密算法，其主要用途是数字签名。

参考答案

（54）A

试题（55）

防火墙通常分为内网、外网和 DMZ 三个区域，按照默认受保护程度，从低到高正确的排列次序为 ___(55)___ 。

（55）A．内网、外网和 DMZ　　　　　B．外网、DMZ 和内网

　　　　C．DMZ、内网和外网　　　　　D．内网、DMZ 和外网

试题（55）分析

本题考查网络安全中防火墙相关知识。

防火墙通常分为内网、外网和 DMZ 三个区域，按照默认受保护程度，从低到高正确的排列次序为外网、DMZ 和内网。

参考答案

（55）B

试题（56）

___(56) 利用 Socket 与目标主机的某些端口建立 TCP 连接，从而侦知目标主机的端口是否处于激活状态、提供的服务中是否含有某些缺陷，从而利用缺陷进行攻击。

（56）A．TCP SYN 扫描　　　　　　　B．DOS 攻击

　　　　C．"熊猫烧香"病毒　　　　　　D．特洛伊木马

试题（56）分析

本题考查网络安全中漏洞扫描相关知识。

漏洞扫描利用 Socket 与目标主机的某些端口建立 TCP 连接，从而侦知目标主机的端口是否处于激活状态、提供的服务中是否含有某些缺陷，从而利用缺陷进行攻击。TCP SYN 扫描就是通过 TCP 连接阶段来扫描目标主机端口进行攻击的；DOS 攻击是不断产生非法链接对服务器发起请求，使得服务器资源消耗殆尽从而无法响应正常请求的攻击行为；"熊猫烧香"病毒是蠕虫病毒；特洛伊木马采用种木马，通过高端发起请求进行内外连接，从而获取主机资源进行攻击。

参考答案

（56）A

试题（57）

在层次化网络设计结构中，___(57) 是核心层的主要任务。

（57）A．实现网络的高速数据转发　　　B．实现网络接入到 Internet

　　　　C．实现用户接入到网络　　　　　D．实现网络的访问策略控制

试题（57）分析

本题考查网络分层方面的基础知识。

在逻辑网络设计中，一般采用分层设计的思路，使得每一层的任务都集中在一些特定的功能上。工程中经常采用一种 3 层网络设计模型，将网络设备按照 3 个层次进行分组:核心层、汇聚层和接入层，3 层设计模型是一个概念上的框架，也就是一个抽象的网络图。核心层网络的核心有一个最主要的用途是高速转发通信网络数据。汇聚层位于接入层和核心层之间，它把核心层同网络的其他部分区分开来。该层的目的是通过使用访问列表和其他的过滤器限制进入核心层的通信。接入层为网络提供通信，提供终端用户访问网络。

参考答案

（57）A

试题（58）

网络嗅探器可以使网络接口处于混杂模式，在这种模式下，网络接口 ___（58）___ 。

（58）A．只能接收与本地网络接口硬件地址相匹配的数据帧

B．只能接收本网段的广播数据帧

C．只能接收组播信息

D．能够接收流经网络接口的所有数据帧

试题（58）分析

本题考查网络接口的 3 种模式。

网卡工作模式有 4 种，分别是：广播（Broadcast）模式、多播（Multicast）模式、单播模式（Unicast）和混杂模式（Promiscuous）。

在混杂模式下的网卡能够接收一切通过它的数据，而不管该数据目的地址是否是它。如果通过程序将网卡的工作模式设置为"混杂模式"，那么网卡将接受所有流经它的数据帧。

参考答案

（58）D

试题（59）

在综合布线系统中，光纤布线系统的测试指标不包括 ___（59）___ 。

（59）A．波长窗口参数　　　　　　　B．近端串扰

C．回波损耗　　　　　　　　　D．最大衰减

试题（59）分析

本题考查光纤布线系统的测试指标。

在光纤布线标准中，对一些性能指标做了明确的说明。这些指标包括衰减、回波损耗、链路长度以及波长窗口参数等，不包括近端串扰，近端串扰是双绞线的测试指标。

参考答案

（59）B

试题（60）

在 Windows 操作系统中，如果要查找从本地出发经过 5 跳到达名字为 abc 的目标主机的路径，输入的命令为 ___（60）___ 。

（60）A．tracert abc 5 -h　　　　　　B．tracert -j 5 abc

C．tracert -h 5 abc　　　　　　D．tracert abc 5 -j

试题（60）分析

本题考查简单网管命令 tracert 的基本用法。

Tracert（跟踪路由）是路由跟踪实用程序，用于确定 IP 数据包访问目标所采取的

路径。Tracert 命令使用 IP 生存时间（TTL）字段和 ICMP 错误消息来确定从一个主机到网络上其他主机的路由。其命令格式如下：

tracert [-d] [-h maximum_hops] [-j computer-list] [-w timeout] target_name。

参考答案

（60）C

试题（61）

网络配置中一台交换机的生成树优先级是 30480，如果要将优先级提高一级，那么优先级的值应该设定为　__（61）__。

（61）A. 30479　　　　B. 34576　　　　C. 30481　　　　D. 26384

试题（61）分析

本题考查简单生成树优先级的基本概念。

网络优先级是一个十进制数，用来在生成树算法中衡量一个网桥的优先度。其值的范围是 0～65535，默认设置 32768。其中数值越小优先级越高，增量是 4096。

参考答案

（61）D

试题（62）

SNMP v2 的 GetRequest PDU 的语法和语义都与 SNMP v1 的 GetRequest PDU 相同，差别是 SNMP v2 对应答的处理　__（62）__。

（62）A. 要么所有的值都返回，要么一个也不返回

　　　 B. 能够部分地对 GetRequest 操作进行应答

　　　 C. 能够全部地对 GetRequest 操作进行应答

　　　 D. 都不进行应答

试题（62）分析

本题考查简单 SNMP v1 和 SNMP v2 的 GetRequest PDU 对应答的处理。

SNMP v2 的 GetRequest PDU 的语法和语义都与 SNMP v1 的 GetRequest PDU 相同，差别是 SNMP v2 对应答的处理能够部分地对 GetRequest 操作进行应答。

参考答案

（62）B

试题（63）

以下 Linux 命令中，用于终止某个进程的命令是　__（63）__。

（63）A. dead　　　　B. kill　　　　C. quit　　　　D. exit

试题（63）分析

本题考查 Linux 命令的基础知识。

在 Linux 操作系统中有多种方法终止命令的执行。终止当前正在执行的某个命令最快的方法是按下组合键"Ctrl+C"。这个方法只有在用户能够从某个虚拟控制台上控制这

个程序的时候才奏效。

终止某个出错程序的另外一个办法是 kill（杀）掉它的进程。参照下面的步骤进行操作：

① 输入"ps"命令获取进程的 PID，这个命令要求你是运行这个程序的用户或者是根用户。如果是根用户，输入"ps -aux"命令可查看所有的进程，不管是谁拥有它们的。

② 在清单中找到这个出错进程。

③ 记下 ps 命令输出清单中进程状态行最左边的 ID 数字。

④ 输入"kill ID"，终止该进程。

参考答案

（63）B

试题（64）

在 Linux 操作系统中，目录"/proc"主要用于存放__（64）__。

（64）A．设备文件　　　　　　　　　　B．配置文件

　　　　C．命令文件　　　　　　　　　　D．进程和系统信息

试题（64）分析

本题考查 Linux 目录的基础知识。

Linux 内核提供了一种通过/proc 文件系统在运行时访问内核内部数据结构、改变内核设置的机制。用户和应用程序可以通过 proc 得到系统的信息，并可以改变内核的某些参数。由于系统的信息，如进程，是动态改变的，所以用户或应用程序读取 proc 文件时，proc 文件系统是动态从系统内核读出所需信息并提交的。

参考答案

（64）D

试题（65）

在 Windows 操作系统中可以通过__（65）__命令查看 DHCP 服务器分配给本机的 IP 地址。

（65）A．nslookup　　　　　　　　　　B．ifconfig

　　　　C．ipconfig　　　　　　　　　　D．tracert

试题（65）分析

本题考查 Windows 网络管理命令及相关知识。

nslookup 查看为本地主机进行解析 DNS 服务器；ifconfig 为 Linux 系统中查看本机网卡配置的命令；ipconfig 为 Windows 系统中查看本机网卡配置的命令；tracert 跟踪报文到达目的地时经过的路由器。

参考答案

（65）C

试题（66）

如果一台计算机配置成自动获取 IP 地址，开机后得到的 IP 地址是 169.254.1.17，则首先应该检查　(66)　。

(66) A．TCP/IP 协议　　　　　　　　　B．网卡的工作状态

　　　C．DHCP 服务器是否工作　　　　D．DNS 服务器是否正常

试题（66）分析

本题考查 DHCP 协议、配置及相关知识。

如果一台计算机配置成自动获取 IP 地址，开机后得到的 IP 地址是 169.254.1.17，说明没有正常获取到 IP 地址，那么首先应该检查 DHCP 服务器是否工作。

参考答案

(66) C

试题（67）

　(67)　协议可支持在电子邮件中包含文本、图像、声音、视频及其他应用程序的特定数据。

(67) A．HTTP　　　　B．SMTP　　　　C．PoP　　　　D．MIME

试题（67）分析

本题考查应用层协议及相关知识。

HTTP 为网页传输文件，SMTP 为发送邮件协议，PoP 为接收邮件协议，MIME 为支持多种格式的邮件扩展协议。SMTP 只支持简单文本数据的传输，在传输包含文本、图像、声音、视频及其他应用程序的特定数据时，需采用 MIME。

参考答案

(67) D

试题（68）

通过　(68)　可清除上网痕迹。

(68) A．禁用脚本　　　　　　　　　　B．禁止 SSL

　　　C．清除 Cookie　　　　　　　　　D．查看 ActiveX 控件

试题（68）分析

本题考查浏览器配置相关知识。

禁用脚本是禁止本地浏览器解释执行客户端脚本；禁止 SSL 是禁止采用加密方式传送网页；Cookie 中保存有用户账号等临时信息，即上网之后留下的信息；ActiveX 控件是本地可执行的插件。因此要清除上网痕迹，需清除 Cookie。

参考答案

(68) C

试题（69）

在进行域名解析过程中，由　(69)　获取的解析结果耗时最短。

（69）A．根域名服务器   B．主域名服务器

       C．本地缓存   D．转发域名服务器

试题（69）分析

本题考查域名解析相关知识。

根域名服务器是最顶端域名服务器；主域名服务器是主机所在域中为本域提供注册和解析的域名服务器，在主域名服务器找不到域名记录时转发到转发域名服务器中进行解析。任何域名的解析都是先查看本地缓存，找不到记录后查找自己的域名数据库。

参考答案

（69）C

试题（70）

若要指定回声请求报文的字节数，可使用 __（70）__ 命令。

（70）A．ping -a   B．ping -t   C．ping -n   D．ping -l

试题（70）分析

本题考查 ping 命令相关知识。

若要指定回声请求报文的字节数，参数为 l。

参考答案

（70）D

试题（71）～（75）

VPN connections allow users working at home or on the road to connect in a secure fashion to a __(71)__ corporate server using the routing infrastructure provided by a public internetwork (such as the Internet). From the user's perspective, the VPN connection is a point-to-point connection between the user's computer and a corporate __(72)__ . The nature of the __(73)__ internetwork is irrelevant to the user because it appears as if the data is being sent over a dedicated __(74)__ link. VPN technology also allows a corporation to connect to branch offices or to other companies over a public internetwork, while maintaining secure __(75)__ . The VPN connection across the Internet logically operates as a wide area network link between the sites.

（71）A．customer   B．network   C．remote   D．local

（72）A．router   B．client   C．host   D．server

（73）A．medium   B．intermediate   C．remote   D．local

（74）A．network   B．private   C．public   D．local

（75）A．technology   B．server

       C．host   D．communications

参考译文

VPN 连接可以使用户在家中或在路途上以安全的方式连接到远端的公司服务器上，

而这是通过使用公共互联网（例如因特网）提供的可路由的网络基础结构实现的。从用户的观点上看，VPN 连接是用户计算机与公司服务器之间的点对点连接。中间互联网的性质与用户是无关的，因为它表现得就像数据通过一条专用的私有链路传送一样。VPN 技术也允许公司通过公共互联网连接到其分部办公室或连接到其他公司，而且维持安全通信。跨越因特网的 VPN 连接的运作逻辑上就像不同地点之间的广域网链路一样。

参考答案

　　（71）C　　（72）D　　（73）B　　（74）B　　（75）D

第 16 章　2015 下半年网络管理员下午试题分析与解答

试题一（共 20 分）

阅读以下说明，回答问题 1 至问题 3，将解答填入答题纸对应的解答栏内。

【说明】

某单位网络拓扑结构如图 1-1 所示，要求办公楼能与互联网物理隔离，所有汇聚交换机均采用三层交换机。

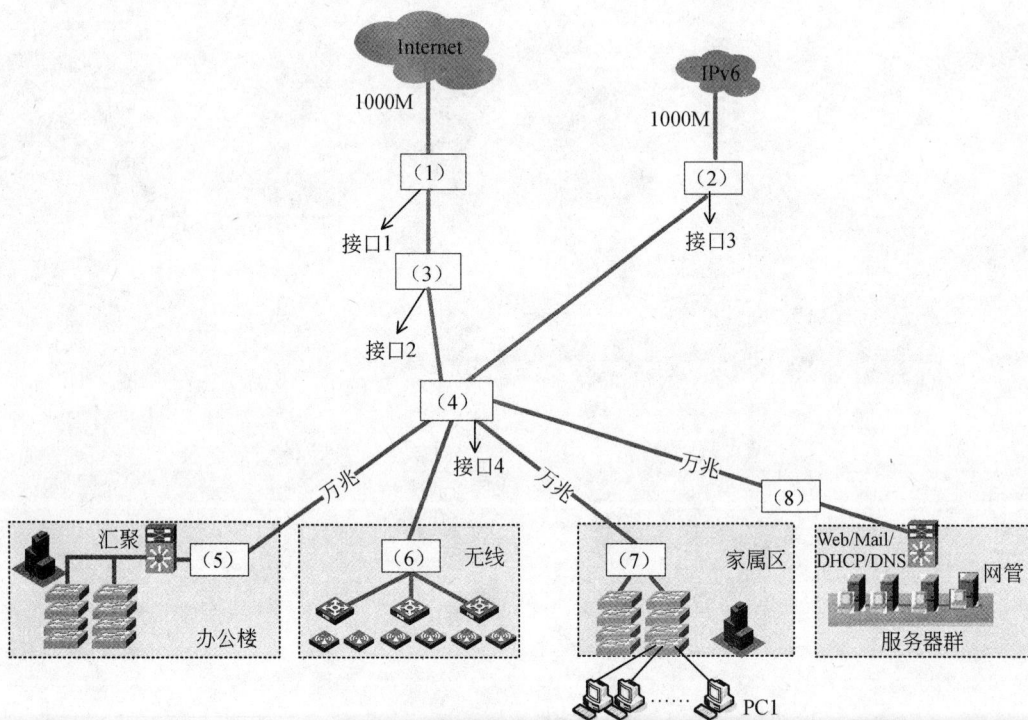

图 1-1

【问题 1】（8 分）

请为图 1-1 中空缺处（1）～（8）选择合适设备（限选一次）。

（1）～（8）备选答案：

    A．网闸　　　　　　B．汇聚交换机　　　C．核心交换机　　　D．AP 控制器

    E．出口路由器　　　F．IPv6 路由器　　　G．防火墙

    H．并发与流量控制器（采用桥接模式）

【问题 2】（4 分）

在 PC1 中运行 tracert www.aaa.com 命令后，显示结果如图 1-2 所示。

```
C:\Documents and Settings \User>tracert www.aaa.com
Tracing route to www.aaa.com [213.120.116.5]
over a maximum of 30 hops:

  1    2 ms     1 ms     <1 ms  10.174.255.254
  2    3 ms     2 ms      1 ms  10.155.65.79
  3   <1 ms    <1 ms     <1 ms  10.138.79.1
  4   21 ms    19 ms     19 ms  123.126.0.218
  5   22 ms    23 ms     23 ms  219.158.16.73
  6   18 ms    18 ms     18 ms  61.150.156.138
  7   19 ms    19 ms     19 ms  213.120.116.5

  Trace complete.
```

图 1-2

接口 1 的 IP 地址为＿＿＿（9）＿＿＿；

接口 4 的 IP 地址为＿＿＿（10）＿＿＿。

【问题 3】（8 分）

在 PC1 上运行 route print 后得到 PC1 的路由信息，如图 1-3 所示。

```
C:\Documents and Settings\asus>route print
==============================================================================
Active Routes:
Network Destination        Netmask          Gateway        Interface       Metric
     0.0.0.0               0.0.0.0        10.174.255.254   10.174.107.159    25
    10.174.0.0           255.255.0.0      10.174.107.159   10.174.107.159    25
   10.174.107.159      255.255.255.255    127.0.0.1        127.0.0.1         25
   10.255.255.255      255.255.255.255    10.174.107.159   10.174.107.159    25
    127.0.0.0           255.0.0.0         127.0.0.1        127.0.0.1          1
    224.0.0.0           240.0.0.0         10.174.107.159   10.174.107.159    25
  255.255.255.255      255.255.255.255    10.174.107.159   3                  1
  255.255.255.255      255.255.255.255    10.174.107.159   10.174.107.159     1
Default Gateway:   10.174.255.254
==============================================================================
```

图 1-3

请完善 PC1 的 Internet 协议属性参数。

IP 地址：＿＿＿（11）＿＿＿；

子网掩码：＿＿＿（12）＿＿＿；

默认网关：＿＿＿（13）＿＿＿。

图 1-3 中第 1 条路由记录的作用是　<u>（14）</u>　。

试题一分析

本题考查简单网络配置与管理知识。

此类题目属常考试题，要求考生认真阅读题目对现实问题的描述，对拓扑、设备、配置等有正确的认识。

【问题 1】

本问题考查设备的选择。

通常出口处均是路由器，IPv4（图中（1）处）与 IPv6（图中（2）处）出口处分别是出口路由器和 IPv6 路由器；并发与流量控制器通常放在路由器之后，交换主干之前，故（3）处为并发与流量控制器；（4）处是交换核心，故采用核心交换机；办公楼与互联网物理隔离，故（5）处为网闸；（6）处管理无线局域网接入故为 AP 控制器；（7）处的汇聚交换机以及（8）处的防火墙较为明显。

【问题 2】

接口 1 是经过 3 跳到达的网关，故地址为 10.138.79.1，接口 4 为 10.155.65.79。

【问题 3】

由第 3 条记录可以看出，PC1 的 IP 地址为 10.174.107.159，由第 1 条记录可以看出，PC1 的默认网关 IP 地址为 10.174.255.254，子网掩码为 255.255.0.0。第 1 条路由记录的作用是默认路由，即路由列表中无匹配记录时采用的转发路由。

参考答案

【问题 1】

（1）E. 出口路由器

（2）F. IPv6 路由器

（3）H. 并发与流量控制器

（4）C. 核心交换机

（5）A. 网闸

（6）D. AP 控制器

（7）B. 汇聚交换机

（8）G. 防火墙

【问题 2】

（9）10.138.79.1

（10）10.155.65.79

【问题 3】

（11）10.174.107.159

（12）255.255.0.0

（13）10.174.255.254

（14）默认路由，即路由列表中无匹配记录时采用的转发路由

试题二（共 20 分）

阅读以下说明，回答问题 1 至问题 3，将解答填入答题纸对应的解答栏内。

【说明】

请根据 Windows 服务器的安装与配置，回答下列问题。

【问题 1】（6 分）

1. 下列给出了 Windows 服务器安装步骤，正确的排序为＿＿＿(1)＿＿＿。

① 选择文件系统格式

② 创建分区

③ 选择授权模式

④ 设置区域和语言

2. 在 Windows 中启动"组策略编辑器"程序，需在"运行"中执行＿＿＿(2)＿＿＿。

（2）备选答案：

  A．gpedit.com   B．gpedit.exe

  C．gpedit.msc   D．gpedit.bat

3. 在 Windows 中必须通过安装第三方软件实现的服务是＿＿＿(3)＿＿＿。

（3）备选答案：

  A．建立动态网站   B．域名解析

  C．使用 PHP 数据库   D．网络打印

【问题 2】（8 分）

请参照图 2-1、图 2-2 所示的网络配置回答问题。

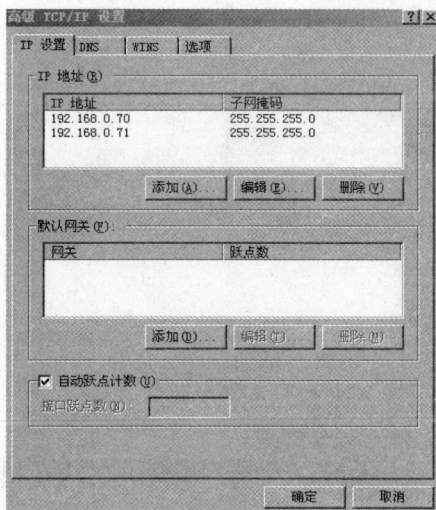
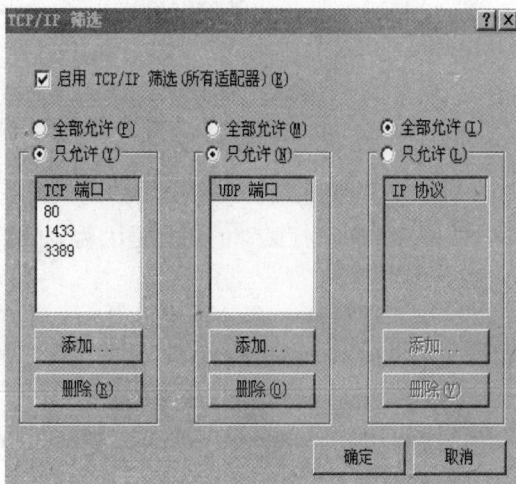

图 2-1   图 2-2

1．如图 2-1 所示，配置了两个地址，是为了在一个服务器上实现多个站点的同时访问。这两个 IP 地址___(4)___。

（4）备选答案：

A．都是真实地址，可以 PING 通

B．都是虚拟地址，不可以 PING 通

C．一个是真实地址，一个是虚拟地址，虚拟地址不可以 ping 通

2．如图 2-2 所示，开放的 80、1433、3389 三个 TCP 端口分别对应的应用是___(5)___、___(6)___、远程访问。

3．如图 2-2 所示，若要将该服务器用作域名解析服务器，应打开 UDP 的___(7)___端口。

（7）备选答案：

A．53　　　　　B．23　　　　　C．443

【问题3】（6 分）

请参照如图 2-3 所示的用户管理界面，回答下面问题。

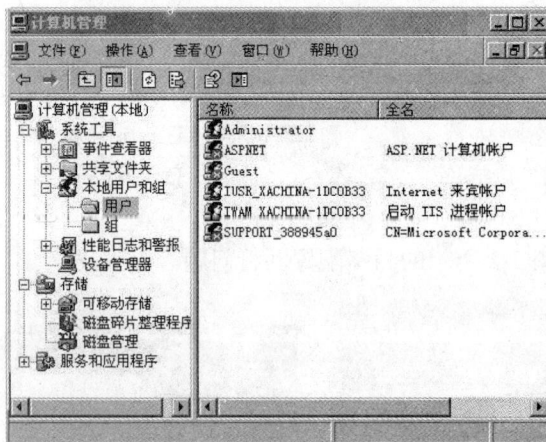

图 2-3

1．图 2-3 中"打叉"的用户是因为___(8)___。

（8）备选答案：

A．用户被停用

B．用户密码过期

C．没有给用户分配权限

2．默认情况下，图 2-3 中___(9)___用户权限最高，Internet 来宾账户隶属于___(10)___组。

试题二分析

本题考查 Windows 服务器的安装与配置。

此类题目要求考生掌握 Windows 服务器的基本操作命令，了解 Windows 服务器安装的各个环节、参数的设置目的和参数的含义。

【问题 1】

创建分区是对服务器硬盘空间进行划分或是对已经划分好的空间进行管理，以便将外部介质中的 Windows 安装程序安装到服务器，接下来的安装步骤需要选择 NTFS 或 FAT 文件系统对分区进行格式化。NTFS 的特点是有效地利用磁盘空间、支持文件级压缩、具备更好的文件安全性。由于 DOS 系统不支持 NTFS，服务器要实现多重引导，就需要采用 FAT。

设置区域和语言，目的是配置服务器的放置区域（国别）、输入方法，还包括数字、货币及日期的显示方式等内容。授权模式分为"每服务器"和"每设备或每用户"。"每服务器"模式要求同时连接服务器的每个客户端有单独的"客户访问许可证（CAL）"。该许可保存在服务器，是软件产品赋予客户端的权利，使其能够访问服务器上的服务。"每设备或每用户"模式是将访问许可证放在客户端，此种模式适用于多台服务器环境，可以节省开支，减少访问许可证的购买数量。

"组策略编辑器"程序是通过微软管理控制台MMC（Microsoft Management Console）添加或删除的服务器管理文件，此类文件的扩展名是 msc。

Windows 与 PHP 数据库隶属于不同的软件厂商，在 Windows 环境中使用 PHP 数据需要另外安装。

【问题 2】

通过图 2-1 可知，在对 Windows 的配置中，可以配置多个 IP 地址对外部提供服务，所配置的 IP 地址都是可用的，可以进行 PING 测试。

在网络技术中，端口（Port）分为两种，一是物理意义上的端口，比如，ADSL Modem、集线器、交换机、路由器用于连接其他网络设备的接口，如 RJ-45 端口、SC 端口等。二是逻辑意义上的端口，端口号的范围从 0～65535，比如用于浏览网页服务的 80 端口，用于 FTP 服务的 21 端口等。

TCP 是指传输控制协议，提供的是面向连接、可靠的字节流服务。UDP 是指用户数据报协议，是一个简单的面向数据报的运输层协议。UDP 不提供可靠性，它只是把应用程序传给 IP 层的数据报发送出去，但是并不能保证它们能到达目的地。

【问题 3】

对 Windows 用户的管理是通过的 Windows 中的"计算机管理"界面来实现的，通过单击图 2-3 中的"用户"实现用户的添加、删除、重命名、修改密码、更改密码等操作。当某个用户被停用，显示的用户名就会被标记"打叉"状态。

Administrator 属于 Administators 本地组内的用户，具备系统管理员的权限，有最大的控制权限。Windows 除了 Administators 组，还设置多个不同权限的组，比如：Users 普通用户组，分配给该组的默认权限不允许成员修改操作系统的设置或用户资料，Users

组提供了一个最安全的程序运行环境。Guests 来宾组，来宾组跟普通组 Users 的成员有同等访问权，主要用于远程登录。

参考答案

【问题 1】

1.（1）②①④③

2.（2）C

3.（3）C

【问题 2】

1.（4）A

2.（5）Web 服务

（6）数据库

3.（7）A

【问题 3】

1.（8）A

2.（9）Administrator

（10）Guests

试题三（共 20 分）

阅读以下说明，回答问题 1 至问题 4，将解答填入答题纸对应的解答栏内。

【说明】

某公司网络拓扑结构如图 3-1 所示。公司采用光纤专线接入 Internet，要求公司内部 PC 全部能够访问 Internet，同时还有两台服务器对外分别提供 Web 和 E-mail 服务。公司采用 PIX 防火墙接入互联网。图 3-1 中两台交换机为普通二层交换机，路由器 R1 是与该公司互联的第一个 ISP 路由器。

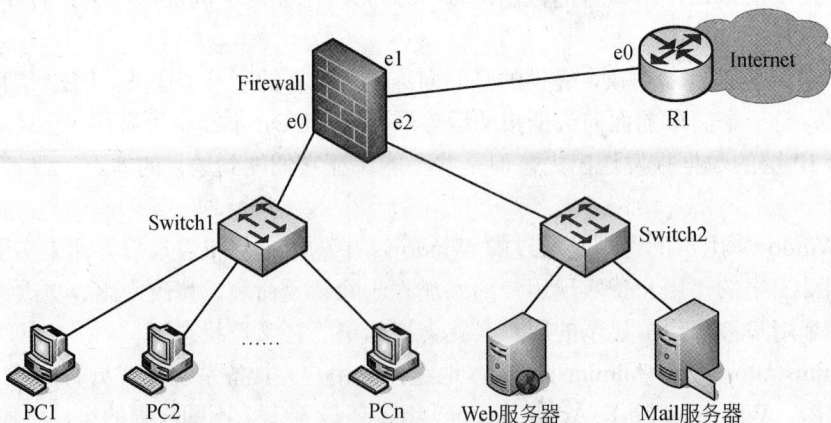

图 3-1　公司网络连接拓扑图

【问题 1】（2 分）

防火墙是一种位于内部网络与外部网络之间的网络安全设备。它有 3 种工作模式，分别为 __(1)__ 、 __(2)__ 和混合模式。

【问题 2】（9 分）

请阅读以下防火墙的配置操作，按照题目要求，请补充完成（或解释）下列空白的配置命令或参数。

```
……
pix#  (3)
pix(config)#enable password cisco encry     // (4)
pix(config)#interface eth0 auto
pix(config)#interface eth1 auto
pix(config)#interface eth2 auto
pix(config)#nameif e0  (5)   security100
pix(config)#nameif e1  (6)   security0
pix(config)#nameif e2  (7)   security50
pix(config)#ip add inside 192.168.1.1 255.255.255.0
pix(config)#ip add outside 202.117.112.98 255.255.255.252
pix(config)#ip add dmz 10.10.10.1 255.255.255.0
pix (config)#nat (inside) 1 0 0                      // (8)
pix (config)#global (outside) 1  (9)
pix(config)#static (dmz,outside)  (10)  202.117.112.98 80 10.10.10.2 80
netmask 255.255.255.255 0 0
pix(config)#static (dmz,outside) tcp 202.117.112.98 443 10.10.10.2 443
netmask 255.255.255.255 0 0
pix (config)#conduit permit tcp host 202.117.112.98 eq 80 any
pix (config)#conduit permit tcp host 202.117.112.98 eq 443 any   // (11)
……
```

【问题 3】（5 分）

1. 对图 3-1 中主机 PC1 可分配的 IP 地址区间为 __(12)__ ，子网掩码为 __(13)__ ，默认网关为 __(14)__ 。

2. PC1 主机的操作系统为 Windows，在其命令行窗口输入 netstat -an，返回信息如下图 3-2 所示。根据返回信息，PC1 正在请求的 Internet 服务为 __(15)__ ，该服务与 PC1 进行通信时，PC1 所使用的源端口号的可能取值范围为 __(16)__ 。

【问题 4】（4 分）

图 3-1 中路由器 R1 的接口 IP 地址为 __(17)__ ，子网掩码为 __(18)__ 。

试题三分析

本题考查网络防火墙的使用配置。

此类题目要求考生掌握基本的网络防火墙知识，同时具备基本的动手配置能力。

```
C:\>netstat -an

活动连接

协议   本地地址              外部地址                状态
TCP   0.0.0.0:80            0.0.0.0:0              LISTENING
TCP   0.0.0.0:445           0.0.0.0:0              LISTENING
TCP   127.0.0.1:2001        127.0.0.1:50594        ESTABLISHED
TCP   127.0.0.4:2004        127.0.0.1:50597        ESTABLISHED
UDP   192.168.1.2:20112     124.202.163.31:53      CLOSE_WAIT
TCP   192.168.1.2:20301     202.12.250.13:80       ESTABLISHED
TCP   192.168.1.2:20302     117.110.20.32:80       ESTABLISHED
TCP   192.168.1.2:20303     218.30.250.21:80       ESTABLISHED
```

图 3-2

【问题 1】

本问题主要考查防火墙的工作模式。

防火墙是一种位于内部网络与外部网络之间的网络安全设备。它有 3 种工作模式，分别为路由模式、透明模式和混合模式。如果防火墙以第三层对外连接（接口具有 IP 地址），则认为防火墙工作在路由模式下；若防火墙通过第二层对外连接（接口无 IP 地址），则防火墙工作在透明模式下；若防火墙同时具有工作在路由模式和透明模式的接口（某些接口具有 IP 地址，某些接口无 IP 地址），则防火墙工作在混合模式下。

【问题 2】

本问题主要考查考生对防火墙基本配置命令的掌握和应用。

```
……
pix#conf t      //进入全局配置模式
pix(config)#enable password cisco encry      //设置密码
pix(config)#interface eth0 auto
pix(config)#interface eth1 auto
pix(config)#interface eth2 auto
//设置网卡工作在自适应状态
pix(config)#nameif e0 inside security100
                //ethernet0 命名为内部接口 inside，安全级别是 100
pix(config)#nameif e1 outside security0
                //ethernet1 命名为外部接口 outside，安全级别是 0
pix(config)#nameif e2 dmz security50
                //ethernet2 命名为中间接口 dmz，安装级别为 50
pix(config)#ip add inside 192.168.1.1 255.255.255.0
                //inside 的 IP 地址为 192.168.1.1
pix(config)#ip add outside 202.117.112.98 255.255.255.252
```

　　　　　　　　　　　　　　//outside 的 IP 地址为 202.117.112.98
　　pix(config)#ip add dmz 10.10.10.1 255.255.255.0
　　　　　　　　　　　　　　//dmz 的 IP 地址为 10.10.10.1
　　pix (config)#nat (inside) 1 0 0　　　//允许内网的地址全部 NAT 转换出去访问外网
　　pix (config)#global (outside) 1 202.117.112.98
　　　　　　　　　　　　　　//指定公网地址 202.117.112.98
　　pix(config)#static (dmz,outside) tcp 202.117.112.98 80 10.10.10.2 80
netmask 255.255.255.255 0 0
　　pix(config)#static (dmz,outside) tcp 202.117.112.98 443 10.10.10.2 443
netmask 255.255.255.255 0 0
//映射外网的 web 端口号到内网服务器上
　　pix (config)#conduit permit tcp host 202.117.112.98 eq 80 any
　　pix (config)#conduit permit tcp host 202.117.112.98 eq 443 any
//配置内网的 WEB 服务器映射到外网
......

【问题 3】

1. 本问题主要考查网络地址范围。

根据题意和防火墙配置命令可知，该子网为 192.168.1.0/24，防火墙的 e0 接口配置了 192.168.1.1 这个地址，子网掩码 255.255.255.0，且其工作在路由模式，所以可知 pc1 的地址范围为 192.168.1.2～192.168.1.254，子网掩码为 255.255.255.0，网关为 192.168.1.1。

2. 本问题主要考查考生对 netstat -an 命令的掌握和应用。

从图 3-2 可知，PC1 与外部服务器所建立的连接的端口号都为 80，因此可能正在浏览网页。PC1 所使用的源端口号从图中直接可以看出为 20301～20303。

【问题 4】

本问题主要考查考生对网络接口地址的配置。

从图 3-1 中可以看出，防火墙工作在路由模式，其中 e1 的 IP 地址为 202.117.112.98，子网掩码为 255.255.255.252，则对端的路由器 R1 的接口 IP 地址为 202.117.112.97，子网掩码为 255.255.255.252。

参考答案

【问题 1】

（1）路由模式

（2）透明模式/桥模式

【问题 2】

（3）conf t / config terminal

（4）设置密码

（5）inside

（6）outside

（7）dmz

（8）允许内网的地址全部 NAT 转换出去访问外网

（9）202.117.112.98

（10）tcp

（11）配置内网的 WEB 服务器映射到外网

【问题 3】

1.（12）192.168.1.2～192.168.1.254

（13）255.255.255.0

（14）192.168.1.1

2.（15）HTTP / WEB

（16）20301～20303

【问题 4】

（17）202.117.112.97

（18）255.255.255.252

试题四（共 15 分）

阅读以下说明，回答问题 1 至问题 5，将解答填入答题纸对应的解答栏内。

【说明】

某公司使用 ASP 开发商务网站，网页制作过程使用了 CSS 技术，该网站具有商品介绍、会员管理、在线支付和物流管理等功能，采用 SQL Server 数据库，数据库名称为 business，其中用户表名称为 name，其结构如表 4-1 所示。

表 4-1　用户表中字段说明

字 段 名	类 型
UserName	char
Password	char
Usergrade	char

其中，Usergrade 仅有两个有效值：m 表示会员，b 表示非会员。

【问题 1】（3 分）

在该网站 index.asp 文档中使用了<style type="text/css">语句。其中，CSS 是指__(1)__，它是一种__(2)__样式描述格式，能够保证文档显示格式的一致性，CSS 本身__(3)__ XML 的语法规范。

（1）备选答案：

　　A. 扩展样式表　　　　　B. 层叠样式表

（2）备选答案：

　　A. 静态　　　　　　　　B. 动态

（3）备选答案：

　　A．遵从　　　　　　　　　B．不遵从

【问题 2】（3 分）

该网站数据库连接代码如下所示，根据题目要求在备选项中选择正确的答案。

```
<%
    set conn=   (4)   .createobject("adodb.connection")
    conn.provider="sqloledb"
    provstr="server=127.0.0.1;database=   (5)   ;uid=sa;pwd=9857452"
     (6)   .open provstr
%>
```

（4）～（6）备选答案：

　　A．application　　　　　B．business　　　　　C．provstr
　　D．conn　　　　　　　　E．name　　　　　　　F．server

【问题 3】（5 分）

该网站只对会员开放购物车模块，当非会员单击购物车模块时系统自动跳转至会员注册页面，会员用户单击购物车模块时直接进入购物车模块的首页。其中购物车模块的首页为 main.asp，用户登录时判断页面是 ChkLogin.asp，会员注册页面为 Register.asp。

1．ChkLogin.asp 的部分代码如下，请根据题目要求补充完整。

```
<!--#include file=conn.asp-->
<%
    …
    username=replace(trim(   (7)   ("username")), "`","")
    …
    sql="select*from   (8)   where Password=`"&password"`and UserName=
`"&username&"`"
    rs.open sql,conn,1,1
    if   (9)   (rs.bof and rs.eof)  then
      if password=rs("Password") then
        session("Username")=rs("Username")
        session("Usergrade")=rs("Usergrade")
    …
%>
```

（7）～（9）备选答案：

　　A．not　　　　　　　　　B．connection　　　　　C．name
　　D．movefirst　　　　　　E．execute　　　　　　　F．request
　　G．connectionString　　　H．dim　　　　　　　　I．mappath

2．main.asp 的部分代码如下，请根据题目要求补充完整。

```
<%
    if  (10)  <>"m"  then
        response.  (11)  "Register.asp"
    end  if
%>
<html>
…
</html>
```

（10）、（11）备选答案：

    A．session("Username")　　B．session("Usergrade")　　C．run

    D．redirect　　　　　　　　E．write　　　　　　　　　　F．cookie

【问题 4】（2 分）

该网站举办购物优惠活动，希望用户打开网站首页时弹出提示窗口。首页 Index.asp 中部分代码如下，请根据题目要求补充完整。

```
<html>
<head>
…
<script  language="javascript">
    …
    function  win()  {
    window.  (12)  ("yh.html","newwindow","height=100,width=400")
    }
    ...
</script>
</head>
<body  (13)  ="win()">
    ...
</body>
</html>
```

（12）、（13）备选答案：

    A．command　　　　　　　B．connection　　　　　　C．read

    D．onload　　　　　　　　　E．open　　　　　　　　　　F．close

【问题 5】（2 分）

1．在 ASP 中， (14) 是 session 对象的方法。

（14）备选答案：

A. Lock　　　　B. CreateObject　　　C. Abandon　　　D. Redirect

2. 在以下组合中，　(15)　不能开发出动态网页。

(15) 备选答案：

A. HTML+JSP　B. HTML+XML　　　C. XML+JSP　　　D. XML+ASP

试题四分析

本题考查 ASP 脚本中数据库连接建立、打开、关闭以及 HTML 相关命令等。

【问题 1】

本问题主要考查考生对 CSS 的掌握和应用。

CSS（Cascading Style Sheets，层叠样式表）是一种用来表现 HTML（标准通用标记语言的一个应用）或 XML（标准通用标记语言的一个子集）等文件样式的计算机语言。

CSS 目前最新版本为 CSS3，是能够真正做到网页表现与内容分离的一种样式设计语言。相对于传统 HTML 的表现而言，CSS 能够对网页中的对象的位置排版进行像素级的精确控制，支持几乎所有的字体字号样式，拥有对网页对象和模型样式编辑的能力，并能够进行初步交互设计，是目前基于文本展示最优秀的表现设计语言。CSS 能够根据不同使用者的理解能力，简化或者优化写法，针对各类人群，有较强的易读性。它是一种静态样式描述格式，能够保证文档显示格式的一致性，CSS 不遵从 XML 的语法规则，而 XSL 遵从 XML 的语法规则。

【问题 2】

```
<%
    set conn= server.createobject("adodb.connection")
    conn.provider="sqloledb"
    provstr="server=127.0.0.1;database= business ;uid=sa;pwd=9857452"
    conn.open provstr
%>
```

server.createobject 方法用于创建某个 ASP 对象，又根据题意，数据库名称为 business，所以 database= business。

【问题 3】

1. ChkLogin.asp 的部分代码。

```
<!--#include file=conn.asp-->
<%
    …
    username=replace(trim(request ("username")), "`","")
    …
    sql="select*from name where Password=`"&password"` and UserName=
`"&username&"`"
```

```
    rs.open sql,conn,1,1
  if not (rs.bof and rs.eof) then
    if password=rs("Password") then
       session("Username")=rs("Username")
       session("Usergrade")=rs("Usergrade")
  …
%>
```

ASP 中 Trim()函数的作用是去掉字符中左右两端的空格和其他预定义字符，需要去掉用户名两端的空白，所以 username=replace(trim(request ("username")), "",""）。根据题意，采用 SQL Server 数据库，数据库名称为 business，其中用户表名称为 name，所以 sql="select*from name where Password='"&password'"and UserName='"&username&'""。如果不相等则要验证，所以 if not (rs.bof and rs.eof) then。

2. main.asp 的部分代码。

```
<%
    if session("Usergrade") <>"m" then
        response.redirect "Register.asp"
    end if
%>
<html>
…
</html>
```

根据题意，Usergrade 仅有两个有效值：m 表示会员，b 表示非会员，所以 if session("Usergrade") <>"m"。其中 response.redirect 语句用于重定向到其他网页。

【问题 4】

首页 Index.asp 中部分代码。

```
<html>
<head>
…
<script language="javascript">
  …
  function win() {
  window. open ("yh.html","newwindow","height=100,width=400")
  }
  ...
</script>
</head>
<body onload ="win()">
```

```
    ...
</body>
</html>
```

window.Open()用于打开一个新的浏览器窗口或查找一个已命名的窗口。onload 是页面加载完成后执行的动作，一般写在 body 里面。onload 事件会在页面或图像加载完成后立即发生。

【问题 5】

Session 对象的常见属性和方法包括：SessionID、Timeout、IsNewSession、Clear()、Abandon()。要开发动态网页，可使用 ASP、JSP、PHP 等动态网页技术，HTML 和 XML 不能开发出动态网页。

参考答案

【问题 1】

（1）B

（2）A

（3）B

【问题 2】

（4）F

（5）B

（6）D

【问题 3】

1.（7）F

（8）C

（9）A

2.（10）B

（11）D

【问题 4】

（12）E

（13）D

【问题 5】

1.（14）C

2.（15）B

第17章　2016上半年网络管理员上午试题分析与解答

试题（1）

在 Windows 系统中，若要将文件"D:\user\my.doc"设置成只读属性，可以通过修改该文件的__(1)__来实现。将文件设置为只读属性可控制用户对文件的修改，这一级安全管理称之为__(2)__安全管理。

（1）A. 属性　　　　B. 内容　　　　C. 文件名　　　　D. 路径名

（2）A. 用户级　　　B. 目录级　　　C. 文件级　　　　D. 系统级

试题（1）、（2）分析

在 Windows 系统中，若要将文件"C:\user\my.doc"文件设置成只读属性，可以通过选中该文件，右击，弹出如图（a）所示的下拉菜单；在下拉菜单中单击鼠标左键，系统弹出如图（b）所示的"属性"对话框；勾选只读即可。

随着计算机应用范围扩大，在所有稍具规模的系统中，都从多个级别上来保证系统的安全性。一般从系统级、用户级、目录级和文件级四个级别上对文件进行安全性管理。

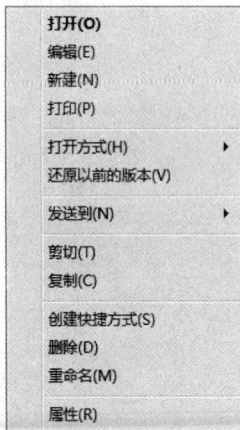
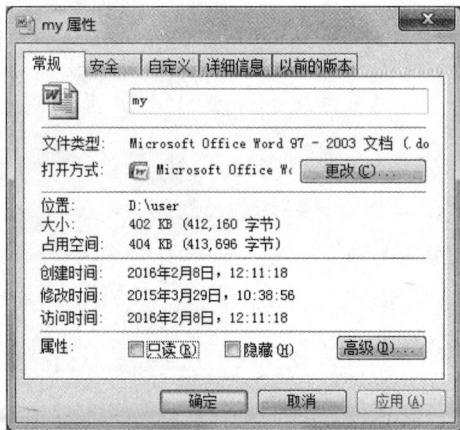

（a）下拉菜单　　　　　　　　　　　（b）属性对话框

① 文件级安全管理是通过系统管理员或文件主对文件属性的设置来控制用户对文件的访问。通常属性有只执行、隐含、索引、修改、只读、读/写、共享和系统。

② 目录级安全管理，是为了保护系统中各种目录而设计的，它与用户权限无关。为保证目录的安全规定只有系统核心才具有写目录的权利。

③ 用户级安全管理是通过对所有用户分类和对指定用户分配访问权。不同的用户对不同文件设置不同的存取权限来实现。例如，在 UNIX 系统中将用户分为文件主、组

用户和其他用户。有的系统将用户分为超级用户、系统操作员和一般用户。

④ 系统级安全管理的主要任务是不允许未经许可的用户进入系统，从而也防止了他人非法使用系统中各类资源（包括文件）。例如，注册登录。因为用户经注册后就成为该系统的用户，但在上机时还必须进行登录。登录的主要目的是通过核实该用户的注册名及口令来检查该用户使用系统的合法性。

参考答案

（1）A　　（2）C

试题（3）

电子邮件地址"linxin@mail.ceiaec.org"中的 linxin、@和 mail.ceiaec.org 分别表示用户信箱的__（3）__。

（3）A. 账号、邮件接收服务器域名和分隔符

　　　B. 账号、分隔符和邮件接收服务器域名

　　　C. 邮件接收服务器域名、分隔符和账号

　　　D. 邮件接收服务器域名、账号和分隔符

试题（3）分析

电子邮件地址"linxin@mail.ceiaec.org"由三部分组成。第一部分"linxin"代表用户信箱的账号，对于同一个邮件接收服务器来说，这个账号必须是唯一的；第二部分"@"是分隔符；第三部分"mail.ceiaec.org"是用户信箱的邮件接收服务器域名，用以标识其所在的位置。

参考答案

（3）B

试题（4）

以下关于 SRAM（静态随机存储器）和 DRAM（动态随机存储器）的说法中，正确的是__（4）__。

（4）A. SRAM 的内容是不变的，DRAM 的内容是动态变化的

　　　B. DRAM 断电时内容会丢失，SRAM 的内容断电后仍能保持记忆

　　　C. SRAM 的内容是只读的，DRAM 的内容是可读可写的

　　　D. SRAM 和 DRAM 都是可读可写的，但 DRAM 的内容需要定期刷新

试题（4）分析

本题考查计算机系统基础知识。

静态存储单元（SRAM）由触发器存储数据，其优点是速度快、使用简单、不需刷新、静态功耗极低，常用作 Cache，缺点是元件数多、集成度低、运行功耗大。动态存储单元（DRAM）需要不停地刷新电路，否则所存储的数据将会丢失。刷新是指定时给栅极电容补充电荷的操作。其优点是集成度高、功耗低，价格也低。

参考答案

（4）D

试题（5）

张某购买了一张有注册商标的应用软件光盘，擅自复制出售，则其行为侵犯了 （5） 。

（5）A．注册商标专用权　　　　　B．光盘所有权

　　　C．软件著作权　　　　　　　D．软件著作权与商标权

试题（5）分析

侵害知识产权的行为主要表现形式为剽窃、篡改、仿冒，如抄袭他人作品，仿制、冒充他人的专利产品等，这些行为其施加影响的对象是作者、创造者的思想内容或思想表现形式，与知识产品的物化载体无关。侵害财产所有权的行为，主要表现为侵占、毁损。这些行为往往直接作用于"物体"的本身，如将他人的财物毁坏，强占他人的财物等，行为与"物"之间的联系是直接的、紧密的。非法将他人的软件光盘占为己有，它涉及的是物体本身，即软件的物化载体，该行为是侵犯财产所有权的行为。张某对其购买的软件光盘享有所有权，不享有知识产权，其擅自复制出售软件光盘行为涉及的是无形财产，即开发者的思想表现形式，是侵犯软件著作权。

参考答案

（5）C

试题（6）

以下关于软件著作权产生的时间，表述正确的是 （6） 。

（6）A．自软件首次公开发表时

　　　B．自开发者有开发意图时

　　　C．自软件得到国家著作权行政管理部门认可时

　　　D．自软件开发完成之日起

试题（6）分析

在我国，软件著作权采用"自动产生"的保护原则。《计算机软件保护条例》第十四条规定："软件著作权自软件开发完成之日起产生。"即软件著作权自软件开发完成之日起自动产生。

一般来讲，一个软件只有开发完成并固定下来才能享有软件著作权。如果一个软件一直处于开发状态中，其最终的形态并没有固定下来，则法律无法对其进行保护。因此，《计算机软件保护条例》条例明确规定软件著作权自软件开发完成之日起产生。

软件开发经常是一项系统工程，一个软件可能会有很多模块，而每一个模块能够独立完成某一项功能。一般情况下各个模块是独立开发的，在这种情况下，有可能会出现一些单独的模块已经开发完成，但是整个软件却没有开发完成。此时，我们可以把这些模块单独看作是一个独立软件，自该模块开发完成后就产生了著作权。

所以软件开发完成，不论整体还是局部，只要具备了软件的属性即产生软件著作权，既不要求履行任何形式的登记或注册手续，也无须在复制件上加注著作权标记，也不论其是否已经发表都依法享有软件著作权。

参考答案

（6）D

试题（7）

数字话音的采样频率定义为 8kHz，这是因为 __(7)__ 。

（7）A. 话音信号定义的频率范围最高值小于 4 kHz

     B. 话音信号定义的频率范围最高值小于 8 kHz

     C. 数字话音传输线路的带宽只有 8 kHz

     D. 一般声卡的采样处理能力只能达到每秒 8 千次

试题（7）分析

声音信号的两个基本参数是幅度和频率。幅度是指声波的振幅，通常用动态范围表示，一般以分贝（dB）为单位来计量。频率是指声波每秒钟变化的次数，用 Hz 表示。对声音信号的分析表明，声音信号由许多频率不同的信号组成。人类的语音信号的频率范围在 300～3 400 Hz，留有一定余地，设话音信号最高频率为 4 kHz，则根据奈奎斯特采样定理，将话音信号数字化所需要的采样频率为 8 kHz。

参考答案

（7）A

试题（8）

GIF 文件类型支持 __(8)__ 图像存储格式。

（8）A. 真彩色   B. 伪彩色   C. 直接色   D. 矢量

试题（8）分析

真彩色是指在组成一幅彩色图像的每个像素值中有 R、G、B 三个基色分量，每个基色分量直接决定显示设备的基色强度，这样产生的彩色称为真彩色。例如用 RGB 5:5:5 表示的彩色图像，R、G、B 各用 5 位，用 R、G、B 分量大小的值直接确定三个基色的强度，这样得到的彩色是真实的原图彩色。

在许多场合，真彩色图通常是指 RGB 8:8:8，即图像的颜色数等于 2^{24}，也常称为全彩色图像。但在显示器上显示的颜色不一定是真彩色，要得到真彩色图像需要有真彩色显示适配器。

伪彩色图像的含义是每个像素的颜色不是由每个基色分量的数值直接决定，而是把像素值当作彩色查找表（color look-up table，CLUT）的表项入口地址，去查找一个显示图像时使用的 R、G、B 强度值，用查找出的 R、G、B 强度值产生的彩色称为伪彩色。

彩色查找表 CLUT 是一个事先做好的表，表项入口地址也称为索引号。例如，16 种颜色的查找表，0 号索引对应黑色……15 号索引对应白色。彩色图像本身的像素数值和彩色查找表的索引号有一个变换关系。使用查找得到的数值显示的彩色是真的，但不是图像本身真正的颜色，它没有完全反映原图的彩色。

直接色是指将每个像素值分成 R、G、B 分量，每个分量作为单独的索引值对它做变换。也就是通过相应的彩色变换表找出基色强度，用变换后得到的 R、G、B 强度值产生的彩色称为直接色。它的特点是对每个基色进行变换。用这种系统产生颜色与真彩色系统相比，相同之处是都采用 R、G、B 分量决定基色强度，不同之处是前者的基色强度直接用 R、G、B 决定，而后者的基色强度由 R、G、B 经变换后决定。因而这两种系统产生的颜色就有差别。试验结果表明，使用直接色在显示器上显示的彩色图像看起来真实、很自然。与伪彩色系统相比，相同之处是都采用查找表，不同之处是前者对 R、G、B 分量分别进行变换，后者是把整个像素当作查找表的索引值进行彩色变换。

矢量图是根据几何特性来绘制图形，矢量可以是一个点或一条线，矢量图只能靠软件生成，文件占用内在空间较小。

GIF 是 CompuServe 公司开发的图像文件格式，它以数据块为单位来存储图像的相关信息。GIF 支持伪彩色图像存书格式。

参考答案

（8）B

试题（9）

设机器字长为 8，则–0 的___（9）___表示为 11111111。

（9）A. 反码　　　B. 补码　　　　C. 原码　　　　D. 移码

试题（9）分析

本题考查计算机系统中数据表示基础知识。

数值 X 的原码记为 $[X]_原$，如果机器字长为 n（即采用 n 个二进制位表示数据），则最高位是符号位，0 表示正号，1 表示负号，其余的 $n-1$ 位表示数值的绝对值。n=8 时，数 $[+0]_原$=00000000，$[-0]_原$=10000000。

正数的反码与原码相同，负数的反码则是其绝对值按位求反。n=8 时，$[+0]_反$=00000000，$[-0]_反$=11111111。

正数的补码与其原码和反码相同，负数的补码则等于其反码的末尾加 1。在补码表示中，0 有唯一的编码：$[+0]_补$=00000000，$[-0]_补$=00000000。

参考答案

（9）A

试题（10）、（11）

在网络操作系统环境中，当用户 A 的文件或文件夹被共享时，___（10）___，这是因为访问用户 A 的计算机或网络的人___（11）___。

（10）A. 其安全性与未共享时相比将会有所提高

　　　　B. 其安全性与未共享时相比将会有所下降

  C. 其可靠性与未共享时相比将会有所提高

  D. 其方便性与未共享时相比将会有所下降

（11）A. 只能够读取，而不能修改共享文件夹中的文件

  B. 可能能够读取，但不能复制或更改共享文件夹中的文件

  C. 可能能够读取、复制或更改共享文件夹中的文件

  D. 不能够读取、复制或更改共享文件夹中的文件

试题（10）、（11）分析

本题考查操作系统基础知识。

在操作系统中，用户 A 可以共享存储在计算机、网络和 Web 上的文件和文件夹，但当用户 A 共享文件或文件夹时，其安全性与未共享时相比将会有所下降，这是因为访问用户 A 的计算机或网络的人可能能够读取、复制或更改共享文件夹中的文件。

参考答案

（10）B　（11）C

试题（12）

下列操作系统中，　(12)　的主要特性是支持网络系统的功能，并具有透明性。

（12）A. 批处理操作系统　　　　B. 分时操作系统

  C. 分布式操作系统　　　　D. 实时操作系统

试题（12）分析

本题考查操作系统基础知识。

批处理操作系统是脱机处理系统，即在作业运行期间无须人工干预，由操作系统根据作业说明书控制作业运行。

分时操作系统是将 CPU 的时间划分成时间片，轮流地为各个用户服务。其设计目标是多用户的通用操作系统，交互能力强。

实时操作系统的设计目标是专用系统，其主要特征是实时性强及可靠性高。

分布式操作系统是网络操作系统的更高级形式，它保持网络系统所拥有的全部功能，同时又有透明性、可靠性和高性能等特性。

参考答案

（12）C

试题（13）、（14）

一个应用软件的各个功能模块可采用不同的编程语言来分别编写，分别编译并产生　(13)　，再经过　(14)　后形成在计算机上运行的可执行程序。

（13）A. 源程序　　B. 目标程序　　C. 汇编程序　　D. 子程序

（14）A. 汇编　　B. 反编译　　C. 预处理　　D. 链接

试题（13）、（14）分析

本题考查程序语言基础知识。

有些软件采用"编写—编译—链接—运行"的过程来创建。将源程序编译后产生目标程序，让后再进行链接产生可执行程序。

参考答案

（13）B （14）D

试题（15）~（17）

设有一个关系 emp-sales(部门号，部门名，商品编号，销售数)，查询各部门至少销售了 5 种商品或者部门总销售数大于 2000 的部门号、部门名及平均销售数的 SQL 语句如下：

```
SELECT 部门号, 部门名, AVG(销售数) AS 平均销售数
    FROM emp-sales
    GROUP BY   (15)
    HAVING   (16)   OR   (17)  ;
```

（15）A. 部门号　　　　B. 部门名　　　　C. 商品编号　　　D. 销售数

（16）A. COUNT(商品编号)>5　　　　　　B. COUNT(商品编号)>=5

　　　C. COUNT(DISTINCT 部门号)>=5 D. COUNT(DISTINCT 部门号)>5

（17）A. SUM(销售数)>2000　　　　　　B. SUM(销售数)>=2000

　　　C. SUM('销售数')>2000　　　　　D. SUM('销售数')>=2000

试题（15）~（17）分析

本题考查关系数据库基础知识。

GROUP BY 子句可以将查询结果表的各行按一列或多列取值相等的原则进行分组，对查询结果分组的目的是为了细化集函数的作用对象。如果分组后还要按一定的条件对这些组进行筛选，最终只输出满足指定条件的组，可以使用 HAVING 短语指定筛选条件。

由题意可知，在这里只能根据部门号进行分组，并且要满足条件"此部门号的部门至少销售了 5 种商品或者部门总销售数大于 2000"。完整的 SQL 语句如下：

```
SELECT 部门号,部门名,AVG(销售数) AS 平均销售数
    FROM emp-sales
    GROUP BY 部门号
    HAVING  COUNT(商品编号)>=5 OR SUM(销售数)>2000;
```

参考答案

（15）A （16）B （17）A

试题（18）

使用图像扫描仪以 300DPI 的分辨率扫描一幅 3×3 英寸的图片，可以得到 (18) 像素的数字图像。

（18）A. 100×100　　　　B. 300×300　　　C. 600×600　　　D. 900×900

试题（18）分析

DPI（Dots Per Inch，每英寸点数）通常用来描述数字图像输入设备（如图像扫描仪）或点阵图像输出设备（点阵打印机）输入或输出点阵图像的分辨率。一幅 3×3 英寸的彩色照片在 300DPI 的分辨率下扫描得到的数字图像像素数为（300×3）×（300×3）= 900×900。

参考答案

（18）D

试题（19）

最大传输速率能达到 100Mb/s 的双绞线是___(19)___。

（19）A．CAT3　　　　B．CAT4　　　　C．CAT5　　　　D．CAT6

试题（19）分析

双绞线分为屏蔽双绞线和无屏蔽双绞线。常用的无屏蔽双绞线电缆（UTP）由不同颜色的（橙/绿/蓝/棕）4 对双绞线组成。屏蔽双绞线（STP）电缆的外层包裹着一层铝箔，价格相对高一些，并且需要支持屏蔽功能的特殊连接器和适当的安装技术，但是传输速率比对应的无屏蔽双绞线高。国际电气工业协会（EIA）定义了双绞线电缆各种不同的型号，计算机综合布线使用的双绞线种类如下表所示。

	类型	带宽
屏蔽双绞线	3 类	16Mb/s
	5 类	100Mb/s
无屏蔽双绞线	3 类	16Mb/s
	4 类	20Mb/s
	5 类	100Mb/s
	超 5 类	155Mb/s
	6 类	200Mb/s

参考答案

（19）C

试题（20）

应用于光纤的多路复用技术是___(20)___。

（20）A．FDM　　　　B．TDM　　　　C．WDM　　　　D．SDMA

试题（20）分析

多路复用技术是把多个低速信道组合成一个高速信道的技术。这种技术要用到多路复用器（Multiplexer）和多路分配器（Demultiplexer）。多路复用器在发送端根据某种约定的规则把多个低带宽的信号复合成一个高带宽的信号；多路分配器在接收端根据同一规则把高带宽信号分解成多个低带宽信号。多路复用器和多路分配器统称多路器，简写为 MUX，如下图所示。

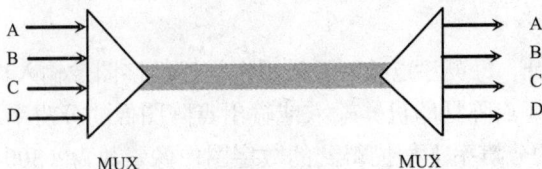

只要带宽允许，在已有的高速线路上采用多路复用技术，可以省去安装新线路的大笔费用，因而现在的公共交换电话网（PSTN）都使用这种技术，有效地利用了高速干线的通信能力。

也可以相反地使用多路复用技术，即把一个高带宽的信号分解到几个低速线路上同时传输，然后在接收端再合成为原来的高带宽信号。例如两个主机可以通过若干条低速线路连接，以满足主机间高速通信的要求。

常用的多路复用技术有以下几种：

① 频分多路（Frequency Division Multiplexing）：使用多个频率不同的模拟载波信号进行多路传输，每个载波信号形成了一个子信道。

② 时分多路（Time Division Multiplexing）：各个子通道分时使用信道带宽的传输方式。又可分为同步时分多路和统计时分多路两种传输方式。在同步时分多路方式下，子信道占用的时槽是固定的，当子信道没有信息传送时，时槽就浪费了。在统计时分多路方式下，时槽不固定分配，通信量大的子信道占用的时槽多，通信量小的子信道占用的时槽少，时槽的动态分配提高了带宽利用率。

③ 波分多路（Wave Division Multiplexing）：在光纤通信中，由不同的波长的光波承载各个子信道，多路复用信道同时传送所有的波长，并在信道两端用光多路器分离不同的波长。

④ 码分多址技术（Code Division Multiple Access，CDMA）是一种扩频多址数字通信技术，通过独特的代码序列建立信道。在 CDMA 系统中，对不同的用户分配不同的码片序列，使得彼此不会造成干扰。用户得到的码片序列由+1 和–1 组成，每个序列与本身进行点积得到+1，与补码点进行积得到–1，一个码片序列与不同的码片序列进行点积将得到 0（正交性）。

参考答案

（20）C

试题（21）、（22）

下面的网络中，属于电路交换网络的是 __(21)__ ，属于分组交换网络的是 __(22)__ 。

（21）A. VPN   B. PSTN   C. FRN   D. PPP

（22）A. VPN   B. PSTN   C. FRN   D. PPP

试题（21）、（22）分析

公共交换电话网（Public Switched Telephone Network）是一种常用的旧式电话系统，

采用电路交换技术传送话音信号。帧中继网（Frame Relay Network）是 X.25 分组交换技术的进一步发展，是在数据链路层上简化了差错和流量控制机制，因而具有高吞吐量、低时延、高可靠性、适合突发性数据业务的新型分组交换网络。VPN 是虚拟专用网，PPP 是点对点网络，这二者都不涉及数据交换技术。

参考答案

（21）B　　（22）C

试题（23）

下面关于网络层次与主要设备对应关系的叙述中，配对正确的是___(23)___。

（23）A. 网络层——集线器　　　　　　B. 数据链路层——网桥

　　　　C. 传输层——路由器　　　　　　D. 会话层——防火墙

试题（23）分析

网络层的联网设备是路由器，数据链路层的联网设备是网桥和交换机，传输层和会话层主要是软件功能，都不需要专用的联网设备。

参考答案

（23）B

试题（24）、（25）

下面网络协议的报文，通过 TCP 传输的是___(24)___，通过 UDP 传输的是___(25)___。

（24）A. SNMP　　　　B. BGP　　　　C. RIP　　　　D. ARP

（25）A. SNMP　　　　B. BGP　　　　C. RIP　　　　D. ARP

试题（24）、（25）分析

简单网络管理协议 SNMP 是应用层协议，下面封装在 UDP 数据报中传输。边界网关协议 BGP 按功能应属于网络层的路由协议，但是 BGP 报文要通过 TCP 连接传送。

参考答案

（24）B　　（25）A

试题（26）

RIP 协议通过路由器之间的___(26)___计算通信代价。

（26）A. 链路数据速率　　　　　　　　B. 物理距离

　　　　C. 跳步计数　　　　　　　　　　D. 分组队列长度

试题（26）分析

RIP 以跳步计数（hop count）来度量路由费用，显然这不是最好的度量标准。例如，若有两条到达同一目标的连接，一条是经过两跳的 10M 以太网连接，另一条是经过一跳的 64K WAN 连接，则 RIP 会选取 WAN 连接作为最佳路由。在 RIP 协议中，15 跳是最大跳数，16 跳是不可到达的网络，经过 16 跳的任何分组都将被路由器丢弃。

后来的路由协议 OSPF 和 EIGRP 则主要使用带宽和线路延迟的累积值来度量通路费用。

参考答案

（26）C

试题（27）、（28）

假设用户 U 有 2000 台主机，则必须给他分配　(27)　个 C 类网络，如果分配给用户 U 的网络号为 220.117.113.0，则指定给用户 U 的地址掩码为　(28)　。

（27）A．4　　　　　B．8　　　　　C．10　　　　　D.16

（28）A．255.255.255.0　　　　　　B．255.255.250.0

　　　C．255.255.248.0　　　　　　D．255.255.240.0

试题（27）、（28）分析

户 U 有 2000 台主机，则必须给他分配 8 个 C 类网络（254×8=2032）。8 个 C 类网络对应的地址掩码为 255.255.248.0，即 1111 1111. 1111 1111. 1111 1000. 0000 0000。

参考答案

（27）B　　（28）C

试题（29）

通过 CIDR 技术，把 4 个主机地址 110.18.168.5、110.18.169.10、110.18.172.15 和 110.18.173.254 组织成一个地址块，则这个超级地址块的地址是　(29)　。

（29）A．110.18.170.0/21　　　　　B．110.18.168.0/21

　　　C．110.18.169.0/20　　　　　D．110.18.175.0/20

试题（29）分析

地址 110.18.168.5 的二进制形式为：**0110 1110. 0001 0010. 1010 1000. 0000 0101**

地址 110.18.169.10 的二进制形式为：**0110 1110. 0001 0010. 1010 1001. 0000 1010**

地址 110.18.172.15 的二进制形式为：**0110 1110. 0001 0010. 1010 1100. 0000 1111**

地址 110.18.173.254 的二进制形式为：**0110 1110. 0001 0010. 1010 1101. 1111 1110**

所以相同的地址部分是：　　　　　　**0110 1110. 0001 0010. 1010 1000. 0000 0000**

即 110.18.168.0/21。

参考答案

（29）B

试题（30）

如果在查找路由表时发现有多个选项匹配，那么应该根据　(30)　原则进行选择。

（30）A．包含匹配　　B．最长匹配　　C．最短匹配　　D．恰当匹配

试题（30）分析

如果在查找路由表时发现有多个选项匹配，那么应该按照最长匹配原则进行选择。

参考答案

（30）B

试题（31）

下面的地址类型中，不属于 IPv6 的是　__(31)__。

(31) A. 单播　　　　　B. 组播　　　　　C. 任意播　　　　　D. 广播

试题（31）分析

IPv6 地址类型有单播、组播和任意播，取消了广播。

参考答案

(31) D

试题（32）

因特网中的域名系统（Domain Name System）是一个分层的域名树，在根域下面是顶级域。下面的顶级域中属于国家顶级域的是__(32)__。

(32) A. COM　　　　　B. EDU　　　　　C. NET　　　　　D. UK

试题（32）分析

根域下面是顶级域（Top-Level Domains，TLD），分为国家顶级域（country code Top Level Domain，ccTLD）和通用顶级域（generic Top Level Domain，gTLD）。国家顶级域名包含 243 个国家和地区代码，例如 cn 代表中国，uk 代表英国等。最初的通用顶级域主要供美国使用，随着 Internet 的发展，com、org 和 net 成为全世界通用的顶级域名，就是所谓的"国际域名"，而 edu、gov 和 mil 则限于美国使用。

参考答案

(32) D

试题（33）、（34）

动态主机配置协议（DHCP）的作用是__(33)__；DHCP 客户机如果收不到服务器分配的 IP 地址，则__(34)__。

(33) A. 为客户机分配一个永久的 IP 地址

　　　 B. 为客户机分配一个暂时的 IP 地址

　　　 C. 检测客户机地址是否冲突

　　　 D. 建立 IP 地址与 MAC 地址的对应关系

(34) A. 分配一个 192.168.0.0 网段的地址

　　　 B. 继续寻找可以提供服务的 DHCP 服务器

　　　 C. 获得一个自动专用 IP 地址 APIPA

　　　 D. 获得一个私网地址

试题（33）、（34）分析

动态主机配置协议（DHCP）的作用是为客户机分配一个暂时的 IP 地址，DHCP 客户机如果收不到服务器分配的 IP 地址，则在自动专用 IP 地址 APIPA（169.254.0.0/16）中随机选取一个（不冲突的）地址。

参考答案

（33）B　　（34）C

试题（35）

由 Wi-Fi 联盟制定的无线局域网（WLAN）最新安全认证标准是 ___（35）___ 。

（35）A. WEP　　　　　B. WPA PSK　　　C. WPA2 PSK　　　D. 802.1x

试题（35）分析

由 Wi-Fi 联盟制定的无线局域网（WLAN）最新安全认证标准是 WPA2 PSK。

参考答案

（35）C

试题（36）、（37）

在以太网标准规范中，以太网地址长度是 ___（36）___ 字节；数据速率达到千兆的标准是 ___（37）___ 。

（36）A. 2　　　　　　B. 4　　　　　　　C. 6　　　　　　D. 8

（37）A. 802.3a　　　B. 802.3i　　　　C. 802.3u　　　D. 802.3z

试题（35）、（37）分析

以太网地址长度是 6 字节，千兆的标准是 802.3z 和 IEEE 802.3ab，如下表所示。

标　准	名　　称	电　缆	最大段长	特　点
IEEE 802.3z	1000Base-SX	光纤（短波 770～860nm）	550m	多模光纤（50，62.5μm）
	1000Base-LX	光纤（长波 1270～1355nm）	5000m	单模（10μm）或多模光纤（50，62.5μm）
	1000Base-CX	2 对 STP	25m	屏蔽双绞线，同一房间内的设备之间
IEEE 802.3ab	1000Base-T	4 对 UTP	100m	5 类无屏蔽双绞线，8B/10B 编码

参考答案

（36）C　　（37）D

试题（38）

生成树协议（STP）的作用是 ___（38）___ 。

（38）A. 通过阻塞冗余端口消除网络中的回路

　　　B. 把网络分割成多个虚拟局域网

　　　C. 通过学习机制建立交换机的 MAC 地址表

　　　D. 通过路由器隔离网络中的广播风暴

试题（38）分析

生成树协议（STP）的作用是通过阻塞冗余端口消除网络中的回路。进行环路分解的算法叫生成树算法，网桥之间通过交换网桥协议数据单元，选择 ID（包括优先级和

MAC 地址）最小的网桥作为生成树的根。然后各个网络产生自己的指定网桥，用代价最小的通路连接到根桥上，形成一个生成树。

参考答案

（38）A

试题（39）

静态 VLAN 的配置方式是＿＿(39)＿＿。

（39）A．基于 MAC 地址配置的　　　　B．由网络管理员手工分配的

　　　　C．根据 IP 地址配置的　　　　　D．随机配置的

试题（39）分析

静态 VLAN 是由网络管理员手工分配交换机端口给某个 VLAN。根据 MAC 地址或 IP 地址分配的 VLAN 都是动态的。

参考答案

（39）B

试题（40）

关于虚拟局域网，下面的描述中错误的是＿＿(40)＿＿。

（40）A．每个 VLAN 都类似于一个物理网段

　　　　B．一个 VLAN 只能在一个交换机上实现

　　　　C．每个 VLAN 都形成一个广播域

　　　　D．各个 VLAN 通过主干段交换信息

试题（40）分析

虚拟局域网（Virtual Local Area Network，VLAN）是根据管理功能、组织机构或应用类型对交换局域网进行分段而形成的逻辑网络。虚拟局域网与物理局域网具有同样的属性，然而其中的工作站可以不属于同一物理网段。任何交换端口都可以分配给某个 VLAN，属于同一个 VLAN 的所有端口构成一个广播域。每一个 VLAN 是一个逻辑网络，发往本地 VLAN 之外的分组必须通过路由器组成的主干网段进行转发。

参考答案

（40）B

试题（41）

HTML 页面的"<title>主页</title>"代码应写在＿＿(41)＿＿标记内。

（41）A．<body></body>　　　　　　B．<head></head>

　　　　C．<font></font>　　　　　　　D．<frame></frame>

试题（41）分析

本题考查 HTML 语言方面的基础知识。

一个完整的 HTML 代码，拥有<html></html>、<title></title>、<head></head>、<font></font>和<frame></frame>等众多标签，这些标签中，不带斜杠的是起始标签，带

斜杠的是结束标签，这些标签的作用分别是：

<html></html>标签中放置的是一个 HTML 文件的所有代码；

<body></body>标签中放置的是一个 HTML 文件的主体代码，网页的实际内容的代码，均放置于该标签内；

<title></title>标签中放置的是一个网页的标题；

<font></font>标签用于设置网页中文字的字体；

<frame></frame>标签中放置的是网页中的框架内容；

<head></head>标签中放置的是网页的头部，包括网页中所需要的标题等内容。

这些标签的相互包含关系如下：

```
<html>
<head>
<title>
</title>
</head>
<body>
<font></font>
<frame></frame>
</body>
</html>
```

参考答案

（41）B

试题（42）

在 HTML 中输出表格时，表头内容应写在___（42）___标记内。

（42）A．<tr></tr>   B．<td></td>

      C．
</br>   D．<th></th>

试题（42）分析

本题考查 HTML 语言方面的基础知识。

在 HTML 语言中，<tr></tr>标签对用于在网页中设置表格中的行，<td></td>标签对用于在网页中设置表格中的列，
</br>标签对用于在网页中设置一个换行，<th></th>标签对用于设置网页中表格中的表头，在这个标签对中的文字，将加粗显示。

参考答案

（42）D

试题（43）

有以下 HTML 代码，在浏览器中显示的正确结果是___（43）___。

```
<table border="1">
```

```
<tr>
  <th>Name</th>
  <th colspan="2">Tel</th>
</tr>
<tr>
  <td>Laura Welling</td>
  <td>555 77 854</td>
  <td>555 77 855</td>
</tr>
</table>
```

（43）A.

Name	Tel	
Laura Welling	555 77 854	555 77 855

B.

Name	Tel	Tel
Laura Welling	555 77 854	555 77 855

C.

Name	Laura Welling
Tel	555 77 854
Tel	555 77 855

D.

Name	Laura Welling
Tel	555 77 854
	555 77 855

试题（43）分析

本题考查 HTML 语言方面的基础知识。

本题的考点是<th colspan="2">Tel</th>标签对中的"colspan"属性，该属性表示，当前单元格将跨 2 列显示。根据该知识点，可知该题目的答案为 A。

参考答案

（43）A

试题（44）

HTML 语言中，单选按钮的 type 属性是　（44）　。

（44）A. radio　　　　　B. submit　　　　　C. checkbox　　　　D. single

试题（44）分析

本题考查 HTML 语言方面的基础知识。

单选按钮顾名思义用于单选的场合，例如，性别，职业的选择等，语法如下：

```
<input type="radio" name="gender" value="男" checked />
```

1. type="radio"

type 属性设置为 radio，表示产生单一选择的按钮，让用户单击选择；

2. name="gender"

radio 组件的名称，name 属性值相同的 radio 组件会视为同一组 radio 组件，而同一组内只能有一个 radio 组件被选择；

3. value="男"

radio 组件的值，当表单被提交时，已选择的 radio 组件的 value 值，就会被发送进行下一步处理，radio 组件的 value 属性设置的值无法从外观上看出，所以必须在 radio

组件旁边添加文字，此处的文字只是让用户了解此组件的意思。

4. checked

设置 radio 组件为已选择，同一组 radio 组件的 name 性情值必须要相同。

参考答案

（44）A

试题（45）

传输经过 SSL 加密的网页所采用的协议是___（45）___。

（45）A．http   B．https   C．s-http   D．http-s

试题（45）分析

本题考查 HTTPS 方面的基础知识。

HTTPS（Hyper Text Transfer Protocol over Secure Socket Layer），是以安全为目标的 HTTP 通道，即使用 SSL 加密算法的 HTTP。

参考答案

（45）B

试题（46）

以下关于服务器端脚本的说法中，正确的是___（46）___。

（46）A．只能采用 Java Script 编写

B．只能采用 VBScript 编写

C．IE 浏览器不能解释执行

D．由服务器发送到客户端，客户端负责运行

试题（46）分析

本题考查服务器端脚本的基础知识。

服务器端脚本采用脚本语言编写，由服务器端处理，然后以 HTML 格式发送结果到客户端。

参考答案

（46）C

试题（47）、（48）

默认情况下，FTP 服务器的控制端口为___（47）___，上传文件时的端口为___（48）___。

（47）A．大于 1024 的端口   B．20

C．80   D．21

（48）A．大于 1024 的端口   B．20

C．80   D．21

试题（47）、（48）分析

本题考查 FTP 协议的基础知识。

默认情况下，FTP 服务器的控制端口为 21，数据端口为 20。

参考答案

　　(47) D　　(48) B

试题 (49)

　　运行 ___(49)___ 命令后, 显示本地活动网络连接的状态信息。

　　(49) A. tracert　　　　　B. netstat　　　　　　C. route print　　　　D. arp

试题 (49) 分析

　　本题考查网络命令的基础知识。

　　Tracert 为所经过路由跟踪命令, netstat 为本地活动网络连接的状态信息显示命令, route print 为主机路由显示命令, arp 为地址解析协议相关命令。

参考答案

　　(49) B

试题 (50)

　　Email 应用中需采用 ___(50)___ 协议来支持多种格式的邮件传输。

　　(50) A. MIME　　　B. SMTP　　　　C. POP3　　　D. Telnet

试题 (50) 分析

　　本题考查邮件协议的基础知识。

　　Email 采用 SMTP 发送邮件, POP3 接收邮件, 都只能处理 ASCII 表示的信息, 如需支持多种格式的邮件传输, 采用 MIME 协议。

参考答案

　　(50) A

试题 (51)、(52)

　　数字签名通常采用 ___(51)___ 对消息摘要进行加密, 接收方采用 ___(52)___ 来验证签名。

　　(51) A. 发送方的私钥　　　　　　　B. 发送方的公钥
　　　　　C. 接收方的私钥　　　　　　　D. 接收方的公钥
　　(52) A. 发送方的私钥　　　　　　　B. 发送方的公钥
　　　　　C. 接收方的私钥　　　　　　　D. 接收方的公钥

试题 (51)、(52) 分析

　　本题考查网络安全基础知识。

　　数字签名通常需要对消息进行 Hash 运算, 提取摘要, 然后对摘要采用发送方的私钥进行加密, 接收方采用发送方的公钥来验证签名的真伪。

参考答案

　　(51) A　　(52) B

试题 (53)

　　下列隧道协议中, 工作在网络层的是 ___(53)___ 。

　　(53) A. L2TP　　　B. SSL　　　　C. PPTP　　　　D. IPSec

试题（53）分析

本题考查网络安全中隧道技术基础知识。

L2TP 和 PPTP 工作在数据链路层，IPSec 工作在网络层，SSL 工作在传输层。

参考答案

（53）D

试题（54）

下列病毒中，属于脚本病毒的是 __（54）__ 。

（54）A．Trojan.QQ3344　　　　　　　　B．Sasser

　　　C．VBS.Happytime　　　　　　　　D．Macro.Melissa

试题（54）分析

本题考查网络安全中病毒技术基础知识。

Trojan.QQ3344 属于木马，VBS.Happytime 是脚本病毒。

参考答案

（54）C

试题（55）

为了攻击远程主机，通常利用 __（55）__ 技术检测远程主机状态。

（55）A．病毒查杀　　B．端口扫描　　　C．QQ 聊天　　　D．身份认证

试题（55）分析

本题考查网络安全中漏洞扫描基础知识。

通常利用通过端口漏洞扫描米检测远程主机状态，获取权限从而攻击远程主机。

参考答案

（55）B

试题（56）

下面算法中，属于非对称密钥加密算法的是 __（56）__ 。

（56）A．DES　　　　B．SHA-1　　　C．MD5　　　　　D．RSA

试题（56）分析

本题考查网络安全中加密算法。

DES 是对称密钥加密算法，SHA-1 和 MD5 是摘要算法，RSA 是非对称密钥加密算法。

参考答案

（56）D

试题（57）

SNMP 属于 OSI/RM 的 __（57）__ 协议。

（57）A．管理层　　　B．应用层　　　C．传输层　　　D．网络层

试题（57）分析

SNMP 属于 OSI/RM 的应用层协议。

参考答案

（57）B

试题（58）

SNMP 管理模型由 4 部分组成，它们是管理站、＿＿（58）＿＿、网络管理协议和管理信息库。

（58）A．管理控制台　　　B．管理代理　　　C．管理标准　　　D．网络管理员

试题（58）分析

SNMP 管理模型的 4 个组成部分是管理站、管理代理、网络管理协议和管理信息库。

参考答案

（58）B

试题（59）

下面的管理功能中，属于配置管理的是＿＿（59）＿＿。

（59）A．收集网络运行的状态信息

　　　B．收集错误检测报告并作出响应

　　　C．计算用户应支付的网络服务费用

　　　D．分析网络系统的安全风险

试题（59）分析

收集网络运行的状态信息属于配置管理，收集错误检测报告并作出响应属于故障管理，计算用户应支付的网络服务费用属于计费管理，分析网络系统的安全风险属于安全管理。

参考答案

（59）A

试题（60）

在 Windows XP 系统中，"网上邻居"文件夹显示指向共享计算机、打印机和网络上其他资源的快捷方式。Win7 系统的图形界面如下图所示，"网上邻居"图标不见了，代替"网上邻居"的是＿＿（60）＿＿。

（60）A．收藏夹　　　B．网络　　　C．文档　　　D．下载

试题（60）分析

WIN7 系统中代替原来的"网上邻居"的是网络图标。

参考答案

（60）B

试题（61）

使用 ping 命令可以进行网络检测，在进行一系列检测时，按照由近及远原则，首先

执行的是____(61)____。

（61）A．ping 默认网关　　　　　　　　　B．ping 本地 IP

　　　C．ping 127.0.0.1　　　　　　　　　D．ping 远程主机

试题（61）分析

使用 ping 命令进行网络检测，按照由近及远原则，首先执行的是 ping 127.0.0.1，其次是 ping 本地 IP，再次是 ping 默认网关，最后是 ping 远程主机。

参考答案

（61）C

试题（62）

以下 Linux 命令中，cd..\..的作用是____(62)____。

（62）A．进入目录\　　　　　　　　　　　B．返回目录\

　　　C．返回一级目录　　　　　　　　　　D．返回两级目录

试题（62）分析

本题考查 Linux 命令方面的基础知识。

在 Linux 中，在 cd 后面添加目录名，用于进入某一目录，cd..用于推出当前目录，cd..\..用于直接返回两级目录。

参考答案

（62）D

试题（63）

在 Linux 操作系统中，目录"etc/dev"主要用于存放____(63)____。

（63）A．设备文件　　　　　　　　　　　B．配置文件

　　　C．命令文件　　　　　　　　　　　D．进程和系统信息

试题（63）分析

本题考查 Linux 操作系统基础知识。

在 Linux 系统中，常见的目录有/boot、/etc、/lib、/root 等目录。

/boot 目录主要存放启动 Linux 系统所必需的文件，包括内核文件、启动菜单配置文件等；/etc 目录主要存放系统配置文件，其中/dev 用于存放设备信息文件；/lib 目录主要存放的是一些库文件；/root 目录是用于存放根用户的数据、文件等。

参考答案

（63）A

试题（64）

在 Windows 操作系统中，ipconfig /all 命令的作用是__（64）__。

（64）A. 配置本地主机网络配置信息

　　　　B. 查看本地主机网络配置信息

　　　　C. 配置远程主机网络配置信息

　　　　D. 查看远程主机网络配置信息

试题（64）分析

本题考查 Windows 操作命令知识。

在 Windows 中，ipconfig 命令默认用于显示主机 IP 地址、子网掩码、默认网关等信息的命令。在其后可以使用相应参数，如/all 用于显示完整的网络配置信息、/renew 用于重新向 DHCP 服务器申请 IP 配置信息，/release 用于释放当前的 IP 地址配置信息。

参考答案

（64）B

试题（65）

家庭网络中，下面 IP 地址__（65）__能被 DHCP 服务器分配给终端设备。

（65）A. 169.254.30.21　　　　　　B. 172.15.2.1

　　　　C. 192.168.255.21　　　　　D. 11.15.248.128

试题（65）分析

本题考查 DHCP 服务器知识。

在 IPv4 协议中，可以在家庭中使用的地址为只有 A、B、C 三类地址中的私有地址，分别为 10.0.0.0、172.16.0.0～172.31.0.0 和 192.168.0.0,当客户端未检测到网络中的 DHCP 服务器时，TCP/IP 协议簇会自动分配给客户端一个 169.254.0.0 的 IP 地址。

参考答案

（65）C

试题（66）

在 HTML 中，用于输出 ">" 符号应使用__（66）__。

（66）A. gt   B. \gt   C. &gt   D. %gt

试题（66）分析

本题考查 HTML 标记及语法内容。

由于在 HTML 中，">" 符号用于使用标记，故遇到大于（>）符号时通常采用其通假符表示，">" 的通假符为&gt。

参考答案

（66）C

试题（67）

在 Windows 的命令行窗口中输入命令

```
C:\> nslookup
set type= MX
>202.30.192.2
```

这个命令序列的作用是查询___（67）___。

（67）A. 邮件服务器信息   B. IP 到域名的映射

   C. 区域授权服务器   D. 区域中可用的信息资源记录

试题（67）分析

本题考查网络命令及使用方法。

在 nslookup 交互方式下，type=MX 用以表示域内邮件服务器信息。type= ptr 时表示 IP 到域名的映射，type= SOA 时表示区域授权服务器。

参考答案

（67）A

试题（68）

下列服务中，传输层使用 UDP 的是___（68）___。

（68）A. HTTP 浏览页面   B. VoIP 网络电话

   C. SMTP 发送邮件   D. FTP 文件传输

试题（68）分析

本题考查应用所采用的传输层协议。

HTTP 浏览页面、SMTP 发送邮件以及 FTP 文件传输均不允许数据丢失，故需要传输层支持。VoIP 网络电话允许部分数据丢失，采用 UDP。

参考答案

（68）B

试题（69）

Windows 命令行输入___（69）___命令后得到下图所示的结果。

```
C:\Documents and Settings\USR>


Interface: 192.168.1.108 --- 0x10016

   Internet Address        Physical Address        Type

   192.168.1.1             f6-e1-10-f2-5a-01        dynamic
```

（69）A．arp -a　　　　　　　　　　　　B．ping 192.168.1.1

　　　　C．netstat -r　　　　　　　　　　　D．nslookup

试题（69）分析

本题考查网络命令。

Arp 用以显示增加删除 arp 记录，ping 用以测试连通性，netstat 用以查看网络状态，nslookup 查看提供解析的 DNS 服务器。命令显示的结果为 IP 地址与 MAC 地址的对应关系，故为 arp。

参考答案

（69）A

试题（70）

某 PC 的 Internet 协议属性参数如下图所示，默认网关的 IP 地址是___（70）___。

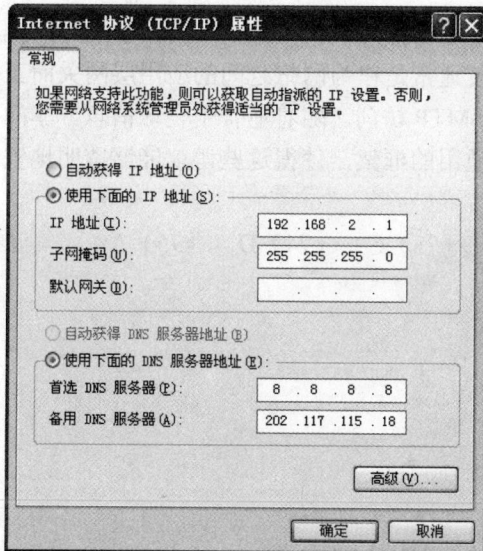

（70）A．8.8.8.8　　　　　　　　　　　　B．202.117.115.3

　　　　C．192.168.2.254　　　　　　　　　D．202.117.115.18

试题（70）分析

本题考查 Internet 协议属性参数的配置。

默认网关和本地 IP 地址应属同一网段。

参考答案

（70）C

试题（71）～（75）

The use of network___(71)___, systems that effectively isolate an organization's internal network structure from an___(72)___network, such as the INTERNET is becoming increasingly popular. These firewall systems typically act as application-layer___(73)___between networks, usually offering controlled TELNET, FTP, and SMTP access. With the emergence of more sophisticated___(74)___layer protocols designed to facilitate global information discovery, there exists a need to provide a general___(75)___for these protocols to transparently and securely traverse a firewall.

（71）A．safeguards   B．firewalls   C．routers   D．switches

（72）A．exterior   B．internal   C．centre   D．middle

（73）A．hosts   B．routers   C．gateways   D．offices

（74）A．network   B．session   C．transmission   D．application

（75）A．framework   B．internetwork   C．computer   D．Application

参考译文

防火墙的使用使得那些与外部网络（例如因特网）隔离的机构内部网络日益变得流行起来。这些防火墙系统通常是作为网络之间的应用层网关而工作的，一般都提供了受控的 TELNET、FTP 和 SMTP 访问。随着适合于全球信息分享的更复杂的应用层协议的出现，于是提出了一种通用的框架，使得这些协议能够透明地安全地通过防火墙。

参考答案

（71）B   （72）A   （73）C   （74）D   （75）A

第 18 章　2016 上半年网络管理员下午试题分析与解答

试题一（20 分）

阅读以下说明，回答问题 1 至问题 4，将解答填入答题纸对应的解答栏内。

【说明】

某网络拓扑结构如图 1-1 所示，路由器 R1 的路由信息如下所示：

```
C     202.118.1.0/24 is directly connected, FastEthernet0/0
R     202.118.2.0/24 [120/1] via 192.168.112.2, 00:00:09, Serial0
      192.168.112.0/30 is subnetted, 1 subnets
C     192.168.112.0 is directly connected, Serial0
```

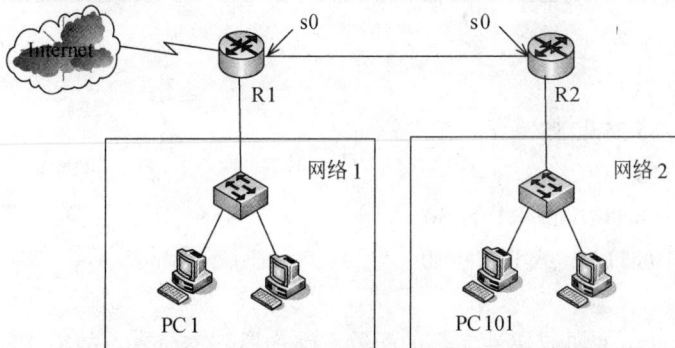

图 1-1

【问题 1】（每空 2 分，共 6 分）

路由器中查看路由的命令为 Router#　　(1)　　；

路由器 R1 接口 s0 的 IP 地址为　　(2)　　；

路由器 R2 接口 s0 的 IP 地址为　　(3)　　。

【问题 2】（每空 1.5 分，共 6 分）

为 PC1 配置 Internet 协议属性参数。

IP 地址：　　　　(4)　　；　　（给出一个有效地址即可）

子网掩码：　　　(5)　　；

为 PC101 配置 Internet 协议属性参数。

IP 地址：　　　　(6)　　；　　（给出一个有效地址即可）

子网掩码：　　　(7)　　；

【问题 3】（每空 2 分，共 4 分）

1. 若 PC1 能 ping 通 PC101，而 PC101 不能 ping 通 PC1，可能原因是___(8)___。
2. 若 PC1 不能 ping 通 PC101，但可以和 PC101 进行 QQ 聊天，可能原因是___(9)___。

（8）、（9）备选答案：

    A．PC101 上 TCP/IP 协议安装错误

    B．R2 没有声明网络 2

    C．R1 没有声明网络 1

    D．PC101 上设置了禁止 ICMP 攻击

【问题 4】（每空 1 分，共 4 分）

填充表 1-1，完成路由器 R2 上网络 2 的用户访问 Internet 的默认路由。

表 1-1

目的网络 IP 地址	子 网 掩 码	下一跳 IP 地址	接 口
（10）	（11）	（12）	（13）

（10）～（13）备选答案：

    A．0.0.0.0

    B．255.255.255.255

    C．202.118.1.0

    D．192.168.112.1 或 R1 的 S0

    E．192.168.112.2 或 R2 的 S0

试题一分析

本题考查 Internet 协议属性参数的配置、路由器基本命令、故障排除以及静态路由配置等相关知识。

此类题目要求考生掌握主机 Internet 协议属性参数的配置，掌握路由器基本配置命令，能够进行静态路由配置，属传统考题。

【问题 1】

路由器中查看路由的命令为 Router# show ip route；

由图 1-1 可知，路由器 R1 的路由信息中网络 202.118.2.0/24 是通过 RIP 路由协议产生，下一跳为 192.168.112.2，故路由器 R1 接口 s0 的 IP 地址为 192.168.112.1；路由器 R2 接口 s0 的 IP 地址为 192.168.112.2。

【问题 2】

由路由器路由记录可知，网络 202.118.1.0/24 与路由器 R1 直连，网络 202.118.2.0/24 不直接相连，通过 RIP 协议可达。结合拓扑结构可知，PC1 属于网络 202.118.1.0/24，PC101 属于网络 202.118.2.0/24。

因此，PC1IP 地址为 202.118.1.1～254，子网掩码 255.255.255.0，PC101 IP 地址为

202.118.2.1～254，子网掩码 255.255.255.0。

【问题 3】

1. 若 PC1 能 ping 通 PC101，而 PC101 不能 ping 通 PC1。首先若 PC101 上 TCP/IP 协议安装错误，PC1 是不能 ping 通 PC101 的，由此将 A 排除；其次 R1 的路由表上已显示 202.118.2.0/24，故 R2 声明了网络 2，由此将 B 排除；若 PC101 上设置了禁止 ICMP 攻击，PC1 是不能 ping 通 PC101 的，由此将 D 排除；若 R1 没有声明网络 1，网络 1 与 R1 直连，其能看到网络 1，R2 看不到网络 1，故 PC101 不能 ping 通 PC1，C 正确。

2. 若 PC1 不能 ping 通 PC101，但可以和 PC101 进行 QQ 聊天。PC101 上 TCP/IP 协议安装错误、R2 没有声明网络 2、以及 R1 没有声明网络 1 都不成立，只有 PC101 上设置了禁止 ICMP 攻击正确，答案是 D。

【问题 4】

默认路由是缺省路由，即路由器中已有路由均匹配不上时采用的路由。目的网络 IP 地址和子网掩码均为 0.0.0.0，路由器 R2 上网络 2 的用户访问 Internet 的默认路由，经 R2 接口 S0（192.168.112.2），下一跳为 R1 的接口 S0（192.168.112.1）。

参考答案

【问题 1】

（1）show ip route

（2）192.168.112.1

（3）192.168.112.2

【问题 2】

（4）202.118.1.1～254

（5）255.255.255.0

（6）202.118.2.1～254

（7）255.255.255.0

【问题 3】

（8）C

（9）D

【问题 4】

（10）A

（11）A

（12）D

（13）E

试题二（共 20 分）

阅读以下说明，回答问题 1 至问题 4，将解答填入答题纸对应的解答栏内。

【说明】

某公司采用 Windows Server 2003 配置 Web 服务器和 FTP 站点。

【问题 1】（每空 1 分，共 4 分）

添加服务组件如图 2-1 所示。

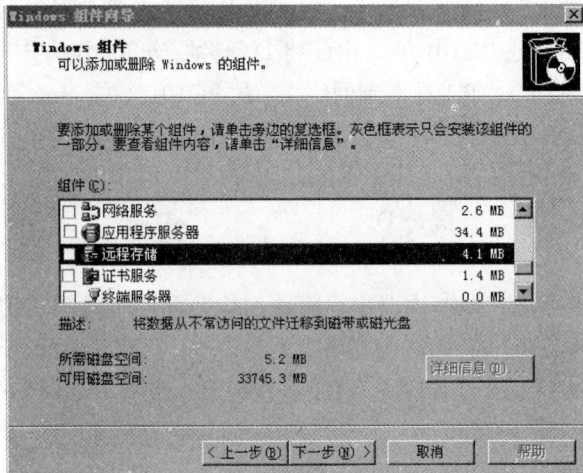

图 2-1

在 Windows Server 2003 操作系统中，要安装 WEB 和 FTP 服务器，首先在图 2-1 中勾选___(1)___，然后再安装___(2)___组件。

若图 2-1 勾选证书服务可以安装 CA 证书。CA 证书实现___(3)___和___(4)___功能。

【问题 2】（每空 1 分，共 6 分）

WEB 的配置如图 2-2 所示。

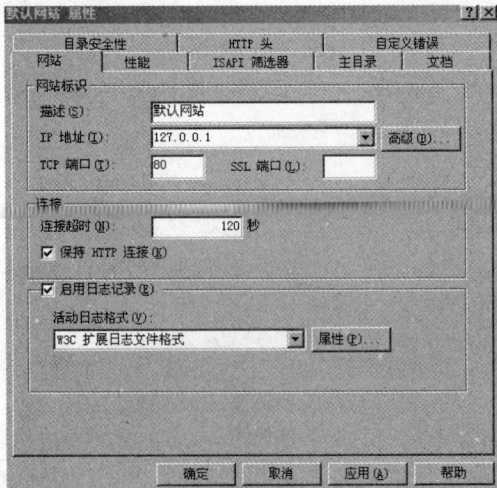

图 2-2

根据图 2-2 的配置信息，判断正误（正确的答"对"，错误的答"错"）。

　　A．在 IP 地址下拉框中只有本机网卡对应的地址。　(5)

　　B．IP 地址和服务器的网卡地址相互对应，在服务器有多块网卡时，才可以配置多个地址。　(6)

　　C．TCP 端口不能为空，若要更改端口号，需要通知客户端。　(7)

　　D．SSL 是安全套接层协议，默认端口是 110。　(8)

　　E．当该服务器 2 分钟内不能响应客户机的 Web 请求时，断开连接。　(9)

　　F．客户端可以使用 127.0.0.1 访问该服务器。　(10)

【问题 3】（每空 1 分，共 4 分）

　　FTP 的配置如图 2-3 所示。

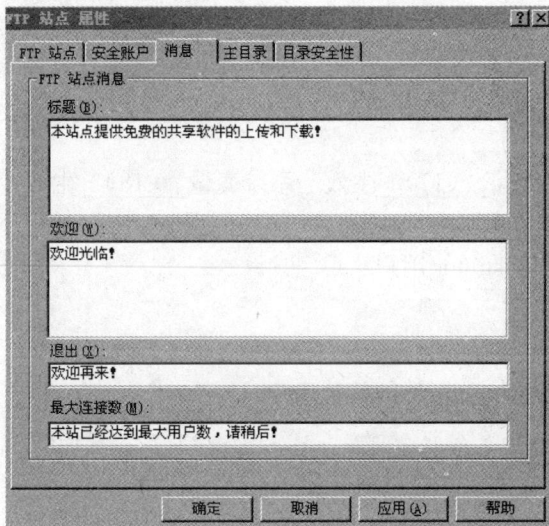

图 2-3

　　1．当客户机连接到 FTP 服务器时，客户端显示的消息为　(11)　。

　　2．常用的 FTP 访问方式有三种类型：　(12)　、　(13)　、　(14)　。

【问题 4】（每空 1.5 分，共 6 分）

　　Windows Server 2003 调整工作环境的对话框如图 2-4、图 2-5 所示。

　　1．图 2-4 "调整以优化性能" 选项中 "程序" 调整的是　(15)　，"后台服务" 调整的是　(16)　。

　　(15)、(16) 备选答案：

　　　A．用户启动的应用程序，如 Word

　　　B．用户启动的应用程序，如 DNS

　　　C．系统运行的各种服务，如 Web

　　　D．系统运行的各种服务，如 QQ

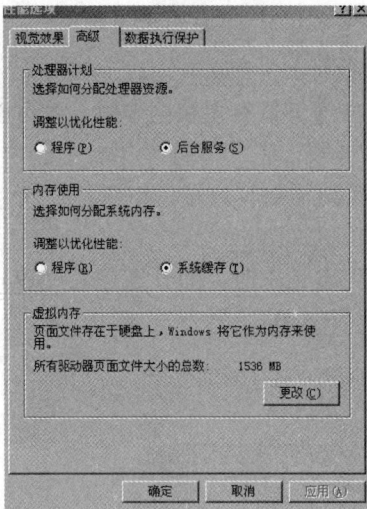
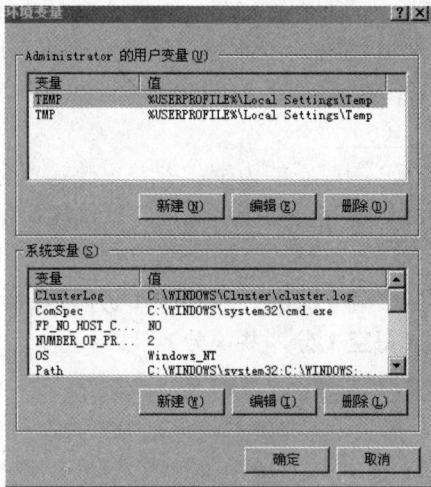

图 2-4　　　　　　　　　　　　　　　　图 2-5

2. 图 2-5 中用户变量　(17)　生效，系统变量　(18)　生效。

(17)、(18) 备选答案：

    A. 只对 Administrator 用户

    B. 对所有用户

    C. 对各自用户

    D. 对除 Administrator 外的其他用户

试题二分析

本题考查 Windows Server 2003 网络配置的相关知识。

此类题目要求考生了解 Windows Server 2003 网络服务的配置、熟悉配置界面和相关参数配置的含义。本题主要考察 Web、FTP 配置以及系统优化的基础知识，要求考生具有网络服务配置的实际经验。

【问题 1】

要将万维网服务（WWW）在网上发布，在 Windows 系统中是通过 IIS，在 Linux 系统中是通过 Apache 来实现的。IIS 服务在 Windows 系统中默认未安装，需要通过 Windows 组件向导程序进行添加。IIS 服务包含在"应用服务器"组件中，在该组件中还包含一系列的子组件，其中 Internet 信息服务（IIS）是其中的一类，可以提供万维网服务、文件传输、邮件服务，以及新闻组等。

CA（Certificate Authority）也称为"证书授权中心"，在 Windows 系统中是通过证书服务组件实现的。证书本质上是由证书签证机关（CA）签发，对用户的公钥进行认证。为了保证信息在传输中的不被窃听，需要对证书进行加密操作。

【问题 2】

127.0.0.1 是回送地址，localhost 是回路网络接口（loopback），用来测试网络层的 IP 联通性。回送地址只能用于本机的测试，即程序使用回送地址发送数据，协议软件立即返回，不进行任何网络传输。在网络设置中，可以对一块网络网卡配置多个 IP 地址实现对多种网络服务的支持。当在 Web 服务中更改了 TCP 默认端口号，需要通知客户端在访问时要指明变更后的端口号，否则不能实现网站的访问。

【问题 3】

FTP 的任务是从一台计算机将文件传送到另一台计算机，不受操作系统的限制。FTP 默认 TCP 端口号为 21，Port 方式数据端口为 20。

FTP 提供服务时通常需要在远程文件传输的计算机上安装和运行 FTP 客户端，客户端一般使用第三方程序。使用浏览器也可以访问 FTP 服务，用户只需浏览器地址栏中输入 FTP 服务器的 url 地址即可。除了上述方法外，客户端还可以通过在 Windows 系统命令窗口中输入 ftp 命令的方式实现与 FTP 服务器的连接。

【问题 4】

Windows 操作系统中，程序和后台服务都是指在计算机中运行的程序。在对外提供网络服务时，相关服务驻留在系统"后台"，因此需要优化的是系统的"后台服务"性能。Windows 操作系统中"系统变量"对所有用户起效，"用户变量"只对当前登录系统的用户起效。

参考答案

【问题 1】

（1）应用程序服务器

（2）IIS

（3）加密

（4）认证

注：（3）（4）可互换

【问题 2】

（5）错

（6）错

（7）对

（8）错

（9）错

（10）错

【问题 3】

（11）欢迎光临！

（12）命令行

（13）浏览器

（14）客户端软件

注：（12）（13）和（14）可互换

【问题 4】

1.（15）A

（16）C

2.（17）C

（18）B

试题三（共 20 分）

阅读以下说明，回答问题 1 至问题 4，将解答填入答题纸对应的解答栏内。

【说明】

某局域网络拓扑结构如图 3-1 所示。

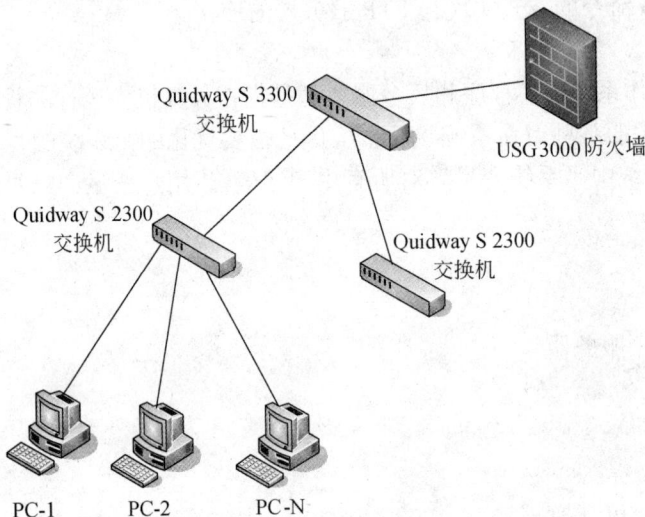

图 3-1

【问题 1】（每空 2 分，共 4 分）

交换机的配置方式有本地配置和远程配置两种，本地配置用配置线连接计算机的串口和交换机的___（1）___端口，通过终端仿真程序实现。远程配置通过网络采用___（2）___或 WEB 实现。

【问题 2】（每空 1 分，共 6 分）

交换机基本配置如下，请解释配置命令。

```
//___(3)___
<quidway>system-view
```

```
//　（4）
[Quidway]sysname NBW-S2300

//　（5）
[NBW-S2300]vlan batch 100 4000
```

//创建 3 层接口用于管理
```
[NBW-S2300]interface vlanif 4000
[NBW-S2300-vlanif4000]description Manager
[NBW-S2300-vlanif4000]ip address 192.168.10.10 255.255.255.0
```

//配置默认路由
```
[NBW-S2300]ip route-static 0.0.0.0 0.0.0.0 192.168.10.1
```
//配置上行端口
```
[NBW-S2300]interface GigabitEthernet 0/0/1
[NBW-S2300-GigabitEthernet0/0/1]undo negotiation auto
[NBW-S2300-GigabitEthernet0/0/1]duplex full
[NBW-S2300-GigabitEthernet0/0/1]speed 100
[NBW-S2300-GigabitEthernet0/0/1]port link-type trunk
[NBW-S2300-GigabitEthernet0/0/1]port trunk allow-pass vlan all

//　（6）
[NBW-S2300-vlanif4000]interface Ethernet 0/0/1
[NBW-S2300-vlanif4000-Ethernet0/0/1]port link-type access
[NBW-S2300-vlanif4000-Ethernet0/0/1]port default vlan 100
```

//创建用户，配置权限及访问类型
```
[NBW-S2300-vlanif4000]aaa
[NBW-S2300-vlanif4000-aaa]local-user nbw password cipher nbw999
[NBW-S2300-vlanif4000-aaa]local-user nbw privilege level 1
[NBW-S2300-vlanif4000-aaa]local-user nbw service-type telnet terminal

//　（7）
[NBW-S2300-vlanif4000]super pass cipher nbw111
```

//配置用户端口
```
[NBW-S2300-vlanif4000]user-interface vty 0 4
[NBW-S2300-vlanif4000-ui-vty0-4]autherntication-mode aaa

//　（8）
```

```
<NBW-S2300-vlanif4000>diaplay current-configuration
<NBW-S2300-vlanif4000>save
```

（3）～（8）备选答案：

    A. 创建管理及业务 VLAN

    B. 配置下行端口

    C. 创建 Su 密码

    D. 检查配置并保存

    E. 设备命名

    F. 进入配置界面

【问题 3】（每空 2 分，共 6 分）

阅读 USG3000 的配置信息，回答问题。

```
<USG3000> system-view
[USG3000]firewall mode transparent
[USG3000]firewall zone untrust
[USG3000-zone-untrust]add interface GigabitEthernet 0/1
[USG3000-zone-untrust]quit
[USG3000]firewall zone trust
[USG3000-zone-trust]add interface GigabitEthernet 0/0
[USG3000-zone-trust]quit
[USG3000]firewall system-ip 192.168.100.200 255.255.255.0
[USG3000]firewall packet default permit all
[USG3000]firewall p2p-car default-permit
[USG3000]time-range daytime 10:00 to 24:00 daily
[USG3000]time-range night 00:00 to 10:00 daily
[USG3000]p2p-class 0
[USG3000-p2p-class-0]cir 1000 index 1 time-range daytime
[USG3000-p2p-class-0]cir 2000 index 2 time-range night
[USG3000-p2p-class-0]quit
```

防火墙的工作模式分为路由模式，透明模式和混合模式。该防火墙工作在＿＿(9)＿＿模式；上述配置信息主要是实现＿＿(10)＿＿；语句 time-range night 00:00 to 10:00 daily 的作用是＿＿(11)＿＿。

【问题 4】（每空 2 分，共 4 分）

网络运行过程中出现以下现象：

（1）随着连接数的增加，该网络逐渐变慢，一段时间后出现用户频繁掉线；

（2）计算机重启以后网络无法连接，需要重启接入交换机接口；

（3）网络出现丢包严重、掉线的故障，分布在不同的物理区域。

网管员在故障计算机上运行 arp –a 命令，结果如图 3-2 所示。

```
C:\>arp -a
Interface:192.168.0.112  ---0x2
  Interface Address      Physical Address      Type
  192.168.0.112          00-19-db-48-74-70     dynamic
  192.168.0.254          00-19-db-63-5b-f4     dynamic
  192.168.0.14           00-19-db-63-5b-f4     dynamic
  192.168.0.43           00-19-db-63-5b-f4     dynamic
  192.168.0.63           00-1d-92-86-d1-3e     dynamic
```

图 3-2

请依据以上现象分析，网络出现的故障是　　(12)　。解决的基本思路是　(13)　。

（13）备选答案：

    A．在客户端绑定网关的 IP 和 MAC 地址

    B．在客户端绑定本机的 IP 和 MAC 地址

试题三分析

本题考查考生是否具有网络管理的实践经验，熟悉网络设备的基本配置和病毒防范的基本知识及应用。此类题目要求考生对题目给出的配置文件和网络病毒发生的现象进行分析，按照要求回答相关问题。

【问题 1】

在进行交换机的本地配置时，首先要实现计算机与交换机物理连接。物理连接方式是将配置电缆一端连接计算机的串口，一端连接交换机的"Console"口。交换机的"Console"通常位于交换机的前面板或者后面板，并在端口上有"Console"字样标识。

在进行交换机的远程配置时，通过交换机的普通端口进行连接，采用的是 Telnet 远程访问协议。另外一种远程配置的方式需要在本地对"Console"口初步配置 IP 信息后，通过 Web 进行交换机参数的修改并对交换机进行管理。

【问题 2】

在对交换机的配置时，需要对交换机的名称、密码、基本业务等内容进行设置。此类题目需要考生通过对配置文件的阅读以及上下文的提示在备选答案中做出正确选择。相关命令解释如下：

（1）vlan batch 100 4000 命令用于是创建多个 VLAN。

（2）port link-type access 命令用于定义接口类型，access 表示接口只属于一个 VLAN。

（3）diaplay current-configuration 命令用于显示当前配置信息。

【问题 3】

网络中 Peer to Peer 流量较大时（如 BT 下载），会影响其他业务正常进行。P2P 限流是通过对 P2P 报文的深度检测和行为检测精确地识别出网络中的 P2P 流量，并对这些流量作相应的限制。USG3000 上的 P2P 限流功能通过 ACL 和设置特定时间段的限流速率的结合来限制 P2P 流量，以满足用户不同的流量控制的需求。

配置信息 firewall mode transparent 指明了防火墙工作在透明模式。

【问题 4】

网络在运行中出现故障有多方面的原因，比如有设备损坏、网络病毒泛滥、网络攻击以及人为操作失误等。当网络中存在多个 IP 有相同的 MAC 地址时，可以排除设备损坏和人为误操作等原因。结合测试结果和网络故障现象，可以判定该故障的主要原因是 IP 地址劫持或者伪造，网络故障现象符合 ARP 病毒的特征。

ARP 病毒主要攻击手段是路由欺骗和网关欺骗，在其发作的时候会向全网发送伪造的 ARP 数据包，干扰网络的运行。因此在故障处理处置时可以考虑通过多种方式进行 IP 与 MAC 的绑定。

参考答案

【问题 1】

（1）CONSOLE 或 配置

（2）Telent 或 SSH

【问题 2】

（3）F

（4）E

（5）A

（6）B

（7）C

（8）D

【问题 3】

（9）透明

（10）P2P 限流

（11）设置时间段 00：00 到 10：00

【问题 4】

（12）ARP 攻击

（13）A

试题四（共 15 分）

阅读下列说明，回答问题 1 和问题 2，将解答填入答题纸的对应栏内。

【说明】

　　某公司用 ASP+Access 数据库开发了学生管理系统，用户登录界面如图 4-1 所示。

图 4-1

【问题 1】（每空 1 分，共 11 分）

　　下面是该系统用户登录界面 login.asp 的部分代码，其中验证码使用 vericode.asp 文件生成。请根据题目说明，补充完成。

```
<html xmlns="http://www.w3.org/1999/xhtml">
　　(1)
<title>学生信息管理系统</title>
<script language="JavaScript">
<!--
function chk(theForm)
{
if (theForm.___(2)___.value == "")
    {
    alert("请输入用户名！");
    theForm.user_name.focus();
    return (___(3)___);
    }
if (theForm.___(4)___.value == "")
    {
    alert("请输入密码！");
    theForm.user_pwd.focus();
    return (false);
    }
___(5)___ true;
}
......    //省略验证码检测部分代码
-->
```

```
</script>
</head>
<body>
    <table cellSpacing=1 cellPadding=5 width=460 border=0>
    <FORM action="check.asp?action=login" method= (6) onSubmit="return
    chk(this)">
…省略…
    <tr>
    <td align=right width=60 height=30>用户名: </td>
    <td height=30><input type= (7) name=user_name> </td></tr>
    <tr>
    <td align=right height=30>密  码: </td>
    <td height=30>< input type= (8) name=user_pwd> </td></tr>
        <tr>
        <td align=right>验证码: </td>4
        <td><input maxlength= (9) name=veri_code><img src="
        vericode.asp " border='0' onClick="this.src=' (10) '" alt='点
        击刷新' /></td></tr>
        <tr align=middle>
        <td colSpan=2 height=40>< input type= (11) value="登 录" >
></td>
…省略…
</body>
</html>
```

【问题 2】(每空 2 分，共 4 分)

下面是登录系统中 check.asp 文件的部分代码，请根据 login.asp 代码将其补充完整。

```
<%
username=trim(request("user_name"))
password=trim(request("user_pwd"))
set rs=server.createobject("adodb.recordset")
sql="select * from admin where username='"&username&"' and password=
'"&md5(password)&"'"
    (12) .open sql,conn,1,3
if rs.eof then
        response.write "<center>"&username&"用户名或密码错误，重新输入！"
    else
        …省略…
        session("user_name ")=request("user_name")
        response. (13) "index.asp"
    end if
…省略…
```

```
%>
```

试题四分析

本题考查 ASP 语言编程。

该类题目要求考生对于 ASP 语言熟练掌握，并认真识别题目要求，对题目中的相关要求进行分析，使用相应代码实现。

【问题 1】

该题目要求制作一个用户登录界面，并对用户输入的数据进行检测。当用户名或者密码为空时，返回要求用户输入用户名或密码的提示，并将光标定位在用户名和密码的输入框内。该段代码应放置于<head></head>标签对内。在<body></body>标签对内是登录界面的设计，包括输入框的类型和属性等，引用 vericode.asp 文件生成验证码。

【问题 2】

该题目是对用户输入的用户名和密码的正确性进行验证。当用户名和密码不匹配时，弹出相应提示，要求用户重新输入，当输入正确时，将跳转到登录成功页面。

参考答案

【问题 1】

（1）<head>

（2）user_name

（3）false

（4）user_pwd

（5）return

（6）post

（7）text

（8）password

（9）4

（10）vericode.asp

（11）submit

【问题 2】

（12）rs

（13）redirect

第 19 章   2016 下半年网络管理员上午试题分析与解答

试题（1）

某质量技术监督部门为检测某企业生产的批号为 B160203HDA 的化妆品含铅量是否超标，通常宜采用__(1)__的方法。

(1) A. 普查
   B. 查有无合格证
   C. 抽样检查
   D. 查阅有关单据

试题（1）分析

测试产品是否合格需要对产品进行检查，检查的方法可以用普查和抽样检查。对于批号为 B160203HDA 的化妆品其产品生产量大，通过抽取部分样品即可代表整体，那么通常宜采用的方法是抽样检查。

参考答案

(1) C

试题（2）

某企业资料室员工张敏和王莉负责向系统中录入一批图书信息（如：图书编号、书名、作者、出版社、联系方式等信息）。要求在保证质量的前提下，尽可能高效率地完成任务。对于如下 4 种工作方式，__(2)__比较恰当。

(2) A. 张敏独立完成图书信息的录入，王莉抽查

   B. 张敏独立完成图书信息的录入，王莉逐条核对

   C. 张敏和王莉各录一半图书信息，再交叉逐条核对

   D. 张敏和王莉分工协作，分别录入图书信息的不同字段，再核对并合并在一起

试题（2）分析

选项 A 将导致王莉需要等待张敏较长时间，故效率低，录入质量不一定能保证。选项 B 存在王莉与张敏的相互等待时间较长，导致工作效率低。选项 C 消除了等待时间提高了工作效率，同时也可保证录入的质量。选项 D 的关键问题是合并本身需要时间，而且合并也可能会造成错误。

参考答案

(2) C

试题（3）

计算机系统中，虚拟存储体系由__(3)__两级存储器构成。

(3) A. 主存-辅存
   B. 寄存器-Cache
   C. 寄存器-主存
   D. Cache-主存

试题（3）分析

本题考查计算机系统基础知识。

虚拟存储是指将多个不同类型、独立存在的物理存储体，通过软、硬件技术，集成为一个逻辑上的虚拟的存储系统，集中管理供用户统一使用。这个虚拟逻辑存储单元的存储容量是它所集中管理的各物理存储体的存储量的总和，而它具有的访问带宽则在一定程度上接近各个物理存储体的访问带宽之和。

虚拟存储器实际上是由主存-辅存构成的一种逻辑存储器，实质是对物理存储设备进行逻辑化的处理，并将统一的逻辑视图呈现给用户。

参考答案

（3）A

试题（4）

程序计数器（PC）是___(4)___中的寄存器。

（4）A. 运算器　　　　B. 控制器　　　　C. Cache　　　　D. I/O 设备

试题（4）分析

本题考查计算机系统基础知识。

计算机中控制器的主要功能是从内存中取出指令，并指出下一条指令在内存中的位置，首先将取出的指令送入指令寄存器，然后启动指令译码器对指令进行分析，最后发出相应的控制信号和定时信息，控制和协调计算机的各个部件有条不紊地工作，以完成指令所规定的操作。

程序计数器（PC）的内容为下一条指令的地址。当程序顺序执行时，每取出一条指令，PC 内容自动增加一个值，指向下一条要取的指令。当程序出现转移时，则将转移地址送入 PC，然后由 PC 指出新的指令地址。

参考答案

（4）B

试题（5）

在计算机系统中总线宽度分为地址总线宽度和数据总线宽度。若计算机中地址总线的宽度为 32 位，则最多允许直接访问主存储器___(5)___的物理空间。

（5）A. 40MB　　　　B. 4GB　　　　C. 40GB　　　　D. 400GB

试题（5）分析

本题考查计算机系统基础知识。

在计算机中总线宽度分为地址总线宽度和数据总线宽度。其中，数据总线的宽度（传输线根数）决定了通过它一次所能并行传递的二进制位数。显然，数据总线越宽则每次传递的位数越多，因而，数据总线的宽度决定了在主存储器和 CPU 之间数据交换的效率。地址总线宽度决定了 CPU 能够使用多大容量的主存储器，即地址总线宽度决定了 CPU 能直接访问的内存单元的个数。假定地址总线是 32 位，则能够访问 2^{32} =4GB 个内存单元。

参考答案

（5）B

试题（6）

为了提高计算机磁盘的存取效率，通常可以 __(6)__ 。

（6）A．利用磁盘格式化程序，定期对 ROM 进行碎片整理

      B．利用磁盘碎片整理程序，定期对内存进行碎片整理

      C．利用磁盘碎片整理程序，定期对磁盘进行碎片整理

      D．利用磁盘格式化程序，定期对磁盘进行碎片整理

试题（6）分析

本题考查计算机系统性能方面的基础知识。

文件在磁盘上一般是以块（或扇区）的形式存储的。磁盘文件可能存储在一个连续的区域内，或者被分割成若干"片"存储在磁盘中不连续的多个区域。后一种情况对文件的完整性没有影响，但由于文件过于分散，将增加计算机读盘的时间，从而降低了计算机的效率。磁盘碎片整理程序可以在整个磁盘系统范围内对文件重新安排，将各个文件碎片在保证文件完整性的前提下转换到连续的存储区内，提高对文件的读取速度。但整理是要花费时间的，所以应该定期对磁盘进行碎片整理，而不是每小时对磁盘进行碎片整理。

参考答案

（6）C

试题（7）

以下媒体文件格式中，__(7)__ 是视频文件格式。

（7）A．WAV   B．BMP   C．MOV   D．MP3

试题（7）分析

Wave 文件（.wav）是 Microsoft Windows 系统中使用的标准音频文件格式，它来源于对声音波形的采样，即波形文件。利用该格式记录的声音文件能够和原声基本一致，质量非常高，但文件数据量大。

BMP 文件（.bmp）是 Windows 操作系统采用的一种图像文件格式。它是一种与设备无关的位图格式，目的是能够在任何类型的显示设备上输出所存储的图像。

MPEG-1 Audio Layer 3 文件（.mp3）是最流行的声音文件格式，在较大压缩比之下仍能重构高音质的声音信号。

Quick Time 文件（.mov、.qt）是 Apple 公司开发的一种音频、视频文件格式，用于保存音频和视频信息，具有先进的视频和音频功能，提供跨平台支持。

参考答案

（7）C

试题（8）

使用 150DPI 的扫描分辨率扫描一幅 3×4 英寸的彩色照片，得到原始 24 位真彩色图像的数据量是 __(8)__ Byte。

(8) A. 1800　　　　　B. 90000　　　　　C. 270000　　　　　D. 810000

试题（8）分析

150DPI 是指每英寸 150 个像素点，24 位真彩色图像是指每个像素点用 3（即 24/8）字节来表示，扫描 3×4 英寸的彩色照片得到 3×150×4×150 个像素点，所以数据量为：3×150×4×150×3 字节= 810000 字节。

参考答案

(8) D

试题（9）

中断向量提供 __(9)__ 。

(9) A. 外设的接口地址　　　　　　　　B. 待传送数据的起始和终止地址

　　C. 主程序的断点地址　　　　　　　D. 中断服务程序入口地址

试题（9）分析

本题考查计算机系统基础知识。

中断是这样一个过程：在 CPU 执行程序的过程中，由于某一个外部的或 CPU 内部事件的发生，使 CPU 暂时中止正在执行的程序，转去处理这一事件（即执行中断服务程序），当事件处理完毕后又回到原先被中止的程序，接着中止前的状态继续向下执行。这一过程就称为中断，中断服务程序入口地址称为中断向量。

参考答案

(9) D

试题（10）

在浮点表示格式中，数的精度是由 __(10)__ 的位数决定的。

(10) A. 尾数　　　　　B. 阶码　　　　　C. 数符　　　　　D. 阶符

试题（10）分析

本题考查计算机系统基础知识。

对于浮点数 X，将其表示为 $X = M \times 2^i$，其中，称 M 为尾数，i 是指数。例如，1011.001101 可表示为 0.1011001101×2^4。显然，尾数的位数决定了数值的精度，i 的位数决定了浮点数的范围。

参考答案

(10) A

试题（11）

目前在小型和微型计算机系统中普遍采用的字母与字符编码是 __(11)__ 。

(11) A. BCD 码　　　　　B. 海明码　　　　　C. ASCII 码　　　　　D. 补码

试题（11）分析

本题考查计算机系统基础知识。

BCD 码（Binary-Coded Decimal）也称为二进码十进数或二-十进制代码，用 4 位二进制数来表示 1 位十进制数中的 0~9 这 10 个数码。

海明码是利用奇偶性来检错和纠错的校验编码方法。海明码的构成方法是在数据位之间插入 k 个校验位，通过扩大码距来实现检错和纠错。

ASCII（American Standard Code for Information Interchange，美国信息交换标准代码）码是基于拉丁字母的最通用的单字节编码系统，主要用于显示现代英语和其他西欧语言，ASCII 码等同于国际标准 ISO/IEC 646。

补码是一种数值数据的编码方法。

参考答案

（11）C

试题（12）、（13）

已知 x = −53/64，若采用 8 位定点机器码表示，则[x]$_原$=　(12)　，[x]$_补$=　(13)　。

（12）A. 01101101　　　B. 11101010　　　C. 11100010　　　D. 01100011

（13）A. 11000011　　　B. 11101010　　　C. 10011110　　　D. 10010110

试题（12）、（13）分析

本题考查计算机系统基础知识。

将 x 表示为二进制形式 $-\dfrac{53}{64} = -\left(\dfrac{32}{64} + \dfrac{16}{64} + \dfrac{4}{64} + \dfrac{1}{64}\right) = -0.110101$。

原码表示的规定是：如果机器字长为 n（即采用 n 个二进制位表示数据），则最高位是符号位，0 表示正号，1 表示负号，其余的 n–1 位表示数值的绝对值。因此，[x]$_原$=1.1101010。

补码表示的规定是：如果机器字长为 n，则最高位为符号位，0 表示正号，1 表示负号，其余的 n–1 位表示数值。正数的补码与其原码和反码相同，负数的补码则等于其原码数值部分各位取反，最后在末尾加 1。因此，[x]$_补$=1.0010110。

参考答案

（12）B　（13）D

试题（14）

下列操作系统中，　(14)　保持网络系统的全部功能，并具有透明性、可靠性和高性能等特性。

（14）A. 批处理操作系统　　　　　　　B. 分时操作系统

　　　C. 分布式操作系统　　　　　　　D. 实时操作系统

试题（14）分析

本题考查操作系统基础知识。

批处理操作系统是脱机处理系统，即在作业运行期间无须人工干预，由操作系统根据作业说明书控制作业运行。

分时操作系统是将 CPU 的时间划分成时间片，轮流为各个用户服务，其设计目标是多用户的通用操作系统，交互能力强。

分布式操作系统是网络操作系统的更高级形式，它保持网络系统所拥有的全部功能，同时又有透明性、可靠性和高性能等特性。

实时操作系统的设计目标是专用系统，其主要特征是实时性强及可靠性高。

参考答案

（14）C

试题（15）

以下关于解释方式运行程序的叙述中，错误的是__(15)__。

（15）A．先将高级语言程序转换为字节码，再由解释器运行字节码

　　　 B．由解释器直接分析并执行高级语言程序代码

　　　 C．先将高级语言程序转换为某种中间代码，再由解释器运行中间代码

　　　 D．先将高级语言程序转换为机器语言，再由解释器运行机器语言代码

试题（15）分析

本题考查程序语言基础知识。

解释程序（也称为解释器）可以直接解释执行源程序，或者将源程序翻译成某种中间表示形式后再加以执行；而编译程序（编译器）则首先将源程序翻译成目标语言程序，然后在计算机上运行目标程序。这两种语言处理程序的根本区别是：在编译方式下，机器上运行的是与源程序等价的目标程序，源程序和编译程序都不再参与目标程序的执行过程；而在解释方式下，解释程序和源程序（或其某种等价表示）要参与到程序的运行过程中，运行程序的控制权在解释程序。简而言之，解释器翻译源程序时不产生独立的目标程序，而编译器则需将源程序翻译成独立的目标程序。

参考答案

（15）D

试题（16）

编写程序时通常为了提高可读性而加入注释，注释并不参与程序的运行过程。通常，编译程序在__(16)__阶段就会删除源程序中的注释。

（16）A．词法分析　　　B．语法分析　　　C．语义分析　　　D．代码优化

试题（16）分析

本题考查程序语言基础知识。

编译程序的工作过程可以分为词法分析、语法分析、语义分析、中间代码生成、代码优化、代码生成这 6 个阶段。一般情况下，注释本身并不为编译程序提供关于程序结构和语义的任何信息，编译程序在词法分析阶段就会删除源程序中的注释。

参考答案

（16）A

试题（17）

商标权保护的对象是指　　(17)　　。

(17) A. 商品　　　　　B. 商标　　　　　C. 已使用商标　　　　　D. 注册商标

试题（17）分析

商标是指在商品或者服务项目上所使用的，用以识别不同生产者或经营者所生产、制造、加工、拣选、经销的商品或者提供的服务，具有显著特征的人为标记。

商标权是商标所有人依法对其商标所享有的专有使用权。商标权保护的对象是注册商标。注册商标是指经国家主管机关核准注册而使用的商标，注册人享有专用权。未注册商标是指未经申报商标局核准注册而直接投放市场使用的商标，未注册的商标可以使用，只是不享有专用权，不受商标法律保护，但未注册的驰名商标受到特殊的保护。未注册商标使用人始终处于一种无权利保障状态，而随时可能因他人相同或近似商标的核准注册而被禁止使用。一般情况下，使用在某种商品或服务上的商标是否申请注册完全由商标使用人自行决定。我国商标法规定，企业、事业单位和个体工商业者，对其生产、制造、加工、拣选或者经销的商品，或者对其提供的服务项目，需要取得商标专用权的，应当向商标局申请商品商标注册。商品的商标注册与否，实行自愿注册，但对与人民生活关系密切的少数商品实行强制注册。商标法第 6 条规定，国家规定必须使用注册商标的商品，必须申请商标注册，未经核准注册的，不得在市场上销售，例如对人用药品和烟草制品等，实行强制注册原则。

参考答案

（17）D

试题（18）

两名以上的申请人分别就同样的软件发明创造申请专利，　　(18)　　可取得专利权。

(18) A. 最先发明的人　　　　　B. 最先申请的人

　　　C. 所有申请的人　　　　　D. 最先使用人

试题（18）分析

在同一地域（国家）内，相同主题的发明创造只能被授予一项专利权。当两个以上的申请人分别就同样的发明创造申请专利的，专利权授给最先申请的人。如果两个以上申请人在同一日分别就同样的发明创造申请专利的，应当在收到专利行政管理部门的通知后自行协商确定申请人。如果协商不成，专利局将驳回所有申请人的申请，即均不授予专利权。我国专利法规定："两个以上的申请人分别就同样的发明创造申请专利的，专利权授予最先申请的人"。我国专利法实施细则规定："同样的发明创造只能被授予一项专利。依照专利法第九条的规定，两个以上的申请人在同一日分别就同样的发明创造申请专利的，应当在收到国务院专利行政部门的通知后自行协商确定申请人"。

参考答案

（18）B

试题（19）

下面的选项中，属于 OSI 传输层功能的是＿＿（19）。

（19）A．通过流量控制发送数据　　B．提供传输数据的最佳路径

　　　　C．提供网络寻址功能　　　　D．允许网络分层

试题（19）分析

OSI 传输层定义了面向连接的传输服务，通过流量控制可靠地发送数据；提供网络寻址功能和最佳传输路径是网络层的功能。

参考答案

（19）A

试题（20）

DSL 使用什么传输介质？＿＿（20）

（20）A．光缆　　　　B．同轴电缆　　　　C．无线射频　　　　D．普通铜线

试题（20）分析

数字用户线（Digital Subscriber Line，DSL）是基于普通电话线的宽带接入技术，可以在一对铜质双绞线上同时传送数据和话音信号。

参考答案

（20）D

试题（21）

T1 的数据速率是多少？＿＿（21）

（21）A．1.544Mb/s　　B．2.048Mb/s　　C．34.368Mb/s　　D．44.736Mb/s

试题（21）分析

T1 信道的数据速率是 1.544Mb/s。E1 信道的数据速率是 2.048Mb/s。E3 信道的数据速率为 34.368Mb/s。T3 信道的数据速率为 44.736Mb/s。

参考答案

（21）A

试题（22）

一台 16 端口的交换机可以产生多少个冲突域？＿＿（22）

（22）A．1　　　　B．4　　　　C．15　　　　D．16

试题（22）分析

以太网交换机的每个端口就是一个冲突域，16 端口的交换机可以产生 16 个冲突域。

参考答案

（22）D

试题（23）

使用 BGP 时，怎样识别过路数据流？　　(23)

(23) A．源和目标都在本地 AS 之内的数据流

　　　B．目标在本地 AS 之外的数据流

　　　C．源和目标都在本地 AS 之外的数据流

　　　D．源自多个宿主系统的数据流

试题（23）分析

所谓过路数据流就是源和目标都在本地 AS 之外的数据流。

参考答案

(23) C

试题（24）、（25）

下面的协议中，属于应用层协议的是　　(24)　　，该协议的报文封装在　　(25)　　中传送。

(24) A．SNMP　　　　　B．ARP　　　　　C．ICMP　　　　　D．X.25

(25) A．TCP　　　　　　B．IP　　　　　　C．UDP　　　　　D．ICMP

试题（24）、（25）分析

属于应用层协议的是简单网络管理协议，即 SNMP，它的传输层协议是 UDP。ARP 和 ICMP 都属于网络层协议。X.25 是分组交换网上的协议，也归于网络层。

参考答案

(24) A　　(25) C

试题（26）

下面关于 RIPv1 协议的叙述中，正确的是　　(26)　　。

(26) A．RIPv1 的最大跳数是 32

　　　B．RIPv1 用跳数和带宽作为度量值

　　　C．RIPv1 是有类别的协议

　　　D．RIPv1 在网络拓扑变化时发送更新

试题（26）分析

RIPv1 是有类别的协议，该协议用跳步数来比较路由的大小。最大跳数是 15，RIPv1 默认的路由更新周期为 30 秒，只是在路由更新周期的节点上才发送路由更新报文。

参考答案

(26) C

试题（27）

用户 U 有 4000 台主机，分配给他 16 个 C 类网络，则该用户的地址掩码为　　(27)　　。

(27) A．255.255.255.0　　　　　　　B．255.255.250.0

　　　C．255.255.248.0　　　　　　　D．255.255.240.0

试题（27）分析

用户 U 有 4000 台主机，分配了 16 个 C 类网络，所以子网掩码占用了 20 位，即 255.255.240.0。

参考答案

（27）D

试题（28）

根据 RFC1918，下面哪个地址是私有地址？　__(28)__

（28）A．10.225.34.12　　　　　　　　B．192.32.116.22

　　　C．172.33.221.12　　　　　　　　D．110.12.33.212

试题（28）分析

所谓私网地址，就是不能在公网上出现、只能用在内部网络中使用的 IP 地址，所有的路由器都不转发目标地址为私网地址的数据报。根据 RFC1918，下面的地址都是私网地址：

10.0.0.0～10.255.255.255　　　　　　1 个 A 类地址

172.16.0.0～172.31.255.255　　　　　16 个 B 类地址

192.168.0.0～192.168.255.255　　　　256 个 C 类地址

本题中 10.225.34.12 属于私网地址。

参考答案

（28）A

试题（29）

假设路由表有如下 4 个表项，那么与地址 220.117.179.92 匹配的表项是　__(29)__　。

（29）A．220.117.145.32　　　　　　　B．220.117.145.64

　　　C．220.117.147.64　　　　　　　D．220.117.177.64

试题（29）分析

地址 220.117.145.32 的二进制形式是 **1101 1100. 0111 0101. 1001 00**01. 0010 0000

地址 220.117.145.64 的二进制形式是 **1101 1100. 0111 0101. 1001 00**01. 0100 0000

地址 220.117.147.64 的二进制形式是 **1101 1100. 0111 0101. 1001 00**11. 0100 0000

地址 220.117.177.64 的二进制形式是 **1101 1100. 0111 0101. 1011 00**01. 0100 0000

而地址 220.117.179.92 的二进制形式是 **1101 1100. 0111 0101. 1011 00**11. 0101 1100

所以与地址 220.117.179.92 匹配的是 220.117.177.64。

参考答案

（29）D

试题（30）

主机地址 220.110.17.160 属于子网__(30)__　。

（30）A．220.110.17.64/26　　　　　　B．220.110.17.96/26

C.　220.110.17.128/26　　　　　　　　　D.　220.110.17.192/26

试题（30）分析

　　子网地址 220.110.17.64/26 的二进制形式是 **1101 1100. 0110 1110. 0001 0001. 01**00 0000

　　子网地址 220.110.17.96/26 的二进制形式是 **1101 1100. 0110 1110. 0001 0001. 01**10 0000

　　子网地址 220.110.17.128/26 的二进制形式是 **1101 1100. 0110 1110. 0001 0001. 1**000 0000

　　子网地址 220.110.17.192/26 的二进制形式是 **1101 1100. 0110 1110. 0001 0001. 1**100 0000

　　主机地址 220.110.17.160 的二进制形式是 1101 1100. 0110 1110. 0001 0001. 1010 0000

　　所以与主机地址 220.110.17.160 匹配的是网络 220.110.17.128/26。

参考答案

　　（30）C

试题（31）

　　____(31)____ 协议允许自动分配 IP 地址。

　　（31）A.　DNS　　　　　　　　　　　　B.　DHCP

　　　　　　C.　WINS　　　　　　　　　　　D.　RARP

试题（31）分析

　　网络用户希望用有意义的名字来标识主机，可以表示主机的账号、工作性质、所属的地域或组织等，从而便于记忆和使用。DNS（Domain Name System，域名系统）给每个主机定义了一个名字。

　　DHCP（Dynamic Host Configuration Protocol，动态主机配置协议）用于在大型网络中为客户机自动分配 IP 地址及有关网络参数（默认网关和 DNS 服务器地址等）。使用DHCP 服务器可以节省网络配置工作量，便于进行网络管理，可以有效地避免地址冲突。

　　WINS（Windows Internet Name Service）服务器是用于 NetBIOS 名字解析的服务器，该服务器提供了一个集中式名字数据库，通过专用的协议进行名字解析。WINS 服务器可以与 DHCP 服务器取得同步，跟踪动态分配的 IP 地址。

　　RARP 是反向地址解析协议。ARP 协议是由 IP 地址求 MAC 地址，RARP 协议是由MAC 地址查找对应的 IP 地址。

参考答案

　　（31）B

试题（32）

　　PPP 协议运行在 OSI 的____(32)____。

　　（32）A.　网络层　　　　　　　　　　　B.　应用层

　　　　　　C.　数据链路层　　　　　　　　　D.　传输层

试题（32）分析

　　PPP（点对点协议）应用在许多场合，例如家庭用户拨号上网，在 Modem 和网络中心之间要运行 PPP；又例如局域网远程联网，这时要租用公网专线，通过 PPP 来维持两个远程路由器之间的通信。PPP 协议运行在 OSI 的数据链路层，用来建立和维持两点之间的数据链路。

参考答案

（32）C

试题（33）

TFTP 使用的传输层协议是 ___（33）___ 。

（33）A．TCP　　　　　　　　　　B．IP

　　　C．UDP　　　　　　　　　　D．CFTP

试题（33）分析

TFTP（简单文件传输协议）使用的传输层协议是 UDP，而通常的 FTP（文件传输协议）使用 TCP 提供面向连接的服务。

参考答案

（33）C

试题（34）

为什么及时更新 ARP 表非常重要？ ___（34）___

（34）A．可以测试网络链路　　　　　　B．可以减少广播的数量

　　　C．可以减少管理员的维护时间　　D．可以解决地址冲突

试题（34）分析

ARP 表是在主机内存中建立的 IP 地址和 MAC 地址的映像表。当主机不知道通信对方的 MAC 地址时首先查找 ARP 表，如果 ARP 表查不到就要广播 ARP 请求，通过与远方通信对象的问答来获取需要的 MAC 地址，这个过程就比查 ARP 表慢多了。所以及时更新 ARP 表对于提高通信速度非常重要，而且不必发送那么多广播请求而浪费带宽了。

参考答案

（34）B

试题（35）

IPv6 地址由多少比特组成？ ___（35）___

（35）A．32　　　　B．48　　　　C．64　　　　D．128

试题（35）分析

IPv6 地址扩展到 128 位，2^{128} 足够大。

参考答案

（35）D

试题（36）

在网络分层设计模型中，除了核心层和接入层之外，还有 ___（36）___ 。

（36）A．工作组层　　B．主干层　　C．汇聚层　　D．物理层

试题（36）分析

可以根据功能要求的不同将局域网络划分成层次建构的方式，从功能上定义为核心层、汇聚层和接入层。典型的层次结构如下图所示。

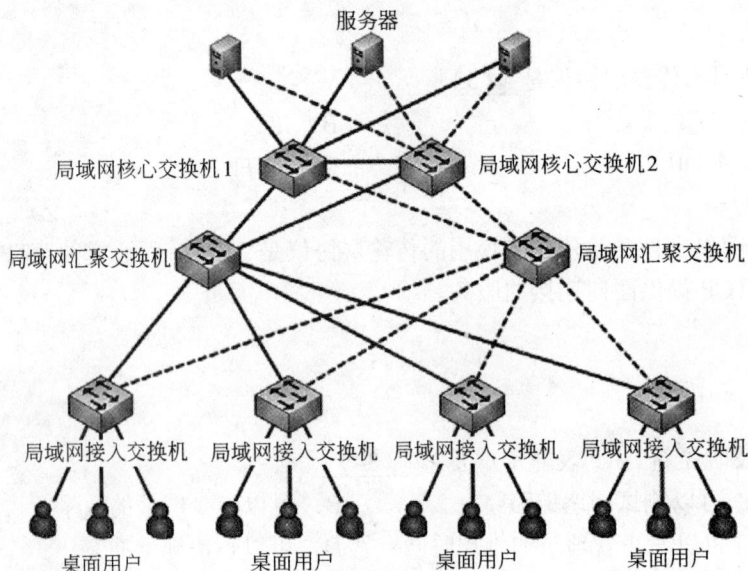

参考答案

（36）C

试题（37）

IEEE 802.3z 中的 1000BASE-SX 标准规定的传输介质是___(37)___。

(37) A．单模或多模光纤　　　　　B．5 类 UTP 铜线

　　　 C．两对 STP 铜缆　　　　　　D．多模光纤

试题（37）分析

1998 年 6 月公布的 IEEE 802.3z 标准如下表所示。

标　准	名　　称	电　缆	最大段长/m	特　点
IEEE 802.3z	1000Base-SX	光纤（短波 770～860nm）	550	多模光纤（50，62.5μm）
	1000Base-LX	光纤（长波 1270～1355nm）	5000	单模（10μm）或多模光纤（50，62.5μm）
	1000Base-CX	2 对 STP	25	屏蔽双绞线，同一房间内的设备之间

参考答案

（37）D

试题（38）～（40）

　　TCP 是互联网中的重要协议，为什么 TCP 要使用三次握手建立连接？　(38)　。TCP 报文中窗口字段的作用是什么？　(39)　。在建立 TCP 连接时如何防止网络拥塞？　(40)

　　(38) A．连接双方都要提出自己的连接请求并且回答对方的连接请求

　　　　　B．为了防止建立重复的连接

　　　　　C．三次握手可以防止建立单边的连接

　　　　　D．防止出现网络崩溃而丢失数据

　　(39) A．接收方指明接收数据的时间段

　　　　　B．限制发送方的数据流量以避免拥塞

　　　　　C．表示接收方希望接收的字节数

　　　　　D．阻塞接收链路的时间段

　　(40) A．等待网络不忙时再建立连接

　　　　　B．预先申请需要的网络带宽

　　　　　C．采用流量工程的方法建立连接

　　　　　D．发送方在收到确认之前逐步扩大发送窗口的大小

试题（38）～（40）分析

　　TCP 要使用三次握手连接使得通信双方都能够提出自己的连接请求，并且回答对方的连接请求。TCP 报文中窗口字段的作用表示接收方希望接收的字节数。为了防止网络拥塞，在建立 TCP 连接时采用慢启动方式，即发送方在收到确认之前逐步扩大发送窗口的大小。

参考答案

　　(38) A　(39) C　(40) D

试题（41）

　　在 HTML 页面文件中，<title>文档的标题</title>应放在　(41)　之间。

　　(41) A．<html>和<head>　　　　　　　B．<head>和</head>

　　　　　C．</head>和<body>　　　　　　 D．<body>和</body>

试题（41）分析

　　本题考查 HTML 语言的基础知识。

　　一个完整的 HTML 代码，有<html></html>、<title></title>、<head></head>、<font></font>和<frame></frame>等众多标签，这些标签在代码中成对出现，不带斜杠的是起始标签，带斜杠的是结束标签，这些标签的作用分别是：

　　<html></html>放置的是一个 HTML 文件的所有代码；

　　<body></body>放置的是一个 HTML 文件的主体代码，网页的实际内容的代码，均放置于该标签内；

<title></title>放置的是一个网页的标题；

<font></font>设置网页中文字的字体；

<frame></frame>放置的是网页中的框架内容；

<head></head>放置的是网页的头部，包括网页中所需要的标题等内容。

这些标签的相互包含关系如下：

```
<html>
    <head>
        <title>
        </title>
    </head>
    <body>
        <font></font>
        <frame></frame>
    </body>
</html>
```

参考答案

（41）B

试题（42）

在 HTML 文件中，<b>标签的作用是＿＿(42)＿＿。

（42）A．换行　　　　B．增大字体　　　C．加粗　　　　　D．锚

试题（42）分析

本题考查 HTML 语言的基础知识。

HTML 语言中有一些标签用于编辑 HTML 文档中的文本，如：<font></font>标签用于设置文本字体、<b></b>标签用于对文字加粗、<i></i>标签用于对倾斜文字、<color></color>标签用于设定文字颜色等。

参考答案

（42）C

试题（43）

在 HTML 中，border 属性用来指定表格＿＿(43)＿＿。

（43）A．边框宽度　　　B．行高　　　　C．列宽　　　　　D．样式

试题（43）分析

本题考查 HTML 语言的基础知识。

在 HTML 中，对表格进行编辑和修改的属性有 bgcolor、border、width 等，其中，bgcolor 属性用来设置表格的背景颜色，border 属性用来设定表格的边框宽度，width 属性用于设置表格的宽度。

参考答案

（43）A

试题（44）

在 HTML 中，为图像 logo.jpg 建立到 www.abc.com 的超链接，可使用___(44)___。

（44）A．＜ img ="www.abc.com"＞＜a href src="logo.jpg"＞＜/img＞

　　　　B．＜a img ="www.abc.com"＞＜ href src="logo.jpg" ＞＜/a＞

　　　　C．＜a href="www.abc.com"＞＜img src="logo.jpg" ＞＜/a＞

　　　　D．＜a href="logo.jpg" ＞＜img src=" www.abc.com" ＞＜/a＞

试题（44）分析

本题考查 HTML 语言的基础知识。

在 HTML 中，使用＜a＞标签来为文字对象设置超链接。其基本格式为：

＜a href="网址或链接地址" target="目标" title="说明"＞被链接内容＜/a＞

使用＜a＞标签为图片对象设置超链接，其基本格式为：

＜a href="网址或链接地址" target="目标" title="说明"＞＜src img="图片地址"＞ ＜/a＞

其中，相关属性的含义为：

① href：打开目标地址（网址），一般填写将要转到目标地址。

② target：打开目标方式。

_blank：新建标签窗口页，设置此属性，单击锚文本后对应新建标签网页窗口卡打开对应地址；

_parent：父级打开网页，此属性可以理解为本页网页从新载入锚文本的网页，针对 html 框架 iframe 网页中，整个网页将重新载入打开目标网址地址；

_self：在当前窗体打开链接，此为默认值；

_top：在当前窗体打开链接，并替换当前的整个窗体（框架页）；

如果＜a＞标签内没有此元素，默认是在浏览网页中重新载入对应链接网页。

③ title：说明。

说明该超链接的作用，在页面中不显示。

参考答案

（44）C

试题（45）

某公司内部使用 wb.xyz.com.cn 作为访问某服务器的地址，其中 wb 是___(45)___。

（45）A．主机名　　　B．协议名　　　C．目录名　　　D．文件名

试题（45）分析

本题考查 URL 的基础知识。

　　URL（Uniform Resource Locator，统一资源定位符）是对互联网上的资源位置和访问方法的一种简洁的表示，是互联网上资源的地址。互联网上的每个文件都有一个唯一的 URL，它包含的信息指出文件的位置以及浏览器应该怎么处理它。

　　一个标准的 URL 的格式如下：

　　协议://主机名.域名.域名后缀或 IP 地址（:端口号）/目录/文件名

　　其中，目录可能存在多级目录。

参考答案

　　（45）A

试题（46）

　　浏览器本质上是一个　　(46)　　。

　　（46）A．连入 Internet 的 TCP/IP 程序　　　B．连入 Internet 的 SNMP 程序

　　　　　C．浏览 Web 页面的服务器程序　　　D．浏览 Web 页面的客户程序

试题（46）分析

　　浏览器是指可以显示网页服务器或者文件系统的 HTML 文件（标准通用标记语言的一个应用）内容，并让用户与这些文件交互的一种软件，它是一种最常用的客户端程序。

参考答案

　　（46）D

试题（47）

　　浏览器用户最近访问过的若干 Web 站点及其他 Internet 文件的列表叫　　(47)　　。

　　（47）A．地址簿　　　　B．历史记录　　　C．收藏夹　　　　D．cookie

试题（47）分析

　　在浏览器中，历史记录（history）是指浏览器曾经浏览过的网站在计算机中的暂存信息，通过查看历史记录，可以知道用户曾经访问过哪些网站，可以按时间排序、名称排序、地址排序、字母排序的方式来列出历史记录，甚至还可以按照访问次数来排列历史记录。

参考答案

　　（47）B

试题（48）

　　电子邮件地址的正确格式是　　(48)　　。

　　（48）A．用户名@域名　　　　　　　　B．用户名#域名

　　　　　C．用户名/域名　　　　　　　　D．用户名.域名

试题（48）分析

　　电子邮件地址有统一的标准格式：用户名@服务器域名。用户名表示邮件信箱、注册名或信件接收者的用户标识，@符号后是使用的邮件服务器的域名。整个电子邮件地址可理解为网络中某台服务器上的某个用户的地址。

参考答案

（48）A

试题（49）

以下关于电子邮件系统的叙述中，正确的是　（49）　。

（49）A．发送邮件和接收邮件都使用 SMTP 协议

　　　B．发送邮件使用 SMTP 协议，接收邮件通常使用 POP3 协议

　　　C．发送邮件使用 POP3 协议，接收邮件通常使用 SMTP 协议

　　　D．发送邮件和接收邮件都使用 POP3 协议

试题（49）分析

SMTP（Simple Mail Transfer Protocol，简单邮件传输协议）定义了邮件客户端与 SMTP 服务器之间，以及两台 SMTP 服务器之间发送邮件的通信规则。邮件服务提供商专门为每个用户申请的电子邮箱提供了专门的邮件存储空间，SMTP 服务器将接收到的电子邮件保存到相应用户的电子邮箱中。用户要从邮件服务提供商提供的电子邮箱中获取自己的电子邮件，就需要通过邮件服务提供商的 POP3（Post Office Protocol 3）邮件服务器来帮助完成。POP3 即邮局协议的第 3 个版本，它是规定了怎样将个人计算机连接到 Internet 的邮件服务器和下载电子邮件的电子协议。

参考答案

（49）B

试题（50）

在使用 FTP 进行文件传输时，　（50）　的作用是将本地文件传送至远程主机。

（50）A．put　　　B．pwd　　　C．get　　　D．disconnect

试题（50）分析

本题考查 FTP 协议及 FTP 命令相关基础知识。

FTP 命令由两条 TCP 连接来进行文件的上传和下载，FTP 服务器相应也有多条命令来对应，其中将本地文件传送至远程主机的命令是 put。

参考答案

（50）A

试题（51）

下列病毒中，属于宏病毒的是　（51）　。

（51）A．Trojan.Lmir.PSW.60　　　B．Hack.Nether.Client

　　　C．Macro.word97　　　D．Script.Redlof

试题（51）分析

本题考查网络安全中网络病毒相关基础知识。

网络病毒均有不同家族来表明其所属类型。其中 Trojan.Lmir.PSW.60 为木马病毒，Macro.word97 为宏病毒，Script.Redlof 为脚本病毒。

参考答案

（51）C

试题（52）

下列算法中，可用于数字签名的是　（52）　。

（52）A. RSA　　　　　B. IDEA　　　　C. RC4　　　　D. MD5

试题（52）分析

本题考查网络安全相关基础知识。

RSA 基于大数定律，通常用于对消息摘要进行签名；IDEA 和 RC4 适宜于进行数据传输加密；MD5 为摘要算法。

参考答案

（52）A

试题（53）

安全的电子邮件协议为　（53）　。

（53）A. MIME　　　　B. PGP　　　　　C. POP3　　　　D. SMTP

试题（53）分析

本题考查安全的电子邮件协议的基础知识。

MIME 提供的是多格式邮件服务；PGP 是安全邮件协议；POP3 为邮件接收协议；SMTP 为邮件发送协议。

参考答案

（53）B

试题（54）

下面协议中，提供安全 Web 服务的是　（54）　。

（54）A. MIME　　　　B. PGP　　　　　C. SET　　　　　D. HTTPS

试题（54）分析

本题考查安全 Web 服务相关的基础知识。

MIME 提供的是多格式邮件服务；PGP 是安全邮件协议；SET 为安全电子交易协议；HTTPS 为安全 Web 服务。

参考答案

（54）D

试题（55）

针对网络的攻击来自多方面，安装用户身份认证系统来防范　（55）　。

（55）A. 内部攻击　　　　　　　　　B. 外部攻击

　　　C. DMZ 攻击　　　　　　　　　D. ARP 攻击

试题（55）分析

本题考查网络攻击相关的基础知识。

安装用户身份认证系统可以防范内部攻击。

参考答案

（55）A

试题（56）

SMTP 协议的下层协议为 ___(56)___ 。

（56）A．ARP　　　　　　B．IP　　　　　　C．TCP　　　　　　D．UDP

试题（56）分析

本题考查 TCP/IP 协议栈及相关的基础知识。

在 TCP/IP 协议栈中，SMTP 属于应用层协议，其下层的传输层协议为 TCP。

参考答案

（56）C

试题（57）

ISO 定义的网络管理功能中，___(57)___ 的功能包括初始化被管理对象、更改系统配置等。

（57）A．配置管理　　　　　　　　　　B．故障管理

　　　　C．性能管理　　　　　　　　　　D．安全管理

试题（57）分析

本题考查网络管理相关的基础知识。

ISO 定义了 5 大功能域，其中配置管理的功能包括初始化被管理对象、更改系统配置等。

参考答案

（57）A

试题（58）、（59）

某网络拓扑结构如下图所示。

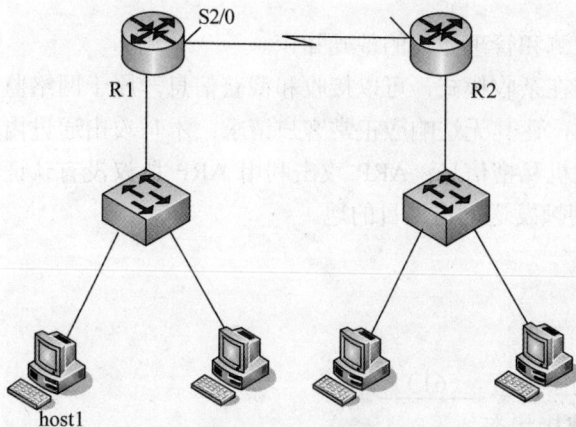

在路由器 R2 上采用 show ip rout 命令得到如下所示结果。

```
R2>
    …
    R    192.168.2.0/24 [120/1] via 61.114.112.1, 00:00:11, Serial2/0
    C    192.168.1.0/24 is directly connected, FastEthernet0/0
         61.114.112.0/30 is subnetted, 1 subnets
    C    61.114.112.0 is directly connected, Serial2/0
R2>
```

则 host1 可能的 IP 地址为　__(58)__　，路由器 R1 的 S2/0 口的 IP 地址为　__(59)__　。

（58）A. 192.168.2.1　　B. 192.168.1.1　　　C. 61.114.112.1　　D. 61.114.112.2

（59）A. 192.168.2.1　　B. 192.168.1.1　　　C. 61.114.112.1　　D. 61.114.112.2

试题（58）、（59）分析

本题考查网络配置相关的基础知识。

通过路由器 R2 上显示的路由信息可以看出，192.168.2.0/24 网络是通过 RIP 协议学习到的，192.168.1.0/24 和 61.114.112.0/30 网络是直连的。从图中可以看出，对路由器 R2 来讲，host1 所在网络不是直连的，所以 host1 属于 192.168.2.0/24 网络，故 host1 可能的 IP 地址为 192.168.2.1；又从 R2 到 192.168.2.0/24 网络的下 1 跳为 61.114.112.1，故路由器 R1 的 S2/0 口的 IP 地址为 61.114.112.1。

参考答案

（58）A　（59）C

试题（60）

使用 Sniffer 可以接收和截获信息，在非授权的情况下这种行为属于　__(60)__　。

（60）A. 网络监听　　　　　　　　B. DoS 攻击

　　　C. 木马攻击　　　　　　　　D. ARP 攻击

试题（60）分析

本题考查网络监测和管理相关的基础知识。

Sniffer 通常工作在杂收模式，可以接收和截获信息，属于网络监听行为。DoS 攻击通过耗尽服务器资源，让其无法响应正常客户请求；木马攻击通过内部发起，从而绕过防火墙，窃取内部主机私密信息；ARP 攻击利用 ARP 协议没有认证的弱点，仿冒修改 ARP 缓存表，从而使帧发送到错误目的地。

参考答案

（60）A

试题（61）

ping 127.0.0.1 用于检查　__(61)__　。

（61）A. 网卡连接状态

B．到网关的连接状态

C．TCP/IP 协议安装的正确性

D．本网段到 Internet 的连接状况

试题（61）分析

本题考查 Windows 系统的基础知识。

ping 命令是 ICMP 协议的子集，作用是测试到目的的连通性。127.0.0.1 是本地环路地址，不需执行网络层以下层次的操作。所以 ping 127.0.0.1 可用于检查 TCP/IP 协议安装的正确性。

参考答案

（61）C

试题（62）

Windows 系统中定义了一些用户组，拥有完全访问权的用户组是__（62）__。

（62）A．Power Users　　　　　　B．Users

　　　C．Administrators　　　　　D．Guests

试题（62）分析

本题考查 Windows 系统的基础知识。

Windows 系统中定义了一些用户组，不同的用户组具有不同的权限，其中拥有完全访问权的用户组是 Administrators。

参考答案

（62）C

试题（63）

下面关于 Linux 目录的说法中，正确的是__（63）__。

（63）A．Linux 的目录是树型目录，一个根目录

　　　B．Linux 的目录是森林型目录，有多个根目录

　　　C．Linux 的目录是树型目录，有多个根目录

　　　D．Linux 的目录是森林型目录，有一个根目录

试题（63）分析

本题考查 Linux 系统的基础知识。

Linux 使用标准的目录结构，在系统安装时，就为用户创建了文件系统和完整而固定的目录组成形式。Linux 文件系统采用了多级目录的树型层次结构管理文件。树型结构的最上层是根目录，用"/"表示，其他的所有目录都是从根目录出发生成的。Linux 在安装时会创建一些默认的目录，这些目录都有其特殊的功能，用户不能随意删除或修改。

参考答案

（63）A

试题（64）

Linux 的系统配置文件放置在　（64）　目录中。

（64）A．/bin　　　　　　B．/etc　　　　　C．/dev　　　　　D．/root

试题（64）分析

本题考查 Linux 系统的基础知识。

其中/bin 目录，bin 是 Binary 的缩写，存放 Linux 系统命令；

/etc 目录存放系统的配置文件；

/dev 目录存放系统的外部设备文件；

/root 目录存放超级管理员的用户主目录。

参考答案

（64）B

试题（65）

在 Windows 的命令行窗口中输入命令：

```
C:\> nslookup
set type= SOA
>202.30.192.2
```

这个命令序列的作用是查询　（65）　。

（65）A．邮件服务器信息　　　　　　　B．IP 到域名的映射

　　　C．区域授权服务器　　　　　　　D．区域中可用的信息资源记录

试题（65）分析

本题考查 Windows 网络命令。

nslookup 交互模式下，SOA 为查询区域授权服务器；MX 为区域内邮件服务器信息；A 为 IP 到域名的映射。

参考答案

（65）C

试题（66）

在 Windows 操作系统中，采用　（66）　命令查看本机路由表。

（66）A．nslookup　　　　　　　　　B．route print

　　　C．netstat　　　　　　　　　　D．nbtstat

试题（66）分析

本题考查 Windows 网络命令。

nslookup 是查看 DNS 服务器相关信息；route print 显示本机路由表；netstat 显示网络连接应用状态信息；nbtstat 是 Linux 中连接应用状态信息。

参考答案

　　（66）B

试题（67）

　　在 Windows 操作系统中，　　（67）　　组件的作用是在本地存储 DNS 查询信息。

　　（67）A．DNS 通知　　　　　　　　　B．DNS Client

　　　　　C．Telnet　　　　　　　　　　D．Remote Procedure Call（RPC）

试题（67）分析

　　本题考查 DNS 相关命令。

　　DNS Client 组件的作用是在本地存储 DNS 查询信息，若要清除 DNS 缓存，需关闭 DNS Client 功能。

参考答案

　　（67）B

试题（68）

　　结构化综合布线系统中的建筑群子系统是指　　（68）　　。

　　（68）A．管理楼层内各种设备的子系统

　　　　　B．连接各个建筑物的子系统

　　　　　C．工作区信息插座之间的线缆子系统

　　　　　D．实现楼层设备间连接的子系统

试题（68）分析

　　本题考查结构化综合布线系统相关基础知识。

　　在结构化综合布线系统中，管理楼层内各种设备的子系统为设备间子系统；连接各个建筑物的子系统为建筑群子系统；工作区信息插座之间的线缆子系统为工作区子系统；实现楼层设备间连接的子系统为干线子系统。

参考答案

　　（68）B

试题（69）

　　在 Linux 与 Windows 操作系统之间实现文件系统和打印机共享功能的服务组件为　　（69）　　。

　　（69）A．ARP　　　　　B．Samba　　　　　C．DHCP　　　　　D．DNS

试题（69）分析

　　本题考查 Linux 和 Windows 操作系统相关基础知识。

　　Samba 的设置目的就是在 Linux 与 Windows 操作系统之间实现文件系统和打印机共享功能。

参考答案

　　（69）B

试题（70）

某 PC 出现网络故障，一般应首先检查 ___（70）___ 。

(70) A．DNS 服务器   B．路由配置

      C．系统病毒   D．物理连通性

试题（70）分析

本题考查网络故障相关基础知识。

当 PC 出现网络故障，按照由近及远原则，一般应首先检查物理连通性。

参考答案

(70) D

试题（71）～（75）

The Internet is based on a connectionless end-to-end packet service, which traditionally provided best-effort means of data ___（71）___ using the Transmission Control Protocol/Internet Protocol Suite. Although the ___（72）___ design gives the Internet its flexibility and robustness, its packet dynamics also make it prone to congestion problems, especially at ___（73）___ that connect networks of widely different bandwidths. The initial QoS function set was for Internet hosts. One major problem with expensive wide-area ___（74）___ links is the excessive overhead due to small Transmission Control Protocol packets created by applications such as telnet and rlogin. The Nagle ___（75）___ , which solves this issue, is now supported by all IP host implementations.

(71) A．transformation   B．transportation   C．processing   D．progressing

(72) A．connectionless   B．connection

      C．connection-oriented   D．connotation

(73) A．hosts   B．switches   C．routers   D．computers

(74) A．interconnection   B．network   C．internet   D．web

(75) A．technology   B．problem   C．structure   D．algorithm

参考译文

因特网是基于无连接的端到端的分组服务，这种传统上提供的尽力而为的服务意味着使用传输控制协议或因特网协议集进行数据传输。虽然无连接的设计使得因特网具有更多的灵活性和坚强性，但是它的分组动态也使得它更容易产生拥塞问题，特别是在广泛使用的连接不同带宽网络的路由器中尤为如此。最初的 QoS 功能是由因特网主机实现的。伴随着昂贵的广域网络链路的一个主要问题是，由于 telnet 和 rlogin 等应用产生的很小的传输控制协议分组所引起的过多的开销。解决这个问题的 Nagle 算法现在已经得到了所有 IP 主机实现的支持。

参考答案

(71) B   (72) A   (73) C   (74) B   (75) D

第 20 章　2016 下半年网络管理员下午试题分析与解答

试题一（共 20 分）

阅读以下说明，回答问题 1 至问题 3，将解答填入答题纸对应的解答栏内。

【说明】

某单位有两间办公室，通过 ADSL 接入 Internet，内网由若干台计算机组成局域网，手机和笔记本电脑均可通过无线方式接入 Internet。为保证无线设备访问 Internet，在房间二安装一个无线路由器。ASDL Modem 和无线路由器的默认管理地址分别是 192.168.1.1 和 192.168.1.253，网络拓扑如图 1-1 所示。

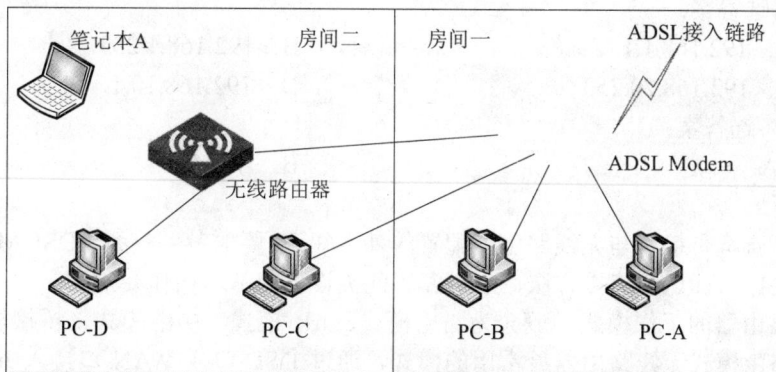

图 1-1

地址分配采用以下两种方法。

方法一：房间一通过 ADSL Modem 为用户分配地址，地址范围为：192.168.10.10 ～ 192.168.10.20；房间二通过无线路由器为用户分配地址，地址范围为：192.168.20.10 ～ 192.168.20.20。

方法二：两个房间均采用 192.168.10.10～192.168.10.40 地址。

【问题 1】（6 分）

图 1-1 中，ASDL Modem 有 3 个 LAN 口以及 1 个 iTV 口，1 个 DSL 口。ADSL Modem 通过　__(1)__　接口连接电话线，通过　__(2)__　接口对 ADSL Modem 进行调试；无线路由通过　__(3)__　接口与 ADSL Modem 连接。

【问题 2】（8 分）

在图 1-1 中，若采用方法一进行地址分配，PC-D 的地址是　__(4)__，网关地址是　__(5)__。此时，无线路由器的工作模式应设置为　__(6)__，其网关地址是　__(7)__。

（5）备选答案：

    A. 192.168.1.1   B. 192.168.1.253

    C. 192.168.20.253   D. 192.168.10.1

（6）备选答案：

    A. 接入点模式   B. 无线路由模式

    C. 中继模式   D. 桥接模式

（7）备选答案：

    A. 192.168.1.1   B. 192.168.1.253

    C. 192.168.20.253   D. 192.168.10.1

【问题 3】（6 分）

在图 1-1 中，若采用方法二进行地址分配，PC-D 设备获取的地址是 (8) ，网关是 (9) 。若无线路由器的工作模式从中继模式变为桥接模式时，无线路由器的 SSID 号及加密方式 (10) 要与 ADSL Modem 一致。

（9）备选答案：

    A. 192.168.1.1   B. 192.168.1.253

    C. 192.168.20.253   D. 192.168.10.1

（10）备选答案：

    A. 一定   B. 不一定

试题一分析

本题考查宽带接入与无线路由器配置的基本知识。要求考生熟悉 ADSL Modem 与无线路由器的接口标识和连接方法，掌握配置此类设备的基本操作要点。

无线路由器的工作模式一般分为路由模式、AP 模式、中继模式、桥接模式和客户端模式。路由模式无线路由器最常用的模式，通过 DSL 口或 WAN 口接入 Internet。当需要扩大无线信号的覆盖范围时，可以使用中继模式或桥接模式。

【问题 1】

ASDL Modem 的 LAN 口用于连接网络内部设备，比如计算机、交换机或者无线路由器等。ASDL Modem 的 iTV 口（Interaction Television，互动电视节目）是电信等 ISP 商为网络用户提供的一种数字电视节目的业务，不能随意进行配置。DSL 口用来接电话线，通过电话线作为传输介质解决发生在网络服务商与最终用户间的"最后一公里"的传输瓶颈。

【问题 2】

采用方法一对用户地址进行分配，不同房间分配了不同的地址段，根据题中给定的地址段和备选答案，PC-D 获得的地址在 192.168.20.10～192.168.20.20 中任意一个，网关是 192.168.20.253。无线路由器对 PC-D 的地址进行了地址转换，地址转换无线路由模式与接入点模式的主要区别，因此该题中无线路由器配置的工作模式是无线路由模式。

【问题 3】

采用方法二对用户地址进行分配，不同房间分配了相同的地址段，根据题中给定的地址段和备选答案，PC-D 获得的地址在 192.168.10.10 ～ 192.168.10.40 中任意一个，网关是 192.168.10.1。在无线路由器上进行中继模式和桥接模式的配置，SSID 号和加密方式有所不同，桥接模式下可以自定义不同的 SSID 号和加密方式。

参考答案

【问题 1】

（1）DSL

（2）LAN

（3）WAN

【问题 2】

（4）192.168.20.10～192.168.20.20 中任意一个

（5）C

（6）B

（7）D

【问题 3】

（8）192.168.10.10～192.168.10.40 中任意一个

（9）D

（10）B

试题二（共 20 分）

阅读以下说明，回答问题 1 至问题 3，将解答填入答题纸对应的解答栏内。

【说明】

请根据 Windows 服务器的安装与配置，回答下列问题。

【问题 1】（6 分）

图 2-1 是本地磁盘（F:）的属性窗口，该磁盘文件系统是__(1)__格式。可在"运行"窗口中输入__(2)__命令打开命令行窗口，执行 convert 命令将磁盘文件格式转换成其他格式。若要对该磁盘进行备份，可选择图 2-1 中__(3)__标签页。

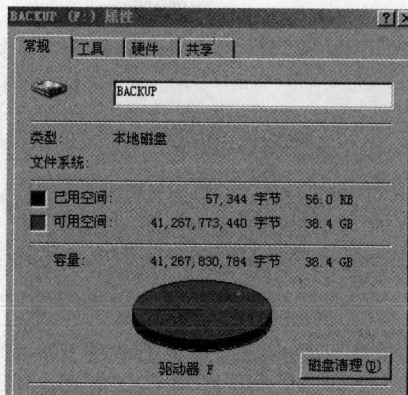

图 2-1

（1）、（2）备选答案：

      A．FAT32　　　　　B．NTFS　　　　　C．cmd　　　　　D．mmc

【问题 2】（8 分）

请根据配置 VPN 服务的步骤，回答以下问题。

1．确定 VPN 服务配置之前需要关闭的服务是　(4)　。

（4）备选答案：

      A．Windows 防火墙　　　　　　　　B．远程注册表服务

      C．route 路由服务　　　　　　　　　D．Workstation 服务

2．如图 2-2 和图 2-3 所示，进行 VPN 服务的相关配置。若该服务器安装了一块网卡，并且不具备路由功能，应该选择图 2-2 中的　(5)　选项，在图 2-3 中勾选　(6)　选项。

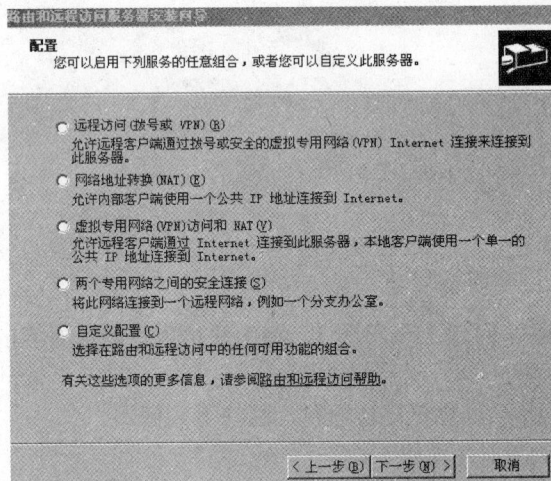

图 2-2

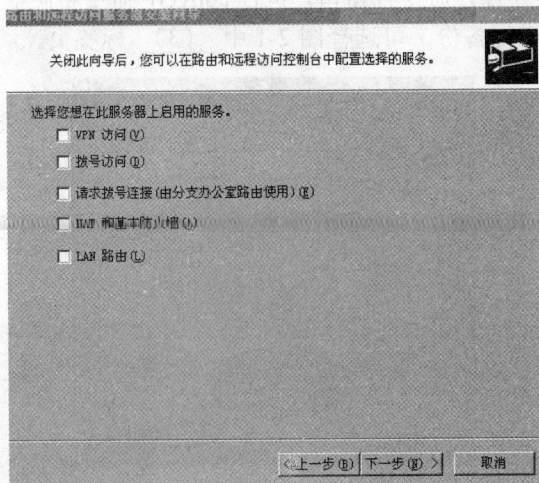

图 2-3

3. VPN 服务启动后，在图 2-4 中添加静态 IP 地址的作用___（7）___。

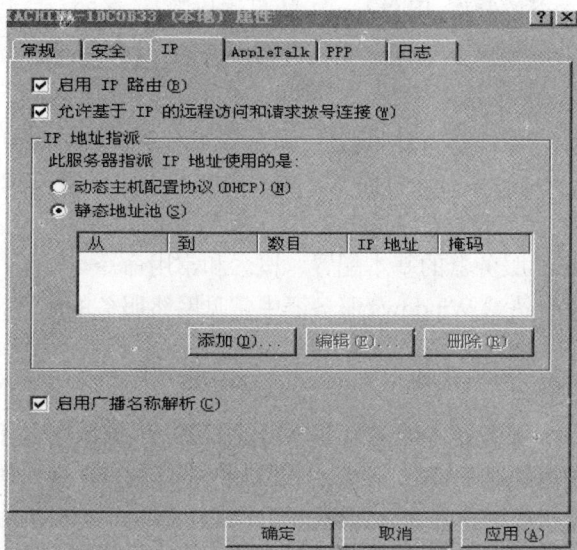

图 2-4

【问题 3】（6 分）

如图 2-5 和图 2-6 所示，Windows 服务器中对"共享资料"文件夹设置了共享权限和安全权限。

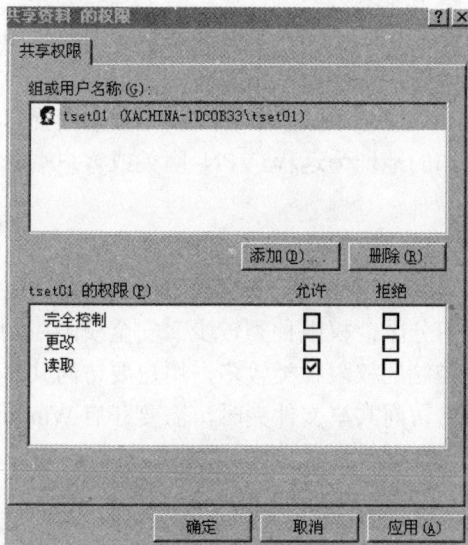

图 2-5

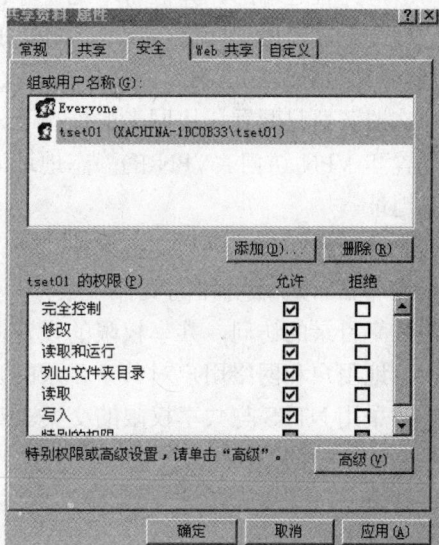

图 2-6

从图 2-5 和图 2-6 可知，文件夹"共享资料"为用户 tset01 设置的共享权限是"读取"，安全权限是"完全控制"，用户 tset01 的最终权限是＿＿(8)＿＿。共享权限与安全权限的区别是＿＿(9)＿＿。若需要匿名访问共享文件需要开启＿＿(10)＿＿账户。

(9) 备选答案：

　　A．共享权限只对网络访问有效，安全权限对本机访问也有效

　　B．共享权限适合多种文件格式，安全权限只适合 FAT32 文件格式

试题二分析

本题考查 Windows 服务器的基本配置、概念和常用命令。

此类题目要求考生熟悉 Windows 服务器中常见网络服务的配置，根据题目给出的截图回答相关问题。

【问题 1】

图 2-1 是 Windows 服务器本地磁盘 F 属性的截图，根据截图显示的标签页可以知道磁盘 F 的文件系统采用的是 FAT32 格式。FAT32 格式与 NTFS 格式的区别在于可以将每个磁盘分更大空间，拥有更高的安全属性。因此 NTFS 格式比 FAT32 格式的有更多的标签页用于磁盘管理。cmd 是命令行程序，是 Windows 服务器最常用的命令之一，用于打开 Windows 服务器命令行窗口。对磁盘进行备份操作，在磁盘属性页面中的"工具"标签页中操作。

【问题 2】

Windows 服务器的 VPN 网络服务是将远端的计算机和本地计算机虚拟在同一个局域网中，并且远端的计算机与本地计算在进行通信时实现加密传输。由于通过 VPN 进行数据传输需要用到 1723 端口，因此在默认情况下，Windows 服务器自带的防火墙在安装 VPN 服务时应当关闭，或者在防火墙上打开 1723 端口。

在服务器只配置一块网卡的情况下，VPN 的配置在图 2-2 和图 2-3 中分别选择自定义配置和 VPN 访问。VPN 的静态地址池中添加的地址为远程 VPN 网关或客户端分配静态地址。

【问题 3】

在 Windows 服务器的文件权限分为共享权限和安全权限。共享权限控制的是网络用户对共享目录的访问，共享权限的设置适合任何分区，权限种类较少。安全权限控制的是对本地用户和网络用户对共享目录的访问，控制的权限种类较多，用户要访问共享文件夹时采用 NTFS 与共享权限的交集。对于匿名访问共享文件夹时，需要开启 Windows 服务器账户中的 Guest 账户。

参考答案

【问题 1】

　　(1) A

　　(2) C

（3）工具

【问题 2】

1.（4）A

2.（5）自定义配置

（6）VPN 访问

3.（7）为 VPN 用户分配地址

【问题 3】

（8）读取

（9）A

（10）Guest 或来宾账户

试题三（共 20 分）

阅读以下说明，回答问题 1 至问题 4，将解答填入答题纸对应的解答栏内。

【说明】

某公司网络拓扑结构图如图 3-1 所示，其中 S1 为三层交换机。

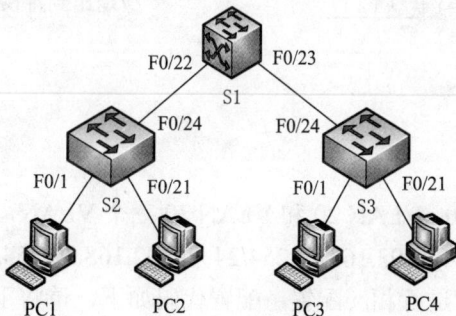

图 3-1

【问题 1】（4 分）

由于公司分为多个部门，网管员决定为公司各部门分别划分不同的 VLAN。为便于管理，网管员应采用___(1)___方法划分 VLAN。如图 3-1 所示，PC1 和 PC3 处于 VLAN10，PC2 处于 VLAN 20，PC4 处于 VLAN40，PC1 发送的广播数据包___(2)___能收到。

为了实现公司全网互通，需实现 VLAN 间通信，应在___(3)___或者三层交换机上实现，以上两种设备工作在 OSI 的___(4)___。

（1）～（4）备选答案：

（1）A. 基于 IP 地址　　　　　　　　　　B. 基于交换机端口

　　　C. 基于 MAC 地址　　　　　　　　D. 基于不同用户

（2）A. 仅 PC3　　　　B. PC2 和 PC4　　　C. 仅 PC2　　　　D. PC3 和 PC4

（3）A．路由器　　　　　B．网桥　　　　C．HUB　　　　D．防火墙

（4）A．物理层　　　　　B．数据链路层　　C．网络层　　　D．传输层

【问题 2】（8 分）

网管员对交换机完成了基本配置，基本配置代码如下所示，请将下面配置代码或注释补充完整。

```
Switch>
Switch>  (5)                              //进入特权模式
Switch#config  (6)                        //进入配置模式
Switch(config)#hostname  (7)              //为交换机命名为 S2
S2(config)#interface fastEthernet 0/24
S2(config-if-range)#switchport mode trunk   //  (8)
S2(config)#interface  (9)  fastEthernet 0/1-10
S2(config-if-range)#switchport access vlan 10       //  (10)
S2(config)#interface range fastEthernet 0/11-23
S2(config-if-range)#switchport access  (11)  20
S2(config-if-range)#  (12)                //退出到特权模式
S2#
......
S3 配置与 S2 同，略去
```

【问题 3】（6 分）

公司划分了 VLAN 10、VLAN 20 和 VLAN 30 三个 VLAN，其中三个 VLAN 的网关分别为：192.168.10.254/24，192.168.20.254/24 和 192.168.30.254/24。为实现 VLAN 间通信，需对三层交换机 S1 进行相应配置，配置代码如下，请将下面配置代码或注释补充完整。

行号	代码	
1	S1>enalb	
2	S1#config terminal	
3	S1(config)#interface (13) 10	//进入 VLAN 10 接口
4	31(config-if)#ip address (14) 255.255.255.0	//配置 VLAN 10 网关地址
5	S1(config-if)#no shutdown	
	......	
6	S1(config-if)#exit	// (15)
7	S1(config)#ip routing	// (16)
8	S1(config)#	

在上面的代码中，第 (17) 行代码是可以省略的。

（17）备选答案（2 分）：

　　　　A．2　　　　　　B．4　　　　　　C．5　　　　　　D．7

【问题 4】（2 分）

完成以上配置后，测试发现 PC1 可以与 PC2 通信，但无法与 PC3 和 PC4 通信，PC3 和 PC4 均无法 ping 通其各自网关地址。最可能的原因是　　(18)　　。

（18）备选答案：

　　　　A．VLAN 间路由配置错误　　　　　　B．网关 IP 地址配置错误

　　　　C．S1 至 S3 间链路类型配置错误　　　D．VLAN 划分错误

试题三分析

本题考查二层交换机及三层交换机的基本配置方面的知识及应用。

该类题目要求考生首先详细阅读题干，清楚题目的要求和意图，确定题目的基本配置意图和配置代码，根据题意，将配置代码补充完整，或选择合适的选项。

【问题 1】

该问题考查考生对于 VLAN 的基本功能和基本知识的掌握程度。

络管理员可根据用户端的 IP 地址、交换机端口、MAC 地址等划分 VLAN，其中基于 IP 地址和 MAC 地址属于动态 VLAN 划分的方法，该方法便于用户在不同的物理位置访问网络，但不便于网络管理员管理，基于交换机端口划分 VLAN，是一种静态 VLAN 划分的方法，一旦划定，VLAN 成员将不会发生变化，便于管理员管理网络。

处于同一个 VLAN 的终端，可以直接相互通信，而处于不同 VLAN 的终端，则需要在三层设备上，做相应的设置才能够相互通信。

【问题 2】

该问题考查的是考生对于 VLAN 配置的掌握程度。

根据题意，规划 VLAN 的设置方法和设置项，并将配置代码或者解释补充完整。

为使不同的 VLAN 能够通过交换机端口，须将级联接口设置为中继（trunk）模式，VLAN 创建后，将相应的端口放入指定 VLAN。最后使用 "end" 命令退出 VLAN 配置模式。

【问题 3】

该问题考查考生对于三层交换机上实现 VLAN 间通信的配置方法掌握程度。

在三层交换机上创建 SVI（Switch Virtual Interface）交换机虚拟接口，并为其配置 IP 地址，开启三层交换机的路由功能即可。

需要注意的是，当在三层交换机上创建了 SVI 接口后，该接口自动处于 up 模式，无须手工打开，因此，配置代码中的第 5 行为多余命令。

【问题 4】

该问题考查考生对于 VLAN 间路由配置故障定位和排除的掌握程度。

　　根据题干说明，处于不同 VLAN 的 PC1 和 PC2 可以相互通信，而处于不同 VLAN 的 PC3 和 PC4 不能相互通信，且无法 ping 通其各自网关地址。该故障说明 PC3 与 PC4 无法与其网关地址通信，而它们的网关地址均处于三层交换机（S1）的 SVI 接口上，即数据包无法到达 S1。考虑到 PC3 和 PC4 处于不同的 VLAN，要使得它们的数据包通过，级联接口需设置为中继模式（trunk），可用排除法得到答案。

参考答案

【问题 1】

　　（1）B

　　（2）A

　　（3）A

　　（4）C

【问题 2】

　　（5）enable

　　（6）terminal / t

　　（7）S2

　　（8）配置中继模式

　　（9）range

　　（10）进入 vlan10

　　（11）vlan

　　（12）end

【问题 3】

　　（13）vlan

　　（14）192.168.10.254

　　（15）退出接口配置模式

　　（16）开启路由功能

　　（17）C

【问题 4】

　　（18）C

试题四（共 15 分）

　　阅读以下说明，回答问题 1 至问题 2，将解答填入答题纸对应的解答栏内。

【说明】

　　某学校新生入学后进行信息登记，其登记页面和登记后信息显示页面分别如图 4-1 和图 4-2 所示。

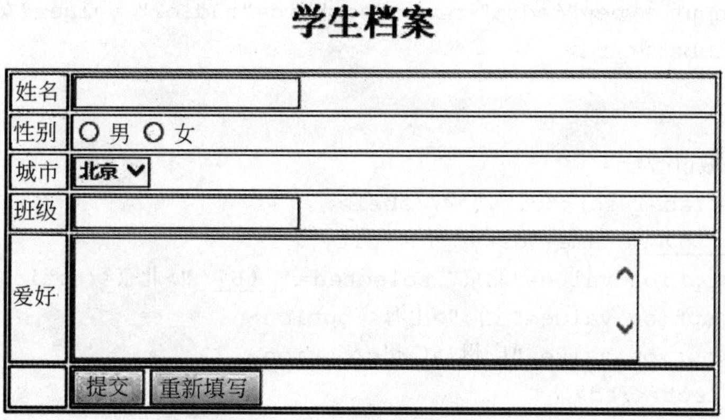

学生档案

姓名	
性别	○ 男 ○ 女
城市	北京 ▽
班级	
爱好	
	提交　重新填写

图 4-1

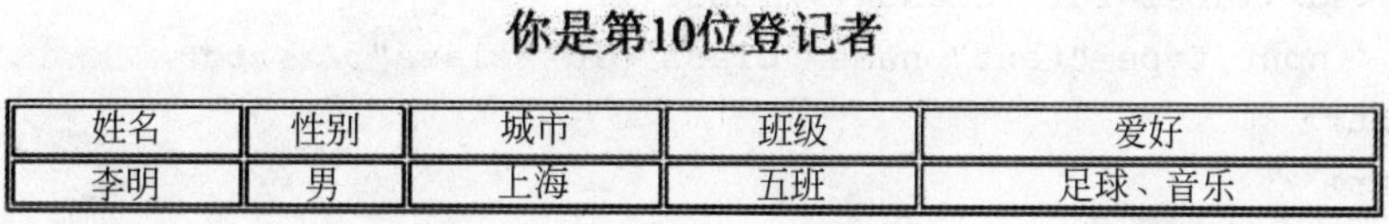

你是第10位登记者

姓名	性别	城市	班级	爱好
李明	男	上海	五班	足球、音乐

图 4-2

【问题 1】(9 分)

以下是图 4-1 所示的 index.asp 页面的部分代码，请仔细阅读该段代码，将（1）～（9）的空缺代码补齐。

```
<title>学生档案</title>
<body>
<div align="___(1)___">
  <h1><strong>学生档案 </strong></h1>
</div>
<form id="form1" name="form1" method="___(2)___" action="show.asp">
  <table width="485" border="1" align="center">
    <tr>
      <td>姓名</td>
      <td><label for="name"></label>
      <input type="___(3)___" name="name" id="name" /></td>
    </tr>
    <tr>
      <td>性别</td>
      <td><input type="___(4)___" name="sex" id="radio" value="男" />
      <label for="sex">男
```

```
         <input type="radio" name="sex" id="radio2" value="女" />
      女</label></td>
   </tr>
   <tr>
     <td>城市</td>
     <td><label for="city"></label>
       <  (5)    name="city" id="city">
         <option value="北京" selected="  (6)  ">北京</option>
         <option value="上海">上海</option>
         <option value="广州">广州</option>
       </select></td>
   </tr>
   <tr>
     <td>班级</td>
     <td><label for="class"></label>
     <input type="text" name="class" id="class" /></td>
   </tr>
   <tr>
     <td> 爱好</td>
     <td><label for="favorite"></label>
     <  (7)    name="favorite" id="favorite" cols="45" rows="5"></textarea>
       </td>
   </tr>
   <tr>
     <td> </td>
     <td><input type="  (8)  " name="button" id="button" value="提交" />
     <input type="  (9)  " name="button2" id="button2" value="重新填写" />
       </td>
   </tr>
 </table>
</form>
</body>
</html>
```

（1）～（9）备选答案：

    A. submit   B. selected   C. post   D. reset   E. radio

    F. text   G. center   H. textarea   I. select

【问题 2】（6 分）

    学生输入信息并提交后，系统将回显学生信息，并显示登记位次。下面是显示学生登记位次的部分代码，请根据图 4-2 将下面代码补充完整。

```
<%
whichfile=server. mappath ("register.txt")
set fs=server.  (10)  ("Scripting.FileSystemObject")
set thisfile=fs. opentextfile (whichfile)
visitors= (11) .readline
thisfile.close
response.Write("<center><font size=5>你是第"& (12) &"位登记者</font>
</center>")
%>
……  //省略页面显示部分代码
<%
visitors=visitors+1
set out=fs. (13) (whichfile)
 (14) .writeLine (visitors)
out.close
set fs= (15)
%>
```

（10）～（15）备选答案：

    A．thisfile   B．visitors   C．nothing

    D．CreatObject   E．out   F．createtextfile

试题四分析

本题考查对 HTML 和 ASP 编程语言的掌握程度，是传统题目。

【问题 1】

本问题主要考查 ASP 的一些基本设置命令。

（1）将标题"学生档案"居中，所以选择 center。

（2）method="post"表示表单中的数据以"post"方式传递，即发送的数据直接发送到服务器端。action 是提交动作，即提交过去的页面交给 show.asp 来处理。

（3）表示输入类型是文本，如登录输入用户名，注册输入电话号码、电子邮件、家庭住址等等。

（4）表示输入类型是单选框。

（5）表示带有 name 属性的下拉列表。

（6）表示默认选择的表项。

（7）表示输入类型为输入框。

（8）表示输入类型是"提交"。

（9）表示输入类型是"重置"。

【问题 2】

本问题主要考查 ASP 创建对象的相关命令。

（1）创建 FileSystemObject 对象实例 fs。

（2）读取计数文件的内容。

（3）显示计数变量 visitors 的数值。

（4）创建输出文件对象。

（5）在输出文件对象中写入数值。

（6）关闭对象。

参考答案

【问题 1】

（1）G

（2）C

（3）F

（4）E

（5）I

（6）B

（7）H

（8）A

（9）D

【问题 2】

（10）D

（11）A

（12）B

（13）F

（14）E

（15）C

第21章 2017上半年网络管理员上午试题分析与解答

试题（1）

在 Windows 资源管理器中，如果选中某个文件，再按 Delete 键可以将该文件删除，但需要时还能将该文件恢复。若用户同时按下 Delete 和 __(1)__ 组合键时，则可删除此文件且无法从"回收站"恢复。

(1) A. Ctrl   B. Shift   C. Alt   D. Alt 和 Ctrl

试题（1）分析

在 Windows 资源管理器中，若用户同时按下 Del 和 Shift 组合键时，系统会弹出如下所示的对话框，此时，若选择按下 " 是(Y) " 按钮，则可以彻底删除此文件。

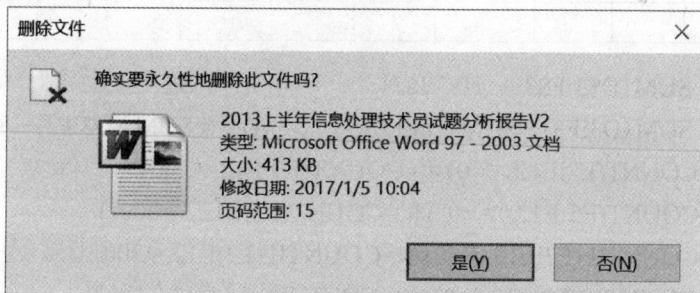

删除文件

确实要永久性地删除此文件吗？

2013上半年信息处理技术员试题分析报告V2
类型: Microsoft Office Word 97 - 2003 文档
大小: 413 KB
修改日期: 2017/1/5 10:04
页码范围: 15

是(Y)   否(N)

参考答案

(1) B

试题（2）

计算机软件有系统软件和应用软件，下列 __(2)__ 属于应用软件。

(2) A. Linux   B. Unix   C. Windows 7   D. Internet Explorer

试题（2）分析

选项 A、选项 B 和选项 C 都为操作系统，操作系统属于系统软件。用排除法可知正确的选项是 D。

参考答案

(2) D

试题（3）、（4）

某公司 2016 年 10 月员工工资表如下所示。若要计算员工的实发工资，可先在 J3 单元格中输入 __(3)__，再向垂直方向拖动填充柄至 J12 单元格，则可自动算出这些员工的实发工资。若要将缺勤和全勤的人数统计分别显示在 B13 和 D13 单元格中，则可在

B13 和 D13 中分别填写__(4)__。

	A	B	C	D	E	F	G	H	I	J
1	2016年10月份员工工资表									
2	编号	姓名	部门	基本工资	全勤奖	岗位	应发工资	扣款1	扣款2	实发工资
3	1	赵莉娜	企划部	1650.00	300.00	1500.00	3450.00	100.00	0.00	
4	2	李学君	设计部	1800.00	0.00	3000.00	4800.00	150.00	50.00	
5	3	黎民星	销售部	2000.00	300.00	2000.00	4300.00	100.00	0.00	
6	4	胡慧敏	企划部	1950.00	0.00	2000.00	3950.00	0.00	0.00	
7	5	赵小勇	市场部	1900.00	300.00	1800.00	4000.00	150.00	50.00	
8	6	许小龙	办公室	1650.00	300.00	1800.00	3750.00	0.00	0.00	
9	7	王成军	销售部	1850.00	300.00	2600.00	4750.00	200.00	100.00	
10	8	吴春红	办公室	2000.00	0.00	2000.00	4000.00	150.00	50.00	
11	9	杨晓凡	市场部	1650.00	300.00	3000.00	4950.00	0.00	0.00	
12	10	黎志军	设计部	1950.00	300.00	2800.00	5050.00	100.00	0.00	
13										

（3）A．= SUM（D\$3:F\$3）-（H\$3:I\$3）　　　B．= SUM（D\$3:F\$3）+（H\$3:I\$3）

C．= SUM（D3:F3）- SUM（H3:I3）　　　D．= SUM（D3:F3）+ SUM（H3:I3）

（4）A．=COUNT(E3:E12,> =0)和=COUNT(E3:E12,= 300)

B．=COUNT(E3:E12,"> =0")和=COUNT(E3:E12,"= 300")

C．=COUNTIF(E3:E12,> =0)和=COUNTIF(E3:E12,= 300)

D．=COUNTIF(E3:E12,"=0")和=COUNTIF(E3:E12,"=300")

试题（3）、（4）分析

试题（3）的正确选项为 C。因为相对引用的特点是将计算公式复制或填充到其他单元格时，单元格的引用会自动随着移动位置的变化而变化，所以根据题意应采用相对引用。选项 A 采用相对引用，故在 J3 单元格中输入选项 C，并向垂直方向拖曳填充柄至 J12 单元格，则可自动算出这些学生的综合成绩。

试题（4）的正确选项为 D。由于"COUNT"是无条件统计函数，故选项 A 和 B 都不正确，又由于"COUNTIF"是条件统计函数，其格式为：COUNTIF（统计范围，"统计条件"），对于选项 C 统计条件未加引号格式不正确，正确的答案为选项 D。

参考答案

（3）C　　（4）D

试题（5）

以下关于 CPU 的叙述中，正确的是__(5)__。

（5）A．CPU 中的运算单元、控制单元和寄存器组通过系统总线连接起来

B．在 CPU 中，获取指令并进行分析是控制单元的任务

  C．执行并行计算任务的 CPU 必须是多核的

  D．单核 CPU 不支持多任务操作系统而多核 CPU 支持

试题（5）分析

  本题考查计算机系统基础知识。

  CPU 中主要部件有运算单元、控制单元和寄存器组，连接这些部件的是片内总线。系统总线是用来连接微机各功能部件而构成一个完整微机系统的，如 PC 总线、AT 总线（ISA 总线）、PCI 总线等。

  单核 CPU 可以通过分时实现并行计算。

参考答案

  （5）B

试题（6）

  计算机系统中采用___（6）___技术执行程序指令时，多条指令执行过程的不同阶段可以同时进行处理。

  （6）A．流水线   B．云计算   C．大数据   D．面向对象

试题（6）分析

  本题考查计算机系统基础知识。

  为提高 CPU 利用率，加快执行速度，将指令分为若干个阶段，可并行执行不同指令的不同阶段，从而使多个指令可以同时执行。在有效地控制了流水线阻塞的情况下，流水线可大大提高指令执行速度。经典的五级流水线为取指、译码/读寄存器、执行/计算有效地址、访问内存（读或写）、结果写回寄存器

参考答案

  （6）A

试题（7）

  知识产权权利人是指___（7）___。

  （7）A．著作权人   B．专利权人

    C．商标权人   D．各类知识产权所有人

试题（7）分析

  本题考查知识产权基础知识。

  知识产权指"权利人对其智力劳动所创作的成果享有的财产权利"，一般只在有限时间内有效。

  知识产权所有人指合法占有某项知识产权的自然人或法人，即知识产权权利人，包括专利权人、商标注册人、版权所有人等。这里所指的"所有人"包括知识产权权利的原始获得人和合法继受人。

  知识产权持有人与知识产权所有人不是同一个概念，两者是有所区别的。知识产权的"持有人"包括两种人：一是知识产权的合法所有人；二是知识产权的合法被许可人，

即经知识产权权利人的许可，合法取得某项知识产权使用权的使用人。这两种人都合法地享有该项知识产权的使用权。但是只有知识产权权利人才可以向海关总署办理知识产权海关保护备案或者向进出境地海关申请采取知识产权保护措施。

参考答案

（7）D

试题（8）

以下计算机软件著作权权利中，　（8）　是不可以转让的。

（8）A. 发行权　　　　B. 复制权　　　　C. 署名权　　　　D. 信息网络传播权

试题（8）分析

本题考查知识产权基础知识。

《中华人民共和国著作权法》规定，软件作品享有两类权利，一类是软件著作权的人身权（精神权利）；另一类是软件著作权的财产权（经济权利）。《计算机软件保护条例》规定，软件著作权人享有发表权和开发者身份权（也称为署名权），这两项权利与软件著作权人的人身权是不可分离的。

财产权通常是指由软件著作权人控制和支配，并能够为权利人带来一定经济效益的权利。《计算机软件保护条例》规定，软件著作权人享有的软件财产权有使用权、复制权、修改权、发行权、翻译权、注释权、信息网络传播权、出租权、使用许可权和获得报酬权、转让权。

软件著作权人可以全部或者部分转让软件著作权中的财产权。

参考答案

（8）C

试题（9）

　（9）　图像通过使用色彩查找表来获得图像颜色。

（9）A. 真彩色　　　　B. 伪彩色　　　　C. 黑白　　　　D. 矢量

试题（9）分析

本题考查多媒体基础知识。

真彩色是指组成一幅彩色图像的每个像素值中，有 R、G、B 三个基色分量，每个基色分量直接决定显示设备的基色强度，这样产生的彩色称为真彩色。例如，R、G、B 分量都用 8 位来表示，可生成的颜色数就是 2^{24} 种，每个像素的颜色就是由其中的数值直接决定的。这样得到的色彩可以反映原图像的真实色彩，称之为真彩色。

为了减少彩色图像的存储空间，在生成图像时，对图像中不同色彩进行采样，产生包含各种颜色的颜色表，即色彩查找表。图像中每个像素的颜色不是由三个基色分量的数值直接表达，而是把像素值作为地址索引在色彩查找表中查找这个像素实际的 R、G、B 分量，将图像的这种颜色表达方式称为伪彩色。需要说明的是，对于这种伪彩色图像的数据，除了保存代表像素颜色的索引数据外，还要保存一个色彩查找表（调色板）。

参考答案

（9）B

试题（10）、（11）

在 Windows 系统中，系统对用户组默认权限由高到低的顺序是　(10)　。如果希望某用户对系统具有完全控制权限，则应该将该用户添加到用户组　(11)　中。

（10）A．everyone→administrators→power users→users

　　　　B．administrators→power users→users→everyone

　　　　C．power users→users→everyone→administrators

　　　　D．users→everyone→administrators→power users

（11）A．everyone　　　　B．users　　　　C．power users　　　　D．administrators

试题（10）、（11）分析

本题考查 Windows 用户权限方面的知识。

在 Windows 系统中，everyone、users、power users 和 administrators 四个选项中，只有 administrators 拥有完全控制权限，系统对用户组默认权限由高到低的顺序是：administrators→power users→users→everyone。

参考答案

（10）B　（11）D

试题（12）

用某高级程序设计语言编写的源程序通常被保存为　(12)　。

（12）A．位图文件　　　　　　　　B．文本文件

　　　　C．二进制文件　　　　　　　D．动态链接库文件

试题（12）分析

本题考查程序语言基础知识。

高级程序设计语言编写的源程序是以文本文件方式保存的。

参考答案

（12）B

试题（13）

如果要使得用 C 语言编写的程序在计算机上运行，则对其源程序需要依次进行 (13) 等阶段的处理。

（13）A．预处理、汇编和编译　　　　B．编译、链接和汇编

　　　　C．预处理、编译和链接　　　　D．编译、预处理和链接

试题（13）分析

本题考查程序语言基础知识。

C 语言是编译型编程语言，需要对其源程序经过预处理、编译和链接处理，产生可执行文件，将可执行文件加载至内存后再执行。

参考答案

（13）C

试题（14）、（15）

在面向对象的系统中，对象是运行时的基本实体，对象之间通过传递　__(14)__　进行通信。__(15)__ 是对对象的抽象，对象是其具体实例。

（14）A. 对象　　　　　B. 封装　　　　　C. 类　　　　　D. 消息

（15）A. 对象　　　　　B. 封装　　　　　C. 类　　　　　D. 消息

试题（14）、（15）分析

本题考查面向对象分析与设计方面的基础知识。

面向对象方法以客观世界中的对象为中心，采用符合人们思维方式的分析和设计思想，分析和设计的结果与客观世界的实际情况比较接近。在面向对象的系统中，对象是基本的运行时实体，它既包括数据（属性），也包括作用于数据的操作（行为）。对象之间进行通信的一种构造叫作消息。封装是一种信息隐蔽技术，其目的是使对象的使用者和生产者分离，使对象的定义和实现分开。一个类定义了一组大体上相似的对象，类所包含的方法和数据描述了这组对象的共同行为和属性。类是对象之上的抽象，对象是类的具体化，是类的实例。

参考答案

（14）D　　（15）C

试题（16）、（17）

在 UML 中有 4 种事物：结构事物、行为事物、分组事物和注释事物。其中，__(16)__ 事物表示 UML 模型中的名词，它们通常是模型的静态部分，描述概念或物理元素。以下　__(17)__　属于此类事物。

（16）A. 结构　　　　　B. 行为　　　　　C. 分组　　　　　D. 注释

（17）A. 包　　　　　　B. 状态机　　　　C. 活动　　　　　D. 构件

试题（16）、（17）分析

本题考查统一建模语言（UML）的基本知识。

UML 是一种能够表达软件设计中动态和静态信息的可视化统一建模语言，由三个要素构成：UML 的基本构造块、支配这些构造块如何放置在一起的规则、用于整个语言的公共机制。UML 的词汇表包含三种构造块：事物、关系和图。

事物是对模型中最具有代表性的成分的抽象，分为结构事物、行为事物、分组事物和注释事物。结构事物通常是模型的静态部分，是 UML 模型中的名词，描述概念或物理元素，包括类、接口、协作、用例、主动类、构件和节点。行为事物是模型中的动态部分，描述了跨越时间和空间的行为，包括交互和状态机。分组事物是一些由模型分解成为组织部分，最主要的是包。注释事物用来描述、说明和标注模型的任何元素，主要是注解。

参考答案

（16）A　（17）D

试题（18）

应用系统的数据库设计中，概念设计阶段是在__(18)__的基础上，依照用户需求对信息进行分类、聚集和概括，建立信息模型。

（18）A．逻辑设计　　　　B．需求分析　　　C．物理设计　　　D．运行维护

试题（18）分析

本题考查的是应试者对数据库系统基本概念掌握程度。

数据库概念结构设计阶段是在需求分析的基础上，依照需求分析中的信息要求，对用户信息加以分类、聚集和概括，建立信息模型，并依照选定的数据库管理系统软件，转换成为数据的逻辑结构，再依照软硬件环境，最终实现数据的合理存储。

参考答案

（18）B

试题（19）

OSI 参考模型中数据链路层的 PDU 称为__(19)__。

（19）A．比特　　　　B．帧　　　　C．分组　　　　D．段

试题（19）分析

本题考查 OSI 参考模型的基础知识。

OSI 参考模型中数据链路层的 PDU 称为帧。

参考答案

（19）B

试题（20）

以太网 10Base-T 中物理层采用的编码方式为__(20)__。

（20）A．非归零反转　　　　　　　　B．4B5B

　　　C．曼彻斯特编码　　　　　　　D．差分曼彻斯特编码

试题（20）分析

本题考查数据编码技术相关基础知识。

以太网 10Base-T 即为传统以太网，其物理层采用的编码技术为曼彻斯特编码。

参考答案

（20）C

试题（21）

采用幅度-相位复合调制技术，由 4 种幅度和 8 种相位组成 16 种码元，若信道的数据速率为 9600 b/s，则信号的波特率为__(21)__Baud。

（21）A．600　　　　B．1200　　　　C．2400　　　　D．4800

试题（21）分析

本题考查数据编码技术相关基础知识。

采用幅度-相位复合调制技术调制成 16 种码元，每个码元能携带 4 比特，即码元速率是数据速率的 1/4，故信号的波特率为 2400Baud。

参考答案

（21）C

试题（22）

T1 载波的帧长度为　__（22）__　比特。

（22）A. 64　　　　　　B. 128　　　　　　C. 168　　　　　　D. 193

试题（22）分析

本题考查时分多路复用 T1 帧相关基础知识。

T1 载波的帧长度为 193 比特，帧时 125μs，每秒采样 8000 次，信道总速率为 1.544Mb/s。

参考答案

（22）D

试题（23）、（24）

下图所示 Router 为路由器，Switch 为二层交换机，Hub 为集线器，则该拓扑结构中共有__（23）__个广播域，__（24）__个冲突域。

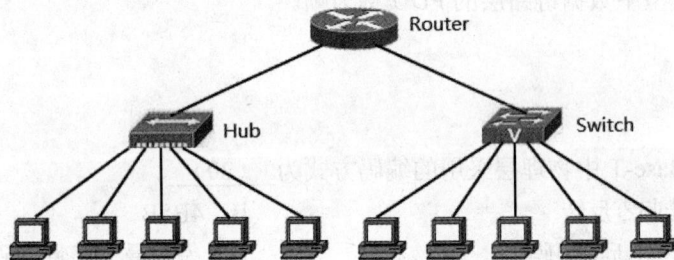

（23）A. 1　　　　　　B. 2　　　　　　C. 3　　　　　　D. 4
（24）A. 3　　　　　　B. 5　　　　　　C. 7　　　　　　D. 9

试题（23）、（24）分析

本题考查冲突域与广播域，交换机、集线器与路由器相关基础知识。

路由器隔离广播域，即每一个接口是一个广播域；交换机每个接口为一个冲突域；集线器采用广播方式，整个构成一个冲突域。

参考答案

（23）B　（24）C

试题（25）、（26）

PING 发出的是　__（25）__　类型的报文，封装在　__（26）__　协议数据单元中传送。

（25）A．TCP 请求　　　　　　　　　　B．TCP 响应

　　　　C．ICMP 请求与响应　　　　　　D．ICMP 源点抑制

（26）A．IP　　　　　B．TCP　　　　　C．UDP　　　　　D．PPP

试题（25）、（26）分析

本题考查 ICMP 协议相关基础知识。

PING 命令是 ICMP 协议的一个应用，采用 ICMP 请求与响应类型，提供链路连通性测试。ICMP 封装在 IP 数据报报文中传送。

参考答案

（25）C　（26）A

试题（27）

以下关于 TCP/IP 协议栈中协议和层次对应关系的叙述中，正确的是　(27)　。

（27）A.

TFTP	Telnet
UDP	TCP
ARP	

B.

RIP	Telnet
UDP	TCP
ARP	

C.

HTTP	SNMP
TCP	UDP
IP	

D.

SMTP	FTP
UDP	TCP
IP	

试题（27）分析

本题考查 TCP/IP 协议栈中协议与层次关系。

选项 A、B 错在第 3 层应为 IP 协议；选项 D 错在 SMTP 采用的传输层协议为 TCP。

参考答案

（27）C

试题（28）

配置交换机时，以太网交换机的 Console 端口连接　(28)　。

（28）A．广域网　　　　　　　　　　B．以太网卡

　　　　C．计算机串口　　　　　　　　D．路由器 S0 口

试题（28）分析

本题考查交换机简单连接与管理。

配置交换机时，以太网交换机的 Console 端口连接计算机串口。

参考答案

（28）C

试题（29）

当　(29)　时，TCP 启动快重传。

（29）A．重传计时器超时　　　　　　　B．连续收到同一段的三次应答

　　　　C．出现拥塞　　　　　　　　　　D．持续计时器超时

试题（29）分析

本题考查 TCP 协议中差错控制技术。

为避免超时重传花费时间过长，TCP 中采用了快重传技术。当连续收到同一段的三次应答时，表明有段出现差错，需要重传。

参考答案

（29）B

试题（30）

SMTP 使用的传输层协议是___（30）___。

（30）A．TCP　　　　　　B．IP　　　　　　C．UDP　　　　　　D．ARP

试题（30）分析

本题考查 SMTP 协议基础知识。

SMTP 是简单邮件传输协议，下层采用 TCP 传输。

参考答案

（30）A

试题（31）

在异步通信中，每个字符包含 1 位起始位、7 位数据位和 2 位终止位，若每秒钟传送 500 个字符，则有效数据速率为___（31）___。

（31）A．500b/s　　　　B．700b/s　　　　C．3500b/s　　　　D．5000b/s

试题（31）分析

本题考查异步传输协议基础知识。

每秒传送 500 字符，每字符 7 比特，故有效速率为 3500b/s。

参考答案

（31）C

试题（32）

以下路由策略中，依据网络信息经常更新路由的是___（32）___。

（32）A．静态路由　　　　　　　　　　B．洪泛式

　　　　C．随机路由　　　　　　　　　　D．自适应路由

试题（32）分析

本题考查路由策略基础知识。

静态路由是固定路由，从不更新除非拓扑结构发生变化；洪泛式将路由信息发送到连接的所有路由器，不利用网络信息；随机路由是洪泛式的简化；自适应路由依据网络信息进行代价计算，依据最小代价实时更新路由。

参考答案

（32）D

试题（33）、（34）

下面的地址中可以作为源地址但不能作为目的地址的是 ___（33）___ ；可以作为目的地址但不能作为源地址的是 ___（34）___ 。

（33）A．0.0.0.0　　　　　　　　　　B．127.0.0.1

　　　C．202.225.21.1/24　　　　　　D．202.225.21.255/24

（34）A．0.0.0.0　　　　　　　　　　B．127.0.0.1

　　　C．202.225.21.1/24　　　　　　D．202.225.21.255/24

试题（33）、（34）分析

本题考查 IP 地址相关基础知识。

0.0.0.0 在 DHCP 客户端申请 IP 地址时作为主机源地址，不能用作目的地址；127.0.0.1 是本地回送地址，既可作为源地址又可作为目的地址；202.225.21.1/24 是主机单播地址，既可作为源地址又可作为目的地址；202.225.21.255/24 是网段广播地址，只能作为目的，不能用作源。

参考答案

（33）A　（34）D

试题（35）

以下 IP 地址中，属于网络 10.110.12.29 / 255.255.255.224 的主机 IP 是 ___（35）___ 。

（35）A．10.110.12.0　　　　　　　　B．10.110.12.30

　　　C．10.110.12.31　　　　　　　　D．10.110.12.32

试题（35）分析

本题考查 IP 地址相关基础知识。

10.110.12.29 / 255.255.255.224 的地址展开为：**0000 1010.0110 1110.0000 1100.0001** 1101，可分配主机地址范围为 10.110.12.1～10.110.12.30。

参考答案

（35）B

试题（36）

以下 IP 地址中属于私网地址的是 ___（36）___ 。

（36）A．172.15.22.1　　　　　　　　B．128.168.22.1

　　　C．172.16.22.1　　　　　　　　D．192.158.22.1

试题（36）分析

本题考查 IP 地址相关基础知识。

以上地址中，属于私网地址的是 172.16.22.1。

参考答案

（36）C

试题（37）

在网络 61.113.10.0/29 中，可用主机地址数是　(37)　个。

(37) A. 1　　　　　　B. 3　　　　　　C. 5　　　　　　D. 6

试题（37）分析

本题考查 IP 地址相关基础知识。

网络 61.113.10.0/29 中，可用主机地址数是 $2^3-2=6$ 个。

参考答案

(37) D

试题（38）

默认情况下，Telnet 的端口号是　(38)　。

(38) A. 21　　　　　　B. 23　　　　　　C. 25　　　　　　D. 80

试题（38）分析

本题考查 Telnet 相关基础知识。

默认情况下，Telnet 采用的 TCP 端口号是 23。

参考答案

(38) B

试题（39）、（40）

某网络拓扑结构及各接口的地址信息分别如下图和下表所示，S1 和 S2 均为二层交换机。当主机 1 向主机 4 发送消息时，主机 4 收到的数据帧中，其封装的源 IP 地址为　(39)　，源 MAC 地址为　(40)　。

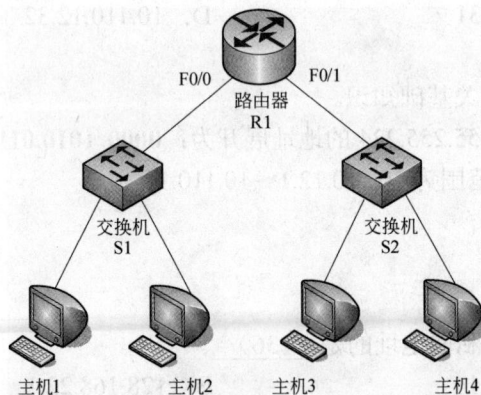

接口	IP 地址	MAC 地址
主机 1 以太接口	202.113.12.111	01-23-45-67-89-AB
主机 4 以太接口	202.113.15.12	94-39-E5-DA-81-57
路由器 F0/0	202.113.12.1	42-47-B0-22-81-5B
路由器 F0/1	202.113.15.1	1B-64-E1-33-81-3C

(39) A. 202.113.12.111　　　　　　B. 202.113.12.1

　　　　C．202.113.15.12　　　　　　　　D．202.113.15.1

（40）A．01-23-45-67-89-AB　　　　　B．94-39-E5-DA-81-57

　　　　C．42-47-B0-22-81-5B　　　　　D．1B-64-E1-33-81-3C

试题（39）、（40）分析

本题考查网络协议中数据帧封装基础知识。

当主机 1 向主机 4 发送消息时，主机 4 收到的数据帧中，其封装的源 IP 地址为主机 1 的，即 202.113.12.111；源 MAC 地址为路由器 F0/1 口的，即 1B-64-E1-33-81-3C。

参考答案

（39）A　（40）D

试题（41）、（42）

在 HTML 文件中，可以使用　（41）　标签将外部样式表 global.css 文件引入，该标签应放置在　（42）　标签对中。

（41）A．\<link\>　　　　B．\<css\>　　　C．\<style\>　　　　D．\<import\>

（42）A．\<body\>\</body\>　　　　　　B．\<head\>\</head\>

　　　　C．\<title\>\</title\>　　　　　　D．\<p\>\</p\>

试题（41）、（42）分析

本题考查 HTML 语言的基础知识。

HTML 语言中的样式表有以下几种使用方式。

内联样式表：将 HTML 中的样式，直接使用标签的形式写在 HTML 文档中；

内部样式表：样式文件在 HTML 文档的\<head\>\</head\>标签中定义，在文档中使用\<style\>标签，将样式写在 HTML 文档内部；

外部样式表：样式文件独立于 HTML 文档，一般以.css 后缀命名，在 HTML 文档中引用时，使用\<link\>标签将外部样式表引入到 HTML 文档中，该标签一般写在\<head\>\</head\>标签对中。

参考答案

（41）A　（42）B

试题（43）

下面是在 HTML 中使用"\<li\>\</li\>"标签编写的列表在浏览器中的显示效果，列表内容应放置在　（43）　标记内。

下面是编程的基本步骤

1. 分析需求
2. 设计算法
3. 编写程序
4. 输入与编辑程序
5. 编译
6. 生成执行程序
7. 运行

（43）A．\<ul\>\</ul\>　　　B．\<ol\>\</ol\>　　　C．\<dl\>\</dl\>　　　D．\<dt\>\</dt\>

试题（43）分析

本题考查 HTML 语言的基础知识。

HTML 语言中的<li></li>标签对用于在 HTML 文档中编写列表，列表分为无序列表<ul></ul>标签和有序列表<ol></ol>标签两种，无序列表中每个列表项使用黑点等段落标记标识，有序列表项前使用数字标识。

本题目中的列表项前使用数字标识，为有序列表。当使用<ol></ol>标签。

参考答案

（43）B

试题（44）

HTML 语言中，可使用表单<input>的＿＿（44）＿＿属性限制用户输入的字符数量。

（44）A．text　　　　　B．size　　　　　C．value　　　　　D．maxlength

试题（44）分析

本题考查 HTML 语言的基础知识。

HTML 语言中的<input>表单用于接收用户的输入，其中 text 属性用于规定表单中可以输入的文本类型；size 属性用于规定在表单中输入字符的宽度；value 属性为 input 元素设定值；maxlength 属性用于确定用户可输入的最大字符数量。

参考答案

（44）D

试题（45）

为保证安全性，HTTPS 采用＿＿（45）＿＿协议对报文进行封装。

（45）A．SSH　　　　　B．SSL　　　　　C．SHA-1　　　　　D．SET

试题（45）分析

本题考查 HTTPS 方面的基础知识。

HTTPS（全称：Hyper Text Transfer Protocol over Secure Socket Layer），是以安全为目标的 HTTP 通道，即使用 SSL 加密算法的 HTTP。

参考答案

（45）B

试题（46）

统一资源定位符 http://home.netscape.com/main/index.html 的各部分名称中，按从左至右顺序排列的是＿＿（46）＿＿。

（46）A．主机域名，协议，目录名，文件名

　　　　B．协议，目录名，主机域名，文件名

　　　　C．协议，主机域名，目录名，文件名

　　　　D．目录名，主机域名，协议，文件名

试题（46）分析

统一资源定位符 URL（Uniform Resource Locator）是对可以从互联网上得到的资源

的位置和访问方法的一种简洁表示，基本 URL 包含模式（或称协议）、域名（或 IP 地址）、路径和文件名。模式/协议告诉浏览器如何处理将要打开的文件，最常用的模式是超文本传输协议 HTTP（HyperText Transfer Protocol）。域名是由一串用点分隔的名字组成的 Internet 上某一台计算机或计算机组的名称，用于在数据传输时标识计算机的电子方位（有时也指地理位置）。有时候，URL 以斜杠"/"结尾，而没有给出文件名，在这种情况下，URL 引用路径中最后一个目录中的默认文件（通常对应于主页），这个文件常常被称为 index.html 或 default.htm。

参考答案

（46）C

试题（47）

可以采用静态或动态方式划分 VLAN，下列属于静态方式的是＿＿（47）＿＿。

（47）A．按端口划分　　　　　　　　B．按 MAC 地址划分

　　　 C．按 IP 地址划分　　　　　　　D．按协议划分

试题（47）分析

本题考查有关 VLAN 划分的知识。

基于端口划分 VLAN 是最常见的一种方式，因为连接的终端设备移动性差，所以此种方式又称为静态 VLAN。采用基于设备的 MAC 地址来划分 VLAN 时，终端设备可以连接在任意位置，只要 MAC 地址不变，加入的 VLAN 就不变，设备移动性强，所以此种方式又称为动态 VLAN。除此之外，还有基于协议的 VLAN、基于组播的 VLAN、基于 IP 地址的 VLAN 等不同方式，前两种是最常见的应用。

参考答案

（47）A

试题（48）、（49）

某电子邮箱收件箱的内容如下图所示，其中未读邮件个数为＿＿（48）＿＿，本页面中带附件的邮件个数为＿＿（49）＿＿。

（48）A．4　　　　　　B．5　　　　　　C．6　　　　　　D．36
（49）A．1　　　　　　B．2　　　　　　C．3　　　　　　D．4

试题（48）、（49）分析

本题考查电子邮件的应用。

未读邮件的个数会在收件箱后面的括号里显示，本图中显示未读邮件个数为 6。但是从图中只能看到 4 封未读邮件，还有 2 封未读邮件没有在本页显示。

电子邮件的标题后方带有符号"　"的，即表示此邮件带有附件。

参考答案

（48）C　（49）B

试题（50）

以下命令片段实现的功能是　(50)　。

```
[Server] telnet server enable
[Server] user-interface vty 0 4
[Server-ui-vty0-4] protocol inbound telnet
[Server-ui-vty0-4] authentication-mode aaa
[Server-ui-vty0-4] user privilege level 15
[Server-ui-vty0-4] quit
```

（50）A．配置 telent 访问认证方式
　　　 B．配置 telnet 访问用户的级别和认证方式
　　　 C．配置 telnet 访问接口
　　　 D．配置 telnet 访问接口和认证方式

试题（50）分析

本题考查交换机的配置。

telnet server enable 表示开启 telnet 服务，user-interface vty 0 4 表示开启 vty 0、1、2、3、4 等 5 个用户虚拟终端。命令 protocol inbound { all | ssh | telnet }用来配置允许登录接入用户类型的协议，protocol inbound telnet 为默认配置，配置为 protocol inbound ssh 时 telnet 将无法登录，配置为 protocol inbound all 则都可以登录。authentication-mode aaa 表示创建本地用户并启用 AAA 验证，user privilege level 15 表示权限级别，拥有最高权限。

参考答案

（50）B

试题（51）

以下关于 SNMP 协议的说法中，不正确的是　(51)　。

（51）A．SNMP 收集数据的方法有轮询和令牌两种方法
　　　 B．SNMP 管理体系结构由管理者、网管代理和管理信息库组成
　　　 C．SNMP 不适合管理大型网络，在大型网络中效率很低

　　　　D．SNMP v3 对 SNMPv1 在安全性上有了较大的增强

试题（51）分析

　　本题考查网络管理方面的基础知识。

　　网络管理功能分为网络监视和网络控制两大部分，统称为网络监控。网络监视是指收集系统和子网的状态信息，分析被管理设备的行为，以便发现网络运行中存在的问题。网络控制是指修改设备参数或重新配置网络资源，以便改善网络的运行状态。

　　对网络监视器有用的信息是由代理收集和存储的，一般使用轮询和事件报告两种方式。轮询是一种请求—响应式的交互，由监视器像被监视设备发出请求，代理相应监视器的请求，发送管理信息库中的信息给监视器，轮询方式一般需要周期性的查询；而事件报告是由代理主动发送给管理站的消息，代理可以根据管理站的要求，定时发送事件状态报告，也可能是在检测到某些特定事件（如状态改变等）或者非正常事件时声称事件报告，发送给管理站。事件报告对于及时发现网络中的问题是非常有用的，特别是对于监控状态信息不经常改变的管理对象更为有效。

参考答案

　　（51）A

试题（52）

　　下列描述中，属于 DoS 攻击的是　__(52)__　。

　　（52）A．为 Wi-Fi 设置连接口令，拒绝用户访问

　　　　　B．设置访问列表以拒绝指定用户访问

　　　　　C．攻击者发送大量非法请求，造成服务器拒绝正常用户的访问

　　　　　D．为用户设定相应访问权限

试题（52）分析

　　本题考查网络安全方面的基础知识。

　　DoS 是 Denial of Service 的简称，即拒绝服务，造成 DoS 的攻击行为被称为 DoS 攻击，其目的是使计算机或网络无法提供正常的服务。最常见的 DoS 攻击有计算机网络带宽攻击和连通性攻击。

　　DoS 攻击是指利用网络协议实现的缺陷进行攻击，或直接通过野蛮手段耗尽被攻击对象的资源，目的是让目标计算机或网络无法提供正常的服务或资源访问，使目标系统服务系统停止响应甚至崩溃，而在此攻击中并不包括侵入目标服务器或目标网络设备。这些服务资源包括网络带宽，文件系统空间容量，开放的进程或者允许的连接。这种攻击会导致资源的匮乏，无论被攻击对象的性能如何，只要攻击时间足够长、范围足够大，被攻击对象都无法避免这种攻击带来的后果。

参考答案

　　（52）C

试题（53）、（54）

网络上两个终端设备通信，需确定目标主机的二层地址和三层地址。目标主机的二层地址通过__(53)__查询报文获取，该报文使用__(54)__封装。

(53) A．ARP   B．RARP   C．DNS   D．DHCP

(54) A．UDP   B．TCP   C．IP   D．以太帧

试题（53）、（54）分析

本题考查网络基础知识。

在网络上两个终端通信时，须确定一系列地址，包括目标设备的二层地址、三层地址、应用层地址等，其中二层地址可通过 ARP 广播获取，ARP 协议是封装在以太帧中的报文。

参考答案

(53) A (54) D

试题（55）

下列算法中__(55)__是非对称加密算法。

(55) A．DES   B．RSA   C．IDEA   D．MD5

试题（55）分析

本题考查加密算法的基础知识。

数据加密算法分为对称加密算法和非对称加密算法两种，其中对称加密算法是指加密密钥和解密密钥相同或者从一个密钥经过推导可以得到另一个密钥；非对称加密算法所使用的加密和解密密钥不同，而且不能从一个密钥经过推导得到另一个密钥。DES、三重 DES、IDEA、MD5 等都是对称加密算法，非对称加密算法是 RSA 算法。

参考答案

(55) B

试题（56）

A 发给 B 一个经过签名的文件，B 可以通过__(56)__来验证该文件来源的真实性。

(56) A．A 的公钥   B．A 的私钥   C．B 的公钥   D．B 的私钥

试题（56）分析

本题考查公钥认证的基础知识。

数字签名是非对称加密算法的一种应用，非对称加密算法的两个密钥分别为加密密钥（公钥）和解密密钥（私钥）；公钥对公众开放，私钥用于加密需要保密的明文。在数字签名过程中，一般须使用私钥对需要签名的文件进行加密（签名），这样，接收者可以使用公钥来对文件来源的合法性进行验证。

参考答案

(56) A

试题（57）

跨交换机的同一 VLAN 内数据通信，交换机的端口模式应采用 ＿＿（57）＿＿ 模式。

（57）A．混合　　　　　B．路由　　　　　C．access　　　　　D．trunk

试题（57）分析

以太网交换机的端口工作模式一般有 access、trunk、hybird 三种。Access 模式端口一般用于连接终端设备；trunk 模式端口可以允许多个 VLAN 通过，可以接收和发送多个 VLAN 的报文，一般用于交换机之间连接的端口。

参考答案

（57）D

试题（58）

下面的网络管理功能中，不属于性能管理的是 ＿＿（58）＿＿。

（58）A．收集统计信息

　　　B．维护并检查系统状态日志

　　　C．跟踪、辨认错误

　　　D．确定自然和人工状况下系统的性能

试题（58）分析

性能管理的目的是维护网络服务质量（QoS）和网络运营效率。包括收集统计信息、维护并检查系统状态日志、确定自然和人工状况下系统的性能、改变系统操作模式以进行系统性能管理的操作等功能；而跟踪、辨认错误属于故障管理的功能。

参考答案

（58）C

试题（59）

使用 Ping 命令对地址 10.10.10.59 发送 20 次请求，以下命令正确的是 ＿＿（59）＿＿。

（59）A．ping　-t 20 10.10.10.59　　　　　B．ping　-n 20 10.10.10.59

　　　C．ping　-l 20 10.10.10.59　　　　　D．ping　-c 20 10.10.10.59

试题（59）分析

Ping 命令的格式为 ping　[参数]　destination-list，其中参数-n count 表示发送 count 指定的 ECHO 数据包数，默认值为 4；destination-list 表示要 ping 的设备地址。

ping　-n 20 10.10.10.59 表示对 IP 地址为 10.10.10.59 的设备发送 20 次数据包。

参考答案

（59）B

试题（60）

配置某网络交换机时，由用户视图切换至系统视图，使用的命令是 ＿＿（60）＿＿。

（60）A．system-view　　　　B．vlanif　　　　C．acl　　　　D．display

试题（60）分析

system-view：切换至系统视图命令关键字；vlanif：配置 vlan 三层接口命令关键字；acl：访问控制列表命令关键字；display：网络交换机的信息显示命令关键字。

参考答案

（60）A

试题（61）

在 Windows 的命令行窗口输入 ___（61）___ 8.8.8.8，得到下图所示的运行结果。

1	4 ms	14 ms	5 ms	192.168.31.1
2	41 ms	8 ms	6 ms	100.64.0.1
3	23 ms	6 ms	19 ms	10.224.64.5
4	8 ms	28 ms	*	117.36.240.61
5	28 ms	32 ms	43 ms	202.97.65.41
6	278 ms	289 ms	306 ms	8.8.8.8

（61）A．ipconfig　　　　　B．ping　　　　　C．nslookup　　　　　D．tracert

试题（61）分析

ipconfig 命令可以显示所有网卡的 TCP/IP 配置参数，可以刷新动态主机配置协议（DHCP）和域名系统（DNS）的设置。

ping 命令通过发送 ICMP 回声请求报文来检验与另外一个计算机的连接，是一个用于排除连接故障的测试命令。

nslookup 命令用于显示 DNS 查询信息，诊断和排除 DNS 故障。

tracert 命令的功能是确定到达目标的路径，并显示通路上每一个中间路由器的 IP 地址。通过多次向目标发送 ICMP 回声（echo）请求报文，每次增加 IP 头中 TTL 字段的值，就可以确定到达各个路由器的时间。

（61）中所示运行结果包含通路上每一个中间路由器的 IP 地址和到达的时间，故为 tracert 命令的运行结果。

参考答案

（61）D

试题（62）

要刷新 Windows2008 系统的 DNS 解析器缓存，以下命令正确的是 ___（62）___ 。

（62）A．ipconfig/cleardns　　　　　　　B．ifconfig/cleardns

　　　　C．ipconfig/flushdns　　　　　　　D．ifconfig/flushdns

试题（62）分析

ipconfig 命令可以显示所有网卡的 TCP/IP 配置参数，可以刷新动态主机配置协议（DHCP）和域名系统（DNS）的设置。其中参数 /flushdns 刷新客户端 DNS 缓存的内容。

参考答案

（62）C

试题（63）

在 Linux 中，系统配置文件存放在＿＿(63)＿＿目录内。

（63）A．/etc　　　　　　B．/sbin　　　　　　C．/root　　　　　　D．/dev

试题（63）分析

本题考查 Linux 系统的基础知识。

Linux 使用标准的目录结构，在系统安装时，就为用户创建了文件系统和完整而固定的目录组成形式。Linux 文件系统采用了多级目录的树型层次结构管理文件。树型结构的最上层是根目录，用"/"表示，其他的所有目录都是从根目录出发生成的。Linux 在安装时会创建一些默认的目录，这些目录都有其特殊的功能，用户不能随意删除或修改。如：/bin、/etc、/dev、/root、/usr、/tmp、/var 等目录。

其中/bin 目录，bin 是 Binary 的缩写，存放着 linux 系统命令；

/etc 目录存放这系统的配置文件；

/dev 目录存放系统的外部设备文件；

/root 目录存放着超级管理员的用户主目录。

参考答案

（63）A

试题（64）

Linux 不支持＿＿(64)＿＿文件系统。

（64）A．NTFS　　　　　B．SWAP　　　　　C．EXT2　　　　　D．EXT3

试题（64）分析

本题考查 Linux 系统的基础知识。

每一种操作系统都有自己独特的文件系统，包括文件的组织结构、处理文件的数据结构和文件的操作方法等。Linux 操作系统自行设计和开发的文件系统叫作 EXT2，除此之外，还支持如 EXT3、SYSV 等文件系统。

由于 Linux 内核的出现早于 NTFS 文件系统，因此在默认情况下，Linux 内核不包含 NTFS 文件系统的驱动，不支持 NTFS 文件系统。

参考答案

（64）A

试题（65）

＿＿(65)＿＿不是 netstat 命令的功能。

（65）A．显示活动的 TCP 连接　　　　　B．显示侦听的端口

　　　　C．显示路由信息　　　　　　　　D．显示网卡物理地址

试题（65）分析

本题考查 Windows 网络命令的使用。

Netstat 显示活动的 TCP 连接、计算机侦听的端口、以太网统计信息、IP 路由表、IPv4 统计信息（对于 IP、ICMP、TCP 和 UDP 协议）以及 IPv6 统计信息（对于 IPv6、ICMPv6、通过 IPv6 的 TCP 以及通过 IPv6 的 UDP 协议）等。

参考答案

（65）D

试题（66）

在 Windows 的命令窗口输入命令

```
C:\>route print 10.*
```

这个命令的作用是 　（66）　。

（66）A. 打印以 10. 开始的 IP 地址

　　　　B. 将路由表中以 10. 开始的路由输出给打印机

　　　　C. 显示路由表中以 10. 开始的路由

　　　　D. 添加以 10. 开始的路由

试题（66）分析

本题考查 Windows 网络命令的使用。

Route 命令是在本地 IP 路由表中显示和修改条目的网络命令。Route print 是显示路由。

参考答案

（66）C

试题（67）

在 Windows 的命令窗口输入命令

```
C:\>arp -s 192.168.10.35  00 -50 -ff -16 -fc -58
```

这个命令的作用是 　（67）　。

（67）A. 将 IP 地址和 MAC 地址绑定

　　　　B. 取消 IP 地址和 MAC 地址的绑定

　　　　C. 查看 IP 地址和 MAC 地址是否关联

　　　　D. 将 IPv4 地址改为 IPv6 地址

试题（67）分析

本题考查 Windows 网络命令的使用。

ARP 命令用于显示和修改地址解析协议缓存中的项目。ARP 缓存中包含一个或多个表，它们用于存储 IP 地址及其经过解析的以太网或令牌环物理地址。arp -s 就是添加一个 IP 和 MAC 的静态绑定。

参考答案

（67）A

试题（68）、（69）

如果客户机收到网络上多台 DHCP 服务器的响应，它将　（68）　DHCP 服务器发送 IP 地址租用请求。在没有得到 DHCP 服务器最后确认之前，客户机使用　（69）　作为源 IP 地址。

（68）A．随机选择　　　　　　　B．向响应最先到达的

　　　　C．向网络号最小的　　　　D．向网络号最大的

（69）A．255.255.255.255　　　B．0.0.0.0

　　　　C．127.0.0.1　　　　　　D．随机生成地址

试题（68）、（69）分析

本题考查 DHCP 的工作原理。

当客户机设置使用 DHCP 协议获取 IP 时，客户机将使用 255.255.255.255 作为目标地址来请求 IP 地址的信息。DHCP 服务器收到请求后，它首先会针对该次请求的信息所携带的 MAC 地址与 DHCP 主机本身的设置值进行对比。如果 DHCP 主机的设置中有针对该 MAC 提供的静态 IP，则提供给客户机相关的固定 IP 与相关的网络参数；如果该信息的 MAC 并不在 DHCP 主机的设置中，则 DHCP 主机会选取当前网段内没有使用的 IP 给客户机使用。如果同一网段内有多台 DHCP 服务器，那么客户机是看谁先响应，谁先响应就选择谁。

当客户机设置使用 DHCP 协议获取 IP 时，客户机将使用 0.0.0.0 作为源地址，使用 255.255.255.255 作为目标地址来广播请求 IP 地址的信息。

参考答案

（68）B　（69）B

试题（70）

DNS 区域传输是　（70）　。

（70）A．将一个区域文件复制到多个 DNS 服务器

　　　　B．区域文件在多个 DNS 服务器之间的传输

　　　　C．将一个区域文件保存到主服务器

　　　　D．将一个区域文件保存到辅助服务器

试题（70）分析

本题考查 DNS 的工作原理。

将一个区域文件复制到多个 DNS 服务器的过程被称为区域传输。它是通过从主服务器上将区域文件的信息复制到辅助服务器来实现的，当主服务器的区域有变化时，该变化会通过区域传输机制复制到该区域的辅助服务器上。

参考答案

（70）A

试题（71）～（75）

CSMA, although more efficient than ALOHA or slotted ALOHA, still has one glaring inefficiency. If the medium is busy, the station will wait for a random amount of time. When two frames collide, the medium remains ___(71)___ for the duration of transmission of both damaged frames. The use of random delays reduces the probability of ___(72)___. For ___(73)___ frames, compared to propagation time, the amount of wasted capacity can be considerable. This waste can be reduced if a station continues to listen to the medium while ___(74)___. The maximum utilization depends on the length of the frame and on the ___(75)___ time; the longer the frames or the shorter the propagation time, the higher the utilization.

（71）A. convenient　　　　　　　　B. inconvenient
　　　　C. usable　　　　　　　　　　D. unusable

（72）A. transmission　　　　　　　　B. collisions
　　　　C. transportation　　　　　　　D. reception

（73）A. long　　　　　　　　　　　　B. short
　　　　C. big　　　　　　　　　　　　D. small

（74）A. colliding　　　　　　　　　　B. forwarding
　　　　C. transmitting　　　　　　　　D. receiving

（75）A. propagation　　　　　　　　　B. transmission
　　　　C. colliding　　　　　　　　　　D. listening

参考译文

尽管 CSMA 的效率远远大于 ALOHA 或时隙 ALOHA，但它依然存在一个显著低效的情况。当信道忙的时候，站点需要等待一段随机时间。当两个帧发生冲突时，在两个被破坏帧的传输持续时间内，信道仍然无法使用。使用随机时延会降低冲突的可能性，但是如果帧的长度相对于传播时间来说很长，那么容量的浪费也是很可观的。如果站点在传输时还继续监听信道，就能减少这种浪费。最大利用率与帧长和传播时间有关，帧越长或者传播时间越短，利用率就越高。

参考答案

（71）D　　　（72）B　　　（73）A　　　（74）C　　　（75）A

第22章　2017上半年网络管理员下午试题分析与解答

试题一（共20分）

阅读以下说明，回答问题1至问题3，将解答填入答题纸对应的解答栏内。

【说明】

某企业网络拓扑结构如图1-1所示，租用ADSL宽带实现办公上网，配备一台小型路由器，实现ADSL自动拨号和DHCP服务功能，所有内部主机（包括台式机和笔记本）通过路由器实现Internet资源的访问。该网络的IP地址段为192.168.1.0/24，网关为192.168.1.254，防病毒服务器的IP地址为192.168.1.1，网络打印机的IP地址为192.168.1.2，其他IP地址均通过DHCP分配。

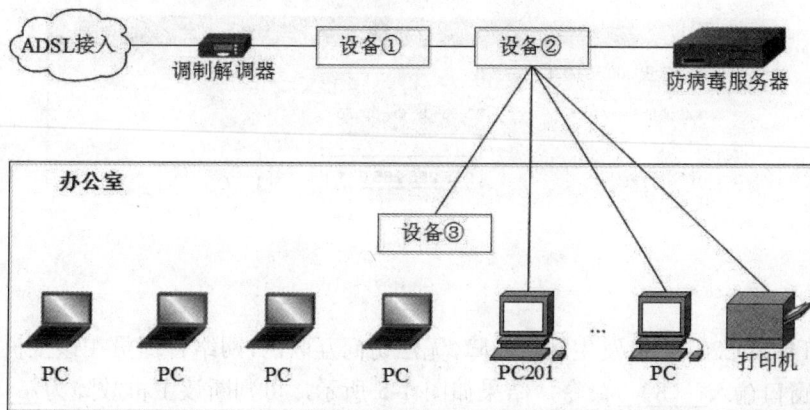

图 1-1

【问题1】（6分）

图1-1中，设备①处应部署　(1)　，设备②处应部署　(2)　，设备③处应部署　(3)　。

(1)～(3) 备选答案：

　　A. 交换机　　　　　　　　B. 无线AP　　　　　　C. 路由器

【问题2】（8分）

图1-2为路由器的ADSL配置页面，WAN口连接类型应选择　(4)　；图1-3为路由器的DHCP服务页面，地址池开始地址为　(5)　，结束地址为　(6)　；图1-4为路由器的LAN口配置页面，此处的IP地址为　(7)　。

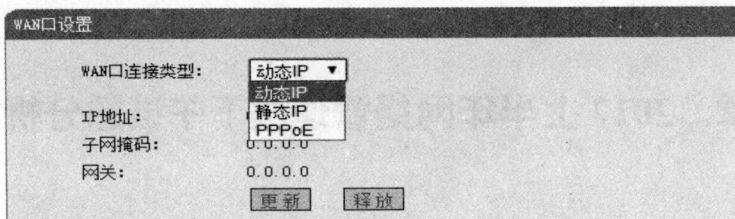

图 1-2

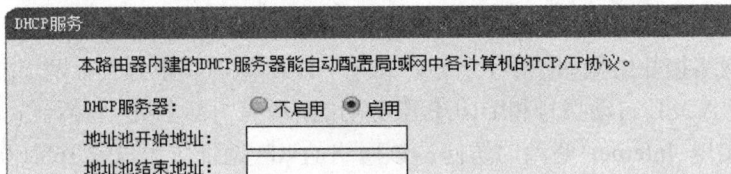

图 1-3

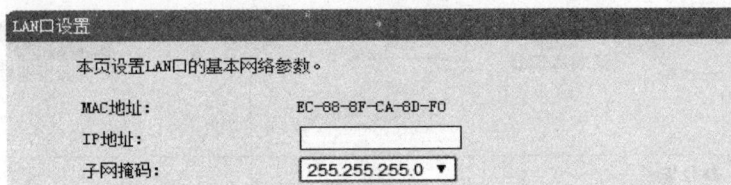

图 1-4

【问题3】(6分)

图 1-1 中, PC201 主机发生网络故障, 无法访问互联网, 网络管理员在该主机 Windows 的命令行窗口输入___(8)___命令, 结果如图 1-5 所示, 可判断该主机故障为___(9)___。在命令行窗口输入___(10)___命令后该主机恢复正常。

```
接口: 192.168.1.10 --- 0xb
Internet 地址            物理地址              类型
192.168.1.10           00-1b-a9-c4-7d-0c      动态
192.168.1.22           78-02-f8-f0-fc-c4      动态
192.168.1.254          78-02-f8-f0-fc-c4      动态
224.0.0.22             01-00-5e-00-00-16      静态
224.0.0.251            01-00-5e-00-00-fb      静态
224.0.0.252            01-00-5e-00-00-fc      静态
239.255.255.250        01-00-5e-7f-ff-fa      静态
```

图 1-5

（8）备选答案：

    A．ping　　　　　　　B．arp　　　　　　　C．nslookup　　　　　D．tracert

（10）备选答案：

    A．arp-s 192.168.1.22　ec-88-8f-ca-8d-f0

    B．ping 192.168.1.254

    C．arp-s 192.168.1.254 ec-88-8f-ca-8d-f0

    D．tracert 192.168.1.254

试题一分析

本题考查小型办公环境网络组网和管理的基本知识。

此类题目要求考生熟悉常用小型路由器、交换机、无线 AP 的功能作用和调试安装，具有网络管理、故障诊断和解决问题的能力和实践经验。

【问题 1】

小型路由器一般具有 ADSL 拨号、NAT、DHCP 服务等功能，应部署在图 1-1 中的设备①处，用于实现 Internet 共享接入和局域网内 DHCP 服务。

交换机在网络中常用于连接各类设备，实现数据包的封装转发。应部署在设备②处，实现各终端电脑、打印机、服务器等设备的网络连通。

无线 AP 即无线网络接入点，应部署在设备③处，使笔记本电脑接入网络。

【问题 2】

ADSL 宽带拨号采用 PPPoE 协议，故图 1-2 中 WAN 口的连接类型为 PPPoE；题干中已经明确说明，该网络的 IP 地址段为 192.168.1.0/24，网关为 192.168.1.254，防病毒服务器的 IP 地址为 192.168.1.1，网络打印机的 IP 地址为 192.168.1.2，其他 IP 地址均通过 DHCP 分配，所以可用作 DHCP 服务的 IP 地址池为 192.168.1.3～192.168.1.253；图 1-1 中小型路由器的 LAN 口与交换机连接，实现与内部网络的联通，内部终端向外部网络发送数据包的时候，首先会发送一个请求到网关，根据题干，该网络网关地址为 192.168.1.254，故 LAN 口地址应设置为 192.168.1.254。

【问题 3】

图 1-5 所示为 PC201 主机的地址解析协议（ARP）缓存项，通过在 Windows 的命令行窗口输入 ARP 命令可显示或修改。图 1-5 所示内容中，网关地址 192.168.1.254 所对应的 MAC 地址为局域网内一台终端 PC 的 MAC 地址，而非 LAN 口的 MAC 地址 ec-88-8f-ca-8d-f0，会造成该主机所有与网关的数据传输都会指向 192.168.1.22 这台 PC，而非真正的网关（路由器 LAN 口），会造成该主机无法上网，要解决该问题，只需向 ARP 缓存项添加将 192.168.1.254 解析为 ec-88-8f-ca-8d-f0 的静态项。

参考答案

【问题 1】

（1）C

（2）A

（3）B

【问题 2】

（4）PPPoE

（5）192.168.1.3

（6）192.168.1.253

（7）192.168.1.254

【问题 3】

（8）B

（9）arp 攻击

（10）C

试题二（共 20 分）

阅读以下说明，回答问题 1 至问题 3，将解答填入答题纸对应的解答栏内。

【说明】

某单位采用 Windows 操作系统配置 Web 服务器，根据配置回答下列问题。

【问题 1】（6 分）

图 2-1 是安装服务器角色界面截图，通过勾选角色安装需要的网络服务。建立 FTP 需要勾选 （1） ，创建和管理虚拟计算环境需要勾选 （2） ，部署 VPN 服务需要勾选 （3） 。

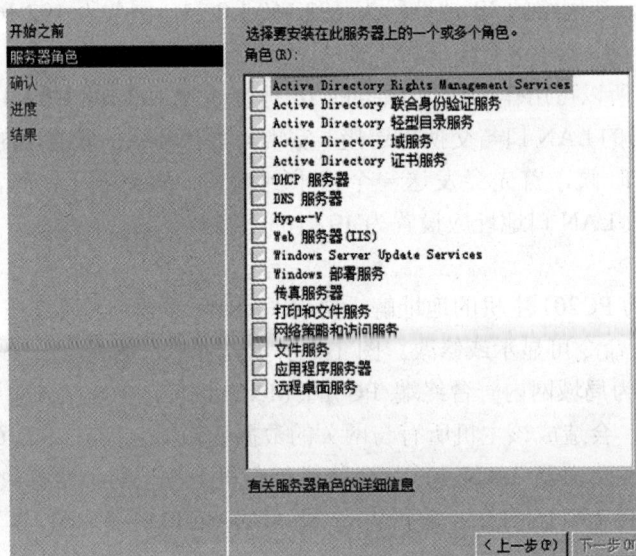

图 2-1

【问题 2】（10 分）

图 2-2 是 Web 服务安装后的网站管理界面，图中"MIME 类型"的作用是___(4)___，"SSL 设置"的作用是___(5)___，"错误页"的作用是___(6)___。

（5）备选答案：

    A．配置网站 SSL 加密的 CA 证书路径

    B．配置网站或应用程序内容与 SSL 的关系

（6）备选答案：

    A．配置 HTTP 的错误响应　　　B．配置动态网页的错误响应

图 2-2

图 2-3 是配置添加网站的界面，图中"测试设置"的内容包括___(7)___和授权。采用图中配置，单击"确定"按钮后，系统弹出的提示是___(8)___。

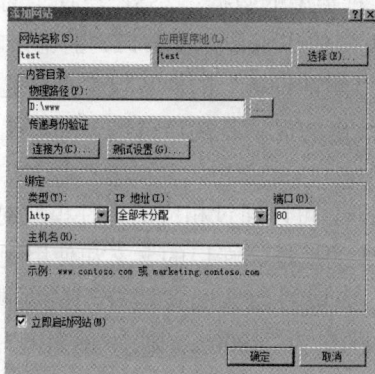

图 2-3

（8）备选答案：

　　A．未配置主机名，确定以后再添加主机名

　　B．端口已经分配，确定是否重复绑定端口

【问题 3】（4 分）

若该单位的防火墙做了服务器地址映射，则图 2-3 中"IP 地址"应填写为___(9)___。若服务器的域名是 www.test.com，"端口"更改为 8000，则外网用户访问该网站的 URL 是___(10)___。

（9）备选答案：

　　A．给服务器分配的内网地址

　　B．经过 DNS 解析的外网地址

试题二分析

本题考查 Windows 2008 的基本配置，重点在 Web 服务的安装配置和相关概念。

【问题 1】

在默认情况下，安装好的 Windows 2008 操作系统不包含相关的网络服务程序，也就是说用户在应用到相关网络服务时需要从 Windows 2008 安装盘中安装所需的网络服务程序，这些应用程序被称为服务器角色。FTP 是 Windows 操作系统提供的最基本的网络服务之一，需要通过安装 IIS 来实现。IIS 是由微软公司提供的基于运行 Microsoft Windows 的互联网基本服务，包括 Web 服务器、FTP 服务器、NNTP 服务器和 SMTP 服务器，分别用于网页浏览、文件传输、新闻服务和邮件发送等方面。Hyper-V 是微软的一款虚拟化产品，是微软第一个采用类似 VMware 和 Citrix 开源 Xen 一样的基于 hypervisor 的技术。VPN 属于远程访问技术，利用公用网络架设专用网络。Windows 2008 操作系统中需要使用网络策略和访问服务。所以，建立 FTP 需要勾选 Web 服务器（IIS），创建和管理虚拟计算环境需要勾选 Hyper-V，部署 VPN 服务需要勾选网络策略和访问服务。

【问题 2】

通过配置 MIME 支持多种类型的数据；"SSL 设置"的作用是配置网站或应用程序内容与 SSL 的关系；"错误页"的作用是配置 HTTP 的错误响应。

配置添加网站的界面中"测试设置"的内容包括身份验证和授权。采用图中配置，单击"确定"按钮后，系统弹出的提示是端口已经分配，确定是否重复绑定端口。

【问题 3】

在配置 Web 的默认网站时，可以通过相应的控件模块对网站的参数进行设置，需要考生了解网站配置过程中基本的地址、端口的含义和使用规则。在防火墙做了服务器地址映射界面中，"IP 地址"应填写为给服务器分配的内网地址。若服务器的域名是 www.test.com，"端口"更改为 8000，则外网用户访问该网站的 URL 是 http://www.test.com:8000。

参考答案

【问题 1】

（1）Web 服务器（IIS）

（2）Hyper-V

（3）网络策略和访问服务

【问题 2】

（4）在 HTTP 中，通过配置 MIME 支持多种类型的数据

（5）B

（6）A

（7）身份验证

（8）B

【问题 3】

（9）A

（10）http://www.test.com:8000

试题三（共 20 分）

阅读以下说明，回答问题 1 至问题 3，将解答填入答题纸对应的解答栏内。

【说明】

某局域网的拓扑结构如图 3-1 所示。

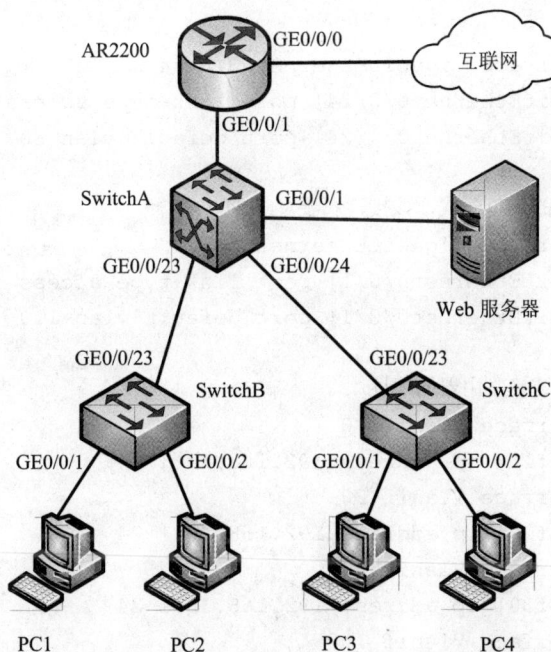

图 3-1

【问题 1】（8 分）

网络的主要配置如下，请解释配置命令。

```
//___（1）___
[SwitchB] vlan batch 10 20
[SwitchB] interface GigabitEthernet 0/0/1
[SwitchB-GigabitEthernet0/0/1] port link-type access
[SwitchB-GigabitEthernet0/0/1] port default vlan 10
[SwitchB] interface GigabitEthernet 0/0/2
[SwitchB-GigabitEthernet0/0/2] port link-type access
[SwitchB-GigabitEthernet0/0/2] port default vlan 20
[SwitchB] interface GigabitEthernet 0/0/23
[SwitchB-GigabitEthernet0/0/23] port link-type trunk
[SwitchB-GigabitEthernet0/0/23] port trunk allow-pass vlan 10 20
```

```
//___（2）___
[SwitchA] vlan batch 10 20 30 100
[SwitchA] interface GigabitEthernet 0/0/23
[SwitchA-GigabitEthernet0/0/23] port link-type trunk
[SwitchA-GigabitEthernet0/0/23] port trunk allow-pass vlan 10 20
```

```
//___（3）___
[SwitchA] interface GigabitEthernet 0/0/24
[SwitchA-GigabitEthernet0/0/24] port link-type access
[SwitchA-GigabitEthernet0/0/24] port default vlan 30
```

```
//配置连接路由器的接口模式，该接口属于 VLAN100
[SwitchA] interface GigabitEthernet 0/0/1
[SwitchA-GigabitEthernet0/0/1] port link-type access
[SwitchA-GigabitEthernet0/0/1] port default vlan 100
```

```
//配置内网网关和连接路由器的地址
[SwitchA] interface Vlanif 10
[SwitchA-Vlanif10] ip address 192.168.10.1 24
[SwitchA] interface Vlanif 20
[SwitchA-Vlanif20] ip address 192.168.20.1 24
[SwitchA] interface Vlanif 30
[SwitchA-Vlanif30] ip address 192.168.30.1 24
[SwitchA] interface Vlanif 100
[SwitchA-Vlanif100] ip address 172.16.1.1 24
//___（4）___
```

```
[SwitchA] ip route-static 0.0.0.0 0.0.0.0 172.16.1.2

//___(5)___
[AR2200] interface GigabitEthernet 0/0/0
[AR2200-GigabitEthernet0/0/0] ip address 59.74.130.2 30
[AR2200] interface GigabitEthernet 0/0/1
[AR2200-GigabitEthernet0/0/1] ip address 172.16.1.2 24

//___(6)___
[AR2200] acl 2000
[AR2200-acl-basic-2000] rule permit source 192.168.10.0 0.0.0.255
[AR2200-acl-basic-2000] rule permit source 192.168.20.0 0.0.0.255
[AR2200-acl-basic-2000] rule permit source 192.168.30.0 0.0.0.255
[AR2200-acl-basic-2000] rule permit source 172.16.1.0 0.0.0.255

//___(7)___
[AR2200] interface GigabitEthernet 0/0/0
[AR2200-GigabitEthernet0/0/0] nat outbound 2000

//___(8)___
[AR2200] ip route-static 192.168.10.0 255.255.255.0 172.16.1.1
[AR2200] ip route-static 192.168.20.0 255.255.255.0 172.16.1.1
[AR2200] ip route-static 192.168.30.0 255.255.255.0 172.16.1.1
[AR2200] ip route-static 0.0.0.0 0.0.0.0 59.74.130.1
```

（1）～（8）备选答案：
   A. 在 SwitchC 上配置接口模式，该接口属于 VLAN 30
   B. 配置指向路由器的静态路由
   C. 在 SwitchA 上创建 VLAN，配置接口模式并放行 VLAN 10 和 VLAN20
   D. 配置到内网的静态路由和到外网的静态路由
   E. 配置路由器内部和外部接口的 IP 地址
   F. 配置 ACL 策略
   G. 外网接口配置 NAT 转换
   H. 在 SwitchB 上创建 VLAN，配置接口模式

【问题 2】（6 分）
   图 3-2 是 PC4 的网络属性配置界面，根据以上配置填空。
   IP 地址：___(9)___
   子网掩码：___(10)___
   默认网关：___(11)___

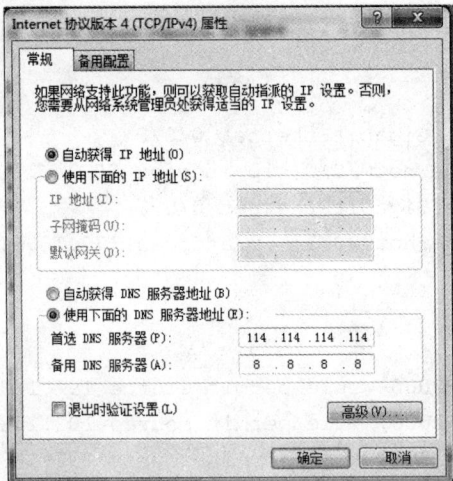

图 3-2

【问题 3】（6 分）

```
//为了限制 VLAN 10 中的用户的访问，在网络中增加了如下配置
[SwitchA] time-range t 8:00 to 18:00 daily
[SwitchA] acl number 3002
[SwitchA-acl-adv-3002] rule 5 deny ip source 192.168.10.0 0.0.0.255
destination 192.168.30.0 0 time-range t
[SwitchA] traffic classifier tc1
[SwitchA-classifier-tc1] if-match acl 3002
[SwitchA] traffic behavior tb1
[SwitchA-behavior-tb1] deny
[SwitchA] traffic policy tp1
[SwitchA-trafficpolicy-tp1] classifier tc1 behavior tb1
[SwitchA] interface GigabitEthernet0/0/23
[SwitchA-GigabitEthernet0/0/23] traffic-policy tp1 inbound
```

1. 以上配置实现了 VLAN 10 中的用户在__（12）__时间段可以访问 VLAN__（13）__中的主机。

2. ACL 3002 中的编号表示该 ACL 的类型是__（14）__。

试题三分析

本题考查常用网络设备、交换机以及路由器基本配置，要求考生建立设备配置和网络功能之间的对应关系。

题目中的网络拓扑是非常典型的二层网络架构，包括接入层和汇聚层（核心层），网络边界采用路由器实现基本的网络安全策略和网络接入功能。该题目中采用网络拓扑结构以及主流的网络设备的基本配置在中小企业有广泛的应用。题目对网络用户的网络地址配置一并进行了考查，要求考生根据网络用户接入的位置进行相关的用户端 IP 配置。

本题的难点在于 ACL 访问控制列表的定义和配置在不同的网络的设备中略有不同，要求考生具有主流网络设备的实际配置经验。ACL（Access Control List，访问控制列表）即是通过配置对报文的匹配规则和处理操作来实现包过滤的功能。

在华为系列网络设备中，高级 ACL 采用的序号是 3000~3999，而基本的 ACL 采用的序号是 2000～2999。两者之间的不同在于高级的 ACL 可以根据报文的源 IP 地址信息、目的 IP 地址信息、IP 承载的协议类型、协议的特性等三、四层信息制定匹配规则。

用 ACL 进行分流，即 traffic classifier 时，需要制定策略动作，即 traffic behavior，并且绑定策略，即 traffic policy ，说明了这个策略是用于什么样的数据流，对这些数据流采用什么样的动作，将策略应用于端口并设置正确的策略方向。

参考答案

【问题 1】

（1）H

（2）C

（3）A

（4）B

（5）E

（6）F

（7）G

（8）D

【问题 2】

（9）192.168.30.2～192.168.30.254 中任意一个地址

（10）255.255.255.0

（11）192.168.30.1

【问题 3】

（12）8：00～18：00

（13）30

（14）高级 ACL

试题四（共 15 分）

阅读以下说明，回答问题 1 至问题 2，将解答填入答题纸对应的解答栏内。

【说明】

某网站设计了一个留言系统，能够记录留言者的姓名、IP 地址及留言时间。撰写留言页面如图 4-1 所示，表 4-1 为利用 Microsoft Access 创建的数据库 lyb。

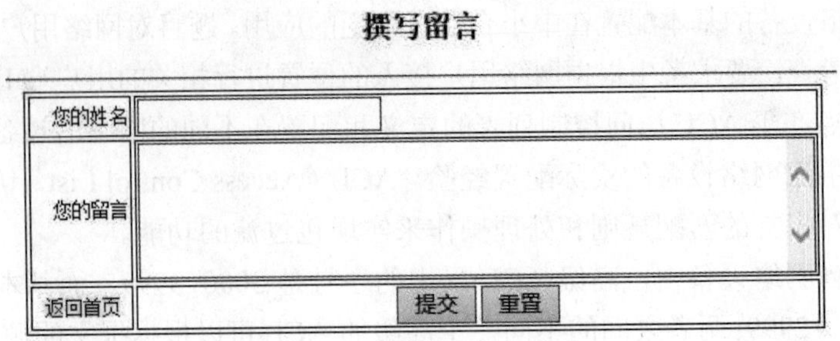

撰写留言

图 4-1

表 4-1　创建的字段

字 段 名 称	数 据 类 型	字 段 作 用
name	文本	留言人姓名
ly	备注	留言内容
ipadd	文本	留言人 IP 地址
hf	备注	回复内容
lytime	日期/时间	留言时间

【问题 1】（共 10 分）

以下是图 4-1 所示 write.asp 页面的部分代码，请仔细阅读该段代码，将（1）～（10）的空缺代码补齐。

```
Set MM_editCmd = Server.CreateObject ("ADODB.Command")
MM_editCmd.ActiveConnection = MM_Connbook_STRING
MM_editCmd.CommandText = "INSERT INTO lyb (name,  (1) , ipadd, lytime)
VALUES (?, ?, ?, ?)"
MM_editCmd.Prepared = true
MM_editCmd.Parameters.AppendMM_editCmd.CreateParameter("param1", 202, 1,
255, Request.Form("name")) ' adVarWChar
MM_editCmd.Parameters.AppendMM_editCmd.CreateParameter("param2", 203, 1,
536870910, Request.Form("ly")) ' adLongVarWChar
MM_editCmd.Parameters.AppendMM_editCmd.CreateParameter("param3", 202, 1,
255,
 (2) .Form("ipadd")) ' adVarWChar
MM_editCmd.Parameters.AppendMM_editCmd.CreateParameter("param4", 135, 1,
-1,  MM_IIF(Request.Form("lytime"),  Request.Form("lytime",  null)) '
adDBTimeStamp
MM_editCmd.Execute
MM_editCmd.ActiveConnection.Close
```

```
<body>
<%IP=Request("REMOTE_ADDR")%>
<p><strong>撰写留言
</strong></p>
<hr />
<form ACTION="<%=MM_editAction%>"METHOD="__(3)__"id="form1" name="form1">
<table width="500" border="1" align="center">
<tr>
<td width="94" align="right">您的姓名</td>
<td width="390" align="left"><label for="name"></label>
<input type="text" name="name" id="name" /></td>
</tr>
<tr>
<td align="right">您的留言</td>
<td align="left"><label for="ly"></label>
<__(4)__ name="ly" cols="50" rows="5" id="ly"></textarea></td>
</tr>
<tr>
<td align="center"><a href="__(5)__.asp">返回首页</a></td>
<td align="center"><input name="__(6)__" type="hidden" id="ipadd"
value="<%=ip%>" />
<input name="lytime" type="__(7)__" id="lytime" value="<%=__(8)__()%>" />
<input type="__(9)__" name="button" id="button" value="提交" /><label
for="radio">
<input type="__(10)__" name="button2" id="button2" value="重置" />
</label></td>
</tr>
</table>
```

（1）～（10）备选答案：

  A. submit B. ipadd C. ly D. reset E. index

  F. post   G. now   H. textarea I. Request J. hidden

【问题 2】（共 5 分）

  图 4-2 是留言信息显示页面，系统按照 ID 值从大到小的顺序依次显示留言信息，单击图 4-1 "返回首页" 将返回到此页面。以下是图 4-2 所示页面文件 index.asp 的部分代码，请仔细阅读该段代码，将（11）～（15）的空缺代码补齐。

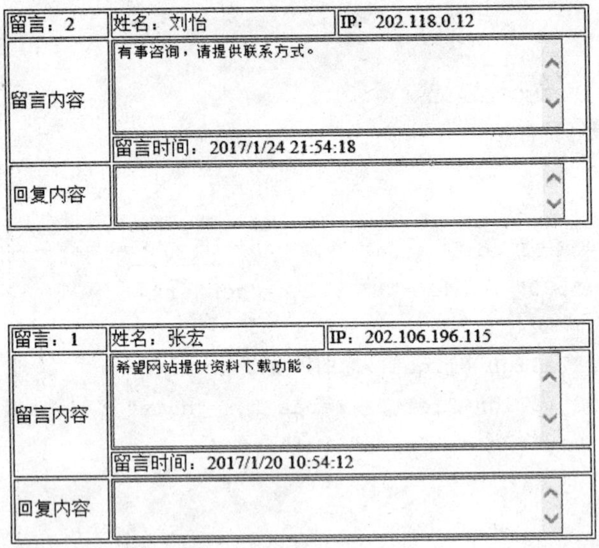

留言：2	姓名：刘怡	IP：202.118.0.12
留言内容	有事咨询，请提供联系方式。	
	留言时间：2017/1/24 21:54:18	
回复内容		

留言：1	姓名：张宏	IP：202.106.196.115
留言内容	希望网站提供资料下载功能。	
	留言时间：2017/1/20 10:54:12	
回复内容		

图 4-2

```
Set Recordset1_cmd = Server.CreateObject ("ADODB.Command")
Recordset1_cmd.ActiveConnection = MM_Connbook_STRING
Recordset1_cmd.CommandText = "SELECT * FROM lyb ORDER BY  (11)  DESC"
Recordset1_cmd.Prepared = true


<body>
<%
While ((Repeat1__numRows <> 0) AND (NOT Recordset1.EOF))
%>
<p> </p>
<table width="500" border="1">
<tr>
<td width="108">留言: <%=(Recordset1.Fields.Item("ID").Value)%></td>
<tdwidth="196">姓名: <%=(Recordset1.Fields.Item(" (12) ").Value)%></td>
<td width="174">IP: <%=(Recordset1.Fields.Item(" (13) ").Value)%></td>
</tr>
<tr>
<td rowspan="2">留言内容</td>
<td colspan="2"><label for="textfield"></label>
<textarea   name="textfield"   cols="45"   rows="5"   id="textfield">
<%=(Recordset1.Fields.Item("ly").Value)%></textarea></td>
</tr>
<tr>
```

```
<td colspan="2">留言时间: <%=(Recordset1.Fields.Item(" (14) ").Value)%>
</td>
   </tr>
   <tr>
   <td>回复内容</td>
   <td colspan="2"><label for="textfield2"></label>
   <textarea name="textfield2" cols="45" rows="3" id="textfield2"><%=
(Recordset1.Fields.Item
   (" (15) ").Value)%></textarea></td>
   </tr>
   </table>
```

（11）～（15）备选答案：

    A. hf   B. ipadd   C. ID   D. name   E. lytime

试题四分析

本题考查利用 ASP 和数据库来创建留言板的过程。

此类题目要求考生认真阅读题目对实际问题的描述，仔细阅读程序，了解上下文之间的关系，给出空格内所缺的代码。

【问题 1】

本问题考查留言页面的设计，各空缺处的说明如下。

（1）插入数据库 lyb 的有关信息，从表 4-1 可以看出有留言人姓名 name，留言人 IP 地址 ipadd，留言时间 lytime，还缺少留言内容 ly。

（2）Request. Form 用来接收表单递交来的数据。

（3）Form 提供了两种数据传输的方式——get 和 post，get 是用来从服务器上获得数据，而 post 是向服务器上传递数据。METHOD= "post" 表示表单中的数据以"post"方式传递。

（4）textarea name= "ly"表示将留言内容字段 ly 写入带有 name 属性的文本区域。

（5）href="index.asp"是一个 HTML 的超链接语句，href 表示链接到的目的网页，单击"返回首页"就会转到 href 中链接的 index.asp。

（6）在图 4-1 中没有出现 IP 地址显示框，说明 IP 地址被放在隐藏域中了。type="hidden" 和 id= "ipadd" 都表示这里应该填写 IP 地址的字段名 ipadd。

（7）与（6）相同，表示留言时间的 lytime 也处于隐藏域中，因此 type="hidden"。

（8）lytime 的值是当前时间，所以 value="<%=now()%>"。

（9）表示输入类型是"提交"。

（10）表示输入类型是"重置"。

【问题 2】

本问题考查留言信息显示页面的设计，各空缺处的说明如下。

（11）根据题意，系统按照 ID 值从大到小的顺序依次显示留言信息，因此这里应该选择 ID。

　　（12）这一行程序显示"姓名"信息，由表 4-1 知字段名称为 name。

　　（13）这一行程序显示"IP"信息，由表 4-1 知字段名称为 ipadd。

　　（14）这一行程序显示"留言时间"信息，由表 4-1 知字段名称为 lytime。

　　（15）这一行程序显示"回复内容"信息，由表 4-1 知字段名称为 hf。

参考答案

【问题 1】

　　（1）C

　　（2）I

　　（3）F

　　（4）H

　　（5）E

　　（6）B

　　（7）J

　　（8）G

　　（9）A

　　（10）D

【问题 2】

　　（11）C

　　（12）D

　　（13）B

　　（14）E

　　（15）A

第 23 章　2017 下半年网络管理员上午试题分析与解答

试题（1）

当一个企业的信息系统建成并正式投入运行后，该企业信息系统管理工作的主要任务是___(1)___。

(1) A. 对该系统进行运行管理和维护

　　B. 修改完善该系统的功能

　　C. 继续研制还没有完成的功能

　　D. 对该系统提出新的业务需求和功能需求

试题（1）分析

信息系统经过开发商测试、用户验证测试后，即可以正式投入运行。此刻也标志着系统的研制工作已经结束。系统进入使用阶段后，主要任务就是对信息系统进行管理和维护，其任务包括日常运行的管理、运行情况的记录、对系统进行修改和扩充、对系统的运行情况进行检查与评价等。只有这些工作做好了，才能使信息系统能够如预期目标那样，为管理工作提供所需信息，才能真正符合管理决策的需要。

参考答案

(1) A

试题（2）

通常企业在信息化建设时需要投入大量的资金，成本支出项目多且数额大。在企业信息化建设的成本支出项目中，系统切换费用属于___(2)___。

(2) A. 设施费用　　　　　　　　　B. 设备购置费用

　　C. 开发费用　　　　　　　　　D. 系统运行维护费用

试题（2）分析

信息化建设过程中，原有的信息系统不断被功能更强大的新系统所取代，所以需要系统转换。系统转换也就是系统切换与运行，是指以新系统替换旧系统的过程。系统成本分为固定成本和运行成本。其中设备购置费用、设施费用、软件开发费用属于固定成本，为购置长期使用的资产而发生的成本。而系统切换费用属于系统运行维护费用。

参考答案

(2) D

试题（3）

在 Excel 中，设单元格 F1 的值为 38，若在单元格 F2 中输入公式 "=IF(AND(38<F1,F1<100) , "输入正确", "输入错误")"，则单元格 F2 显示的内容为___(3)___。

（3）A. 输入正确　　　B. 输入错误　　　C. TRUE　　　　D. FALSE

试题（3）分析

本题考查 Excel 基础知识。

函数 IF（条件，值 1，值 2）的功能是当满足条件时，则结果返回"值 1"；否则，返回"值 2"。本题不满足条件，故应当返回"输入错误"。

参考答案

（3）B

试题（4）

在 Excel 中，设单元格 F1 的值为 56.323，若在单元格 F2 中输入公式"=TEXT(F1, "￥0.00")"，则单元格 F2 的值为___（4）___。

（4）A. ￥56　　　　　B. ￥56.323　　　C. ￥56.32　　　D. ￥56.00

试题（4）分析

本题考查 Excel 基础知识。

函数 TEXT 的功能是根据指定格式将数值转换为文本，所以，公式"=TEXT(F1, "￥0.00")"转换的结果为￥56.32。

参考答案

（4）C

试题（5）

以下存储器中，需要周期性刷新的是___（5）___。

（5）A. DRAM　　　　B. SRAM　　　　C. FLASH　　　　D. EEPROM

试题（5）分析

本题考查计算机系统基础知识。

DRAM 是指动态随机存储器，是构成内存储器的主要存储器，需要周期性地进行刷新才能保持所存储的数据。

SRAM 是静态随机存储器，只要保持通电，里面储存的数据就可以恒常保持，是构成高速缓存的主要存储器。

FLASH 闪存是属于内存器件的一种，在没有电流供应的条件下也能够长久地保持数据，其存储特性相当于硬盘，该特性正是闪存得以成为各类便携型数字设备的存储介质的基础。

EEPROM 是电可擦除可编程只读存储器。

参考答案

（5）A

试题（6）

CPU 是一块超大规模的集成电路，其主要部件有___（6）___。

（6）A. 运算器、控制器和系统总线

B．运算器、寄存器组和内存储器

C．控制器、存储器和寄存器组

D．运算器、控制器和寄存器组

试题（6）分析

本题考查计算机系统基础知识。

CPU 中主要部件有运算单元、控制单元和寄存器组。

参考答案

（6）D

试题（7）

在字长为 16 位、32 位、64 位或 128 位的计算机中，字长为 __(7)__ 位的计算机数据运算精度最高。

（7）A．16　　　　　B．32　　　　　C．64　　　　　D．128

试题（7）分析

本题考查计算机性能方面的基础知识。

字长是计算机运算部件一次能同时处理的二进制数据的位数，字长越长数据的运算精度也就越高，计算机的处理能力就越强。

参考答案

（7）D

试题（8）

以下文件格式中，__(8)__ 属于声音文件格式。

（8）A．XLS　　　　B．AVI　　　　C．WAV　　　　D．GIF

试题（8）分析

本题考查多媒体基础知识。

XLS 是电子表格（即 Microsoft Excel 工作表）文件的扩展名。

AVI（Audio Video Interleaved，即音频视频交错格式）是微软公司作为其 Windows 视频软件一部分的一种多媒体容器格式。

WAV 为微软公司开发的一种声音文件格式，它符合 RIFF（Resource Interchange File Format）文件规范，用于保存 Windows 平台的音频信息资源。

GIF（Graphics Interchange Format，图像互换格式）是 CompuServe 公司开发的图像文件格式。

参考答案

（8）C

试题（9）

将二进制序列 1011011 表示为十六进制是 __(9)__ 。

（9）A．B3　　　　　B．5B　　　　　C．BB　　　　　D．3B

试题（9）分析

本题考查计算机系统的数据表示基础知识。

将二进制序列从右往左 4 位一组进行划分，得到的二进制序列按下表翻译即可得到对应的十六进制数。

二进制	0000	0001	0010	0011	0100	0101	0110	0111
十六进制	0	1	2	3	4	5	6	7
二进制	1000	1001	1010	1011	1100	1101	1110	1111
十六进制	8	9	A	B	C	D	E	F

因此，与 1011011 对应的十六进制数为 5B。

参考答案

（9）B

试题（10）

若机器字长为 8 位，则可表示出十进制整数-128 的编码是 __(10)__ 。

（10）A. 原码　　　　　B. 反码　　　　　C. 补码　　　　　D. ASCII 码

试题（10）分析

本题考查计算机系统的数据表示基础知识。

原码表示是用最左边的位（即最高位）表示符号，0 正 1 负，其余的 7 位来表示数的绝对值，-128 的绝对值为 128，用二进制表示时需要 8 位，所以机器字长为 8 位时，采用原码不能表示-128。

对于负数，反码表示是用最左边的位（即最高位）表示符号，0 正 1 负，其余的 7 位是将数的绝对值的各位取反。-128 的绝对值为 128，用二进制表示时需要 8 位，所以机器字长为 8 位时，采用反码也不能表示-128。

补码表示与原码和反码相同之处是最高位用 0 表示正 1 表示负，不同的是，补码 10000000 的最高位 1 既表示其为负数，也表示数字 1，从而使得它可以表示出-128 这个数。

参考答案

（10）C

试题（11）

依据我国著作权法的规定， __(11)__ 不可转让，不可被替代，不受时效的约束。

（11）A. 翻译权　　　B. 署名权　　　　C. 修改权　　　　D. 复制权

试题（11）分析

本题考查知识产权基础知识。

著作权法规定："著作权人可以全部或者部分转让本条第一款第（五）项至第（十七）项规定的权利，并依照约定或者本法有关规定获得报酬。"其中，包括署名权。

参考答案

（11）B

试题（12）

以下关于海明码的叙述中，正确的是　(12)　。

（12）A．校验位随机分布在数据位中

　　　 B．所有数据位之后紧跟所有校验位

　　　 C．所有校验位之后紧跟所有数据位

　　　 D．每个数据位由确定位置关系的校验位来校验

试题（12）分析

本题考查计算机系统的数据表示基础知识。

海明码的编码方式如下：设数据有 n 位，校验码有 x 位。则校验码一共有 2^x 种取值方式。其中需要一种取值方式表示数据正确，剩下 2^x-1 种取值方式表示有一位数据出错。因为编码后的二进制串有 $n+x$ 位，因此 x 应该满足 $2^x-1 \geqslant n+x$

校验码在二进制串中的位置为 2 的整数幂，剩下的位置为数据。

参考答案

（12）D

试题（13）

计算机加电自检后，引导程序首先装入的是　(13)　，否则，计算机不能做任何事情。

（13）A．Office 系列软件　　　　　　B．应用软件

　　　 C．操作系统　　　　　　　　　D．编译程序

试题（13）分析

本题考查操作系统的基本知识。

操作系统位于硬件之上且在所有其他软件之下，是其他软件的共同环境与平台。操作系统的主要部分是频繁用到的，因此是常驻内存的（Reside）。计算机加电以后，首先引导操作系统。不引导操作系统，计算机不能做任何事情。

参考答案

（13）C

试题（14）

在 Windows 系统中，扩展名　(14)　表示该文件是批处理文件。

（14）A．com　　　　　B．sys　　　　　C．html　　　　　D．bat

试题（14）分析

在 Windows 操作系统中，文件名通常由主文件名和扩展名组成，中间以"."连接，如 myfile.doc，扩展名常用来表示文件的数据类型和性质。下表给出常见的扩展名所代表的文件类型：

扩展　名	说　　　明	扩展　名	说　　　明
exe	可执行文件	sys	系统文件
com	命令文件	zip	压缩文件
bat	批处理文件	doc 或 docx	Word 文件
txt	文本文件	c	C 语言源程序
bmp	图像文件	pdf	Adobe Acrobat 文档
swf	Flash 文件	wav	声音文件
html	网页文件	java	Java 语言源程序

参考答案

（14）D

试题（15）

对于一个基于网络的应用系统，在客户端持续地向服务端提交作业请求的过程中，若作业响应时间越短，则服务端 ___（15）___ 。

（15）A．占用内存越大 　　　　　　　B．越可靠

　　　　 C．吞吐量越大 　　　　　　　　D．抗病毒能力越强

试题（15）分析

本题考查系统效率及性能相关的基础知识。

衡量系统效率的常用指标包括响应时间、吞吐量、周转时间等，其中作业的响应时间会直接影响系统吞吐量。在一段时间内，作业处理系统（本题中的服务端）持续地处理作业过程中，若作业响应时间越短，则该段时间内可处理的作业数越多，即系统的吞吐量越大。

参考答案

（15）C

试题（16）、（17）

采用 UML 进行软件设计时，可用 ___（16）___ 关系表示两类事物之间存在的特殊/一般关系，用 ___（17）___ 关系表示事物之间存在的整体/部分关系。

（16）A．依赖 　　　B．聚集 　　　C．泛化 　　　D．实现

（17）A．依赖 　　　B．聚集 　　　C．泛化 　　　D．实现

试题（16）、（17）分析

本题考查标准化建模基础知识。

UML（统一建模语言）是一个支持模型化和软件系统开发的图形化语言，为软件开发的所有阶段提供模型化和可视化支持。

关联关系是一种结构化的关系，表示给定关联的一个类的对象访问另一个类的相关对象。

聚集关系是整体与部分的关系，且部分可以离开整体而单独存在。如车和轮胎是整

体和部分的关系,轮胎离开车仍然可以存在。

对于两个对象,如果一个对象发生变化另外的对象根据前者的变化而变化,则两者之间具有依赖关系。

泛化关系定义子类和父类之间的继承关系。如一个对象为机动车,一个对象为小汽车,这两个对象之间具有泛化关系,小汽车具有机动车的一些属性和方法。

实现是一种类与接口的关系,表示类是接口所有特征和行为的实现。

参考答案

(16) C (17) B

试题 (18)

要使 Word 能自动提醒英文单词的拼写是否正确,应设置 Word 的__(18)__选项功能。

(18) A. 拼写检查 B. 同义词库 C. 语法检查 D. 自动更正

试题 (18) 分析

在字处理软件 Word 中可设置拼写检查选项功能,以自动提醒英文单词的拼写是否正确。

参考答案

(18) A

试题 (19)

在 TCP/IP 协议体系结构中,网际层的主要协议为__(19)__。

(19) A. IP B. TCP C. HTTP D. SMTP

试题 (19) 分析

本题考查 TCP/IP 协议体系结构基本原理。

TCP/IP 协议体系结构中,网际层的主要协议为 IP。

参考答案

(19) A

试题 (20)

FDDI 采用的编码方式是__(20)__。

(20) A. 8B6T B. 4B5B 编码
      C. 曼彻斯特编码 D. 差分曼彻斯特编码

试题 (20) 分析

本题考查 FDDI 采用的编码方式。

FDDI 采用的编码方式是 4B5B+NRZI。

参考答案

(20) B

试题 (21)

假定电话信道的频率范围为 300～3400Hz,则采样频率必须大于__(21)__Hz 才能保证信号不失真。

(21) A. 600　　　　　　B. 3100　　　　　　C. 6200　　　　　　D. 6800

试题（21）分析

本题考查采样定理基本原理。

采样定理的基本原理是当采样频率不小于最高频率的 2 倍时数据不失真。

参考答案

(21) D

试题（22）

以太帧中，采用的差错检测方法是 ___(22)___。

(22) A. 海明码　　　　B. CRC　　　　C. FEC　　　　D. 曼彻斯特码

试题（22）分析

本题考查以太网中的差错检测技术。

以太帧中采用 CRC 进行差错检测。

参考答案

(22) B

试题（23）

可支持 10 公里以上传输距离的介质是 ___(23)___。

(23) A. 同轴电缆　　　B. 双绞线　　　　C. 多模光纤　　　D. 单模光纤

试题（23）分析

本题考查传输介质。

只有单模光纤可支持 10 公里以上传输距离。

参考答案

(23) D

试题（24）

以下关于路由器和交换机的说法中，错误的是 ___(24)___。

(24) A. 为了解决广播风暴，出现了交换机

　　B. 三层交换机采用硬件实现报文转发，比路由器速度快

　　C. 交换机实现网段内帧的交换，路由器实现网段之间报文转发

　　D. 交换机工作在数据链路层，路由器工作在网络层

试题（24）分析

本题考查路由器和交换机的基本原理。

路由器的出现是为了解决广播风暴；三层交换机采用硬件实现三层转发和二层交换，比路由器快。交换机实现某网段内帧的交换，网段之间报文转发需靠路由器实现；交换机工作在数据链路层，路由器工作在网络层。

参考答案

（24）A

试题（25）

当出现拥塞时路由器会丢失报文，同时向该报文的源主机发送　（25）　类型的报文。

（25）A．TCP 请求　　　　　　　　　B．TCP 响应

　　　　C．ICMP 请求与响应　　　　　D．ICMP 源点抑制

试题（25）分析

本题考查 ICMP 协议的基本原理。

当出现拥塞时路由器会丢失报文，同时路由器会向该报文的源主机发送一个 ICMP 源点抑制类型的报文。

参考答案

（25）D

试题（26）

以下关于 TCP/IP 协议和层次对应关系的表示，正确的是　（26）　。

（26）A.

FTP	Telnet
TCP	TCP
IP	

B.

RIP	Telnet
UDP	TCP
ARP	

C.

HTTP	SNMP
TCP	UDP
ICMP	

D.

SMTP	FTP
UDP	TCP
IP	

试题（26）分析

本题考查 TCP/IP 协议栈的基本原理。

TCP/IP 协议和层次对应关系的表示，正确的是 A。B 选项错在 ARP 协议应为 IP；C 选项错在 ICMP 应为 IP；D 选项错在 UDP 应为 TCP。

参考答案

（26）A

试题（27）～（29）

在构建以太帧时需要目的站点的物理地址，源主机首先查询　（27）　；当没有目的站点的记录时源主机发送请求报文，目的地址为　（28）　；目的站点收到请求报文后给予响应，响应报文的目的地址为　（29）　。

（27）A．本地 ARP 缓存　　　　　　　B．本地 hosts 文件

　　　　C．本机路由表　　　　　　　　D．本机 DNS 缓存

（28）A．广播地址　　　　　　　　　　B．源主机 MAC 地址

　　　　C．目的主机 MAC 地址　　　　　D．网关 MAC 地址

（29）A. 广播地址　　　　　　　　　B. 源主机 MAC 地址

　　　C. 目的主机 MAC 地址　　　　　D. 网关 MAC 地址

试题（27）～（29）分析

本题考查 ARP 协议的基本原理。

ARP 工作原理如下：在构建以太帧时需要目的站点的物理地址，源主机首先查询本地 ARP 缓存；当没有目的站点的记录时源主机发送请求报文，目的地址为广播地址；目的站点收到请求报文后给予响应，响应报文的目的地址为源主机 MAC 地址。

参考答案

（27）A　（28）A　（29）B

试题（30）

SMTP 使用的端口号是　（30）　。

（30）A. 21　　　　　B. 23　　　　　C. 25　　　　　D. 110

试题（30）分析

本题考查 SMTP 使用的端口号。

SMTP 使用的端口号是 25。21 对应的是 FTP 的端口号；23 对应的是 Telnet 对应的端口号；110 是 POP3 协议对应的端口号。

参考答案

（30）C

试题（31）

网络管理中，轮询单个站点时间为 5ms，有 100 个站点，1 分钟内单个站点被轮询的次数为　（31）　。

（31）A. 60　　　　　B. 120　　　　　C. 240　　　　　D. 480

试题（31）分析

本题考查网络管理的轮询机制。

100 个站点，轮询单个站点时间为 5ms，轮询 1 轮需 500ms，1 分钟能轮询 120 轮。

参考答案

（31）B

试题（32）

在异步通信中，每个字符包含 1 位起始位、8 位数据位和 2 位终止位，若数据速率为 1kb/s，则传送大小为 2000 字节的文件花费的总时间为　（32）　s。

（32）A. 8　　　　　B. 11　　　　　C. 22　　　　　D. 36

试题（32）分析

本题考查异步通信基本原理。

传送 2000 字节文件需数据量为 2000*11=22000 比特，所以花费的总时间为 22s。

参考答案

（32）C

试题（33）、（34）

路由信息协议 RIP 是一种基于__（33）__的动态路由协议，RIP 适用于路由器数量不超过__（34）__个的网络。

（33）A．距离矢量　　　　　　　　　B．链路状态

　　　　C．随机路由　　　　　　　　　D．路径矢量

（34）A．8　　　　　B．16　　　　　C．24　　　　　D．32

试题（33）、（34）分析

本题考查 RIP 路由协议的基本原理。

路由信息协议 RIP 是一种基于距离矢量的动态路由协议，RIP 适用于路由器数量不超过 16 个的网络。

参考答案

（33）A　（34）B

试题（35）、（36）

网络 192.168.21.128/26 的广播地址为__（35）__，可用主机地址数为__（36）__。

（35）A．192.168.21.159　　　　　　B．192.168.21.191

　　　　C．192.168.21.224　　　　　　D．192.168.21.255

（36）A．14　　　　　B．30　　　　　C．62　　　　　D．126

试题（35）、（36）分析

本题考查 IP 地址的基本原理。

网络 192.168.21.128/26 的广播地址为 192.168.21.191，可用主机地址数为 62 个。

参考答案

（35）B　（36）C

试题（37）

DHCP 客户机首次启动时需发送报文请求分配 IP 地址，该报文源主机地址为__（37）__。

（37）A．0.0.0.0　　　　　　　　　　B．127.0.0.1

　　　　C．10.0.0.1　　　　　　　　　D．210.225.21.255/24

试题（37）分析

本题考查 DHCP 基本原理。

DHCP 客户机首次启动时需发送报文请求分配 IP 地址，该报文为广播报文，此时源主机尚无 IP 地址，因此该报文源主机地址为 0.0.0.0。

参考答案

（37）A

试题（38）

IPv6 地址长度为　　(38)　　比特。

(38) A. 32　　　　　　B. 48　　　　　　C. 64　　　　　　D. 128

试题（38）分析

本题考查 IPv6 基本原理。

IPv6 地址长度为 128 比特。

参考答案

(38) D

试题（39）

下列地址属于私网地址的是　　(39)　　。

(39) A. 10.255.0.1　　　　　　　　B. 192.169.1.1

　　　C. 172.33.25.21　　　　　　　D. 224.2.1.1

试题（39）分析

本题考查私网 IP 地址。

私有网络地址集合有 3 个：

A 类地址 1 个：10.0.0.0～10.255255255

B 类地址 16 个：172.16.0.0～172.31.255.255

C 类地址 256 个：192.168.0.0～192.168.255.255

10.255.0.1 是私网地址。

参考答案

(39) A

试题（40）

HTTP 协议的默认端口号是　　(40)　　。

(40) A. 23　　　　　　B. 25　　　　　　C. 80　　　　　　D. 110

试题（40）分析

本题考查 HTTP 协议的默认端口号。

HTTP 协议的默认端口号是 80。

参考答案

(40) C

试题（41）

HTML 页面的标题代码应写在　　(41)　　标记内。

(41) A. <head></head>　　　　　　B. <title></title>

　　　C. <html></html>　　　　　　D. <frame></frame>

试题（41）分析

本题考查 HTML 基础知识。

一个 HTML 文件,包含有多个标记,其中所有的 HTML 代码需包含在<html></html>标记对之内,文件的头部需写在<head></head>标记对内,<font></font>标记对的作用是设定文字字体,<frame></frame>标记对是框架,<font></font>标记对和<frame></frame>均属于 HTML 页面的主题内容的一部分,均需写在<body></body>标记对内,页面标题需写在<title></title>标记内。

参考答案

（41）B

试题（42）

在 HTML 页面中,注释内容应写在___(42)___标记内。

（42）A. <!-- -->　　　　B. <%-- -->　　　　C. /* */　　　　　　　D. <? >

试题（42）分析

本题考查 HTML 基础知识。

一个 HTML 文件,为了提高代码的可读性,可在代码中加入适当的注释内容。在 HTML 语言中,注释内容应写在<!-- -->标记内部。

参考答案

（42）A

试题（43）

在 HTML 页面中,要使用提交按钮,应将 type 的属性设置为___(43)___。

（43）A. radio　　　　B. submit　　　　C. checkbox　　　　　D. URL

试题（43）分析

本题考查 HTML 语言基础知识。

提交按钮用于要将页面表单中用户输入的内容提交到服务器或者其他主机:

表单的 type 属性有 radio、checkbox 和 submit 等几种,其中 radio 为单选按钮,checkbox 为多选按钮,submit 为提交按钮。

参考答案

（43）B

试题（44）

要在 HTML 页面中设计如下所示的表单,应将下拉框 type 属性设置为___(44)___。

年 /月/日　▲▼　▼

（44）A. time　　　　B. date　　　　C. datetime-local　　　D. datetime

试题（44）分析

本题考查 HTML 语言基础知识。

根据题图所示的表单样式可知,需要插入的是一个日期表单,在 HTML 中,日期表单名为 date,time 是时间表单,datetime-local 是 HTML5 中的新建对象,设置的是日期加时间表单。

参考答案

（44）B

试题（45）、（46）

邮箱地址 zhangsan@qq.com 中，zhangsan 是＿＿（45）＿＿，qq.com 是＿＿（46）＿＿。

（45）A．邮件用户名   B．邮件域名

  C．邮件网关   D．默认网关

（46）A．邮件用户名   B．邮件域名

  C．邮件网关   D．默认网关

试题（45）、（46）分析

正确的邮箱格式是"邮箱名+ @ + 邮箱网站域名"，所以 zhangsan 是邮件用户名，qq.com 是邮件网站的域名。

参考答案

（45）A （46）B

试题（47）

借助有线电视网络和同轴电缆接入互联网，使用的调制解调器是＿＿（47）＿＿。

（47）A．A/D Modem   B．ADSL Modem

  C．Cable Modem   D．PSTN Modem

试题（47）分析

A/D Modem 是模拟/数字转换；ADSL Modem 是为 ADSL（非对称用户数字环路）提供调制数据和解调数据；电缆调制解调器 Cable Modem 中，Cable 是指有线电视网络，它不同于一般 Modem 利用通过电话线上互联网，而是通过有线电视网络接入互联网；PSTN 是公用交换电话网，它提供的是一个模拟的专有通道，在两端的网络接入侧必须使用调制解调器实现信号的模/数、数/模转换。

参考答案

（47）C

试题（48）

以下关于发送电子邮件的操作中，说法正确的是＿＿（48）＿＿。

（48）A．你必须先接入 Internet，别人才可以给你发送电子邮件

  B．你只有打开了自己的计算机，别人才可以给你发送电子邮件

  C．只要你的 E-mail 地址有效，别人就可以给你发送电子邮件

  D．别人在离线时也可以给你发送电子邮件

试题（48）分析

无论是否接入 Internet，只要 E-mail 地址有效，邮箱都可以接收邮件，当用户接入 Internet 后就可以进入邮箱读取邮件。发送邮件则必须接入 Internet。

参考答案

（48）C

试题（49）

交互式邮件存取协议 IMAP 是与 POP3 类似的邮件访问标准协议，下列说法中错误的是　(49)　。

（49）A．IMAP 提供方便的邮件下载服务，让用户能进行离线阅读

　　　　B．IMAP 不提供摘要浏览功能

　　　　C．IMAP 提供 Webmail 与电子邮件客户端之间的双向通信

　　　　D．IMAP 支持多个设备访问邮件

试题（49）分析

POP3 协议允许电子邮件客户端下载服务器上的邮件，但是在客户端的操作不会反馈到服务器上。而 IMAP 提供 Webmail 与电子邮件客户端之间的双向通信，客户端的操作都会反馈到服务器上。同时，IMAP 像 POP3 那样提供了方便的邮件下载服务，让用户能进行离线阅读。IMAP 提供的摘要浏览功能可以让用户在阅读完所有的邮件到达时间、主题、发件人、大小等信息后才做出是否下载的决定。此外，IMAP 更好地支持了从多个不同设备中随时访问新邮件。

参考答案

（49）B

试题（50）、（51）

2017 年 5 月，全球十几万台电脑受到勒索病毒（WannaCry）的攻击，电脑被感染后文件会被加密锁定，从而勒索钱财。在该病毒中，黑客利用__(50)__实现攻击，并要求以__(51)__方式支付。

（50）A．Windows 漏洞　　　　　　　B．用户弱口令

　　　　C．缓冲区溢出　　　　　　　　D．特定网站

（51）A．现金　　　B．微信　　　C．支付宝　　　D．比特币

试题（50）、（51）分析

本题考查电脑病毒的相关知识。

勒索病毒是一种新型电脑病毒，主要以邮件、程序木马、网页挂马的形式进行传播。病毒主要针对安装有 Microsoft Windows 的电脑，攻击者向 Windows SMBv1 服务器 445 端口（文件、打印机共享服务）发送特殊设计的消息，来远程执行攻击代码。只要用户电脑连上互联网，即便是用户不做任何操作，电脑都有可能中毒。

勒索病毒的攻击者为了隐匿了身份，收取赎金的方式不会采取现金、微信、支付宝等可以追查到资金来源的方式，而是在病毒发作后显示特定界面，指示用户通过比特币方式缴纳赎金。

参考答案

（50）A （51）D

试题（52）

以下关于防火墙功能特性的说法中，错误的是 （52） 。

（52）A. 控制进出网络的数据包和数据流向

B. 提供流量信息的日志和审计

C. 隐藏内部 IP 以及网络结构细节

D. 提供漏洞扫描功能

试题（52）分析

本题考查防火墙的基础知识。

防火墙最重要的特性就是利用设置的条件，监测通过的包的特征来决定放行或者阻止数据，同时防火墙一般架设在提供某些服务的服务器前，具备网关的能力，用户对服务器或内部网络的访问请求与反馈都需要经过防火墙的转发，相对外部用户而言防火墙隐藏了内部网络结构。防火墙作为一种网络安全设备，安装有网络操作系统，可以对流经防火墙的流量信息进行详细的日志和审计。

参考答案

（52）D

试题（53）

UTM（统一威胁管理）安全网关通常集成防火墙、病毒防护、入侵防护、VPN 等功能模块， （53） 功能模块通过匹配入侵活动的特征，实时阻断入侵攻击。

（53）A. 防火墙 B. 病毒防护 C. 入侵防护 D. VPN

试题（53）分析

本题考查网络安全设备的基础知识。

防火墙模块一般是通过预先设定的策略来防止网络攻击；而病毒防模块护会把病毒特征监控的程序驻留内存中，一旦发现有携带病毒的文件，先禁止带毒文件的运行或打开，再查杀带毒文件；入侵防护（IPS）模块依靠对数据包的检测进行防御，检查入网的数据包，确定数据包的真正用途，然后决定是否允许其进入内网；VPN 模块则是远程访问技术，用于建立虚拟专网。

参考答案

（53）C

试题（54）、（55）

数字签名首先产生消息摘要，然后对摘要进行加密传送。产生摘要的算法是 （54） ，加密的算法是 （55） 。

（54）A. SHA-1 B. RSA C. DES D. 3DES

（55）A. SHA-1 B. RSA C. DES D. 3DES

试题（54）、（55）分析

本题考查网络安全数字签名相关基础知识。

数字签名首先产生消息摘要，然后对摘要进行加密传送。SHA-1 是摘要算法，RSA 是公钥加密算法，DES 和 3DES 是共享密钥加密算法；故产生摘要的算法是 SHA-1，加密的算法是 RSA。

参考答案

（54）A　（55）B

试题（56）

交换机配置命令 sysname Switch1 的作用是＿＿（56）＿＿。

（56）A．进入系统视图　　　　　　　B．修改设备名称

　　　　C．创建管理 VLAN　　　　　　D．配置认证方式

试题（56）分析

本题考查交换机配置的基础知识。

本题中涉及到的交换机基本命令分别是进入系统视图命令 system-view，修改设备名称命令 sysname，创建管理 VLAN 命令 vlan，配置认证方式命令 aaa（即认证、授权、计费）。

参考答案

（56）B

试题（57）、（58）

交换机命令 interface gigabitethernet 0/0/1 的作用是＿＿（57）＿＿，该接口是＿＿（58）＿＿。

（57）A．设置接口类型　　　　　　　B．进入接口配置模式

　　　　C．配置接口 VLAN　　　　　　D．设置接口速率

（58）A．百兆以太口　　　　　　　　B．千兆以太口

　　　　C．1394 口　　　　　　　　　　D．Console 口

试题（57）、（58）分析

本题考查交换机配置的基础知识。

交换机命令 interface gigabitethernet 0/0/1 可简单分为三个部分，interface 的含义指进入某个接口配置界面，gigabitethernet 含义指该接口是千兆以太网接口，0/0/1 含义指具体的接口编号。

参考答案

（57）B　（58）B

试题（59）

观察交换机状态指示灯可以初步判断交换机故障，交换机运行中指示灯显示红色表示＿＿（59）＿＿。

（59）A．告警　　　　　B．正常　　　　　C．待机　　　　　D．繁忙

试题（59）分析

本题考查交换机使用的基础知识。

一般而言，交换机指示灯绿色表示设备正常，红色表示设备告警，橙黄色表示设备端口工作在特定速率，指示灯快闪表示接收或发送数据。

参考答案

（59）A

试题（60）

通常测试网络连通性采用的命令是___（60）___。

（60）A．Netstat   B．Ping   C．Msconfig   D．Cmd

试题（60）分析

本题考查网络检测的基础知识。

备选项命令的作用分别是：Netstat 用于显示网络相关信息；Ping 用于检查网络是否连通；Msconfig 用于 Windows 配置的应用程序；Cmd 称为命令提示符，在操作系统中进行命令输入的工作提示符。

参考答案

（60）B

试题（61）

SNMP 是简单网络管理协议，只包含有限的管理命令和响应，___（61）___能使代理自发地向管理者发送事件信息。

（61）A．Get   B．Set   C．Trap   D．Agent

试题（61）分析

本题考查简单网络管理协议的知识。

SNMP 协议对外提供了三种用于控制 MIB 对象的基本操作命令。它们是 Get、Set 和 Trap。Get 管理站读取代理者处对象的值。它是 SNMP 协议中使用率最高的一个命令，因为该命令是从网络设备中获得管理信息的基本方式；Set 管理站设置代理者处对象的值。它是一个特权命令，因为可以通过它来改动设备的配置或控制设备的运转状态，它可以设置设备的名称，关掉一个端口或清除一个地址解析表中的项等；Trap 代理者主动向管理站通报重要事件。Trap 消息可以用来通知管理站线路的故障、连接的终端和恢复、认证失败等消息。

参考答案

（61）C

试题（62）

某学校为防止网络游戏沉迷，通常采用的方式不包括___（62）___。

（62）A．安装上网行为管理软件

B．通过防火墙拦截规则进行阻断

C．端口扫描，关闭服务器端端口

D．账户管理，限制上网时长

试题（62）分析

本题考查网络隔离技术。

学校为防止网络游戏沉迷，通常采用的方式包括安装上网行为管理软件、通过防火墙拦截规则进行阻断，以及账户管理，限制上网时长，通过端口扫描，关闭服务器端端口不能实现。

参考答案

（62）C

试题（63）

在浏览器的地址栏中输入 http://www.abc．com/jx/jy.htm，要访问的主机名是　(63)　。

（63）A．http　　　　B．www　　　　C．abc　　　　D．jx

试题（63）分析

本题考查 URL 基础知识。

URL（Uniform Resource Locator，统一资源定位符）是对互联网上的资源位置和访问方法的一种简洁的表示，是互联网上资源的地址。互联网上的每个文件都有一个唯一的 URL，它包含的信息指出文件的位置以及浏览器应该怎么处理它。一个完整的 URL由以下几个部分构成。

第一部分：协议，该部分告诉浏览器如何处理将要打开的文件，常见的是 HTTP（Hypertext Transfer Protocol，超文本传输协议）或 HTTPS（Hyper Text Transfer Protocol over Secure Socket Layer，安全的超文本传输协议），其他的还有 ftp（File Transfer Protocol，文件传输协议）、mailto（电子邮件地址）、ldap（Lightweight Directory Access Protocol，轻型目录访问协议搜索）、file（当地电脑或网上分享的文件）、news（Usenet 新闻组）、gopher（Gopher 协议）、telnet（Telnet 协议）等。

第二部分：文件所在的服务器的名称或 IP 地址，后面是到达这个文件的路径和文件本身的名称。服务器的名称或 IP 地址后面有时还跟一个冒号和一个端口号。也可以包含登录服务器所需的用户名称和密码。路径部分包含等级结构的路径定义，一般来说不同部分之间以斜线（/）分隔。询问部分一般用来传送对服务器上的数据库进行动态询问时所需要的参数。

有时候，URL 以斜杠"/"结尾，而没有给出文件名，在这种情况下，URL 引用路径中最后一个目录中的默认文件（通常对应于主页），这个文件常常被称为 index.html 或default.htm。

一个标准的 URL 的格式如下：

协议://主机名.域名.域名后缀或 IP 地址（:端口号）/目录/文件名

其中，目录可能存在多级目录

参考答案

（63）B

试题（64）

在 Linux 中，用户 tom 在登录状态下，键入 cd 命令并按下回车键后，该用户进入的目录是___(64)___。

（64）A．/root　　　　B．/home/root　　　　C．/root/tom　　　　D．/home/tom

试题（64）分析

本题考查 Linux 的基础知识。

在 Linux 中，用户登录后所在目录为/home/用户名，因此根据提议，用户 tom 键入 cd 命令，进入的目录为/home/tom。

参考答案

（64）D

试题（65）

在 Linux 中，设备文件存放在___(65)___目录中。

（65）A．/dev　　　　B．/home　　　　C．/var　　　　D．/sbin

试题（65）分析

本题考查 Linux 系统的基础知识。

Linux 使用标准的目录结构，在系统安装时，就为用户创建了文件系统和完整而固定的目录组成形式。Linux 文件系统采用了多级目录的树型层次结构管理文件。树型结构的最上层是根目录，用"/"表示，其他的所有目录都是从根目录出发生成的。Linux 在安装时会创建一些默认的目录，这些目录都有其特殊的功能，用户不能随意删除或修改。如：/bin、/etc、/dev、/root、/usr、/tmp、/var 等目录。

其中/bin 目录，bin 是 Binary 的缩写，存放着 linux 系统命令；

/etc 目录存放这系统的配置文件；

/dev 目录存放系统的外部设备文件；

/root 目录存放着超级管理员的用户主目录。

参考答案

（65）A

试题（66）

在一台安装好 TCP/IP 协议的 PC 上，当网络连接不可用时，为了测试编写好的网络程序，通常使用的目的主机 IP 地址为___(66)___。

（66）A．0.0.0.0　　　B．127.0.0.1　　　C．10.0.0.1　　　D．210.225.21.255

试题（66）分析

本题考查本地回送地址。

127.0.0.1 是本地回送地址，当网络连接不可用时，为了测试编写好的网络程序，通常使用的目的主机 IP 地址为 127.0.0.1。

参考答案

　　（66）B

试题（67）

　　在 Linux 中，解析主机域名的文件是__（67）__。

　　（67）A．etc/hosts　　　B．etc/host.conf　　C．etc/hostname　　D．etc/bind

试题（67）分析

　　本题考查 Linux 系统的基础知识。

　　在 Linux 中，系统文件存放在/etc 目录中，其中用于解析主机域名的文件为 host.conf，为用户提供域名到 IP 地址之间的映射服务。

参考答案

　　（67）B

试题（68）

　　不同 VLAN 间数据通信，需通过__（68）__进行转发。

　　（68）A．HUB　　　　　B．二层交换机　　C．路由器　　　　D．中继器

试题（68）分析

　　本题考查 VLAN 间数据通信。

　　不同 VLAN 间数据通信，需通过路由器进行转发。。

参考答案

　　（68）C

试题（69）

　　在 Windows 系统中，要查看 DHCP 服务器分配给本机的 IP 地址，使用__（69）__命令。

　　（69）A．ipconfig /all　　　　　　　　B．netstat

　　　　　 C．nslookup　　　　　　　　　 D．tracert

试题（69）分析

　　本题考查 DHCP 命令。

　　采用 ipconfig /all 可以查看 DHCP 服务器分配给本机的 IP 地址。

参考答案

　　（69）A

试题（70）

　　邮件客户端软件使用__（70）__协议从电子邮件服务器上获取电子邮件。

　　（70）A．SMTP　　　　B．POP3　　　　C．TCP　　　　D．UDP

试题（70）分析

　　本题考查电子邮件协议。

　　发送电子邮件的协议是 SMTP，接收电子邮件的协议是 POP3。所以邮件客户端软件

使用 POP3 协议从电子邮件服务器上获取电子邮件。

参考答案

（70）B

试题（71）～（75）

The Hypertext Transfer Protocol, the Web's　(71)　protocol, is at the heart of the WeB. HTTP is implemented in two programs: a　(72)　program and a server program. The client program and server program, executing on different end systems, talk to each other by (73)　HTTP messages. HTTP defines how Web clients request Web pages from servers and how servers transfer Web pages to clients. When a user　(74)　a Web page, the browser sends HTTP request messages for the objects in the page to the server. The server　(75)　the requests and responds with HTTP response messages that contain the objects.

（71）A. transport-layer　　　　　　　B. application-layer
　　　 C. network-layer　　　　　　　　D. link-layer

（72）A. host　　　　B. user　　　　C. client　　　　D. guest

（73）A. exchanging　B. changing　　C. declining　　D. removing

（74）A. sends　　　 B. requests　　C. receives　　 D. abandons

（75）A. declines　　B. deletes　　 C. edits　　　　D. receives

参考译文

Web 的应用层协议超文本传输协议 HTTP 是 Web 的核心，它用于在两个程序中实现：客户端程序和服务器程序。运行在不同终端系统上的客户端程序和服务器程序通过交换 HTTP 消息来进行交互。HTTP 定义了 Web 客户机如何从服务器请求 Web 页以及服务器如何将 Web 页传递给客户机。当用户请求一个 Web 页面时，浏览器将页面对象的 HTTP 请求发送到服务器，服务器接收请求并用包含对象的 HTTP 消息进行响应。

参考答案

（71）B　　（72）C　　（73）A　　（74）B　　（75）D

第 24 章 2017 下半年网络管理员下午试题分析与解答

试题一（共 20 分）

阅读以下说明，回答问题 1 至问题 6，将解答填入答题纸对应的解答栏内。

【说明】

某便利店要为收银台 PC、监控摄像机、客户的无线终端等提供网络接入，组网方案如图 1-1 所示。

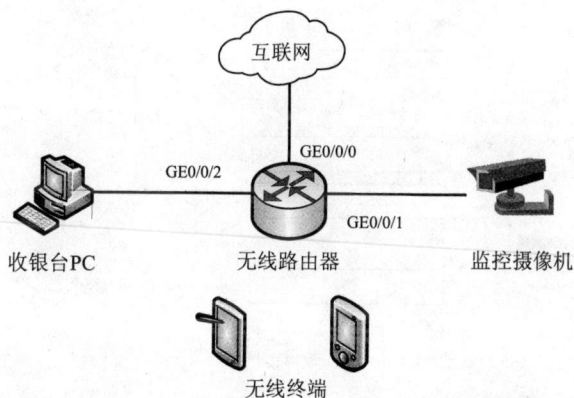

图 1-1

网络中各设备 IP 分配和所属 VLAN 如表 1-1 所示，其中 vlan1 的接口地址是 192.168.1.1，vlan10 的接口地址是 192.168.10.1。

表 1-1

项　　目	数　　据
GE0/0/0 地址	PPPoE 方式获取 33.33.33.33
NAT 方式	Easy IP
有线网段地址（固定地址）	192.168.1.0/24；vlan1
收银台 PC 地址	192.168.1.254/24 ；vlan1
摄像机地址	192.168.1.250/24 ；valn1
无线网段地址（动态分配）	192.168.10.0/24 ；vlan10

【问题 1】（4 分）

配置无线路由器，用网线将 PC 的__(1)__端口与无线路由器相连。在 PC 端配置固定 IP 地址为 192.168.1.x/24，在浏览器地址栏输入 https://192.168.1.1，使用默认账号登录 __(2)__ 界面。

（1）备选答案：

    A．RJ45   B．COM

（2）备选答案：

    A．命令行   B．Web 管理

【问题 2】（6 分）

有线网段配置截图如图 1-2 所示。

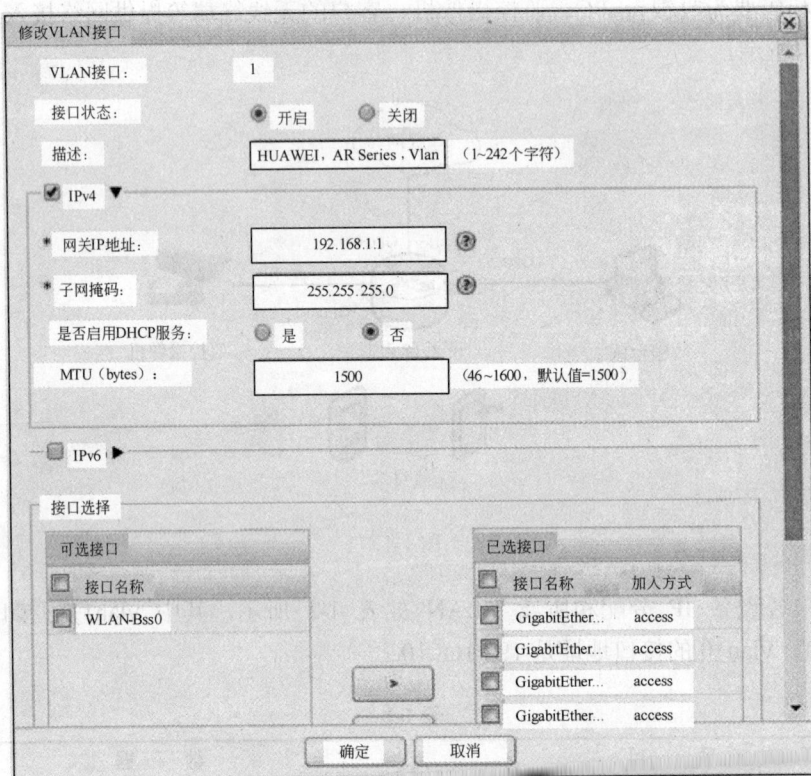

图 1-2

参照表 1-1 和图 1-2，给出无线网段的属性参数。

VLAN 接口（VLAN 编号）：__(3)__；

接口状态：__(4)__；

是否启用 DHCP 服务：__(5)__。

【问题 3】（4 分）

图 1-2 中参数 MTU 的含义是 __(6)__，在 __(7)__ 中 MTU 缺省数值是 1500 字节。

　　（6）备选答案：
　　　　A．最大数据传输单元　　　　　B．最大协议数据单元
　　（7）备选答案：
　　　　A．以太网　　　　　　　　　　B．广域网

【问题 4】（2 分）
　　某设备得到的 IP 地址是 192.168.10.2，该设备是＿＿（8）＿＿。
　　（8）备选答案：
　　　　A．路由器　　　B．手机　　　C．摄像机　　　　D．收银台 PC

【问题 5】（2 分）
　　图 1-3 是进行网络攻击防范的配置界面。该配置主要是对＿＿（9）＿＿和＿＿（10）＿＿类型的攻击进行防范。

图 1-3

　　（9）、（10）备选答案（不分先后顺序）：
　　　　A．DOS　　　　　B．DDOS　　　C．SQL 注入　　　D．跨站脚本

【问题 6】（2 分）
　　该便利店无线上网采用共享密钥认证，采用 WPA2 机制和＿＿（11）＿＿位 AES 加密算法。
　　（11）备选答案：
　　　　A．64　　　　　　B．128

试题一分析

　　本题考查小型商贸单位网络部署的案例，此类单位可以是便利店，也可以是小型连锁店，工作人员一般 2～3 人。此类单位的网络需求较为简单，网络拓扑简单，使用的网络产品设置灵活方便。从题目分析，该便利店的网络需求如下：

　　网络设备为便利店提供有线接入服务（PPPoE 拨号方式），WAN 口配置 NAT 转换；为店内的有线和无线终端提供上网服务；为连锁店提供加密的无线 Wi-Fi 服务，客户可以安全的连接 SSID 访问互联网；有线用户可以访问摄像机等有线接入设备，与无线用户之间隔离；为连锁店提供防火墙功能，防范网络攻击。

【问题 1】

本问题考查设备配置的基本知识。

通过电脑对网络设备进行配置，可以有多种连接方式，其中硬件连接包括 Console 控制台接口、AUX 拨号电话接口、普通网络接口（以太网接口、串口等），软件登录包括超级终端、IE 浏览器、命令提示行、专业软件界面等。

从给题目出的提示来看，电脑与网络设备连接采用的是网线，那么对应的选项就是 RJ45，用户通过浏览器登录设备，那么对应的选项就是通过 Web 管理网络设备。

【问题 2】

本问题中无线网络的配置参考有线网络的配置，其中 VLAN 接口数值，有线网络配置图 1-2 是与表 1-1 对应，那么无线网络的配置参照有线网络，应该与表 1-1 对应。

无线网络对应的接口开启与关闭对应的是相关服务的开启和关闭。

表 1-1 给出的是无线网络动态获得地址，因此需要配置相应的 DHCP 服务。

【问题 3】

图 1-2 中参数 MTU 的含义是最大传输单元（Maximum Transmission Unit，MTU）是指一种通信协议的某一层上面所能通过的最大数据包大小（以字节为单位）。最大传输单元这个参数通常与通信接口有关（网络接口卡、串口等）。

因为协议数据单元的包头和包尾的长度是固定的，MTU 越大，则一个协议数据单元承载的有效数据就越长，通信效率也越高。MTU 越大，传送相同的用户数据所需的数据包个数也越低。MTU 也不是越大越好，因为 MTU 越大，传送一个数据包的延迟也越大；并且 MTU 越大，数据包中 bit 位发生错误的概率也越大。MTU 越大，通信效率越高而传输延迟增大，所以要权衡通信效率和传输延迟选择合适的 MTU。

网络中一些常见链路层协议 MTU 的缺省数值如下：

FDDI 协议：4352 字节

以太网（Ethernet）协议：1500 字节

PPPoE（ADSL）协议：1492 字节

X.25 协议（Dial Up/Modem）：576 字节

Point-to-Point：4470 字节

【问题 4】

从表 1-1 可以看出该设备获得地址属于无线网段，因此该设备是一台移动设备。

【问题 5】

SYN Flood 是一种 DoS（拒绝服务攻击），是 DDoS（分布式拒绝服务攻击）的方式之一，这是一种利用 TCP 协议缺陷，发送大量伪造的 TCP 连接请求，从而使得被攻击方资源耗尽（CPU 满负荷或内存不足）的攻击方式。

ICMP FLOOD 同样也是一种 DDOS 攻击，通过对其目标发送超过 65 535 字节的数据包，就可以令目标主机瘫痪，如果大量发送就成了洪水攻击。

　　UDP Flood 是流量型 DoS 攻击,利用大量 UDP 小包冲击 DNS 服务器或 Radius 认证服务器、流媒体视频服务器。由于 UDP 协议是一种无连接的服务,只要开了一个 UDP 的端口提供相关服务,攻击者可发送大量伪造源 IP 地址的 UDP 包进行攻击。

【问题 6】

　　无线路由器的安全设置中有 WEP、WPA、WPA2 以及 WPA+WPA2 等加密方式。

　　WEP 是一种数据加密算法,用于提供等同于有线局域网的保护能力。它的安全技术源自于名为 RC4 的 RSA 数据加密技术,是无线局域网 WLAN 的必要的安全防护层。目前常见的是 64 位 WEP 加密和 128 位 WEP 加密。

　　WPA 是一种保护无线网络安全的系统,它是在前一代有线等效加密(WEP)的基础上产生的,解决了前任 WEP 的缺陷问题,它使用 TKIP(临时密钥完整性)协议,是 IEEE 802.11i 标准中的过渡方案。其中 WPA-PSK 主要面向个人用户。

　　WPA2,即 WPA 加密的加强版。它是 WiFi 联盟验证过的 IEEE 802.11i 标准的认证形式,WPA2 实现了 802.11i 的强制性元素,特别是 Michael 算法被公认彻底安全的 CCMP(计数器模式密码块链消息完整码协议)讯息认证码所取代、而 RC4 加密算法也被 AES(高级加密)所取代,AES 加密数据块和密钥长度可以是 128 位、192 位、256 位等。

　　WPA-PSK+WPA2-PSK,它是两种加密算法的组合。

参考答案

【问题 1】

　　(1) A

　　(2) B

【问题 2】

　　(3) 10

　　(4) 开启

　　(5) 是

【问题 3】

　　(6) A

　　(7) A

【问题 4】

　　(8) B

【问题 5】

　　(9) A

　　(10) B

　　注:(9)(10) 答案可以互换

【问题 6】

　　(11) B

试题二（共 20 分）

阅读以下说明，回答问题 1 至问题 4，将解答填入答题纸对应的解答栏内。

【说明】

某公司需要配置一台 DHCP 服务器，实现为用户分配指定范围的 IP 地址、创建并配置作用域、查看和更改租约等功能。

【问题 1】（2 分）

在 DHCP 服务安装完毕后，需要获得__（1）__才可以响应客户的 IP 地址请求。

（1）备选答案：

    A. 应答   B. 授权

【问题 2】（6 分）

DHCP 服务器为用户分配 IP 地址，还可以为客户机分配__（2）__、__（3）__、__（4）__等 TCP/IP 协议属性参数。

【问题 3】（6 分）

作用域是可以分配给子网中客户计算机的__（5）__范围。如果作用域是 192.168.1.101 ～ 192.168.1.105 和 192.168.1.109 ～ 192.168.1.110，比较简便的方法是在图 2-1 中将起始 IP 地址配置为__（6）__，结束 IP 地址配置为__（7）__，在图 2-2 中将起始 IP 地址配置为__（8）__，结束 IP 地址配置为__（9）__。

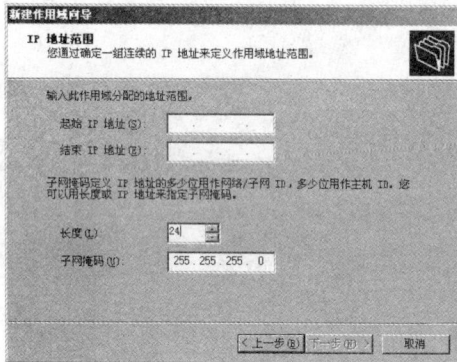 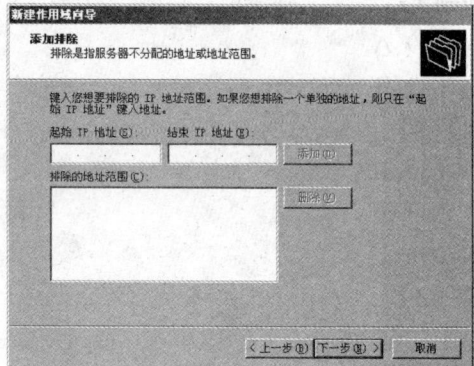

图 2-1   图 2-2

配置作用域时，除了配置 IP 地址外，还可配置其他属性参数，其中不包括__（10）__。

（10）备选答案：

    A. DNS 服务器   B. WINS 服务器

    C. DHCP 服务器   D. 默认网关

【问题 4】（6 分）

Windows 客户端会通过__（11）__的方式发送自动分配 IP 地址的请求报文，经过与

DHCP 服务器的交互得到 IP 地址，默认的 IP 地址租约期限是___(12)___天。在客户端使用 ipconfig /___(13)___命令可以释放租约，使用 ipconfig /___(14)___命令重新向 DHCP 服务器申请地址租约，使用 ipconfig /___(15)___命令可查看当前地址租约等全部信息。根据图 2-3，DHCP 地址租约时长为___(16)___秒。

```
C:\>ipconfig /all

Windows IP Configuration

    Host Name ........................: admin
    Primary Dns Suffix................:
    Node Type........................: Hybrid
    IP Routing Enabled................: No
    WINS Proxy Enabled................: No

Ethernet adapter 本地连接:

    Connection-specific DNS Suffix....:
    Description.......................: AMD PCNET Family PCI EthernetAdapter
    Physical Address..................: 00-30-56-10-34-2E
    DHCP Enabled......................: Yes
    Autoconfiguration Enabled.........: Yes
    IP Address........................: 192.168.1.102
    Subnet Mask.......................: 255.255.255.0
    Default Gateway...................: 192.168.1.1
    DHCP Class ID.....................: laptop
    DHCPServer........................: 192.168.1.5
    DNS Servers.......................: 192.168.1.10
    Primary WINS Server...............: 192.168.1.5
    Lease Obtained....................: 2017 年 7 月 7 日 10:07:35
    Lease Expires.....................: 2017 年 7 月 7 日 11:07:35
```

图 2-3

（13）～（15）备选答案：

    A. all   B. renew   C. release   D. setclassid

（16）备选答案：

    A. 1   B. 60   C. 1800   D. 3600

试题二分析

本题考查 DHCP 服务器的相关配置。

【问题 1】

DHCP 服务需要获得授权才可以响应客户的 IP 地址请求。

【问题 2】

一般来说如果不做其他配置，DHCP 服务器只分配 IP 地址和子网掩码。如果对 DHCP 的选项进行设置，DHCP 还可以为客户端分配其他参数，如默认网关和 DNS 服务器地址等。

【问题 3】

DHCP 的作用域是可以分配给客户端的 IP 地址的范围。可以通过在作用域分配的地址范围一栏填入作用域的起始和结束 IP 地址来表示作用域的范围。如果需要排除某段地址，可以在"添加排除"中填入需要排除的 IP 范围的起始和结束 IP 地址。

配置作用域时，还可配置 DNS 服务器、WINS 服务器和默认网关。

【问题 4】

Windows 客户端会通过广播的方式发送自动分配 IP 地址的请求报文。DHCP 服务器通过设置"地址租约期限"来分配客户机使用 IP 配置信息的时间段，默认是 8 天，使用期限一到，必须重新向 DHCP 服务器申请 IP 配置信息。

ipconfig 可用于显示当前 TCP/IP 配置的设置值，如果计算机和所在局域网使用了 DHCP 协议，通过 ipconfig 可以了解计算机是否成功租用到一个 IP 地址以及分配到的是什么地址。ipconfig / all 能为 DNS 和 WINS 服务器显示它已配置且所要使用的附加信息，以及内置于本地网卡中的物理地址。如果 IP 地址是从 DHCP 服务器租用的，可显示 DHCP 服务器的 IP 地址和租用地址预计失效的日期。ipconfig/release 表示将所有接口的租用 IP 地址重新交付给 DHCP 服务器，ipconfig / renew 表示本地计算机与 DHCP 服务器取得联系并租用一个 IP 地址。

从图 2-3 可知获得租约时间是 2017 年 7 月 7 日 10:07:35，租约过期时间是 2017 年 7 月 7 日 11:07:35，总时长是 1 小时，即 3600 秒。

参考答案

【问题 1】

（1）B

【问题 2】

（2）子网掩码

（3）默认网关

（4）DNS 服务器地址

注：（2）～（4）答案可互换

【问题 3】

（5）IP 地址

（6）192.168.1.101

（7）192.168.1.110

（8）192.168.1.106

（9）192.168.1.108

　　（10）C

【问题 4】

　　（11）广播

　　（12）8

　　（13）C

　　（14）B

　　（15）A

　　（16）D

试题三（共 20 分）

　　阅读以下说明，回答问题 1 至问题 3，将解答填入答题纸对应的解答栏内。

【说明】

　　某公司网络拓扑图如图 3-1 所示。为了便于管理，公司决定将员工网络按业务划分了 3 个不同的 VLAN，其中 VLAN10 为行政部门（xzbm），VLAN20 为财务部门（cwbm），VLAN30 为销售部门（xsbm）。为便于管理，分别对每个 VLAN 设置相应标识，并为 VLAN 添加相应接口，VLAN 接口分配如表 3-1 所示。请根据描述和下表将配置代码补充完整。

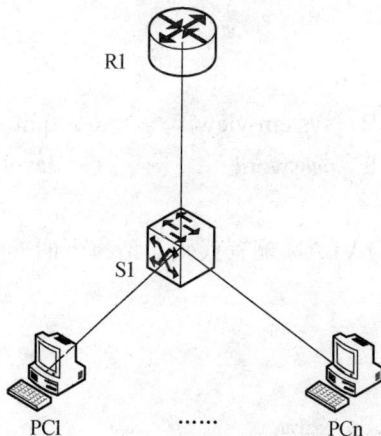

图 3-1

表 3-1

vlan	接 口 范 围
10	GigabitEthernet 0/0/1-0/0/8
20	GigabitEthernet0/0/9-0/0/16
30	GigabitEthernet0/0/17-0/0/22

【问题 1】（6 分）

VLAN 的划分方法有静态划分和动态划分两种，其中基于端口划分 VLAN 是　(1)　方式，基于 MAC 地址划分 VLAN 是　(2)　方式。

处于同一 VLAN 的用户，可以直接相互通信，处于不同 VLAN 的用户需经过　(3)　相互通信。

【问题 2】（7 分）

为确保公司网络设备配置不被随意修改，网管员需要对路由器进行安全配置，若为路由器和交换机分别添加登录口令和远程 telnet 登录口令，请将下面的配置代码补充完整。

```
<Huawei> (4)                              //进入特权模式
[Huawei] (5) R1                           //修改主机名
[R1]user-interface (6) 0                  //进入 console 用户界面视图
[R1-ui-console0]authentication-mode (7)    //设置口令
Please configure the login password (maximum length 16):huawei
[R1-ui-console0] (8)                      //退出接口配置模式
[R1]user-interface vty 0 (9)             //进入虚拟接口 0 4
[R1-ui-vty0-4]authentication-mode password
Please configure the login password (maximum length 16):huawei
[R1-ui-vty0-4]user privilege (10) 3      //设置用户级别
[R1-ui-vty0-4]
```

（4）～（10）备选答案：

A. console　　　B. system-view　　　C. quit　　　D. sysname

E. 4　　　　　　F. password　　　　　G. level

【问题 3】（7 分）

下面是在交换机 S1 上的 VLAN 配置代码，请将下面的配置代码补充完整。

```
<Huawei>sys
[Huawei]sysname (11)                       //设置交换机名称
[S1]vlan (12)
[S1-vlan10]description xzbm                //设置 vlan 描述
[S1]port-group (13)                        //设置接口组
[S1-port-group-vlan10]group-member  GigabitEthernet  0/0/1   ( 14 )
GigabitEthernet (15)
[S1-port-group-vlan10]port link-type (16)  //接口模式设置为接入模式
[S1-port-group-vlan10]port default vlan 10 //接口放入 vlan 10
[S1-port-group-vlan10]quit

…vlan 20 和 30 配置略…
```

```
[S1]interface GigabitEthernet 0/0/24
[S1-GigabitEthernet0/0/24]port link-type (17)    //接口模式设置为中继模式
[S1-GigabitEthernet0/0/24]port trunk allow-pass vlan 10 20 30
                              //中继允许 vlan10、20、30 的数据通过
```

试题三分析

　　本题考查 IP 地址规划、华为设备的基本配置方面的知识。需要考生认真分析题意，搞清楚公司网络设计的思路和方法，完成题目要求。

【问题 1】

　　本问题考查在网络设计阶段 VLAN 划分的方法，VLAN 划分的方法一般可采用静态划分和动态划分两种，静态划分可基于交换机的端口来进行 VLAN 划分，便于网络管理，动态划分可根据用户的 IP 地址、MAC 地址等进行 VLAN 划分，在具有某些实际需求的应用场景下，例如公司的网络管理员、公司主要负责人等，需要随时随地连接到工作网络中，并处在相应的 VLAN 中时，可采取动态 VLAN 划分的方法。

【问题 2】

　　本问题考查网络设备安全配置中的基本配置方法、命令和命令的作用解释。

　　本地设备登录口令和远程 telnet 登录口令的配置方法。可根据基本的配置逻辑，在备选答案中选择合适的命令或者解释。该题目主要考察点在于对华为设备命令的熟悉程度，命令采取选项的方式给出，适当降低了题目的难度。

【问题 3】

　　本问题考查在交换机上 VLAN 配置的方法，考生可根据每行代码的提示，写出缩写的命令或者命令全拼。主要是首先要搞清楚配置逻辑和基本命令的使用模式。

参考答案

【问题 1】

　　（1）静态

　　（2）动态

　　（3）路由器/三层交换机

【问题 2】

　　（4）B

　　（5）D

　　（6）A

　　（7）F

　　（8）C

　　（9）E

　　（10）G

【问题 3】

（11）S1

（12）10

（13）VLAN10

（14）to

（15）0/0/8

（16）access

（17）trunk

试题四（共 15 分）

阅读以下说明，回答问题 1 至问题 2，将解答填入答题纸对应的解答栏内。

【说明】

访问某聊天系统必须先注册，然后登录才可进行聊天。图 4-1 为注册页面，注册时需要输入用户名和密码以及性别信息，数据库将记录这些信息。

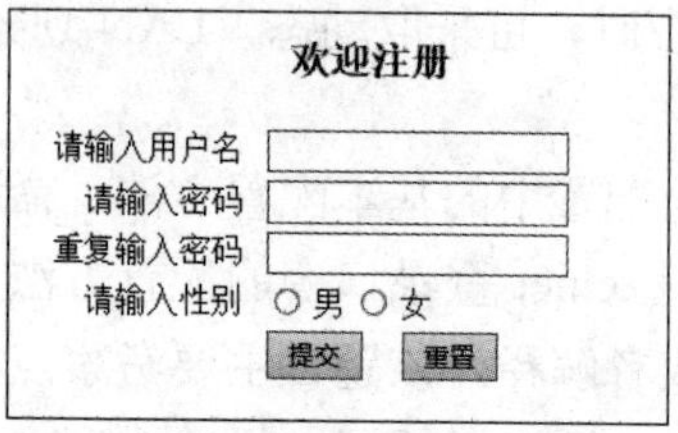

```
欢迎注册

请输入用户名  [            ]
请输入密码    [            ]
重复输入密码  [            ]
请输入性别    ○ 男 ○ 女
        [提交]  [重置]
```

图 4-1

表 4-1 为利用 Microsoft Access 创建的数据库 msg，数据库记录用户名、密码、性别、登录时间、IP 地址及状态信息。

表 4-1　数据库创建的字段

字 段 名 称	数 据 类 型	字 段 作 用
user	文本	用户名
upass	文本	用户密码
sex	文本	用户性别，male 或 female
t	日期/时间	登录时间
ip	文本	登录 IP
zt	数字	状态，1 为在线，0 为退出

【问题 1】（6 分）

以下是图 4-1 所示页面的部分代码，请仔细阅读该段代码，将（1）～（6）的空缺代码补齐。

```
<%
Set MM_editCmd = Server.CreateObject ("ADODB.Command")
```

```
    MM_editCmd.ActiveConnection = MM_connbbs_STRING
    MM_editCmd.CommandText = "INSERT INTO msg ([user], upass, sex) VALUES
(?, ?, ?)"
    MM_editCmd.Prepared = true
    MM_editCmd.Parameters.AppendMM_editCmd.CreateParameter("param1", 202, 1,
255, Request.Form("user")) ' adVarWChar
    MM_editCmd.Parameters.AppendMM_editCmd.CreateParameter("param2", 202, 1,
255, Request.Form("___(1)___")) ' adVarWChar
    MM_editCmd.Parameters.AppendMM_editCmd.CreateParameter("param3", 202, 1,
255, Request.Form("sex")) ' adVarWChar
    MM_editCmd.Execute
    MM_editCmd.ActiveConnection.Close
    %>


    <body>
    <form  ACTION="<%=MM_editAction%>"  METHOD="____(2)____"  id="form1"
name="form1">
    <p align="center">欢迎注册
    </p>
    <table width="500" border="0" align="center" cellpadding="1" cellspacing="2">
    <tr><td><div align="right">请输入用户名</div></td>
    <td>  <input type="text" name="___(3)___" id="user" /></td>
    </tr><tr>
    <td><div align="right">请输入密码</div></td>
    <td>   <input type="___(4)___" name="upass" id="upass" /></td>
    </tr><tr>
    <td><div align="right">重复输入密码</div></td>
    <td>   <input type="text" name="pass2" id="pass2" /></td>
    </tr><tr>
    <td><div align="right">请输入性别</div></td>
    <td> 
    <input name="sex" type="radio" id="radio" value="___(5)___" />
    <label for="sex">男
    <input type="radio" name="sex" id="radio2" value="female" />
    女</label></td></tr><tr>
    <input type="submit" name="button" id="button" value="提交" />
    <input type="___(6)___" name="button2" id="button2" value="重置" /></td></tr>
    </table>
```

（1）～（6）备选答案：

A. reset   B. male   C. post

D. text   E. user   F. upass

【问题 2】（9 分）

用户注册成功后的登录页面如图 4-2 所示。系统检查登录信息与数据库存储信息是否一致，如果一致则转到登录成功页面 succ.asp。如果不一致，则显示"警告：您输入的信息有误!"。下面是信息显示页面的部分代码，请将下面代码补充完整。

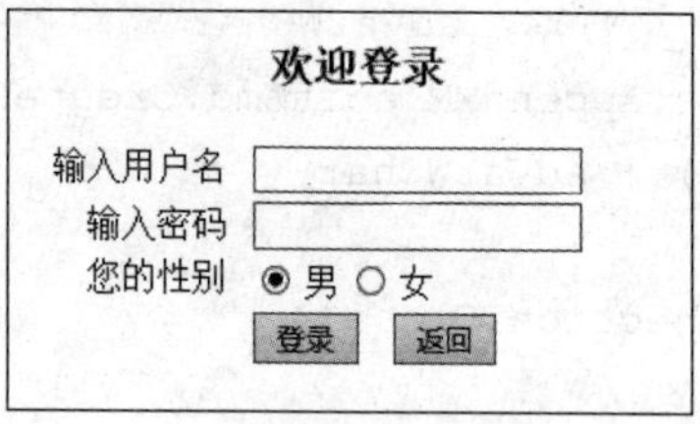

图 4-2

```
<%
set conn=server.createobject("adodb.connection")
conn.Open "Provider = Microsoft.Jet.OLEDB.4.0;Data Source = C:
\wwwroot\bbs.mdb"
if request.form("user") <>"" then
u=request.form("user")
p=request.form("upass")
s=request.form("sex")
set rs=server.createobject("adodb.recordset")
rs.open "select * from msg where ___(7)___='"&u&"' and ___(8)___='"&p&"' and
sex='"&s&"'",conn,1,3
if rs.___(9)___ and rs.bof then
response.___(10)___("警告：您输入的信息有误! ")
else
rs("t")=___(11)___()
rs("___(12)___")=request.ServerVariables("remote_host")
rs("zt")=1
rs.update
session("user")=u
session("___(13)___")=s
response.___(14)___ "succ.asp"
end if
rs.close()
```

```
set rs=nothing
end if
%>


<body>
<form id="form1" name="form1" method="post" action="user.asp">
<p align="center">欢迎登录</p>
<div align="center">
<td><div align="right">输入用户名</div></td>
<td><label for="user"></label>
<input type="text" name="user" id="user" />
 </td>
<td><div align="right">输入密码</div></td>
<td><label for="upass"></label>
 
<input type="text" name="upass" id="upass" /></td>
<td><div align="right">您的性别</div></td>
<td> 
<input name="sex" type="radio" id="radio" value="male" checked="___(15)
" />
<label for="sex">男
<input type="radio" name="sex" id="radio2" value="female" />
女</label></td>
<td> </td>
<td> 
<input type="submit" name="button" id="button" value="登录" />  
<input name="button2" type="submit" id="button2" onclick="MM_goToURL
('parent','index.asp'); return document.MM_returnValue" value="返回"
/></td></tr>
```

（7）～（15）备选答案：

    A. now   B. ip   C. checked   D. eof   E. upass

    F. user   G. write   H. sex   I. redirect

试题四分析

　　本题考查利用 ASP 和数据库来创建聊天系统，包括用户进行注册和登录的过程。

　　此类题目要求考生认真阅读题目对实际问题的描述，仔细阅读程序，了解上下文之间的关系，给出空格内所缺的代码。

【问题 1】

本问题考查注册页面的设计。

（1）插入数据库 msg 的有关信息，从表 4-1 可以看出有用户名 user，性别 sex，留言时间 lytime，还缺少用户密码 upass。

（2）Form 提供了两种数据传输的方式 —— get 和 post， get 是用来从服务器上获得数据，而 post 是向服务器上传递数据。METHOD= "post" 表示表单中的数据以"post"方式传递。

（3）Input type="text" name= "user" 表示注册页面用户名字段写入的文本名为 user。

（4）Input type="text"表示注册页面密码字段写入的数据类型为文本。

（5）value="male"表示单选按钮的值为 male，表示"男"。

（6）input type="reset"表示按钮的类型为 reset，表示"重置"。

【问题 2】

本问题考查登录页面的设计。

（7）比较用户在注册页面输入的用户名是否与数据库中的用户名字段 user 一致。

（8）比较用户在注册页面输入的密码是否与数据库中的密码字段 upass 一致。

（9）rs.eof and rs.bof 表示指针在最后一条记录的后面，和在第一条记录的前面，说明没有记录，记录集为空。

（10）response.write 表示输出。

（11）rs("t") = now()表示登录时间为当前时间。

（12）rs("ip")=request.ServerVariables("remote_host")记录登录用户的 IP 地址。

（13）用户登录用 session 获取临时值，这里临时值是性别。

（14）response.redirect "succ.asp"表示跳转至 succ.asp 页面。

（15）checked="checked"表示初始状态已勾选此项。

参考答案

【问题 1】

（1）F

（2）C

（3）E

（4）D

（5）B

（6）A

【问题 2】

（7）F

（8）E

（9）D
（10）G
（11）A
（12）B
（13）H
（14）I
（15）C